黑龙江省"十四五"职业教育规划教材　　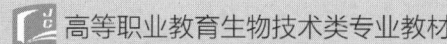高等职业教育生物技术类专业教材

国家职业教育药学专业教学资源库配套教材　职业教育国家在线精品课程配套教材

生物分离与纯化技术
（第二版）

主　编

徐瑞东　朱仝飞　杨思远

中国轻工业出版社

图书在版编目（CIP）数据

生物分离与纯化技术 / 徐瑞东，朱仝飞，杨思远主编. -- 2版. -- 北京：中国轻工业出版社，2024.11.
ISBN 978-7-5184-5229-3

Ⅰ. Q81

中国国家版本馆CIP数据核字第2025K8G475号

责任编辑：贺　娜
策划编辑：江　娟　　　责任终审：唐是雯　　　封面设计：锋尚设计
版式设计：砚祥志远　　责任校对：刘小透　晋　洁　　责任监印：张　可

出版发行：中国轻工业出版社（北京鲁谷东街5号，邮编：100040）
印　　刷：三河市万龙印装有限公司
经　　销：各地新华书店
版　　次：2024年11月第2版第1次印刷
开　　本：710×1000　1/16　印张：23.25
字　　数：450千字
书　　号：ISBN 978-7-5184-5229-3　定价：49.00元
邮购电话：010-85119873
发行电话：010-85119832　010-85119912
网　　址：http://www.chlip.com.cn
Email：club@chlip.com.cn
版权所有　侵权必究
如发现图书残缺请与我社邮购联系调换
241241J2X201ZBW

本书编写人员

主　　编　徐瑞东（黑龙江农垦职业学院）
　　　　　朱仝飞（重庆医药高等专科学校）
　　　　　杨思远（黑龙江民族职业学院）

副 主 编　曾青兰（咸宁职业技术学院）
　　　　　刘　婷（河北工业职业技术大学）
　　　　　王钰宁（云南技师学院）
　　　　　朱　华（广东科贸职业学院）

参编人员（按姓氏拼音排序）
　　　　　范　琳（威海职业学院）
　　　　　付　艳（黑龙江农垦职业学院）
　　　　　郭　靖（山东医药技师学院）
　　　　　郝彩琴（宁夏职业技术学院）
　　　　　万春艳（扬州市职业大学）
　　　　　魏明斌（黑龙江农业经济职业学院）
　　　　　杨斯伦（哈尔滨职业技术大学）
　　　　　杨　晶（黑龙江农业职业技术学院）
　　　　　张凤艳（哈尔滨生物工程有限公司）
　　　　　赵立斐（黑龙江农业经济职业学院）
　　　　　曾希望（湖北福人金身药业有限公司）

主　　审　王云庆（黑龙江农垦职业学院）
　　　　　郭钱浩（重庆凯林制药有限公司）

第二版前言

为贯彻落实《国家职业教育改革实施方案》和《"十四五"职业教育规划教材建设实施方案》（教职成厅〔2021〕3号）文件精神，坚持以党的二十大精神为指引，以立德树人为导向、产教融合为特色、服务医药产业为目标。立足"三教"改革要求，从岗位群需求出发，面向生化药品操作工种，聚焦提取纯化岗位，对接技能竞赛标准。编写团队组织对《生物分离与纯化技术》第一版教材进行修订。本版"以岗位需求为导向、以学生发展为中心、以能力培养为目标"，及时引入生物技术的新方法、新技术、新工艺、新标准，突出实践性和应用性。教材内容分为五大项目，14个工作过程，并配套了工作手册。每个项目由"项目目标、项目引例、项目实施、岗位链接、知识拓展、技能提升、科学引领、项目总结和岗课赛证融通"九大板块组成，旨在提升学生职业综合素质和行动能力，以达成知识型、技能型和创新型人才培养目标要求。主要编写特色如下：

1. 校企共建，双元开发

本教材由多年从事生物分离与纯化课程教学、科研的一线教师和制药企业中具有丰富实践经验的专家编写，参加编写的企业专家具有制定行业、企业标准的丰富经历，教材中"项目实施"和"岗位链接"均借鉴和参考了相关标准。

2. 教材思政，培育人格

注重健全职业人格的培育，各项目设定了"科学引领"版块，通过科学家们的事迹启发学生专研和探索的精神，进而培养学生劳动精神、工匠精神及家国情怀的职业素养。充分体现了高等职业教育"立德树人"的教育理念。

3. 融入教法，宜于授课

本教材打破传统学科体系，针对提取纯化岗位的核心技能，以项目为载体，基于工作过程和认知规律遴选项目，组织和序化教材内容。同时为更好地突出产教融合，设定了"岗位链接"板块，以满足相关岗位的需求。

4. 形式新颖，内容精炼

坚持"必需、够用"理论，强调实用性、适用性和开放性。书中涵盖了基础知识、工具方法，为激发学习兴趣和明确项目重点，设置了"项目引例"；为培养学生实践和创新能力，设置了"技能提升"；为检测学习效果，夯实基础，提升学生岗位技能，设置了"岗课赛证融通"；此外还设置了"知识拓展"等特色版块，并配套了工作手册。

5. 书证融通，对接标准

教材充分考虑推行"1+X"证书的需要，涵盖了职业资格证书涉及的相关内容。对接《中华人民共和国药典》（2020 版）、药厂标准操作规程（SOP）、新版《药品生产质量管理规范》（GMP）和国家职业标准等，强化了教材内容的先进性和规范性。

6. 数纸融合，创新形态

对重点难点内容进行了微课制作，嵌入视频、动画、仿真和电子课件等大量数字化资源，通过扫描相应二维码即可获得相关教学资源，从而形成了可听、可视、可练、可互动、线上线下混合式的数纸融合新形态教材。

本教材由黑龙江农垦职业学院徐瑞东担任主编，编写分工如下：王钰宁编写项目一，杨思远编写项目二工作过程一和项目三工作过程二，万春艳、魏明斌编写项目二工作过程二，张凤艳、杨晶编写项目二工作过程三，赵立斐、郝彩琴、杨斯伦、郭靖编写项目二工作过程四，范琳编写项目三工作过程一，曾青兰编写项目四工作过程一，徐瑞东编写项目四工作过程二和工作手册，付艳、刘婷编写项目五工作过程一，曾希望、徐瑞东编写项目五工作过程二；朱仝飞、朱华主要负责数字化资源制作；全书由徐瑞东策划、统稿，王云庆、郭钱浩审定。在编写过程中参考了相关书籍、视频资源和网站的文献资料，在此向相关作者表示感谢！可能有个别资料由于转载等原因无法列明出处，深表歉意！

本教材适用于高职制药类等专业的学生使用，也可作为食品、化工和环境等相关行业的参考用书和职业培训教材。由于生物技术飞速发展，编者水平有限和时间仓促，书中疏漏之处在所难免，恳请同行专家和读者批评指正！

编者
2024 年 7 月

第一版前言

生物分离与纯化技术是高等职业教育生物技术类专业的核心课程,其涉及的相关技术是生物类相关产业中应用最普遍的技术,也是从事生物制品生产和加工必须掌握的基本技术。本教材"以岗位需求为导向、以学生发展为中心、以能力培养为本位、以培养技术技能型人才为目标",充分考虑到高职高专的生源特点,突出了知识的实用性和职业性,与企业接轨,将职业标准融入其中,及时引入生物分离纯化的新知识、新工艺、新方法和新技术,以便更好地满足高等职业教育的培养目标和教学要求。

本教材的主要特色如下。

1. 校企合作,"双元开发"

由多年从事药品生产类课程教学和科研的教师组成编写团队,同时吸纳药品生产企业中具有丰富实践经验的人员参与编写工作。本教材的内容和配套资源是其在长期教学和专业实践中的积累。

2. 教材思政,培育人格

注重健全职业人格的培育,各项目设定了职业素养目标,目的在于增强学生发现问题、分析问题和解决问题的能力,培养学生安全生产和遵纪守法的意识,促使学生形成爱岗敬业的职业素养。

3. 融入教法,宜于授课

各项目内容编排将"导入式""互动式""启发式""任务驱动式"等教学方法结合应用,可以辅助教师进行课程教学方案的设计。

4. 形式新颖,内容精练

坚持理论"必需、够用",强调实用性、适用性和开放性。书中涵盖基础知识、工具方法,为激发学习兴趣和明确项目重点,设置了"项目引导";为培养学生实践和创新能力,设置了"技能拓展";为检测学习效果,夯实基础,设置了"项目检测";此外还设置了"知识拓展"等特色栏目和综合实训项目。

5. 衔接 1 和 X,书证融通

内容对接药品提取纯化岗位的具体要求和操作规程。适应"1+X"证书制度试点工作需要,将职业技能等级标准有关内容及要求有机融入教材内容,结合职业技能考试的需要,教材内容和实训项目的设置涵盖了相关考试内容,做到书证、教考融合。

本书由黑龙江农垦科技职业学院徐瑞东担任主编,编写分工如下:黑龙江农垦科技职业学院徐瑞东编写项目三工作过程二中的任务四、项目四中的工作过程二和项目六；咸宁职业技术学院曾青兰编写项目四中的工作过程一；扬州市职业大学万春艳编写项目二工作过程四中的技能拓展；黑龙江农垦科技职业学院付艳编写项目五中的工作过程一；黑龙江农业经济职业学院赵立斐编写项目三工作过程二中的任务一、任务二、任务三；北京农业职业学院田璐编写项目一；湖北福人金身药业有限公司曾希望编写项目五中的工作过程二；辽宁医药职业学院刘颖编写项目二中的工作过程一；威海职业学院范琳编写项目三中的工作过程一；武汉软件工程职业学院林敏编写项目二中的工作过程二和工作过程三；黑龙江农业职业技术学院杨晶编写项目二中的工作过程四。全书由徐瑞东策划、统稿并审定。

在编写过程中参考了相关书籍、网站的文献资料，在此向相关作者表示感谢。

本教材适用于生物制药技术、药品生产技术等制药技术类专业的高职高专院校学生，也可作为化工、食品、生物等相关行业的职业培训教材，并可供生物工程、精细化工等相关专业学生和从事生产、开发等有关技术人员参考。

由于生物技术的飞速发展，也限于作者水平有限和时间仓促，书中疏漏之处在所难免，恳请同行专家和读者批评指正，我们一定在今后的修订中改正。

编者

2020 年 12 月

目 录 CONTENTS

项目一 生物分离与纯化技术认知 ... 1
项目引例 回顾药品制备工艺实例 ... 1
工作过程一 生物分离纯化的概念与原理 ... 4
工作过程二 生物分离纯化的过程与特点 ... 9
工作过程三 生物分离纯化的策略与评价 ... 13
工作过程四 生物分离与纯化技术的发展 ... 22
知识拓展 生物药物分离纯化前的准备工作 ... 28
技能提升一 生物药物分离纯化过程的设计 ... 29
技能提升二 生物药物分离与纯化技术案例分析
——青霉素的分离纯化工艺分析 ... 33
科学引领 中国传统医药献给世界的礼物——青蒿素 ... 36

项目二 预处理技术 ... 39
项目引例 明确预处理任务并认识青霉素发酵液 ... 40
工作过程一 细胞破碎技术 ... 42
工作过程二 植物材料粉碎 ... 57
工作过程三 发酵液预处理技术 ... 63
工作过程四 固-液初级分离技术 ... 69
 任务一 过滤技术 ... 71
 任务二 离心技术 ... 76
知识拓展 细胞破碎技术的研究方向 ... 84
技能提升三 预处理技术应用实例与案例设计 ... 85
技能提升四 细胞破碎及梯度离心综合试验 ... 87
科学引领 我国最早开始系统研究青霉与曲霉分类的科学家
——施有光 ... 88

项目三　产物提取技术 ·· 93
项目引例　明确萃取任务并认识青霉素滤液 ································ 93
工作过程一　萃取技术 ··· 95
任务一　萃取技术认知 ··· 96
任务二　溶剂萃取技术 ··· 99
任务三　双水相萃取技术 ··· 112
任务四　超临界流体萃取技术 ··· 117
工作过程二　固相析出分离技术 ·· 124
任务一　盐析技术 ··· 125
任务二　有机溶剂沉淀技术 ··· 134
任务三　等电点沉淀技术 ··· 142
任务四　结晶技术 ··· 145
知识拓展　结晶新技术 ·· 159
技能提升五　牛血清白蛋白在双水相系统中的分配制备实例 ·················· 160
技能提升六　硫酸铵分级盐析分离血清中的蛋白质制备实例 ·················· 161
技能提升七　结晶技术应用实例与方案设计 ································ 163
科学引领　化学泰斗——侯德榜 ·· 165

项目四　产物精制技术 ·· 171
项目引例　典型的制备色谱——模拟移动床色谱 ···························· 172
工作过程一　色谱分离技术 ·· 173
任务一　吸附色谱技术 ··· 175
任务二　离子交换色谱技术 ··· 191
任务三　凝胶过滤色谱技术 ··· 204
工作过程二　膜分离技术 ·· 217
任务一　膜和膜组件 ··· 218
任务二　微滤技术 ··· 223
任务三　超滤技术 ··· 229
任务四　反渗透技术 ··· 239
任务五　透析技术 ··· 244
知识拓展　纳滤技术 ·· 250
技能提升八　离子交换色谱分离混合氨基酸制备实例 ························ 251

技能提升九　透析法脱盐制备实例…………………………………………… 254
　　科学引领　中国离子交换树脂之父——何炳林………………………………… 255

项目五　成品加工技术……………………………………………………………… 259
　　项目引例　双锥真空干燥青霉素钾工业盐湿晶体操作规程………………… 260
　　工作过程一　浓缩技术…………………………………………………………… 262
　　　　任务一　浓缩基础知识……………………………………………………… 263
　　　　任务二　常用浓缩技术……………………………………………………… 264
　　工作过程二　干燥技术…………………………………………………………… 277
　　　　任务一　干燥基础知识……………………………………………………… 277
　　　　任务二　常用干燥技术……………………………………………………… 280
　　知识拓展　干燥造粒技术………………………………………………………… 291
　　技能提升十　蛋白质的冷冻干燥制备实例……………………………………… 292
　　科学引领　打造世界一流"细胞培养基"王国的罗顺…………………………… 294

岗课赛证融通参考答案…………………………………………………………… 297

参考文献…………………………………………………………………………… 305

项目一

生物分离与纯化技术认知

项目目标

知识目标：
1. 掌握生物分离与纯化技术的基本概念与原理、生物物质的概念及其来源。
2. 熟悉生物分离纯化基本工艺过程，分离纯化技术特点。
3. 掌握生物分离纯化的策略与评价方法。
4. 了解生物分离与纯化技术的发展。

能力目标：
1. 能辨识生物分离与纯化技术在制药过程中的作用、基本工艺过程。
2. 能选择生物分离纯化的方法、原材料。
3. 能掌握保存成品的方法。

素养目标：
1. 培养学生爱岗敬业的职业素养。
2. 培养学生解决问题的能力和安全生产意识。

项目引例

回顾药品制备工艺实例

对于制药技术类专业学生，前期已学习了有机化学、中草药基础、药理学、药物合成反应、制药工艺等课程，常见的药品制备实训项目有：苯佐卡因的制备、阿司匹林的制备与精制、维生素C的精制、扑热息痛的合成与精制、头孢噻肟钠的合成与精制、7-羟基-4-甲基香豆素（胆通）的合成与精制等。现在回顾两个典型药品的制备工艺过程：苯佐卡因制备工艺过程和阿司匹林制备工艺过程。

一、苯佐卡因制备工艺过程

1. 结构性质

苯佐卡因化学名为对氨基苯甲酸乙酯，化学式为 $C_9H_{11}NO_2$，相对密度1.17，沸点172℃，相对分子质量165.19，熔点88~90℃，易溶于醇、醚、氯仿，能溶于杏仁油、橄榄油、稀酸，很难溶于水。

苯佐卡因为局部麻醉药，用于创面、溃疡面及痔疮的镇痛，为白色结晶性粉末，无臭，味微苦，随后有麻痹感，遇光色渐变黄。它的合成是以对硝基苯甲酸为原料，经与乙醇酯化、铁粉还原制得。

$$\underset{NO_2}{\underset{|}{C_6H_4}}-COOH \xrightarrow[H^+]{C_2H_5OH} \underset{NO_2}{\underset{|}{C_6H_4}}-COOC_2H_5 \xrightarrow[NH_4Cl]{铁粉} \underset{NH_2}{\underset{|}{C_6H_4}}-COOC_2H_5$$

2. 制备工艺

（1）酯化反应　在干燥的圆底瓶中加入硝基苯甲酸6g，无水乙醇24mL，缓慢加入浓硫酸2mL，混合均匀，装上附有干燥管的球形冷凝器，加热回流3h，稍冷后改成蒸馏装置，回收乙醇后将反应液倒入100mL冰水中，析出结晶，冷却，抽滤。滤饼加5倍量水搅匀，加碳酸钠溶液调pH至7.5~8.0，抽滤干燥得对硝基苯甲酸乙酯。

（2）还原反应　在装有搅拌器及球形冷凝器的三口瓶中加入水17mL、氯化铵0.7g，加热至95℃，加入铁粉4.3g，活化20min，缓慢加入对硝基苯甲酸乙酯5g，反应90min，冷却至45℃，加入少量碳酸钠饱和溶液调pH至7.5~8.0，加入氯仿30mL，抽滤，合并滤液并分液，弃去水层，氯仿层用5%盐酸90mL分三次提取，合并提取液，用40%氢氧化钠调pH至8.0，析出晶体，抽滤得苯佐卡因粗品。

（3）精制　将粗品用2倍量的乙醇加热溶解，加少量活性炭脱色，抽滤，滤液冷却，加3倍量的蒸馏水冷却至室温，析出结晶。抽滤，水洗，干燥，得苯佐卡因精品。

二、阿司匹林制备工艺过程

1. 结构性质

阿司匹林（Aspirin）化学名为 2-乙酰氧基苯甲酸，又名乙酰水杨酸。性状为白色针状或板状结晶，臭或微带醋酸臭，味微酸，熔点 134~136℃，易溶于乙醇，可溶于氯仿、乙醚，微溶于水，水溶液呈酸性。阿司匹林临床上主要用于治疗发烧感冒、头疼、牙痛、肌肉痛、神经疼、关节疼等疾病。还能抑制血小板聚集，用于预防和治疗缺血性心脏病、心绞痛、心肌梗死、脑血栓形成等。

阿司匹林的制备：通常用水杨酸与乙酸酐作用，即水杨酸分子中羟基的氢被乙酰基取代。水杨酸既含有羟基，又含有羧基，属于双官能团化合物。它既可以与羧酸及其衍生物作用，又可以与醇作用成酯，它本身分子间也可以形成氢键。为了加速反应的进行，破坏水杨酸分子间的氢键，常加入浓硫酸为催化剂。

$$\text{C}_6\text{H}_4(\text{OH})\text{COOH} + (\text{CH}_3\text{CO})_2\text{O} \xrightarrow{\text{H}_2\text{SO}_4} \text{C}_6\text{H}_4(\text{OCOCH}_3)\text{COOH} + \text{CH}_3\text{COOH}$$

2. 制备工艺

（1）乙酰水杨酸粗品制备　在 125mL 锥形瓶里加入 2.0g 水杨酸和 4.0mL 乙酸酐，摇匀。向混合物中加入 3 滴浓硫酸搅匀。反应开始时会放热。若烧瓶不变热，再向混合物中加 1 滴浓硫酸。当感觉到热效应时，将反应混合物放到 50℃ 的水浴中加热 5~10min，使其反应完全。冷却锥形瓶并加入 40mL 水。搅拌混合物至有固体生成并很好地分散在整个液体中，抽滤，并用少量冷水冲洗，抽干得乙酰水杨酸粗品。

（2）粗品的重结晶　将乙酰水杨酸粗品置于装有搅拌器、温度计和球形冷凝器的三口烧瓶中，按乙酰水杨酸粗品：乙醇＝1：1（质量体积比）加入乙醇，微热溶解，在搅拌下，按乙醇：水＝1：3（体积比）加入温度为 60~75℃ 的热水，按 5%（质量分数）加活性炭脱色，脱色 5~10min，搅拌下滤液自然冷却至室温，冰浴下搅拌 10min，过滤，用冷水洗涤、压干，置红外烘箱内干燥（干燥温度不超过 60℃ 为宜），得白色粉末状产品。

$$\text{C}_6\text{H}_4(\text{OH})\text{COOH} + \text{Ac}_2\text{O} \rightleftharpoons \text{C}_6\text{H}_4(\text{OCOCH}_3)\text{COOH} + \text{CH}_3\text{COOH}$$

项目实施

工作过程一 生物分离纯化的概念与原理

现代生物技术发展迅猛,利用专门的设备和技术手段将生物活性物质从生物原料中分离纯化出来,使其保持活性,这门技术称为生物分离纯化技术(也称生物分离与纯化技术)。制药技术的发展综合了生物或化学反应技术、分离与纯化技术和药物制剂几个方面。利用含有目的药物成分的生物材料或一些化学混合物,有目的地经过提取、精制并加工制成高纯度的、符合药典规定的各种药品的生产技术,称为药物分离与纯化技术,又称下游技术或下游加工过程,决定着产品的安全、效力、收率和成本的技术基础,在生物技术产业中起着重要的作用。

生物分离与纯化技术认知

一、生物物质及其来源

1. 生物物质

生物物质是来源于动物、植物或微生物中天然的或者是利用现代生物技术手段,以生物材料为载体合成的一些氨基酸、多肽等从小分子化合物到病毒、微生物菌体制剂等具有复杂结构和成分的一类物质。它们存在于生物机体内,直接参与生物体的新陈代谢,并能与生物各种机能产生生物活化效应,称为生物活性物质,而在产业生产中得到的生物物质也称为生物产品,常见的包含以下类型。

(1)氨基酸及其衍生物类 氨基酸是蛋白质的基本单位,结构简单、分子质量小,广泛应用于医药、食品、动物饲料和化妆品的制造。氨基酸在医药上主要用来制备复方氨基酸输液,也可作为治疗药物和合成多肽类药物。目前用于药物的氨基酸有100多种,其中,用于治疗消化道疾病的氨基酸及其衍生物,主要有谷氨酸及其盐酸盐、谷氨酰胺、乙酰谷氨酰胺铝、甘氨酸及其铝盐、磷酸甘氨酸铁等;用于治疗肝病的氨基酸及其衍生物,主要有精氨酸盐酸盐、谷氨酸钠、甲硫氨酸、瓜氨酸等;用于治疗脑及神经系统疾病的氨基酸及其衍生物,主要有谷氨酸钙盐及镁盐、氢溴酸谷氨酸、色氨酸、5-羟色氨酸及左旋多巴等;其他氨基酸药物的临床应用有天冬氨酸的钙、镁盐可用于缓解疲劳,治疗低钾症心脏病、肝病、糖尿病等。组氨酸可扩张血管、降低血压,用于心绞痛和心功能不全等疾病的治疗。目前主要生产的氨基酸品种有谷氨酸、赖氨酸、天冬氨酸、精氨酸、半胱氨酸、苯丙氨酸、苏氨酸和色氨酸等,其中谷氨酸的产量最大,约占氨基酸总产量的80%。

(2)多肽和蛋白质类 活性多肽类药物主要是由20种天然氨基酸按一定顺序连接起来的多肽链化合物,原料简单易得,多数无特定空间构象,分子质量一般较小，药效好，副作用低。多肽在生物体内浓度很低，但活性很强，对机体生理功能的调节起着非常重要的作用，用途广泛，品种繁多。多肽类药物主要有多肽激素、多肽类细胞生长调节因子、含有多肽成分的其他生化药物等，目前应用于临床的多肽药物已达 30 种以上。

蛋白质类主要有简单蛋白和结合蛋白。简单蛋白包括清蛋白、球蛋白、谷蛋白、组蛋白、精蛋白、硬蛋白等，又称单纯蛋白质，这类蛋白质只由氨基酸组成肽类，不含其他成分。结合蛋白是由简单蛋白与其他非蛋白成分（如核酸、脂质、糖、血红素等辅基）结合而成，如核蛋白、色蛋白、糖蛋白、脂蛋白、金属蛋白等。

特异免疫球蛋白制剂和细胞生长因子是近年来十分引人注目的蛋白质类物质，如丙种球蛋白 A、丙种球蛋白 M、抗淋巴细胞球蛋白等已广泛用于原发性免疫球蛋白缺陷和一些病毒病的临床治疗。细胞生长因子是在体内对动物细胞的生长具有调节作用，并在靶细胞上具有特异受体的一类物质，它不是细胞的营养生长因子，目前已经应用于临床的有神经生长因子（NGF）、表皮生长因子（EGF）、成纤维细胞生长因子（FGF）、集落刺激因子（CSF）、红细胞生成素（EPO）以及淋巴细胞生长因子等。

（3）酶类　酶是一种生物催化剂，是具有生物催化功能的生物大分子（蛋白质或 RNA）。随着近年来现代生物技术的发展，作为商品的酶制剂已经广泛应用于食品工业、医药、化工、纺织、环保和能源等方面。它主要包括工业用酶如 α-淀粉酶、β-淀粉酶、糖化酶、果胶酶、蛋白酶、脂肪酶、纤维素酶等，医疗用酶如消化酶、抗癌酶、酶诊断试剂等，以及基因工程工具酶如各种限制性内切酶和外切酶等。

（4）核酸及其降解物类　主要包括核酸碱基及其衍生物、腺苷及其衍生物、核苷酸及其衍生物和多核苷酸等，有 60 多种。

（5）微生物菌剂　主要包括活菌体、灭活菌体及其提取物制成的药物，如微生物肥料制剂、畜牧业饲用微生物制剂、污水处理微生物制剂以及用于医疗上的"乳酶生""促菌生"酵母制剂等。

（6）糖类　主要包括单糖、寡糖、多糖和糖的衍生物，其中一些功能性的低聚糖（如海藻糖）和聚糖中的一些微生物多糖（如香菇多糖）在糖类中占有重要的地位，并日益显示出较强的生化作用和较好的临床医疗效果。

（7）脂类　脂类都呈非水溶性，但其化学结构差异较大，生理功能较广泛，主要包括磷脂类、多价不饱和脂肪酸、固醇、前列腺素、卟啉类以及胆酸类等。

随着人们对各种生物物质的认识，尤其是对其生物功能的认识越来越清楚，它们的应用也越来越广泛和深入，在医药、农林牧渔、环保等产业中都涉及。

2. 生物物质来源

上述各种生物物质主要来自它们广泛存在的生物资源中，包括天然的生物体及其组织、器官以及利用现代生物工程技术改造的生物体等，目前常用的有如下几种。

（1）动物器官与组织　包括猪、牛、羊等的肝脏、胰腺、乳腺以及鸡胚胎等。另外，从海洋生物的器官与组织中获得生物物质是重要的发展趋势。

（2）植物器官与组织　植物器官与组织中含有很多药用活性成分，转基因植物可产生大量以传统方式很难获得的生物物质。

（3）微生物及其代谢产物　从细菌、放线菌、真菌和酵母菌的初级代谢产物中可获得氨基酸和维生素等，由次级代谢产物中可获得青霉素和四环素等一些抗生素。基因工程技术的发展使得通过微生物培养获得大量其他生物物质成为可能。

（4）细胞培养产物　细胞培养技术的发展使得从动物细胞、昆虫细胞中获得较高应用价值的生物物质成为可能，且发展迅速，应用越来越广泛，前景广阔。

（5）血液、分泌物及其他代谢物　人和动物的血液、尿液、乳汁，以及胆汁、蛇毒等其他分泌物与代谢产物也是生物物质的重要来源。

二、生物分离纯化的概念与原理

1. 生物分离纯化的概念

生物物质是生物技术产品的主要成分，应用现代生物技术的主要目的是提高生物物质的生产效率，生产过程主要包括生物材料的上游加工过程和生物物质的下游加工过程。上游加工过程涉及微生物细胞工程、酶工程、蛋白质工程、基因工程等；下游加工过程即生物物质的分离纯化过程，是指从动植物细胞、微生物代谢产物和酶促反应产物等生物物料中分离和纯化出目的产物的技术，其中涉及的技术统称为分离纯化技术，主要有离心技术、细胞破碎技术、萃取技术、固相析出技术、色谱技术和膜分离技术等。

2. 生物分离纯化的原理

生物分离与纯化技术多种多样，并不断发展和变化，但一般主要分为机械分离与传质分离两大类。机械分离是指利用机械力，在分离装置中简单地将两相混合物相互分离的过程，分离对象为两相混合物，相间无物质传递。针对非均相混合物，依据物质颗粒的大小、密度的差异，在外力作用下，将两相分开，如过滤、沉降、膜分离等分离过程。传质分离针对均相混合物，也包括非均相混合物，在加入分离剂（物质或能量）后，混合物成为两相，在推动力的作用下，物质从一相转移到另一相，达到分离纯化的目的。因为在此过程中两相间发生了物质传递，故称为传质分离。

某些传质分离过程，以溶质在两相中的浓度与达到相平衡时的浓度之差作为推动力进行分离，称为平衡分离过程，如蒸馏、萃取、结晶等分离纯化过程。某些传质分离过程利用溶质在某种介质中移动速率的差异，以压力、化学位、浓度、电势等梯度形成的推动力进行分离，称为速率控制分离过程，如超滤、反渗透、电泳等分离纯化过程。有些传质分离过程还需要经过机械分离，才能实现物质的最终分离，如萃取、结晶等传质分离过程都需要经过离心分离来实现液-液、固-液两相的分离，因此机械分离的好坏也会直接影响传质分离速率和效果，必须同时掌握传质分离和机械分离的原理和方法，合理运用各种分离技术才能获得符合生物药品质量要求、生产效率高的药物分离纯化工艺过程。

分离与纯化的核心是选择合适的分离剂，分离剂可以是某一种能量，也可以是某一种物质，如干燥过程的分离剂是热能，液-液萃取过程的分离剂是溶剂，离子交换过程则将离子交换树脂作为分离剂。因原料来源的不同，对分离程度的要求不同，所选用的分离剂也不同，分离装置将有很大差异，见图1-1。

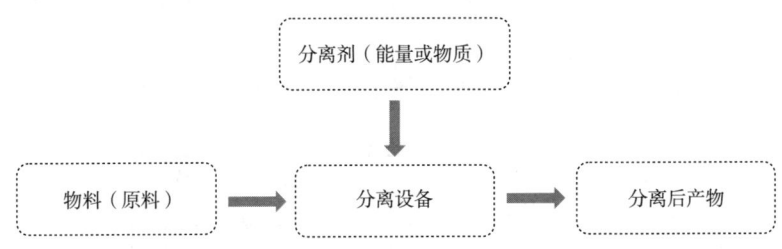

图1-1 生物分离纯化一般原则（参考张雪荣《药物分离与纯化技术》）

对于分离不同的混合物，采用的分离方法可能相同，也可能不同。对于同一混合物也可以采取多种分离方法进行分离，当分离要求发生变化时，所选用的分离剂也会随之变化。对于混合物的分离，有时用一种分离与纯化技术就能完成，但大多需要两种以上分离与纯化技术相结合才能实现分离，另外，为了实现技术可行，经济合理，也需要将几种分离技术优化组合应用，因此对于某一种混合物的分离工艺过程常常是多种多样的，见表1-1。

表1-1　　　　主要生物分离技术的分离原理与分离对象

分离技术		分离原理	分离对象
离心分离	差速离心	离心力	菌体、细胞、细胞碎片等
	密度梯度离心	离心力、离心介质	蛋白质、核酸等
过滤	加压过滤	压力差、筛分	动植物原料提取碎渣、菌体和蛋白、晶体和沉淀
	减压过滤	压力差、筛分	生物菌体和细胞、晶体和沉淀、悬浊液
萃取	超声波辅助萃取	固-液相平衡	天然药物
	溶剂萃取	液-液相平衡	蛋白质、抗生素、天然和化学药物
	双水相萃取	液-液相平衡	蛋白质、抗生素、天然药物
	超临界萃取	超临界流体相平衡	蛋白质、抗生素、天然药物
	反胶团萃取	液-液相平衡	蛋白质、抗生素、天然药物

续表

分离技术		分离原理	分离对象
沉淀/结晶	盐析	液-固相平衡、疏水作用、静电作用	蛋白质、酶、核酸等
	有机溶剂沉淀	液-固相平衡、静电作用、疏水作用	蛋白质、酶、核酸、果胶等
	等电点沉淀	液-固相平衡、静电作用、疏水作用	蛋白质、酶、氨基酸等
	溶液结晶	液-固相平衡	氨基酸、有机酸、蛋白质、酶、抗生素等
色谱技术	吸附色谱	吸附	色素、抗生素、蛋白质、生物碱、酶等
	离子交换色谱	静电作用、离子交换、浓度差	蛋白质、酶、核酸、多糖、氨基酸、有机酸、抗生素等
	凝胶色谱	筛分、浓度差	蛋白质、多肽
	亲和色谱	亲和作用	蛋白质、酶、核酸、多肽等
	疏水	疏水作用、浓度差	蛋白质、酶、核酸等
膜分离	微滤	压力差、筛分	细胞碎片、蛋白质、抗生素
	超滤	压力差、筛分	蛋白质、抗生素，脱盐和除热原
	纳滤	压力差、筛分	蛋白质、抗生素
	反渗透	压力差、筛分	盐、氨基酸、糖的浓缩，淡水制造
	透析	浓度差、筛分	脱盐、除变性剂
	电渗析	电位差、筛分	脱盐、氨基酸和有机酸分离
	渗透蒸发	气-液相平衡、温差	蛋白质、抗生素

■ 岗位链接

30 万级洁净区生产操作间的清洁操作规程

文件编号	30 万级洁净区生产操作间的清洁岗位		颁发部门	
SOP-PA-127-01				
总页数			执行日期	
编制者		审核者		批准者
编制日期		审核日期		批准日期

1. 目的

明确 30 万级洁净区生产操作间清洁的标准操作规程，保障环境卫生。

2. 范围

30 万级生产操作间。

3. 责任

各工序操作人员。

4. 内容

（1）每日上班前，各工序操作员应对操作间进行清洁。

①用洁净的拖布擦拭地面，不得有遗漏处。

②用洁净的抹布擦拭机器、台面等表面。

③清洁方向应按照从里向外、从上向下顺序进行。

④拖布、抹布应勤洗，不得一块抹布从头用到尾。

（2）每日工作完毕应对操作间进行清洁。

①地面用洁净的拖布擦拭至少二遍，不得有遗漏处。

②台面、墙面、门窗等用洁净的抹布擦拭，不得有污处。

（3）每一个批号的产品生产结束后，应对操作间进行全面清洁。

①地面用湿拖布清洁后，再用干拖布将其擦干。

②操作台面的里外、门窗、墙壁、天花板、顶灯、送风口、回风口、室内所有物品及表面均用洁净的抹布擦拭至少三遍，做到窗明几净。

（4）操作间内如发现污迹应立即进行清洁处理。

（5）清洁后进行自检，自检合格后，上报质检科质检员，检查合格后，挂清场合格证。清场合格证上应标明日期，有效期为一周；有效期外应按上述程序重新进行清洁。

5. 培训

（1）培训对象　各工序操作人员。

（2）培训时间　1h。

工作过程二　生物分离纯化的过程与特点

一、生物分离纯化的基本工艺过程

由于生物材料品种多，原料来源广泛，反应过程多种多样，其生成含有目的成分的混合物组成复杂，分离与纯化工艺及设备各不相同。分离与纯化工艺过程按生产过程性质划分，分为 4 个阶段，即原材料的预处理、初步纯化、精制和成品加工，如图 1-2 所示。

工艺概述

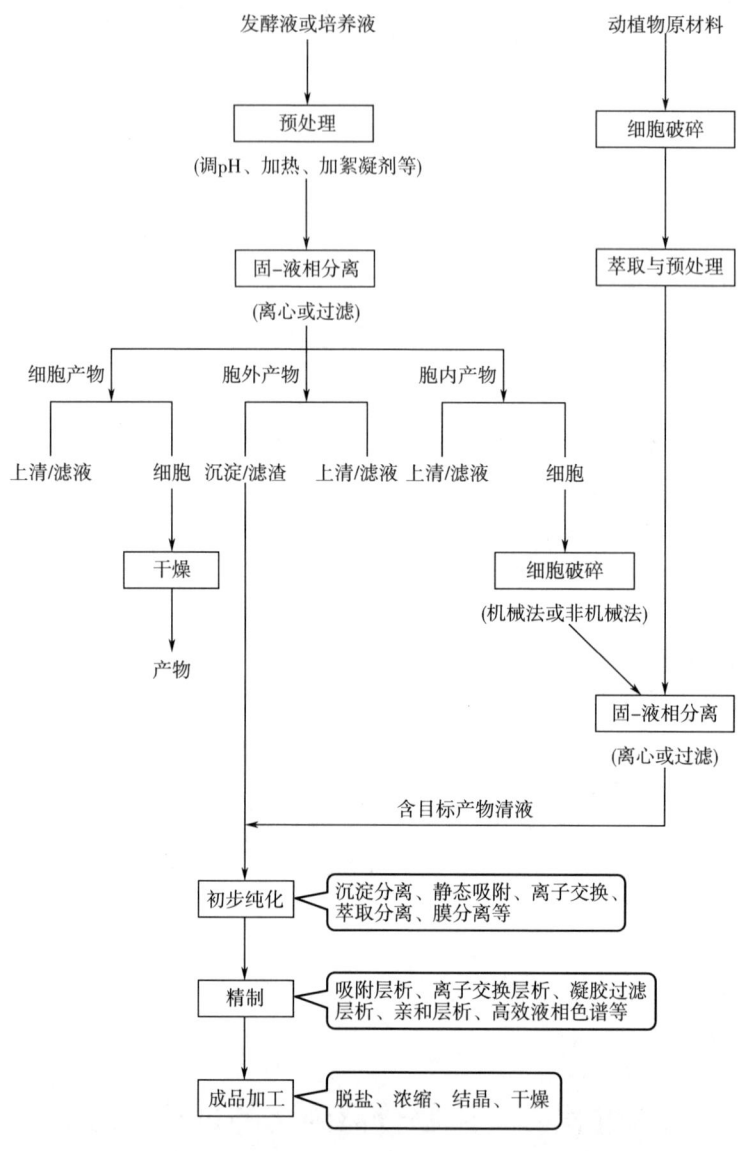

图 1-2　生物分离与纯化技术一般工艺过程

（1）分离纯化前的预处理　此为分离纯化操作的第一步。利用凝聚、絮凝、沉淀等技术，除去部分杂质，改变流体特性，以利于固-液相分离；经离心分离、膜分离等固-液相分离操作后，分别获得固相和液相。若目的药物成分存在于固相（如胞内产物），则将收集的固相（如细胞）进行细胞破碎和细胞碎片的分离，最终使目的药物成分存在于液相中，便于下一步的提取分离操作。

（2）提取　此为分离纯化操作的主要步骤。利用超滤、萃取、吸附、离子交换等分离技术进行提取操作,除去与产物性质差异较大的杂质,提高目的药物成分的浓度,为下一步的精制操作奠定基础。

(3)精制 此为药物分离与纯化操作的关键步骤。采用结晶、色谱分离、冷冻干燥等对产物有较高选择性的纯化技术,除去与目的药物成分性质相近的杂质,达到精制的目的。

(4)成品加工 根据药品应用的要求和国家药典的质量标准,精制后还需进行无菌过滤和去热原、干燥、造粒、分级过筛等成品加工操作,经检验合格后包装,完成生产过程。

上述药物分离与纯化工艺过程包含多种分离纯化技术,一些分离纯化技术既可用于初步分离过程,又可用于高度纯化过程。随着药品生产中反应技术的发展,对药物分离与纯化技术提出了更高的要求,将会开发应用许多新型分离与纯化技术。

二、生物分离纯化技术的特点

生物物质主要包括氨基酸、多肽、蛋白质、酶、核酸、多糖、脂类以及它们的衍生物、生物制品等,由于这些物质大多具有生理活性和药理作用,并且很多生物大分子对外界条件非常敏感,过酸、过碱、热、光、剧烈振荡等都有可能导致其丧失活性,因此在分离与纯化的过程中,必须根据目标产物的特点,在保持其生物活性的前提下进行分离与纯化操作,其特点主要体现在以下几个方面。

1. 生物活性物质不稳定,操作不当容易失活

生物活性物质的生理活性大多是在生物体内温和条件下维持并发挥作用的,生物活性药物对温度、酸碱度、某些有机溶剂等都十分敏感,易引起药物的失活或分解。药物成分的稳定性通常较差,使分离与纯化方法的选择受到很大限制,必须严格控制操作条件,如青霉素发酵液在整个分离纯化过程中始终控制在10℃以下。因此为维持生物物质的活性,对分离与纯化过程的操作条件有严格的限制。

2. 目标产物浓度低,纯化难度大

原料液中目标产物的浓度一般都很低,有的甚至是极微量的,如发酵液中抗生素的质量分数为1%~3%,酶为0.1%~0.5%,维生素B_{12}为0.002%~0.005%,胰岛素为0.002%,单克隆抗体不超过0.0001%,但杂质的含量却相对较高,并且往往杂质与目的药物成分有相似的结构,有的还存在危险物质(病毒、热原等),从而加大了分离的难度,而且多次分离提取导致收率较低,成本增加,因此要从庞大体积的原料中分离纯化目标产物,就有必要对原料液进行高度浓缩。

3. 目标产物最终的质量要求很高

由于许多生物产品是医药类、生物试剂类或食品类等精细产品的主要成分,其质量的好坏与人们的生活健康密切相关。药品质量要求高,这就对分离与纯化技术提出了更高的要求。依据国家药品标准,药品只有合格品与不合格品之分,所有不合格药品不准出厂、不准销售、不准使用,这就是药品质量的严格性。因此药品生产要求质量第一,确保药品安全有效、稳定均一,才能保证达到防病治病、保护健康的目的。如果在质量上不严格要求,就会对患者造成危害,形成各种药源性疾病。

4. 环境复杂,分离纯化困难

目标产物存在的环境复杂,分离纯化比较困难,具体表现在两个方面:一是目标产物来源的生物材料中常含有成百上千种其他杂质,以谷氨酸发酵液为例,在发酵液中除了含有大量的微生物细胞、细胞碎片、残余培养基成分等杂质外,还含有核酸、蛋白质、多糖等大分子质量物质,以及大量其他氨基酸、有机酸等小分子质量的中间代谢产物,这些杂质有些是可溶性物质,有些则以胶体悬浮液和粒子形态存在。总之混合物的组成相当复杂,即使是一个特定的体系,也不可能对他们进行精确分离,何况某些组分的性质与目标产物具有很多理化方面的相似性。二是不同生物材料成分的差异导致分离纯化过程中处理对象理化性质的差别,比如赖氨酸可以采用发酵法和水解动植物蛋白质获取,同样是赖氨酸,因水解液和发酵液的组成成分差别决定了在赖氨酸的分离纯化中不可能采用相同的生产工艺。

5. 生物材料容易变质,保存困难

生物材料容易腐败、污染,被微生物的活动所分解或被自身的酶所破坏,甚至机械搅拌、金属器械、空气、日光等对生物物质的活性都会产生影响。因此生物分离方法的选择,对维持目标产物的稳定性至关重要。

■ 岗位链接

手清洁程序安全须知

文件编号				颁发部门	
SOP-PA-123-01		手清洁程序			
总页数				执行日期	
编制者		审核者		批准者	
编制日期		审核日期		批准日期	

1. 目的

明确进出洁净区人员的手清洁程序。

2. 范围

进出洁净区所有人员。

3. 责任

洁净区操作人员。

4. 内容

（1）洗手程序　①用自来水润湿双手至腕部；②取清洁液，双手揉搓20s以上；③用自来水冲净污物及泡沫；④用肘及腕部关闭水龙头；⑤用干手器吹干双手。

（2）手消毒程序　将双手伸至免接触手消毒器下，接受喷雾消毒液搓动双手，使分布均匀后，进入洁净区。

（3）消毒液的更换　消毒液使用时失去原色应立即更换，每两天配制一次。各种消毒液每半月交替更换一次。

5. 培训

（1）培训对象　洁净区操作人员。

（2）培训时间　1h。

工作过程三　生物分离纯化的策略与评价

一、生物分离纯化方法的选择

生物分离与纯化方法选择的依据是目标产物与杂质之间的物理、化学或生物学性质上的差异，要想得到低成本、高质量的产品，分离与纯化方法的选择就十分重要。选择药物分离与纯化过程时遵循的一般原则如下。

（1）优先采用技术路线、工艺流程简单的分离纯化方法。

（2）尽可能采用低成本的材料与设备。

（3）将完整工艺流程划分为不同的工序。

（4）注意时效性，应优先选择可缩短各工序纯化时间的加工条件。

（5）尽早分离出混合物中有害的物质，或可能导致副反应的物质。

（6）尽可能采用成熟的技术路线和可靠的设备。

（7）初步分离时分离方法不要求分辨率高，但要求负荷能力大，优先考虑采用机械分离，如选择沉淀、萃取、吸附等操作，其次考虑传质分离，尽量少用化学方法。

（8）以适宜的方法检测纯化过程、产物产量和活性，对纯化过程进行监控等。

需要注意的是在选择分离过程时，也要对工艺过程设备的各种因素予以考虑。此外，在确定了分离设备后，对辅助处理装置和液体及固体的输送等也必须考量，以尽量恰当的配置来适应所选择的分离设备，总之应全面地从整个工艺过程来考虑分离过程的选择。

二、生物分离纯化的原材料选择与成品保存

1. 分离纯化原材料的选择

选择生物材料时需考虑其来源、目标产物的含量、杂质的种类、价格、材料的种属特性等，其原则是要选择富含所需目的物，易于获得、易于提取的无害生物材料。

（1）来源　选材时应选用来源丰富的生物材料，做到尽量不与其他产品竞争原料，且最好能综合利用，如罗汉果和甜叶菊中都含有甜苷类物质，它们在甜度、用途、性质上十分接近，到底选用哪一种原料来生产甜味剂，就必须根据原料、市场、地域、产品用途等多种因素加以考虑。

（2）与目标产物含量相关的因素　生物材料中目标产物含量的高低直接关系到终产品的价格，在选择生物材料时，应从以下几个方面加以考虑。

①合适的生物品种：根据目标产物的分布，选择富含目标产物的生物品种是选材的关键，如制备催乳素不能选用禽类、鱼类、微生物，应以哺乳动物为材料。

②合适的组织器官：不同组织器官所含目标产物的量与种类以及杂质的种类、含量都有所不同，只有选择合适的组织器官提取目标产物才能较好地排除杂质干扰，获得较高的收率，保证产品的质量。如制备胃蛋白酶只能选用胃酶原料，免疫球蛋白只能从血液或富含血液的胎盘组织中提取，血管舒缓素虽可从猪胰腺和猪下颚腺中提取，从两者获得的血管舒缓素也并无生物学功能的差别，但考虑提取时目标产物的稳定性以猪下颚腺来源为好，因其不含蛋白水解酶。难以分离的杂质会增加工艺的复杂性，严重影响收率、质量和经济效益。

③生物材料的种属特异性：由于生物体间存在着种属特异性关系，因而使许多内源性生理活性物质的应用受到了限制。如用人脑垂体分泌的生长激素治疗侏儒症有特效，但用猪脑垂体制备的生长激素则对人体无效；牛胰腺中提取的牛胰岛素活性单位比猪胰岛素高，牛为40000IU/kg，猪为3000IU/kg，但在抗性方面，猪胰岛素比牛胰岛素低。

④合适的生长发育阶段：生物在不同的生长发育期合成不同的生化物质，所以生物的生长期对目标产物的含量影响很大。如提取胸腺素，因幼年动物的胸腺比较发达，而老龄后胸腺逐渐萎缩，因此胸腺原料必须来自幼龄动物。

⑤合适的生理状态：生物在不同生理状态时所含生化成分也有差异，如动物饱食后被宰杀，胰脏中的胰岛素含量增加，对提取胰岛素有利，但因胆囊收缩素

的分泌使胆汁排空，对收集胆汁则不利；从鸽胆中提取乙酰氧化酶时，先将鸽饥饿后取材可减少肝糖原的含量，以减少其对纯化操作的干扰。

2. 天然生物材料的采后处理

天然生物材料采集后如不能及时投料，需做一定的采后处理，主要原因如下。

（1）组织器官离体后，细胞易破裂并释放多种水解酶，引起细胞自溶，导致目标产物失活或降解。

（2）生物材料离体后易受微生物污染，导致目标产物失活或降解。

（3）生物材料离体后易受光照、氧气等的作用，导致其分子结构发生改变。如胰脏采摘后需立即速冻，防止胰岛素活性下降；胆汁长时间置于空气中，胆红素会发生氧化。因此天然生物材料采集后，需进行一系列的采后处理措施，一般植物材料需进行适当干燥后再保存，动物材料须经清洗后，速冻、有机溶剂脱水或制成丙酮粉并于低温保存。

3. 成品的保存

生物物质制成品的正确保存极为重要，一旦保存不当，制成的产品将会失活、变性、变质，前期制备工作也失去意义，前功尽弃。

（1）影响生物产品保存的主要因素

①空气：空气中微生物的污染可使产品腐败变质，产品吸湿后会引起潮解变性，也为微生物污染提供了有利的条件。某些产品与空气中的氧气接触，会自发引起游离基链式反应，还原性强的样品易氧化变质和失活，如维生素 C、巯基酶等。

②温度：每种产品都有其稳定的温度范围，温度升高 10℃，氧化反应、酶促反应进行的可能性大大增加。因此，通常绝大多数产品都是低温保存，以抑制氧化水解等化学反应和微生物的繁殖。

③水分：包括产品本身所带的水分和由空气中吸收的水分。水可以参加水解反应、酶解反应、水合反应，加速氧化反应、聚合反应、解离反应和霉变等。

④光线：某些生物物质可以吸收一定波长的光，光催化反应如变色、氧化和分解等，尤其日光中的紫外线能量大，对生物物质影响最大，因此生物产品通常都要避光保存。

⑤pH：保存液态生物产品时，注意其稳定的 pH 范围，通常可从文献和手册中查得或通过试验求得，因此正确选择保存液态生物产品的缓冲剂（包括种类、浓度）十分重要。

⑥保存期：生物产品和绝大多数商品一样，都有一定的保存期限，不同的产品，其有效期不同。因此，保存的产品必须写明保存日期，并定期检查和处理。

（2）蛋白质和酶制品的保存方法

①低温保存：多数蛋白质和酶对热敏感，通常 35℃ 以上就会失活，冷藏于冰

箱，一般也只能保存一周左右，而且蛋白质和酶越纯越不稳定，溶液状态比固态更不稳定，因此通常要保存于-20~-5℃，如能在-70℃下保存，则最为理想。极少数酶可以耐热，如核糖核酸酶可以短时间煮沸，胰蛋白酶在稀HCl中可以耐受90℃，蔗糖酶在50~60℃可以保存15~30min不失活。还有少数酶对低温敏感，如过氧化氢酶要在0~4℃保存，反复冻融会失活。

②制成干粉或结晶保存：蛋白质和酶呈固态比在溶液中要稳定得多。固态干粉制剂放在干燥剂中可长期保存，例如，葡萄糖氧化酶干粉0℃下可保存2年，-15℃下可保存8年，通常酶与蛋白质含水量大于10%，室温、低温下均已失活，含水量小于5%，37℃活性会下降，如要抑制微生物活性，含水量要小于10%，抑制化学活性，含水量要小于3%，此外要特别注意酶在冻干时往往会部分失活。

③添加保护剂：为了长期保存蛋白质和酶，常常要加入某些稳定剂，有以下几类：a. 惰性的生化或有机物质，如糖类、脂肪酸、牛血清白蛋白、氨基酸、多元醇等，以保持稳定的疏水环境；b. 中性盐，有一些蛋白质要求在高离子强度（1~4mol/L或饱和的盐溶液）的极性环境中才能保持活性，最常用的是$MgSO_4$、$NaCl$、$(NH_4)_2SO_4$等，但使用时要脱盐；c. 巯基试剂，一些蛋白质和酶的表面或内部含有半胱胺巯基，易被空气中的氧缓慢氧化为硫黄或二硫化物而变性，保存时可以加入半胱氨酸或巯基乙醇。

三、生物分离纯化的基本步骤

不同生物物质在结构、物理化学性质和生物学性质上千差万别，加之原材料的来源，终极产品的用途等也有所不同，不同的生物物质有多种不同的分离纯化手段，即便是同一种物质，不同技术路线和生产线也可采用不同的分离纯化工艺。对于一个未知化学结构和性质的组分，分离制备设计的基本步骤如下。

（1）查找与待分离组分相关的基础性研究资料，建立相应的分析鉴定方法。

（2）开展制备物理化学性质稳定性的预备试验。

（3）开展材料处理及抽提方法的选择试验。

（4）进行分离纯化方法、程序的摸索及其分离效果的评价。

（5）进行产物均一性的测定。

（6）进行中试试验和工业生产应用的放大设计，确定最佳的分离方法。

四、生物产品生产工艺验证

生物产品主要应用于与人类生命、健康相关的行业与活动中，其质量要求相当严格，而产品质量取决于产品的生产全过程，因此生产过程不仅需要严格的质量监控，也需要对生产过程中的工艺、设备和活动等进行验证，以使产品质量达到标准。验证工作在药品生产中是必须严格、规范执行的，在其他行业中也正在逐步开展。以下以药品生产为例介绍相关内容。

1. 验证的概念

我国 1998 年修订的《药品生产质量管理规范》对验证的定义为：证明任何程序、生产过程、设备、物料、活动或系统确实能达到预期结果的有文件证明的一系列活动。

2. 药品生产验证的主要内容

制药行业中经常需要进行的验证活动主要有设备验证与厂房和公用设施验证、工艺验证、清洁验证、分析方法验证及计算机验证等几类。设备验证、厂房和公用设施验证、工艺验证、清洁验证、分析方法验证及计算机验证等具体内容可参考《药品生产验证指南》，这里仅就其中工艺验证的基本知识加以介绍。

3. 工艺验证

工艺验证是指以最终书面文件形式证明某一生产工艺加工制造的制品符合既定标准的一系列活动。制药行业中成品分装、冻干和包装工艺的验证已有较成熟的经验和相对固定的内容和形式，生物技术制药行业不同制品品种其制造工艺的独特性主要体现在分离纯化工艺上，因而不同品种分离纯化工艺验证较之成品的分装、冻干和包装工艺的验证更具有复杂性和特殊性。

工艺验证不同于工艺开发研究，工艺开发与工艺验证是制品开发过程中的两个不同阶段。工艺开发过程是工艺验证的前提和基础，工艺验证是产品工艺开发的最后一道工序。工艺开发是配方和工艺条件的优选试验，而工艺验证则以工艺的可靠性和重现性为目标。工艺验证需在实际生产设备和工艺生产条件下，用相应技术手段证实所设定的工艺路线和控制参数能够确保产品符合既定标准并具有均一性，通常不负担工艺条件优选的任务。验证过程也是一个发现薄弱环节的过程，如果验证结果未达到既定要求，需要对工艺进行调整直至有关参数达到要求为止。

（1）生产工艺验证的目的　所谓生产工艺，就是指各种单元操作的有机组合和综合应用，包括工艺条件、操作程序和生产设备。因此工艺验证的目的就是证明各单元操作的工艺条件以及操作是否能适合该产品的常规生产，并证明在使用规定的原辅材料及设备的条件下，能始终生产出符合预定质量标准要求的产品，且具有良好的重现性和可靠性。

（2）工艺验证的主要形式　包括工艺定型前验证、同步验证及回顾性验证。这些验证活动同样需要以书面技术文件作支持。

①前验证：指一项工艺、一个系统、一台设备或一种材料正式投入使用前按照设定方案进行的验证。对于新品种、新设备或新工艺引进生产前一般都缺乏历史资料的积累，还不能依赖生产控制从产品检测来确保工艺的重现性和终产品的质量，这种情况下必须进行前验证。

②同步验证：指生产中某项工艺运行时进行的实时验证，以从工艺实际运行

过程中获得数据确立文件的依据，从而确保某项工艺达到预定要求的活动。有关工艺运行的技术参数主要通过在线检测、抽样检测等手段获取。

③回顾性验证：指以历史数据的统计分析为基础的旨在证实生产工艺条件适用性的验证。对一段时间内积累的多批产品生产过程的相关参数进行汇总、整理和统计处理，分析偏差、故障出现趋势，找出有关变量的"最差工况条件"。观察有关变量与"最差工况条件"的逼近程度，设置参数警戒线等，以评估工艺运行和控制的状况。

（3）工艺验证的一般要求

①工艺验证只有在所有设备或设施已完成安装确认、运行确认、性能确认，具备了适当的产品质量标准且检验方法已经过验证的基础上实施。

②为了证明工艺的重现性和可靠性，工艺验证一般要求至少做三批连续的成功批号。

③新产品的工艺验证是指一个产品正处于从小试成功、中试放大到常规大生产的转化过程中，因此在正式验证前一些工艺参数不确定，可以先进行至少一个批号的开发批工艺验证，根据开发批验证得出的数据可以调整一些工艺参数和设备操作，为后面进行的正式验证提供可靠的数据基础。但开发批的产品必须在检验全部产品符合预定质量标准，且偏差得到有效的调查评估后方可释放。根据开发批验证数据修订标准工艺操作规程，得到批准后，起草工艺验证方案并实施。

④回顾性验证适用于某一产品或生产工艺已经过一定时间的连续生产，其工艺操作及设备没有发生改变。回顾性验证也常常用于过去未经过充分的工艺验证，但现在仍在使用的生产工艺。回顾性验证的要求是收集近期生产的至少10~30批次的数据进行分析评估，以验证工艺的稳定性和可控性，收集的数据至少包括：主要原辅材料检验结果；所有中间体、半成品及成品质量检验结果；过程控制检验结果；偏差及整改的措施；设备的确认情况及设备的校验情况；客户的投诉；稳定性考查等。

⑤根据《药品生产质量管理规范》，在下列情况下，对产品质量的潜在影响做出评估后，需对工艺进行再验证。

a. 工艺发生改变，生产使用的主要设备调整、更换或大修。

b. 生产场所发生变化。

c. 在产品的趋势分析中发现严重的超常现象或可能对药品的安全、性状、纯度、杂质、含量等有影响。

d. 生产了一定周期后，一般周期件再验证最多不超过3年。

（4）工艺验证的主要内容

①关键工艺步骤的验证：在分离纯化过程中，每一个单元操作均需在适宜的工艺条件下进行，这些条件影响着分离纯化的程序和效果。将关键的工艺条件加

以有效控制，就能控制产品的质量和收率，得到符合预定质量标准的产品。一般生物原料药品分离纯化生产中的关键工艺步骤包括：相变的步骤；改变温度或pH的步骤；多种原料的混合及引起表面积、颗粒度、堆积密度或均匀性变化的步骤。换句话说，关键工艺步骤指的是如果此步骤操作不规范，就不能得到符合预定质量特性以及杂质分布的产品，或是被污染，而以后无法再有补救的措施。关键工艺步骤不仅包括最终的成品加工步骤，还包括一些半成品。

②关键工艺参数的验证：工艺参数包括物料配料比、物料浓度、操作温度、pH、压力、时间等。关键工艺参数及范围的确定：一般由熟悉工艺的技术人员根据小试的研制开发、中试生产的数据及大生产经验来确定。所有的关键工艺参数都必须验证。对于关键工艺参数的划分可考虑以下方面：质量因素，当生产操作超出此参数范围，可能会影响产品的质量；安全因素，当生产操作超出此参数范围，可能会增加安全方面的风险；环保因素，当生产操作超出此参数范围，可能会对环境方面造成负面影响；经济因素，当超出此参数操作范围，将对成本、收率造成负面影响。

③工艺一致性验证：是指通过证明在同样工艺加工条件下多次制造的各批产品的质量指标间差异小，从而确保工艺具有良好重复性的活动。工艺一致性验证通常有三种情况：a. 为取得试生产文号目的，临床试验申报前的试生产要求能够实现连续三批试生产，提供三批生产工艺一致性的数据，生产的三批制品的质量指标须达到合格标准；b. 为达到将试生产文号转为正式生产文号的目的，应提供两年试生产期间所用工艺加工多批产品的有关工艺参数和制品质量一致性资料；c. 从工艺控制的观点出发有必要确定在正常生产条件下工艺参数和产品质量指标的变化范围，正常操作技术参数范围在最大操作界限内，而最大操作界限介于警戒限度。一般情况下在确定参数范围的研究中已确定了最大操作范围，实际生产中正常操作工艺参数必须落在最大操作范围内，如果有关工艺参数超过最大操作范围，则表明加工工艺的可靠性降低，对加工工艺可能已失去控制，已不能确保该工艺可持续制造出符合预定规格和标准的制品。确定正常操作范围的典型方法是采集多次重复生产出符合标准产品的加工工艺参数，以相应的统计学方法来界定。

（5）验证文件　验证工作必须自始至终以书面文件为基础，应根据验证对象先行拟定书面验证方案，预先规定验证工作中包括组织实施、检测方法与合格标准等各项细节，工艺验证常包括以下一些内容。

①工艺验证方案：工艺验证方案中规定各工序段划分、杂质去除效率、原辅材料质量要求、进料与工艺或操作各项参数范围、产品质量标准、工艺一致性验证的方法、检测手段与结果评判标准等。验证实施前，由工艺技术人员根据产品工艺操作规程、设备操作规程及生产经验起草工艺验证方案，方案至少包括：目的、验证的依据（需列出验证涉及的工艺规程）、工艺描述、关键工艺参数（需

按中间体、半成品、成品分别列表，内容包括参数的描述、控制限度、目标控制值及控制的原因）、验证计划（需描述验证的时间、验证的批数及批号、验证规模）、取样计划（需描述除常规取样外的额外取样）、可接受标准、附加研究、培训等。

②工艺验证报告：工艺技术人员根据验证的结果，收集所有有关的数据并起草验证报告，报告至少包括：验证目的和依据、工艺描述、关键工艺参数、验证批号（需列出描述验证的产品名称）、验证结果（需包括验证产品的实际工艺参数与标准列表比较、验证产品的实际批产量和收率与标准列表比较、验证产品的实际产品质量同预定质量标准列表比较等项目）、偏差（需列出验证中的所有偏差，并分析原因以及解决措施）、附加研究、培训、结论、验证批生产记录和所有中间体与成品的检验报告。

此外，验证方案至少需经过质量保证部门的审核批准后方可执行。验证过程必须按照验证方案的规定实施，验证工作结束后必须将结果整理为书面验证报告。

五、生物分离纯化技术评价

一项生物分离技术在工业上的应用前景如何，可以通过一定的指标进行评价，综合起来可以从以下五个方面进行考察。

1. 分离效率及其选择性评价

评价一项生物分离技术，首先要考察其分离效率。分离效率通常是指对于待回收组分的回收效率以及对于待去除组分的脱除效率。一般情况下应以分离效率较高为好，无论是分离回收某一有用的组分，还是分离去除有毒和污染的组分都是如此。否则，分离过程便无经济意义，也无法在生产上实际应用，但是高到什么程度，则要看产品的具体情况和具体要求。一般来说，过程的分离效率能达到产品的规格要求即可。片面追求过高的分离效率，往往要采用多种分离技术，以及多次反复过程，成本也跟着上升，过程便会变得无经济价值。

分离技术的选择性是指分离过程中对其他不需要分离的组分的排斥性。好的选择性可保证待回收组分有较好的纯度，以及在脱除不需要的组分时，不至于把原料的有用组分也除掉。

2. 产品质量

一项有应用前景的生物分离技术应能使最终产品的质量指标达到规定要求，并能尽量做到有利于综合利用。

3. 产品安全

应用分离技术得到的产品，如果作为食品（例如从大豆中获得的分离大豆蛋白），则应保证符合食品卫生要求；如果作为医药用品（如通过亲和层析从猪胰腺中分离出的胰岛素等），则应保证符合药品卫生要求，同时对于原有的食品原料不应造成污染，有利于原料综合利用。否则，即使该分离技术在分离效率方面很高，也难以应用。

4. 生产工艺

一项好的先进的生物分离技术应能简化生产工艺，缩短过程的周期，有利于提高生产效率和减少在分离过程中原料变质的可能性。在安排纯化方法顺序时，就要考虑到有利于减少工序、提高效率，如在盐析后采取吸附法，必然会因离子过多而影响吸附效果；如增加透析除盐，则使操作大大复杂化。如倒过来进行，先吸附后盐析就比较合理。

5. 生产成本

一些新的生物分离技术可以在常温下进行，过程中无相变，如反渗透和超滤分离技术，因而能大大降低能耗，有助于降低生产成本，提高经济效益。另外，由于新型的分离技术简化了生产程序，能节省生产设备和生产场地的投资，从而也能降低生产成本。生产成本也是应该进行考察的方面。

在生产应用中，应从以上方面对采用的分离技术进行多方面分析、比较、论证，做出综合性评价，以便能进行合理的选择。对于特定的目标产物，要根据其自身的性质以及与其共存杂质的特性，选择合适的分离方法和不同分离方法的组合，以获得最佳分离效果，实现高纯度、高收率和低成本的分离目标。

■ 岗位链接

生产用容器具的清洁操作规程

文件编号		颁发部门	
SOP-PA-130-01	生产用容器具的清洁岗位		
总页数		执行日期	
编制者		审核者		批准者	
编制日期		审核日期		批准日期	

1. 目的
明确生产用容器具清洁的标准操作规程。

2. 范围
生产用容器具的清洁。

3. 责任
生产部操作人员对本程序的实施负责。

4. 内容

（1）每日生产结束后，所用的不锈钢桶、簸箕、塑料桶、筛网、出料槽等容器先用自来水冲洗，再用毛刷刷洗，而后再用自来水冲洗，最后用纯水充分冲洗，倒置码放于器具清洁间指定地点晾干。

（2）用于装粉状物料和湿颗粒的贮料桶或出料槽在周转使用一次后，先用自来水冲洗，再用毛刷刷洗，而后用自来水冲洗，最后用纯水充分冲洗，倒置码放于生产用容器具间指定地点晾干。

（3）盛装未灭菌药粉的专用袋，袋周转使用一次后，先在洗衣机内加入洗衣粉洗涤 10min，再用清水漂洗干净，置于粉碎烘干室内干燥后，叠放整齐，存放于生产用容器具间备用。

（4）所有盛装无须灭菌物料的容器，在使用前用 75%乙醇擦拭 2~3 遍。

（5）75%乙醇的配制　将 95%乙醇适量置洁净专用容器内，缓缓加入纯水，边搅边加，插入酒精计进行测量，快达到 80%时再加入少量纯水搅拌，测量，使乙醇浓度接近或达到 75%即得。领用完毕要严格密闭容器。

（6）消毒液的更换　消毒液使用时若失去原色应立即更换，每两天配制一次。各种消毒液每半月交替更换一次。

5. 培训

（1）培训对象　生产部操作人员。

（2）培训时间　2h。

工作过程四　生物分离与纯化技术的发展

一、新型生物分离纯化技术

随着科学技术的发展，和人们对物质纯度的要求越来越高，物质的分离纯化过程在当今许多工业和研究领域扮演着十分重要的角色，应用范围也很广。

自然界中天然植物的种类很多，都含有多种有效而又复杂的化学成分，这些成分可分为有机酸、挥发油、香豆素、甾体类、苷类、生物碱、糖类、植物色素等。植物中有效成分的提取分离技术是根据植物中有效成分在不同条件下的存在状态、形状、溶解性等物理和化学性质来确定的，目前被广泛使用的分离技术可分为膜分离法和传统分离法两种，传统分离法又分为水蒸气蒸馏法、升华法、冷浸法、沉淀法、渗漉法、煎煮法、索氏提取法等。这些分离方法都具有一定的局限性，如效率低、溶剂用量大、操作复杂、提取时间长等。随着现代科学技术的飞速发展，一些新型提取分离技术应时而生，如超声波萃取技术（SE）、超临界流体萃取技术（SFE）、微波萃取技术（MAE）、大孔树脂吸附分离技术、生物酶解技术、分子印迹分离技术（MIT）、高速逆流色谱分离技术（HSCCC）等。

1. 超临界流体萃取技术（SFE）

超临界流体萃取技术是 20 世纪 60 年代兴起的一种新型分离技术，具有以下几个方面优点：①萃取时间快、生产周期短；②参数易控制，因此，所萃取的产物质量比较稳定；③萃取能力强，萃取率高；④操作温度低（30~70℃），能较好地保留中药中有效成分；⑤萃取过程中不使用有机溶剂，产品无有害溶剂残留。

利用超临界 CO_2 流体萃取技术可从药用植物中大量提取有效成分，尤其对脂肪酸、植物碱、醚类、酮类、甘油酯等具有特殊溶解作用。20 世纪 70 年代末，日本的研究小组采用此法从药用植物苍术、黄连、蛇床子和茵陈蒿等植物中提取多种有效成分。相关研究资料显示用超临界流体 CO_2 萃取技术，从青蒿中提取分离青蒿素、十八醇等有效成分，提取率比传统的溶剂法提高了 10%~60%，提取时间明显缩短，降低了成本。Manuel A. Falcno 等在压强为 30MPa 的条件下，以乙醇作为辅助剂从长春花中提取具有抗肿瘤作用的长春碱，提取率高达 92%，远高于传统的固-液萃取法，超临界流体萃取技术除了在中草药有效成分的提取方面有着明显的优势外，也可应用于其他领域。虽然 SFE 设备有压力高、投资大等缺点，但随着工业技术的发展，超临界流体萃取技术在实际生产中的应用也在逐步扩大。

2. 微波萃取技术（MAE）

微波萃取技术是利用微波能来提高萃取率的一种新型技术，目前微波萃取大多应用于水提、醇提等项目。微波萃取主要有以下基本特点：①微波萃取物纯度高，可采用水、醇、酯等常用溶剂进行萃取，适用范围广；②溶剂量少（比常规法少 50%~90%）；③微波采取穿透式加热，大大缩短了提取时间，微波萃取设备可在几十分钟内完成常规的多功能萃取罐 8.0h 的提取工作，节省时间达到 90%；④微波有超强的萃取能力，同样的原料在微波场下仅一次就可提净，简化了工艺流程；⑤微波萃取更易于控制，能够实现即时停止和加热。

微波萃取技术在天然植物提取方面，提高生产率和萃取物纯度的同时，降低萃取时间、能源及溶剂的消耗，又可降低废物的产生，是一种具有良好发展前途的新工艺。由于微波加热是一种"体加热"方式，是内外同时加热，因此在萃取时加热均匀，且升温迅速，在提高萃取效率的同时显著缩短了萃取时间。利用微波技术从羽扇豆种子中萃取金雀花碱，萃取率比传统的萃取方法提高了 20%，既缩短萃取时间又减少溶剂用量。用微波萃取甘草黄酮，萃取时间为 1min，萃取量为 24.6g/L，而水提法的提取时间为 5h，提取量为 11.4g/L，微波萃取大大缩短了萃取时间，提高了萃取量。

3. 超声波提取技术（UE）

超声波提取技术是利用超声波振动产生"空化效应"作用来强化提取植物中的有效成分，破碎植物的细胞壁，使有效成分快速地溶解在溶剂中，超声提取药材不受成分极性、分子质量大小的限制，适用于绝大多数种类中药材和各类成分的提取；另一方面超声波振动可加速分子运动，使得溶剂和植物中的有效成分快速混合，与传统萃取方式相比，超声波萃取技术用时短、适用性广、效率高。李颖等利用超声波技术从银州柴胡中提取挥发性活性成分，同时采用多种溶剂混合冰浴，并应用高分辨气-质联用仪进行分析，鉴定出116种成分。利用超声波法从新鲜橄榄中提取总酚类化合物（TPC），萃取条件为液固比22mL/g的条件下，萃取温度47℃，萃取时间30min，萃取率为7.01mg/g；而传统的浸渍提取法在50℃，4.7h，液固比为24mL/g的条件下，提取率只有5.18mg/g，因此超声波萃取法能有效增加橄榄中酚类化合物的提取率。采用超声提取法从黄连中提取小檗碱，处理30min后所得的小檗碱提取率比采用传统的碱水浸泡法处理24h高50%以上。采用超声波法提取平菇多糖，提取时间短，能量损耗低，也降低了高温对多糖的破坏。超声工艺虽应用广泛，但在大规模工业生产中的应用还较少，还有待进一步探索。

4. 生物酶提取技术

酶是由生物细胞产生的一种具有催化活性的蛋白质。生物酶提取技术是利用酶破坏植物细胞壁的结构，例如，纤维素酶可以破坏植物细胞壁中的 β-D-葡萄糖链，酶的催化效率高，具有高度的专一性，合适的酶可使植物组织通过酶反应温和地分解，提高有效成分的提取率。用纤维素酶提取黄连中的盐酸小檗碱，未经酶处理的样品盐酸小檗碱平均含量为2.5%，而经过酶处理后盐酸小檗碱含量为42%。郭海鹏等利用酶提取法，将生物降解细菌产生的酶以1∶3（体积分数）的比例直接添加到新鲜海藻中处理48h，脂质提取产量增加了10.4%~43.9%，生物降解细菌产生的酶可以削弱和破坏藻类的细胞壁，促进藻类中脂质的释放。

酶解技术具有操作简单、成本低廉、可大量生产等优点，也存在着一定的局限性，虽然酶作用条件温和，但酶的活性受多种因素调节控制，导致实验条件（如温度、pH及作用时间等）难以控制，使该技术的发展和应用也受到了相应的制约。

5. 膜分离技术

膜分离是以选择性透过膜为分离介质，当膜两侧存在差异时，原料中组分可透过选择性膜而对混合物进行分离，目前已经研发出了多种膜分离工艺，如超滤、纳滤、电渗析、渗透气化和气体分离等。膜分离是一种新型的分离方法，与传统的分离方式相比，具有节能、单级分离效率高、环保、无相态变化、过滤过程简单等优点。由于膜分离过程中不需要进行加热，因此，该技术特别适用于分离对热敏感的物质。传统的水净化膜分离过程需要消耗大量的能量，但纳米膜分离过程消耗的能量更少，消除了传统工艺的局限性，这种纳米膜可以除去水中的有机污染物同时对水进行消毒，简化了后续的工艺流程，一些纳米分离膜已经在水净化领域实现商业化。相关的研究数据显示，使用超滤中空纤维膜分离分散染料等不溶性染料可达99%的脱色率，透过液可作为中性水可循环再利用，降低了成本同时也减少了环境污染。董洁等对黄连解毒汤模拟体系的超滤膜过程进行了分析，截留分子质量为5ku的聚砜超滤膜对黄连解毒汤模拟溶液中药效物质小檗碱和栀子苷的透过率在90%以上，淀粉、果胶、蛋白质三种高分子物质的截留率为100%，能满足中药材纯化、精制的要求。随着膜分离技术的不断发展，它的巨大作用定会在未来的工业发展中显现出来，它将在人类工业的发展史上起到重要作用。

6. 大孔树脂吸附分离技术

大孔树脂又称全多孔树脂，其化学性质稳定，难溶于酸、碱及各种有机溶剂。大孔树脂现已广泛应用于医药、环保和食品等领域，尤其20世纪70年代末，被广泛应用于中草药研究的各个方面，该方法具有所需溶剂量少、可重复使用、操作方便、生产周期短、产品纯度高及不吸潮等优点，在各领域的应用日益广泛。应用XAD-7HP树脂纯化桑葚花青素提取物，相比于其他树脂，XAD-7HP有较高吸附/解吸能力，它的吸附容量为3.57mg/g、吸附率及解吸率分别为86.45%和80.81%，用40%乙醇洗脱XAD-7HP，纯度可达到93.6%，该方法可用于从水果以及其他植物中制备高纯度桑葚花青素。

大孔树脂吸附技术也有一些缺点和不足，如制备时需要加入一些由有机溶剂组成的致孔剂，有机溶剂大多具有毒性，会残留在树脂的空隙中，如果不能清除残留的致孔剂，在长期使用的过程中会遇到树脂降解的问题。目前我国已经探索出了树脂使用前对致孔剂降解的处理方法，并通过了国家药品监督管理局的审评。

7. 高速逆流色谱分离技术

高速逆流色谱技术（HSCCC）是1982年由美国国立卫生院Ito博士研制开发的一种新型无固相载体的连续液-液色谱技术，它不使用任何固态的支撑物或载体，HSCCC法操作简便、容易掌握、应用范围广、无需固体载体、重现性好、产品纯度高，适用于制备型分离。采用HSCCC法从萝卜籽中分离具有药理活性的萝卜籽素，选用正己烷-乙酸乙酯-甲醇-水（35:100:35:100，体积比）为两相溶剂体系，在分离柱转速为800r/min、流动相流动速度和分离温度分别为2mL/min和30℃的条件下，从约1000mg提取物中一步分离得到249.4mg的纯萝卜籽素，得到的萝卜籽素纯度达96.9%，这为后续的药理活性研究提供了较好的基础。应用HSCCC法从山楂提取物中分离茶多酚，将500mg的粗提物引入高速逆流色谱系统，在260min后获得了超过9.7mg的产品，纯度为94.8%。因此，高速逆流色谱分离技术可以用来从天然植物中分离和纯化茶多酚。该技术也成功应用于紫胶红酸、花青素等天然食用色素的提取分离和纯化，高速逆流色谱技术在天然产物方面有突出的作用，随着科学的发展，高速逆流色谱分离技术的应用范围也逐渐扩大。

8. 分子印迹分离技术（molecular imprinting technology，MIT）

MIT是一种在高度交联、刚性的聚合物母体中引入特定分子结合位点的技术。

MIT是一种有效、简便的分离技术，同时具有耐热、耐有机溶剂、耐酸碱的优点以及制备简单、可重复使用等特点。用环糊精分子印迹聚合物分离纯化葛根素，纯度可达到98%，收率高达80%以上，而传统的方法需要6步才可完成，收率仅为10%左右，纯度也并不理想。以半印迹方法合成的印迹聚合物，可以从药用真菌干粉菌体的提取液中提取出麦角甾醇。由于其具有特殊的识别功能，可以用来分离混合物，由于印迹聚合物在有机溶剂与水溶液中都可使用，与传统方法相比、具有独特的优点，随着科学的发展，未来分子印迹分离技术在天然植物有效成分提取分离研究中也会发挥越来越大的作用。

二、生物分离纯化技术的发展趋势

随着药品生产中反应技术的不断创新和发展，反应生成的混合物成分越来越复杂，而药品质量要求不断提高，人们的环保和节能意识进一步增强，对药物分离与纯化技术提出了越来越高的要求，从而促使传统分离技术的提高和完善，使其能从含量较少的混合物中分离提取有价值的药用物质，并且不断开发多种新型分离技术，研究各种分离与纯化技术的相互交叉和渗透。未来的高等职业技术应用型人才，要适应越来越大的物料处理量和生化药品的特殊分离纯化要求，要具有较广泛的知识面，要了解现代分离与纯化技术的发展动态。

1. 传统分离技术得到提高和完善

蒸馏、萃取、干燥等传统的分离技术研究得比较透彻，随着新材料的开发，各种加工制造手段的提高，成功研制的各种新型高效过滤设备和萃取设备的应用，使得分离纯化性能得到不断提高和完善，大大提高了产品收率和生产效率，色谱技术也正从分析检验逐渐发展成为工业分离技术，这主要是由于色谱柱的机械强度大幅度提高，高压输送装置不断完善，使色谱技术成功放大应用，为制药工业提供了分离效率高、使用方便、用途广泛的分离纯化技术。

2. 新型分离技术的研究和开发

利用超临界溶剂的高溶解性和高选择性的超临界流体萃取技术，将溶质进行萃取，再通过调节压力或温度使溶剂的密度大大降低，从而降低其萃取能力，使溶剂与萃取物得到有效分离。超临界流体萃取技术是目前公认的萃取速度快、效率高、能耗少的先进工艺，其中超临界二氧化碳萃取特别适合于分离热敏性物质，且能实现无溶剂残留，因此超临界流体萃取技术成为天然产物、中草药提取分离研究的热点。

随着生物制药的发展，适用于分离提纯含量少的生物活性物质的新型分离技术如反胶束萃取、双水相萃取也应运而生。此外，在利用外场强化技术改善浸出效率的探索中，超声波与微波协助提取具有快速、高效等优点，在提取单元操作中也受到重视。精馏是石油和化工过程中应用最广、成熟度最高的一种分离技术。近年来，分子蒸馏技术在精馏技术基础上得到发展。

目前各种技术的结合，又开拓了药物分离与纯化技术新的发展方向，并赋予传统技术以广义的内涵。各种分离与纯化技术之间通过相互结合、交叉、渗透，显示出良好的分离性能和发展前景，如吸附色谱、离子交换色谱把传统的吸附技术、离子交换技术与色谱分离的操作方法有机结合，使吸附技术和离子交换技术得到了跨越式的发展；如将亲和技术与其他分离技术结合，形成亲和过滤、亲和膜分离等新型分离技术。这些融合的分离纯化技术具有较高的选择性和分离效率，是药物分离与纯化技术发展的主要方向。

对于新型分离与纯化技术的开发，多数是从生产实践中总结、发展而得出的。如依据溶剂萃取原理，可从形成两相的方法上考虑，也可从溶剂的特性上考虑，目前已开发出双水相萃取、超临界流体萃取、反胶束萃取等新的分离技术，在制药生产中已逐渐被采用。双水相萃取已用于分离酶、蛋白质等生物活性物质，也用于分离细胞器和菌体碎片等；超临界流体萃取在天然物质中有效成分提取方面的应用已实现工业化；反胶束萃取分离技术在溶菌酶、细胞色素 c 等药物的生产中得到应用。

随着科学不断发展，技术不断进步，分离与纯化技术也必将得到迅速发展。无论是新型分离方法的开发，还是传统分离方法的耦合与发展，都会遇到新问题和新要求，它将不断推动分离与纯化机制的研究，促进材料制造技术的提高，从而使药物分离与纯化技术有更广阔的发展空间。

■ 岗位链接

称量器具的清洁操作规程

文件编号		颁发部门	
SOP-PA-134-01	称量器具的清洁岗位		
总页数		执行日期	
编制者		审核者		批准者	
编制日期		审核日期		批准日期	

1. 目的

明确称量器具清洁的标准操作规程。

2. 范围

生产用称量器具。

3. 责任

生产部各工序操作人员。

4. 内容

(1) 称量器具是称取原辅料之用,其清洁状况关系药品的质量。

(2) 称量器具应在生产前、后进行彻底清洁。

(3) 生产后所用的称量器具须经重复校对,登记核准后进行清洁。

(4) 生产后除去盘及秤体表面灰尘,取下秤码擦干净。

(5) 用清水擦拭干净,注意不要流入秤内部,以免生锈。

(6) 用75%乙醇擦拭表面及秤盘、支架、杆等部,以及秤码、砝码等各部。

(7) 清洁后安装正确,两人校对0点,砝码称量,核准。

(8) 通知质检员检查,合格后方可进行称量生产用物料。

(9) 清洁完毕后放在称量室存放。

(10) 非本岗位、非工作时间不得称量本批生产用物料,以免污染。

5. 培训

(1) 培训对象　生产部各工序操作人员。

(2) 培训时间　1h。

知识拓展

生物药物分离纯化前的准备工作

常规药品生产中,分离与纯化的目的在于为商业生产提供大量合格的药物成分,不仅需要软件条件的准备(必要的操作文件、人员培训等),还需要大量的硬件条件(如合格足量的原辅材料,工艺处理溶液、器皿、容器设备及其管道和仓室等),另外环境也需要经过消毒灭菌等处理。

一、软件条件的准备

软件条件的准备包括生产文件的准备和生产人员的培训。生产文件的准备主要包括各种操作指令、标准操作程序及配方、记录等技术文件,指令性文件须经有关责任人员签署批准。各生产工序的操作人员必须经过培训,培训内容至少应包括药物分离纯化工艺涉及的基本原理、工艺流程、加工设备操作程序等,操作人员经考核合格后方允许参加药品生产工作。

二、硬件条件的准备

1. 生产设施、仪器设备与器皿等的准备

厂房与公用设施包括生产用水、蒸汽、压缩空气及其输送管线、生产环境的洁净程度、层流罩与超净台等。设备与器具不仅包括所使用的各种反应器、离心机、过滤器、容器、各种分离设备等主要设备，还包括各类管线、接头等辅助装置，检测用仪器、试剂、取样工具与样品瓶等。凡厂房、公用设施与设备，在生产开始前均应经过安装、运行与性能确认等验证程序，这些设施、设备与器具等在药物分离纯化工作开始前，都应处于良好的工作或备用状态。

2. 工艺处理液的准备

水及相应溶剂是药物分离纯化所需工艺处理溶液的基础，药品生产中对生产用水有着严格的要求，对于注射药物的原料用水要求更为严格。酸碱度在工艺处理溶液中的重要作用主要体现在它是药物分离提取工艺所需的条件和保证药效的条件。另外，在配制工艺处理液中，使用缓冲液及加入各种添加剂的目的主要是为了达到保护药物成形、保持药物成分的稳定性、增加药物溶出或释放等。

3. 工艺处理液的制备过程

常规生产时，应按照已确定的工艺处理溶液的配制工艺进行规范制备。配制工艺主要包括配方、配制程序或步骤、原料与配制成品的质量检测方法与标准、贮藏条件等。制备的主要过程包括制备设备与器具的准备、原料的称量与溶解、除菌过滤与消毒灭菌、质量检测和贮存。

由此可知，药物分离与纯化前的准备工作非常重要，它关系到整个分离与纯化过程的成败。

技能提升

技能提升一　生物药物分离纯化过程的设计

一、影响药物分离与纯化过程选择的因素

在药物分离与纯化过程的选择与设计中要考虑很多因素，其中主要包括：被分离药物及其混合物的性质、药物的分离要求、分离费用、产品价值、生产规模、分离剂的选用，对产品或环境的污染等多个方面。此外，一些外界因素如设备、厂房、经济实力等条件，操作者对某些分离方法的熟练程度等也是应考虑的因素。

1. 被分离药物及其混合物的性质

在选择药物分离与纯化过程前，首先要了解被分离药物及其混合物的性质，混合物的一般性质见表1-2。由于均相混合物与非均相混合物的性质差异较大，需分别讨论。

表1-2　　　　　　　　　　　　　　混合物的一般性质

几何性质		颗粒粒度、形状
物理性质	力学性质	密度、黏度、表面张力、颗粒破碎、摩擦因素
	热力学性质	熔点、沸点、其他临界点或转变点溶解度、蒸气压、分配系数、吸附平衡
	电磁波性质	电荷、电导率、介电常数、迁移率、磁化率
	传递性质	扩散系数、分子运动速率
	其他性质	浓度
化学性质	热力学性质	反应平衡常数、化学吸附平衡常数、离解常数、电离电位
	反应性质	反应速率常数
生物性质		生物学亲和力、生物学吸附常数、生物学反应速率常数

（1）均相混合物　均相混合物中，由于各组分间没有明显的界面，两相间性质的主要差别由分子的性质所决定。各种不同的分子性质，在各种分离与纯化过程中的重要作用不同。例如，分子的形状、大小差异决定着膜分离过程；溶解度差异对萃取、结晶分离过程影响很大；各种分子的化学反应特性的差异存在于离子交换、结晶、螯合色谱等分离纯化过程中；扩散系数几乎影响所有的传质分离过程。

分离与纯化过程依据的是被分离组分之间在某些物理、化学、生物学性质方面的差异，因此只要找出组分间存在的特性差异，结合各种药物分离与纯化技术的特点，就有可能选择适宜的分离与纯化方法，最终实现药物的分离与纯化。

对于均相混合物的分离，采用机械分离方法是无能为力的，必须采用传质分离方法，包括相变分离和非相变分离，即根据不同组分的气化点、凝固点、溶解度或扩散速率等物理化学方面的特性差异，选用蒸馏、干燥、结晶、萃取、超滤、反渗透等分离方法。

传质分离方法有时可以独立完成分离任务，如蒸馏、干燥、超滤等，但有时传质分离只能完成相变，即将均相混合物转变为非均相混合物，不能完全完成分离任务，如结晶、萃取等，这时就需要采用机械分离方法将不同的相分离，最终达到产品分离的目的。

（2）非均相混合物　对于非均相混合物的分离，首先要看混合物内相的组成、形态、溶解性、挥发性等方面的差异，其次是混合物内相的其他性质，如粒度差、密度差等。混合物内相的组成及形态，决定了相的流动性或截留性，若不同的相之间有密度差、粒度差等，则其差异程度决定了混合物内潜在的沉降、离析特性，则可用机械分离过程。

固-液非均相混合物具有相的形态、密度、挥发性、凝结性或表面化学性等方面的差异，因此可用过滤、沉降、结晶等方法进行分离；对于流动性差的固-液系统，可以采用压榨、干燥和萃取方法进行分离。液-液非均相混合物中，两相均为流体，没有形状，因此没有形态差，也就没有基于形态和大小的截留性差异，所以不能用常规的过滤器分离，除非用特殊的过滤器，如用亲油而不亲水的材料作为过滤介质的过滤器。但是，液-液非均相混合物常具有密度差、挥发性差、凝结性和溶解性差等，因此可用沉降、蒸馏、结晶、萃取等方法分离。当含有少量液滴时，也可用吸附法、液体渗透法、化学反应法和生化反应法等进行分离。

如上所述，根据混合物的相态，可能有几种分离方法可用，为了确定最适合的分离方法和操作条件，还要对混合物的其他一些性质做进一步分析。混合物内颗粒的粒度及两相密度差是混合物沉降分离的内在驱动力；颗粒小到一定程度会产生布朗运动而无法采用重力沉降法分离。混合物的浓度和黏度在选择分离方法时往往也是必须考虑的因素。一般来讲，浓度大会增加混合物的黏度、流动性减小、改变流型甚至使组成形态发生变化，还会增加沉降干扰，从而影响分离能力。

2. 药物的分离纯化要求

产品的得率和纯度是药物分离纯化要求中最重要的控制指标。产品的得率反映了对资源的利用程度，主要由经济性确定。产品的纯度一般是根据产品的使用目的来确定的，如注射药物与口服药物的纯度要求是不同的。产品的得率和纯度往往是矛盾的两个方面，而且两者与产品成本或效益密切相关，随着得率和纯度的提高，效益也增加，会出现最高效益点，若再进一步提高得率和纯度，效益反而会降低，因为随着分离程度的增大，其分离费用增加很快，使总效益反而下降，这是分离过程的一个经济效益特性。

3. 分离纯化的费用、产品价值和生产规模

分离与纯化操作的费用包括分离设备的投资、操作、运行、维护等方面的费用。单纯由费用高低很难选择，还要考虑产品的价值，产品的价值低，就应选择能耗低、分离剂价格也低（即分离费用低）的分离过程，因此产品的价值对选择分离操作方法有较大的影响。如果某种分离过程或设备能满足某一分离任务的分离要求，但费用较高，而其产品价值很高，则可以认为该分离过程能满足该分离任务要求，当然，降低费用可提高经济效益。

另外，分离过程的选择还要看产品的生产规模，低价产品往往市场需求量大，其生产过程很可能是大规模的，这样就会带来规模效应，以提高经济效益。一般来讲，对于大型工厂而言，建厂投资与规模的 0.6 次方成正比，当规模小到某种程度后，投资不再随规模的下降而下降。对于较小规模的工厂，应尽量选用操作简单、自动化程度高的分离纯化方法。

4. 分离剂的选用

分离剂是分离过程的辅助物质或推动力，属于分离与纯化过程的必要条件，它包括能量分离剂和质量分离剂。一般情况下，使用质量分离剂可以减少能量分离剂的用量，但使用质量分离剂可能造成产品的污染和环境污染。此外，引入的质量分离剂又需要与产品分离，从而增加了设备和能耗。因此，选择和设计分离纯化过程时，应优先考虑采用能量分离剂，对质量分离剂的选用要考虑整个分离纯化过程的要求。

5. 对产品或环境的损害和污染

分离与纯化过程的选择还要考虑到是否对产品有损害的问题，对产品的损害包括由加入分离剂及机械损伤引起的损害。

加入能量分离剂，可引起高温热损害、低温冻害等。热损害可能表现在产品的变质、变色、聚合等方面；冷冻对生物物质可能造成不可逆的损害，选择冷冻能量分离剂时，应注意控制冷冻条件。加入质量分离剂，会造成对药品的污染，这是因为质量分离剂不能与产品完全分离。

机械损伤是指固体产品在分离纯化过程中，因机械力的作用而造成破碎等损害。如采用刮刀卸料的离心机分离，则有可能造成晶粒破碎。

有些分离与纯化过程还会对环境造成损害和污染，如质量分离剂的排放、能量的释放都会对环境造成危害。

6. 经验

在选择分离与纯化方法时，人们习惯于采用成熟的分离过程，或是采用过去已具体应用检验过的过程。当一种新过程研究得越深入、成功使用的场合越多时，它就成为分离与纯化技术中较为重要的组成部分之一。然而，在没有达到这一程度前，其所带来的预期价值必须超过由于实验、开发和不确定性而付出的代价才能被选择。

二、确定药物分离与纯化工艺的一般原则及步骤

1. 一般原则

（1）优先采用简单的分离纯化方法。

（2）先分离较易除去的组分。

（3）尽早分离出混合物中特别有害的物质或可能导致副反应的物质。

（4）优先考虑采用机械分离，其次考虑传质分离，尽量少用化学方法。

（5）所选分离与纯化工艺，既要技术上可靠，又要经济上可行。

需要注意的是，在选择分离方法时也要对工艺过程、设备的各种因素予以考虑。此外，在确定了分离设备后，对辅助处理装置和液体及固体的输送等也必须考虑，以尽量恰当的配置来适应所选择的分离设备。总之，应全面地从整个工艺过程来考虑分离过程的选择。

2. 一般步骤

（1）了解混合物的特性，明确分离纯化要求及分离过程的特性。

（2）分析所选分离方法是否能适应所处理的物料，能否达到所需纯度或分离要求。

（3）分析分离与纯化过程所需的能量，选择低能耗的分离方法。

(4) 根据产品的纯度要求,验证所选择的分离与纯化方法。
(5) 分离与纯化设备的分离效率测评。
(6) 根据生产规模,评估其经济性。

三、新过程的产生

新分离与纯化技术的选用,可能受到人们已有思想观念的限制,也会受到技术应用的广泛性、成熟度的限制,但人们对新过程的探索是永不停止的。对于分离与纯化过程来说,考查这些方法的所有组合,考虑流程和设备的新结构,考虑新性质差异是否可以作为分离的基础,都可以产生新的分离与纯化过程。在许多情况下,在一种类型的过程中成功的技术革新,可以通过某种形式的技术转移,把它引用到极不相同的类型过程中去,从而实现新过程。

四、分离过程的组合

从理论和实践可知,不同的分离方法在分离能力上存在差异,如分离效率、处理质量、处理速率、成本(如投资、能耗)、适应性(如均相、非均相混合物、粒度、浓度、黏度、温度)等各方面往往各不相同,各有优缺点,若进行适当的组合,可提高产品质量和处理量。

组合分离过程是采用不同种类的分离技术进行多级分离的操作,其中多级分离过程是用一种分离技术进行多级分离的操作。对于某一分离与纯化过程,有时可用一种分离方法完成,但需采用多级分离才能完成,如多级膜分离、多级蒸馏等。有时由于分离方法固有的分离不完全性,单种分离操作的多级过程也可能达不到所要求的产品纯度,甚至不能完成分离任务,或分离成本过高。此时,常将多种分离方法有机地结合起来,取长补短,形成一个最佳的组合分离过程,既能达到分离的质量要求,又能使分离费用降到最低限度。

分离过程组合的目的:提高产品纯度或处理质量;降低分离剂的耗量;提高某一分离操作的性能;延长分离设备的再生周期或使用寿命。

技能提升二　生物药物分离与纯化技术案例分析——青霉素的分离纯化工艺分析

青霉素是利用特定的丝状或球状菌种,经培养发酵,控制其代谢过程,使菌种产生青霉素。尽管新的高产菌种不断取代低产菌种,发酵工艺也不断改进,发酵单位已提高到 $6000\sim85000U/mL$,但发酵液中青霉素的含量只有4%左右;而在发酵完成后,发酵液中除了含有较低浓度的青霉素外,还含有大量的杂质,这些杂质包括菌种本身、未用完的培养基(蛋白质类、糖类、无机盐类、难溶物质等)、微生物的代谢产物及其他物质。

杂质多、目的药物成分含量低的发酵液是不能直接用于临床的，而且青霉素在水溶液中也不稳定，故必须及时将青霉素从发酵液中提取出来，并通过逐步的纯化，得到较纯的晶体或粉末，以便于临床应用。

由青霉素性质可知，青霉素属于热敏性物质，因此整个提炼过程应在低温下快速进行并严格控制pH，以减少提炼过程中青霉素的损失。由于青霉素盐在水中的溶解度很大而青霉素酸在某些有机溶剂中的溶解度较大，依据这一特性，可选用溶剂萃取法提取、浓缩青霉素，目前工业生产中普遍应用此方法。另外，青霉素含有一个羧基，可解离为阴离子，故也可以采用离子交换法分离提纯，也有采用沉淀法分离，但均未应用于生产。下面仅对溶剂萃取法的工艺要点进行分析讨论。

一、发酵液的预处理和过滤

1. 冷却

将发酵液冷却至10℃以下。青霉素的发酵温度一般控制在26~27℃，当发酵完成后，应及时冷却，因青霉素在低温下较稳定，可避免其被分解破坏，同时低温可降低微生物繁殖速度，防止菌体自溶使发酵液成分变复杂。生产中通常采用板式换热器进行冷却，其换热效率高，冷却速率快。

2. 预处理

用10%硫酸调pH至4.5~5.0，加0.07%的溴代十五烷吡咯（PPB）进行预处理。青霉素发酵时pH一般控制在6.2~7.2，由于发酵液中含有大量的菌体、杂蛋白等杂质，可直接影响发酵液的表面张力、黏度和离子强度等物理性质，对青霉素的提取分离影响较大。因此，调整pH使其在杂蛋白的等电点附近，再加入凝聚剂、絮凝剂，可使大量蛋白质杂质、胶体粒子、微细颗粒等集结沉淀，经固-液分离后除去。青霉素生产中的预处理罐都带有冷却和搅拌装置，以保证料液在低温下均匀混合，防止局部酸度或浓度过高而使青霉素遭到破坏。

3. 固-液分离

青霉素菌的菌丝较粗，一般过滤较容易，生产中多采用板框过滤或转鼓真空过滤，但需加入硅藻土为助滤剂。随着膜分离技术的发展，目前许多生产厂家已开始采用超滤分离技术来分离青霉素发酵液，超滤法的最大优点是可获得高质量的滤液。

二、溶剂萃取

1. 萃取方法

用10%硫酸将滤液的pH再调低至1.8~2.2，用乙酸丁酯作为萃取剂，分别送入萃取机内进行一级萃取分离，一次萃取相（丁酯相）经水洗（洗去酯相中的水溶性杂质）后，送至下一岗位；一次萃余相（水相）再进行二级萃取，二级萃取相（低单位丁酯）中的青霉素含量较低，作为一级萃取的萃取剂使用，二级萃余相则作为废液排出。

2. 影响青霉素提取的因素

pH是影响青霉素溶解度和稳定性的重要因素。当pH在2.0左右时，青霉素酸在乙酸丁酯相中的溶解度比在水中的溶解度大40倍以上，利于萃取过程的进行；而青霉素在pH5.0时最稳定，在pH<5.0时稳定性减小，当青霉素在碱性溶液中时，则极不稳定。因此，萃取操作中适宜pH的选择非常重要。

萃取温度和时间直接影响青霉素的稳定性。根据实验结果可知，24℃和0℃时的稳定性相差10倍以上，一般要求青霉素在低温（10℃以下）条件下进行萃取，而且在萃取过程中，停留时间应越短越好，因此要求有性能良好的萃取分离设备。目前生产中多选用液-液卧式（POD）离心萃取机进行萃取分离。

根据萃取方式及理论收率计算可知，多级逆流萃取较理想，因此目前生产中一般都采用二级逆流萃取方式。浓缩比的选择也很重要，因为乙酸丁酯用量与收率和质量有很大关系，生产中滤液与乙酸丁酯用量的浓缩比为1.5~2.5。

三、结晶

1. 结晶方法

青霉素在乙酸丁酯中的溶解度很大，但如果与金属成盐后，在酯相中的溶解度就大幅度降低，利用该性质在乙酸丁酯萃取相中加入乙酸钾的乙醇溶液，可获得青霉素钾盐的结晶，为获得较高的收率，在上述反应结晶的基础上，进一步采用共沸蒸发结晶的方法，以除去溶液中的水分，使结晶完全。

2. 影响结晶的因素

溶液中的含水量对青霉素盐的溶解度有很大影响，直接影响结晶的收率。由于青霉素盐在水中的溶解度很大，若结晶液中含水量高，则青霉素钾的溶解量大，使青霉素钾的收率降低，然而水分也可以溶去一部分杂质，可提高晶体质量。当含水量控制在0.9%以下时，对质量和收率的影响较小。为了控制含水量，在配制乙酸钾-乙醇溶液时，应控制含水量在9.5%~11%，乙酸钾浓度在46%~51%，应注意乙酸钾浓度与含水量成正比较好。

青霉素钾盐的晶体质量、收率还与溶液污染数和温度有关。杂酸与青霉素含量的比值称为"污染数"，"污染数"对结晶有一定的影响。污染数高，反应结晶速率降低，生成的晶体略大些，但结晶收率低，同时杂酸的存在会污染晶体，影响晶体质量，因此工艺条件要求控制污染数。结晶温度的控制与污染数也有关系，当污染数在0.5%以下时，结晶温度控制在10~15℃；当污染数在0.5%以上时，则结晶温度控制在15~20℃。

对于可逆反应结晶过程，采用过量乙酸钾，使反应朝生成青霉素钾盐的方向进行。另外，杂酸也消耗一部分乙酸钾，因此结晶过程中，根据污染数多少而决定乙酸钾的加入量,以保证反应能进行完全。如污染数在 0.5% 左右,则反应时加入的乙酸钾的摩尔比控制在 1∶1.6。

需要说明的是各生产厂家的青霉素生产工艺过程大致相同,而其生产设备不尽相同,工艺控制指标也略有差异,但都是以提高产品质量和收率为目的,结合实际生产情况确定最佳的工艺控制条件。

科学引领

中国传统医药献给世界的礼物——青蒿素

屠呦呦,中国中医科学院终身研究员、国家最高科学技术奖获得者、诺贝尔生理学或医学奖获得者。

2015 年 10 月 5 日,瑞典卡罗琳医学院宣布将诺贝尔生理学或医学奖授予屠呦呦以及另外两名科学家,以表彰他们在寄生虫疾病治疗研究方面取得的成就。这是中国医学界获得的第一个医学诺贝尔奖。屠呦呦说:"青蒿素是人类征服疟疾进程中的一小步,是中国传统医药献给世界的一份礼物。"

20 世纪 60 年代,在氯喹抗疟失效、人类饱受疟疾之害的情况下,在中医研究院中药研究所任研究实习员的屠呦呦于 1969 年接受了国家疟疾防治项目"523"办公室艰巨的抗疟研究任务。屠呦呦担任中药抗疟组组长,从此与中药抗疟结下了不解之缘。

由于当时的科研设备比较陈旧,科研水平也无法达到国际一流水平,不少人认为这个任务难以完成。屠呦呦却坚定地说:"没有行不行,只有肯不肯坚持。"

整理中医药典籍、走访名老中医,她汇集了 640 余种治疗疟疾的中药单秘验方。在青蒿提取物实验药效不稳定的情况下,东晋葛洪《肘后备急方》中对青蒿截疟的记载——"青蒿一握,以水二升渍,绞取汁,尽服之"给了屠呦呦新的灵感。可漫长的寻药过程,是一次次的试错。在中草药青蒿的提取实验进行到 191 次时,对疟原虫抑制率达到 100% 的青蒿抗疟有效部位"醚中干"才终于出现。

通过改用低沸点溶剂的提取方法,富集了青蒿的抗疟组分,屠呦呦团队终于在 1972 年发现了青蒿素。据世卫组织不完全统计,青蒿素作为一线抗疟药物,在全世界已挽救数百万人生命,每年治疗患者数亿人。

在发现青蒿素后,屠呦呦继续深入研究以青蒿素为核心的抗疟药物。2019 年 6 月,屠呦呦研究团队经过多年攻坚,在青蒿素"抗疟机理研究""抗药性成因""调整治疗手段"等方面取得新突破,提出应对"青蒿素抗药性"难题的切实可行治疗方案,并在"青蒿素治疗红斑狼疮等适应证""传统中医药科研论著走出去"等方面取得新进展,获得世界卫生组织和国内外权威专家的高度认可。

2000 年以来,青蒿素类药物作为首选抗疟药物在全球推广。2014 年,全球青蒿素类药物采购量达到 3.37 亿人份。

屠呦呦说:"中国医药学是一个伟大宝库,青蒿素正是从这一宝库中发掘出来的。未来我们要把青蒿素研发做透,把论文变成药,让药治得了病,让青蒿素更好地造福人类。"

60多年来,屠呦呦为中医药科技创新和人类健康事业做出了重要贡献。除荣获诺贝尔生理学或医学奖外,她还荣获了国家最高科学技术奖和改革先锋、全国优秀共产党员、全国三八红旗手标兵等荣誉称号。

项目总结

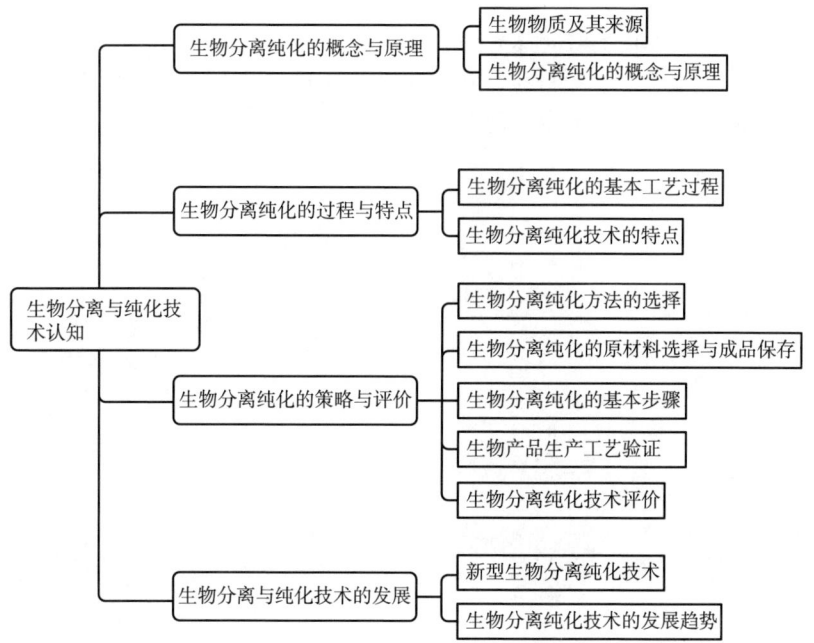

岗课赛证融通

一、名词解释题

1. 生物物质 2. 生物活性物质 3. 工艺验证 4. 生物分离纯化技术

二、填空题

1. 生物物质的生产过程主要包括_____和_____两部分。
2. 生物物质的材料来源主要包括_____、_____、_____和四部分。

3. 在制备生物产品时，生物材料选取应考虑的因素有_____、_____、_____、_____和_____。

4. 酶制品的保存方法有_____、_____和_____。

5. 产品生产工艺的验证参数有_____、_____、_____和_____等。

三、工艺路线题

简述生物分离纯化技术的基本过程。

四、简答题

1. 生物分离纯化技术的特点是什么？
2. 对于一个未知化学结构和性质的组分，如何设计其分离纯化工艺？
3. 生物分离技术的基本步骤是什么？

项目二 预处理技术

项目目标

知识目标：
1. 了解各种类型细胞壁的结构特点。
2. 了解发酵液性质特点及预处理目的。
3. 熟悉常用的固液分离方法及原理。
4. 掌握各种细胞破碎方法的作用机理及适用性。
5. 掌握植物材料粉碎的方法。

能力目标：
1. 能够根据细胞壁的特点，选择适当的细胞破碎方法。
2. 能够判断细胞破碎效果。
3. 能够进行植物材料粉碎。
4. 能够对发酵液进行预处理。
5. 能够正确操作和维护细胞破碎、植物材料粉碎、固-液分离等设备。

素养目标：
1. 培养学生规范操作、爱护仪器的习惯。
2. 培养学生发现问题、分析问题、解决问题的能力。
3. 培养学生安全生产、吃苦耐劳的工作态度。

项目引例

明确预处理任务并认识青霉素发酵液

生物物质分离纯化的第一步需要对生物材料预处理，获得含有目标产物的混合溶液后，再进行一系列的提取和精制操作。不同生物材料所采用的预处理方法不同。动物组织和器官首先除去脂肪、结缔组织等非活性部分，采用高速组织捣碎机或匀浆器进行绞碎、匀浆，选择适当的溶剂制成细胞悬液。植物组织和器官首先去壳、脱脂，再粉碎，选择适当的溶剂制成发酵液、细胞培养液、组织分泌液及制成的细胞悬液等则根据目标产物所处位置不同进行相应处理。预处理好的材料若不能及时使用，需冷冻保存。

一、明确预处理任务

在原料药生产初始阶段，得到的是原材料通过化学合成、微生物发酵或酶催化、提取等方法制备的含有目标产物的成分复杂的混合物。从宏观相态看，混合物由固体微粒和液体组成，目标产物在两者中均可存在。预处理的目的就是通过一些方法将目标产物从生物材料中释放出来，初步去除部分杂质，改善发酵液或培养液的物理性质，浓缩目标产物，以利于后续提取工序顺利进行。

混合物的液相中既有目标产物，又有很多杂质成分，固体微粒杂质主要包括细胞、细胞碎片及难溶性的颗粒杂质，可溶性杂质主要有多肽与蛋白质类、脂类、多酚类、核酸类、内毒素、牛血清、盐类及小分子类物质等，来源如表2-1所示。有些杂质成会对进一步的提取分离工艺或对产品质量构成危害。如青霉素发酵液中存在的高价无机离子和蛋白质，当采用离子交换法分离抗生素时，高价无机离子大大降低离子交换树脂对抗生素的吸附量，当采用溶媒萃取法提取青霉素时，蛋白质的存在会产生乳化现象，使溶媒和水相分离困难，同时影响产品的纯度和收率。因此，预处理阶段就要根据目标产物性质和分离纯化的要求，结合所含杂质的种类和特点，选用适当的方法将部分杂质除去。

表 2-1　　　　　　　　　常见的可溶性杂质类别、来源及去除方法

类别	来源及去除方法
多肽与蛋白质类	包括宿主细胞中各种结构功能蛋白、酶类等，多数可通过沉淀、吸附、色谱、超滤及超速离心等方法去除
脂类	原材料或宿主细胞，如质膜的磷脂分子、脂蛋白等，可用萃取法去除
多酚类	多为植物组织或细胞来源的色素类物质，发酵产物粗制提取液中也存在，可用沉淀或色谱法去除

续表

类别	来源及去除方法
核酸类	宿主细胞裂解释放至提取液中,增大提取液黏度,可用离子交换色谱、硫酸鱼精蛋白沉淀或加入核酸酶消化等方法去除
内毒素	来自革兰氏阴性菌的细胞壁,可用超滤、吸附、离子交换色谱和亲和色谱等方法去除
牛血清	细胞培养液添加成分,主要是牛血清白蛋白,可用高浓度的中性盐沉淀去除
盐类	含 Ca^{2+}、Mg^{2+}、Fe^{2+} 等的盐,加酸或碱去除
小分子类物质	糖类以及工艺处理溶液中所含有的小分子组分,可用透析、色谱和超滤等方法去除

二、认识青霉素发酵液

1. 发酵液表观指数

青霉素发酵液的颜色为深黄色至深褐色,料液黏稠呈泥浆状,手感发黏。在发酵稳定期,湿菌浓度可达 15%~20%,丝状菌干重约 3%,球状菌干重在 5% 左右。工业规模上使用的发酵罐已达到 $500m^3$,发酵效价达到 70000U/mL,在小型发酵罐上发酵效价可达到 90000~100000U/mL。发酵液对温度较敏感,可发生热降解,如室温放置4h,会造成 3%~6% 的收率损失。可向每批发酵液中加入浓度不高于 3‰ 的甲醛来提高发酵液的稳定性,并减少杂菌带来的收率损失。

青霉素发酵液的成分除了含量仅 0.1%~4.5% 的青霉素外,还有大量菌丝体、未用完的培养基、污染的杂菌、各种蛋白质、色素、高价无机离子及产生菌的代谢产物等,这些杂质会严重影响青霉素的后续分离纯化。因此,青霉素提取工艺过程中首先是对发酵液预处理,加入草酸与钙离子生成草酸钙沉淀从而去除钙离子,同时促使蛋白质凝固,提高发酵滤液的质量;加入磷酸或磷酸盐,降低钙离子浓度的同时去除镁离子;加入黄血盐及硫酸锌,前者利于去除铁离子,后者利于凝固蛋白质;加入絮凝剂可有效除去发酵液中的蛋白质。

2. 菌丝形态

生产上按规定时间从发酵罐中取样,测定发酵液 pH、菌浓度、残糖、前体浓度、残氮、青霉素效价等指标及显微镜观察菌丝形态变化来控制发酵。放罐时间应控制在青霉素分泌期,其菌丝生长趋势减弱,但未出现菌体自溶而使发酵液变稀的现象。此时,菌丝粗长,直径达 $10\mu m$,如图 2-1 所示,过滤时易产生架桥现象。加入絮凝剂后,鼓式真空过滤机过滤,滤渣形成紧密饼状,容易从滤布上刮下。

3. 青霉素滤液制备的生产要求

生产中,对固液分离获得的青霉素滤液在滤液质量和生产进度方面有一定要求。发酵液和滤液冷至 10℃ 以下,一次滤液 pH 6.27~7.2,蛋白质含量 0.05%~

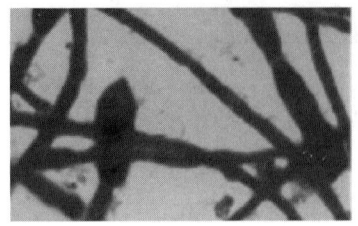
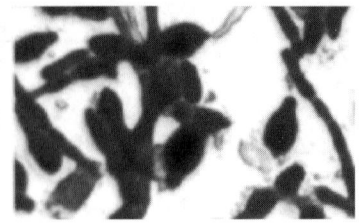

(1)发酵24h　　　　　　　　　　　　(2)发酵152h

图2-1　菌丝形态（10×100倍油镜）

0.2%，二次滤液澄清透明，过滤收率一般90%左右。按一个操作班次8h，除去准备与停车、洗车时间，过滤操作时间应在4~6h，滤液存放时间不超过2h，防止青霉素在水溶液中大量降解。

项目实施

工作过程一　细胞破碎技术

工作过程背景：

生物技术产品分胞内产物和胞外产物，两者提取步骤有所不同。如小分子代谢物、细菌产生的碱性蛋白酶等大多数微生物代谢产物和动物细胞产物多为胞外产物，这类物质提取过程简单，直接利用离心或过滤等固液分离方法获得澄清滤液，再进行分离纯化操作。大多数酶蛋白、部分抗生素、基因工程产品等少数微生物代谢产物和植物细胞产物多为胞内产物，这类物质提取时应首先通过离心等方法收集菌体或细胞，经细胞破碎使目标产物转入液相中，固液分离除去细胞及其碎片后再进行分离纯化。

知识目标：

1. 了解各种类型细胞壁的结构特点。
2. 掌握各种细胞破碎方法的作用机理及适用性。

能力目标：

1. 能够根据实验对象的细胞壁特点选择适当的细胞破碎方法。
2. 能够判断细胞破碎效果。
3. 能够正确使用细胞破碎设备。

素养目标：

1. 培养学生规范操作、爱护仪器的习惯。
2. 培养学生发现、分析、解决问题的能力和安全生产意识。

一、细胞壁的组成与结构

由于微生物和植物都有细胞壁，但成分不同，且同类细胞形成的网状结构不同，因此其细胞壁的坚固程度不同，总体呈现递增态势。动物细胞虽没有细胞壁，但具有细胞膜，也需要一定的细胞破碎方法来破膜，达到提取产物的目的。进行细胞破碎就是破坏或破损微生物、动植物等的细胞壁或细胞膜，增大细胞膜通透性，使胞内产物最大程度地释放到液相中，保证后续提取和分离纯化胞内的多肽、蛋白质、酶和核酸等生物物质顺利进行。

了解微生物、植物细胞壁的结构和组成的差异，有助于判断细胞破碎的难易程度，并选择合适的细胞破碎方法。

几乎所有细菌的细胞壁都是由借助短肽交联成网状结构的肽聚糖组成，包围在细胞周围，使细胞具有一定的形状和强度。聚糖链上存在的肽键的数量和交联程度决定网状结构的致密程度和强度，交联程度越大，网状结构越致密。细菌因细胞壁的结构和组成的差异经革兰氏染色显色不同分为革兰氏阳性菌（G^+）和革兰氏阴性菌（G^-），前者染色后呈蓝紫色，后者染色后呈红色。

G^+细胞壁结构如图2-2（1）和2-3（1）所示，细胞壁较厚（20~80nm），结构简单，化学组成简单，以肽聚糖为主，占细胞壁成分的40%~90%，其余是蛋白质和磷壁酸。肽聚糖是由N-乙酰葡糖胺（N-acetylglucosamine，NAG）和N-乙酰胞壁酸（N-acetylmuramic acid，NAMA）两种氨基糖经β-1，4糖苷键连接间隔排列形成的多糖支架，在N-乙酰胞壁酸分子上连接四肽侧链，肽链之间再由肽桥或肽链联系起来，交联程度达75%，组成一个机械性很强的三维立体网状结构。四肽侧链由4个氨基酸分子按L型和D型交替方式连接而成，如葡萄球菌中由L-Ala→D-Glu→L-Lys→D-Ala组成。肽桥是一条5个甘氨酸的肽链，交联时C端羧基与一条四肽侧链第三位的L-赖氨酸上的ε-氨基连接，N端α-氨基与另一条四肽侧链第四位的D-丙氨酸上的羧基连接。各种细菌细胞壁的肽聚糖支架均相同，在四肽侧链的组成及其连接方式随菌种而异。磷壁酸穿插在肽聚糖层中，分两类，一类与肽聚糖分子进行共价结合，称为壁磷壁酸。另一类是跨越肽聚糖层与细胞质膜相连，称为膜磷壁酸或脂磷壁酸。

G^-的细胞壁结构如图2-2（2）和2-3（2）所示，较薄，分内壁层（2~3nm）和外壁层（8~10nm），化学组成较复杂，主要成分是脂多糖、磷脂、脂蛋白、肽聚糖。内壁层紧贴细胞膜，由肽聚糖组成，但含量很少，仅占细胞壁干重的5%~10%，并且四肽侧链中第三位的氨基酸被内消旋二氨基庚二酸（m-DAP）所取代，m-DAP的氨基直接与相邻四肽侧链中的D-丙氨酸羧基相连，没有五肽交联桥。肽聚糖的交联程度只有30%，形成二维平面结构，所以G^-的肽聚糖层较G^+疏松。外壁层分为三层：内层为脂蛋白层；中间层为磷脂层；最外层是由核心多糖、O-特异支链和脂质 A 组成的脂多糖层，脂多糖是 G^- 细胞壁的主要成分，也是 G^- 特有的成分。

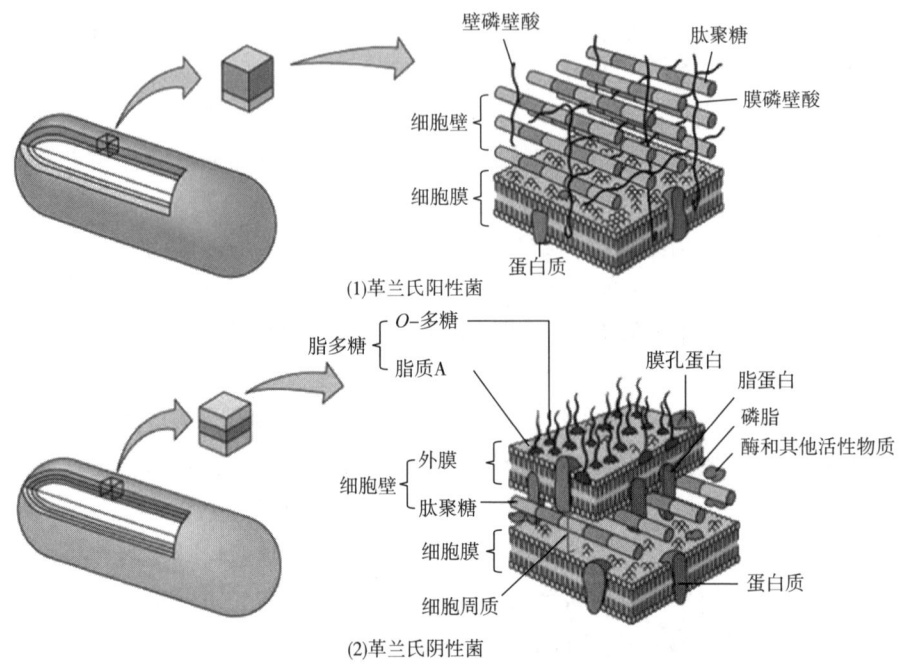

图 2-2　G^+ 和 G^- 细胞壁结构比较

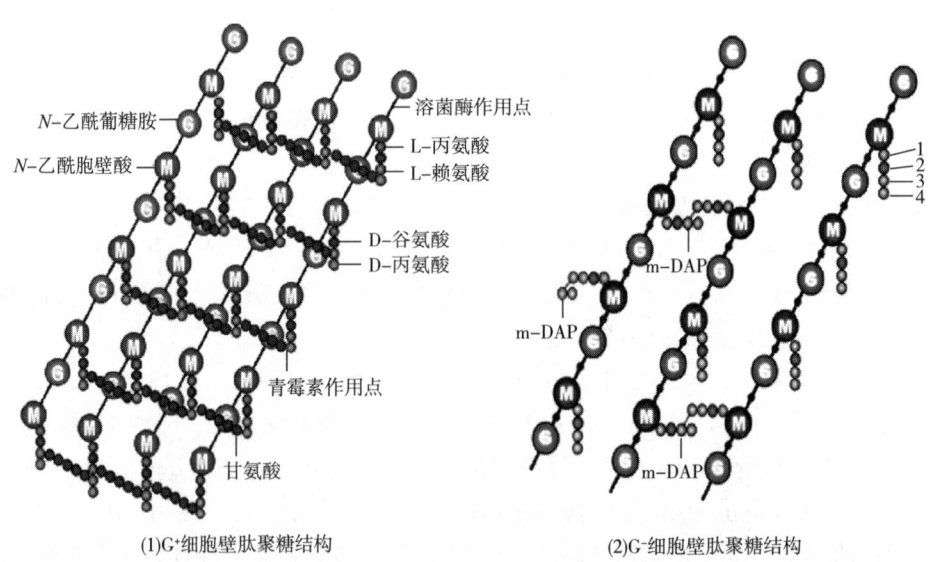

图 2-3　G^+ 和 G^- 细胞壁肽聚糖结构
1—L-丙氨酸　2—D-谷氨酸　3—m-DAP（二氨基庚二酸）　4—D-丙氨酸

破坏肽聚糖的网状结构是破碎细菌的主要任务。凡能破坏肽聚糖结构或抑制其合成的物质，都能损伤细胞壁而使细菌变形或杀伤细菌。溶菌酶能切断肽聚糖中 N-乙酰葡糖胺和 N-乙酰胞壁酸之间的 β-1,4-糖苷键，破坏肽聚糖支架，引起细菌裂解。G^+ 比 G^- 对溶菌酶的敏感性强，G^- 因存在脂蛋白和脂多糖，只有在螯合剂 EDTA 存在时才能被溶菌酶作用。青霉素和头孢菌素能与细菌竞争合成细胞壁形成过程所需的转肽酶，抑制四肽侧链上 D-丙氨酸与五肽桥之间的联结，使细菌不能合成完整的细胞壁，可导致细菌死亡。对 G^+ 和 G^- 细胞壁进行比较，结果如表 2-2 所示，综合来讲，G^+ 的破碎比 G^- 更为困难。

表 2-2　　　　　　　　　　　　G^+ 和 G^- 细胞壁比较

项目	G^+	G^-
强度	较坚韧，三维立体结构	较疏松，二维平面结构
壁厚度/nm	20~80	10~13
肽聚糖组成	肽聚糖骨架、四肽尾、五肽桥	肽聚糖骨架、四肽尾
肽聚糖含量/%	40~90	5~10
磷壁酸含量/%	含量较高（<50%）	0
蛋白质/%	约 20	约 60
脂多糖	无	有
脂肪/%	1~4	11~22
革兰氏染色	蓝紫色	红色
抗原性	主要为磷壁酸	有内毒素
细胞壁抗溶菌酶	弱	强
对青霉素作用	敏感	不敏感

酵母菌细胞壁厚 25~70nm，占整个细胞干重的 20%~30%，结构类似三明治，如图 2-4 所示，可分为 3 层，内层为葡聚糖层，中间层主要为蛋白质，外层为甘露聚糖层，层与层之间可部分镶嵌。葡聚糖和甘露聚糖都是复杂的分枝状聚合物，占细胞壁干重的 75% 以上。最内层的 β-葡聚糖以 β-1,3-葡聚糖为骨架，β-1,6-葡聚糖为支链，β-1,6-葡聚糖的还原端连接到 β-1,3-葡聚糖非还原端的末端葡萄糖上，并在氢键作用下共同构成一个三维的网络结构。甘露聚糖的主链由多个 α-甘露糖以 α-1,6-糖苷键连接形成，并以 α-1,2 和 α-1,3-糖苷键连接数目不等的甘露糖侧链，甘露聚糖通过共价键与蛋白质连在一起。此外，细胞壁上还含有少量类脂和由 N-乙酰葡糖胺以 β-1,4-糖苷键连接形成的几丁质。破坏葡聚糖和甘露聚糖形成的网状结构是破碎酵母菌细胞壁的主要任务。

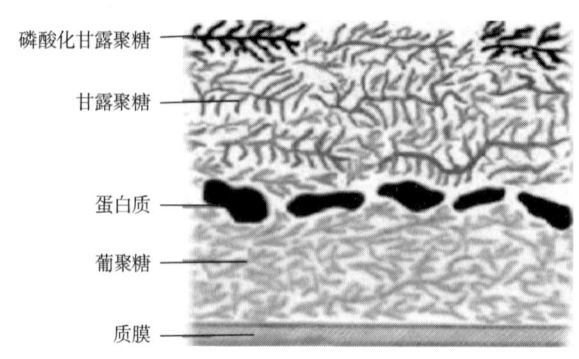

图 2-4　酵母菌细胞壁结构

大多数的霉菌细胞壁主要由多糖，尤其是具有 β-1,4-糖苷键的几丁质和 β-1,6-糖苷键的葡聚糖组成，还含有较少量的蛋白质和脂类。其细胞壁可分为三层：外层为无定形的 β-葡聚糖（87nm）；中层是糖蛋白，蛋白质网中填充葡聚糖（49nm）；内层是几丁质微纤维，夹杂无定形蛋白质（20nm）。破坏 β-1,4-糖苷键和 β-1,6-糖苷键是破碎霉菌细胞壁的主要任务。

海藻类的细胞壁较复杂，其主要结构成分是纤维状的多糖类物质。破坏纤维素的 β-1,4-糖苷键是破碎海藻细胞壁的主要任务。

植物细胞的细胞壁可以分为所有植物细胞都具有的初生壁，部分细胞所具有的次生壁以及在相邻两个植物细胞之间起连接作用的胞间层。初生壁一般较薄（1~3μm），富有弹性，主要成分为纤维素、半纤维素，并有结构蛋白存在。胞间层主要成分为果胶质。次生壁一般较厚（4μm 以上），主要成分为纤维素，并常有木质存在。次生壁中纤维素的含量比初生壁增加很多，并且纤维素的微纤丝排列更紧密和有规则，提高了细胞壁的坚硬性，使植物细胞具有很高的机械强度。破坏纤维素、半纤维素和果胶质是植物细胞破碎的主要任务。常用含有果胶酶和纤维素酶的酶混合液处理植物组织，以破坏胞间层和去掉细胞的纤维素外壁，得到游离的裸露原生质体。

不同种类的细胞结构差别很大，破碎的难易程度也不同，由难到易的大致排列顺序为：植物细胞>真菌（如酵母菌）>革兰氏阳性菌>革兰氏阴性菌>动物细胞。

二、细胞破碎方法

细胞破碎的目的是使细胞壁和细胞膜受到不同程度的破坏，增加其通透性或破碎，使目标产物释放出来。根据细胞破碎是否使用外加作用力，将其分为机械破碎法和非机械破碎法两大类，如表 2-3 所示。

表 2-3　　常用的细胞破碎方法（按是否使用外加作用力）

分类		作用机理	适用性
机械破碎法	珠磨法	固体剪切作用	可达较高破碎率，可较大规模操作，大分子目的产物易失活，浆液分离困难
	高压匀浆法	液体剪切作用	可达较高破碎率，可大规模操作，不适合丝状菌和革兰氏阳性菌
	超声破碎法	液体剪切作用	对酵母菌效果较差，破碎过程升温剧烈，不适合大规模操作
	X-Press 法	固体剪切作用	破碎率高，活性保留率高，对冷冻敏感目的产物不适合
非机械破碎法	化学渗透法	改变细胞膜的渗透性	具一定选择性，浆液易分离，但释放率较低，通用性差
	渗透压冲击法	渗透压剧烈改变	破碎率较低，常与其他方法结合使用
	冻结融化法	反复冻结-融化	破碎率较低，不适合对冷冻敏感的目的产物
	酶溶法	酶分解作用	具有高度专一性，条件温和，浆液易分离，溶酶价格高，通用性差
	干燥法	改变细胞膜渗透性	条件变化剧烈，易引起大分子物质失活

机械破碎中细胞所受的机械力主要有压缩力和剪切力，化学破碎利用化学或生化试剂或酶改变细胞壁或细胞膜的结构，增大胞内物质的溶解速率，或完全溶解细胞壁，形成原生质体后，在渗透压作用下，使细胞膜破裂而释放出胞内物质。细胞破碎机理如图 2-5 所示。

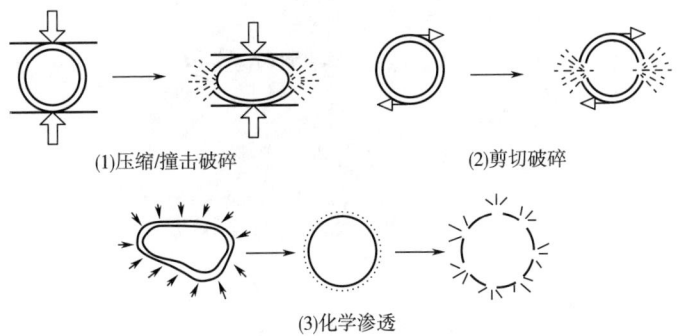

(1) 压缩/撞击破碎　　(2) 剪切破碎

(3) 化学渗透

图 2-5　细胞破碎机理

1. 机械破碎法

机械破碎法一般需要使用专用设备，处理量大、破碎时间短、效率高、破碎充分，破碎后内含物能得到完全释放，通用性强，成本低，可用于实验室和工业生产。通过挤压、剪切和撞击作用使细胞破碎。但因机械搅拌产生的大量热量易使蛋白、核酸、酶等物质失活，破碎过程中需要通入冷却水冷却处理。同时，机械破碎法使细胞完全破碎，所有的细胞内容物都将被释放，所以目标产物必须从混有蛋白质、核酸、细胞壁的碎片和其他产物混合物中分离。除核酸会增加溶液黏度，这将使随后的分析过程复杂，尤其是色谱分析。机械破碎产生细胞碎片，使溶液很难澄清，影响粉碎设备中液体的循环，使用离心法无法完全去除微小的碎片。机械破碎法主要有珠磨法、高压匀浆法、超声破碎法和 X-Press 法。

（1）珠磨法　珠磨法是一种最有效的常用的机械破碎方法，实验室规模的细胞破碎可采用 Mickle 高速组织捣碎机、Braun 匀浆器，中试规模的细胞破碎可采用胶体磨，工业规模可采用高速珠磨机，如图 2-6 所示为 ZM 系类卧式密闭珠磨机。珠磨机由研磨室、搅拌轴、环形振动狭缝珠液分离器、研磨剂、循环水冷却系统等部件组成，结构如图 2-7 所示。在珠磨机内，细胞悬浮液与极细的玻璃珠、石英砂、氧化铝等直径小于 1mm 的研磨剂一起高速搅拌或研磨，研磨剂与细胞之间产生相互剪切、碰撞，使细胞破碎，并释放出内含物。在环形振动狭缝珠液分离器的协助下，珠子被滞留在研磨室内，浆液则循流道流出，实现连续操作。循环水冷却系统可将破碎中产生的热量带走。

珠磨机有卧式和立式两种，一般前者比后者的破碎效率高，可能是因为立式机中向上流动的液体在某种程度上会使研磨珠流态化，从而降低其破碎效率。

图 2-6　ZM 系类卧式密闭珠磨机

珠磨机的破碎率与操作参数，如研磨剂直径大小及装载量、微生物类型、细胞悬浮液的浓度、搅拌转速、料液的循环流速和温度等有关，此外，与搅拌器的设计和研磨腔的结构也有关系。

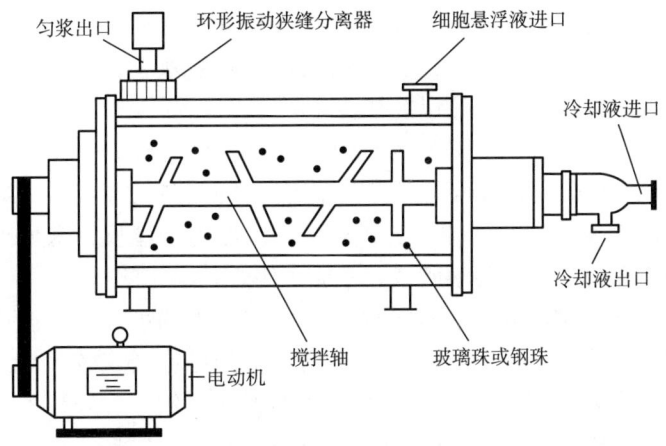

图 2-7 珠磨机结构图

研磨剂直径大小及装载量：研磨剂直径大小在选择时以细胞大小、种类、浓度、所需提取的酶在细胞中的位置以及连续操作时不使研磨剂带出为参考依据，如图 2-8 所示，不同种类细胞达到相同细胞破碎率时，所用研磨剂的直径大小不同。一般来说，研磨珠直径越小，细胞破碎的速度也越快，但太小易于漂浮，并难以保留在研磨机的腔体内，所以它的尺寸并不是越小越好。通常在实验室规模的研磨机中，直径为 0.2mm 较好，工业规模操作中，不小于 0.4mm。装量少不易破碎，装量大能耗大并不利于搅拌，研磨室热扩散性能降低，引起温度升高。一般研磨剂的装量控制在 80%~90%，并随直径大小而变化。

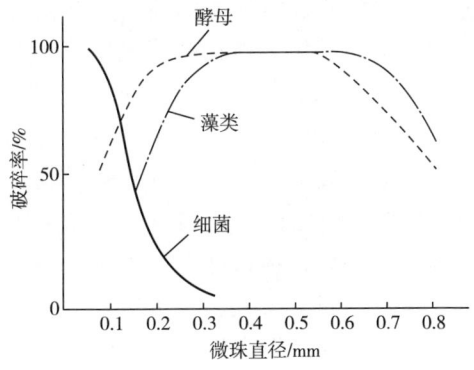

图 2-8 珠磨机的破碎率与微珠直径的关系

微生物类型：细菌细胞的大小仅为酵母细胞的 1/10，因此，酵母较细菌在珠磨机中更易破碎。同类细胞因个体大小或机械强度不同，破碎效果也不同，如在同样条件下，酿酒酵母的破碎效果比热带假丝酵母好。

细胞悬浮液的浓度：细胞浓度影响悬浮液的流变特性，从而影响蛋白质的释放，一般由实验确定。一般细胞湿重/体积控制在40%左右。

搅拌转速：一般来说，增加搅拌转速能提高破碎效率，但过高的转速反而会使破碎效率降低、能耗增大，所以搅拌转速应适当。

温度：温度高时，细胞较易破碎，但温度过高会对破碎物尤其是具有活性的目标产物有影响。Currie等的研究表明，操作温度控制在5~40℃时对破碎物影响较小。可通过冷却夹套和搅拌轴的方式调节珠磨腔室的温度，采用夹套冷却的方式实现温控效果较好，能耗与细胞破碎率成正比。

延长研磨时间、增加珠体装量、提高搅拌转速等均可提高细胞破碎率，但高破碎率除了使能耗增加，同时也带来一系列其他问题：产生较多热量，增加了冷却控温的难度；大分子目标产物失活增加；细胞碎片较小，碎片不易分离，给后续操作带来困难，因此，珠磨法的破碎率一般控制在80%以下。

珠磨法操作简便稳定，破碎率可控制，易放大，在实验室和工业规模上得以应用。适用于绝大多数微生物细胞的破碎，特别是对于有大量菌丝体的微生物、质地坚硬的亚细胞器或含有包涵体的工程菌有较好的破碎效果。

（2）高压匀浆法　高压匀浆法是使用高压匀浆器（高压均质机）进行大规模破碎细胞的常用方法。高压匀浆器由高压泵和均质头两部分组成，结构如图2-9所示。作用机理是液体剪切作用，被高压泵吸入的细胞悬浮液获得很高的静电力，以100~400m/s的速度从高压室针形阀喷出，进入均质头并直接撞击到撞击环上，被迫改变方向从排料口流出。细胞在这一高速运动过程中经历了强大的撞击力、液体剪切作用力和由高压到常压的突变，从而使细胞被拉伸延长而变形导致细胞破碎，胞内产物得到释放。

压力、温度和通过匀浆器阀的次数是影响高压匀浆破碎的主要因素。较高的压力利于提高细胞破碎效率，但会增大能耗和降低设备寿命，综合考虑，工业生产中压力常采用55~70MPa。有研究表明，当悬浮液中酵母浓度在450~750kg/m^3，温度由30℃提高到50℃，破碎率提高1.5倍。但各种力的作用产生的热量使温度升高，2~3℃/10MPa，可能会导致生物活性成分受热失去活性，通常需要冷却处理，可在进口用干冰调节温度，使出口温度调节在20℃左右，一般在高压匀浆器的均质头部分设计有循环冷却装置，通入冷却剂冷却处理。操作方式上，可以采用单次通过匀浆器或多次循环通过等方式，也可以连续操作，一般来说，通过匀浆器阀的次数越多，破碎效率越高，但产生的细胞碎片也越小，为后续分离纯化带来困难。对于酵母等难以破碎及浓度高或处于生长静止期的细胞，常采用多次循环的操作方法。除此之外，破碎性能还随菌体种类和生长环境的不同而不同。如大肠杆菌的细胞比酵母细胞容易破碎，生长在简单的合成培养基上的大肠杆菌比生长在复杂培养基上的容易破碎。

高压匀浆法在实验室和工业生产中都已得到应用，操作参数少，条件易确定，操作过程中样品损失量少，在间歇处理少量样品方面效果好，广泛用于酵母和大

(1)实物图

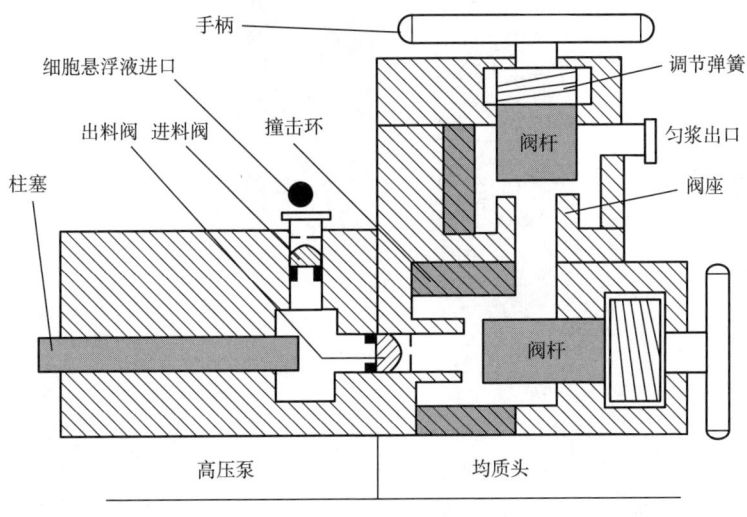

(2)结构图

图2-9 高压匀浆器及其结构图

多数细菌细胞的破碎。对于易造成堵塞的团状或丝状真菌、较小的 G^+ 和一些易损害匀浆器阀的质地坚硬的亚细胞器或含有包涵体的工程菌一般不适用。

（3）超声破碎法 超声破碎较强烈，利用超声波破碎机发射声频 15~25kHz 的超声波处理细胞悬浮液，液体发生空穴作用而产生许多小气泡，在声波膨胀相中，这些小气泡会增大，在压缩相中气泡被压缩直到破裂，这一过程产生的极大冲击波和剪切力可引起悬浮细胞上产生剪切力，使细胞内液体发生流动，从而使细胞破碎。

超声波破碎仪可分为槽式和探头直接插入介质两种类型，一般破碎效果后者比前者好。超声波的细胞破碎效率与细胞种类、浓度、处理时间和超声波的声频、声能有关。超声破碎法适用于多数微生物的破碎，一般杆菌比球菌易破碎，G^- 比 G^+ 易破碎，对酵母菌的破碎效果较差，见图 2-10。

超声波振荡过程中产生大量的热引起温度剧烈上升，因此，操作时需将细胞悬浮液置于冰浴中，或把细胞悬浮液预冷至 0~5℃，并在夹套中连续通入冷却剂冷却，进行细胞破碎。超声波产生的化学自由基团能使某些敏感性活性物质失活，可用氢气预吹细胞悬浮液或者添加谷氨酸、谷胱甘肽等自由基清除剂来缓和。

超声破碎法由于对冷却的要求苛刻，不易放大，处理少量样品时操作简单、液量损失少，因此在实验室小规模细胞破碎中应用普遍。

图 2-10　超声波破碎仪

（4）X-Press 法　X-Press 法是一种改进的高压匀浆法。将浓缩的菌体悬浮液冷却至-30～-25℃形成冰晶体，利用 500MPa 以上的高压冲击，使冷冻细胞从高压阀小孔挤出，由于冰晶体的磨损，使包埋在冰中的微生物变形而破碎。该法主要用于实验室，具有适用范围广、破碎率高、细胞碎片粉碎程度低及活性保留率高等优点。不适用于对冷冻-融解敏感的生化物质。

2. 非机械破碎法

非机械破碎法较为温和，仅溶解局部壁、膜，细胞外形较为完整，导致溶液中出现许多较大的碎块，会影响离心后细胞内含物的纯度，只有部分内含物得到释放；耗时长、效率低、成本高、通用性差，不同菌株需要选择相应的不同的化学试剂或酶，最好的解决方案条件难以确定。此外，在溶酶系统中，产物抑制是一个不可避免的问题，甘露糖会抑制蛋白酶的作用，葡聚糖会抑制葡聚糖酶的作用，这也可能是导致细胞内含物释放率低的一个最重要的因素。因此，非机械破碎法基本用于实验室，其中化学法和酶溶法溶胞应用最广。

（1）化学渗透法　使用有机溶剂（如正丁醇、甲苯等）、表面活性剂、金属螯合剂、变性剂和抗生素等改变细胞壁或膜的通透性（渗透性），使内含物有选择性地渗透出来。化学渗透法取决于化学试剂的类型以及细胞壁和膜的结构与组成。

化学渗透法

用有机溶剂丁酯、丁醇、甲苯、二甲苯、三氯甲烷等溶解细胞壁中的磷脂层，使细胞结构破坏，释放出胞内产物，该法因有机溶剂未整体破坏细胞而有可能实现选择性释放。

表面活性剂：使用去污剂，如离子去污剂十二烷基磺酸钠（SDS）、脱氧胆酸钠、胆酸钠，非离子去污剂 Triton X-100、Tween 20、Tween 80，两性离子去污剂 CHAPS 等，作用于细胞质和细胞壁膜，使膜结构中的脂蛋白成分被或多或少地溶解，使细胞膜通透性增加或溶解，利于内含物流出。

EDTA：EDTA 为金属离子螯合剂。G^- 的细胞壁外层结构通常靠二价阳离子 Ca^{2+} 或 Mg^{2+} 结合脂多糖和蛋白质来维持，一旦 EDTA 将 Ca^{2+} 或 Mg^{2+} 螯合，大量的脂多糖分子脱落，使细胞壁外层膜出现洞穴。这些区域由内层膜的磷脂来填补，从而导致内层膜通透性增加。

变性剂：盐酸胍或脲等变性剂与水中氢键作用，削弱溶质分子间的疏水作用，从而使疏水性化合物溶于水溶液。

化学渗透法与机械破碎法相比，细胞外形完整，避免大量细胞碎片，利于进一步提取；对产物释放有一定的选择性，可使一些较小分子的溶质如多肽和小分子的酶蛋白透过，核酸等大分子质量的物质仍滞留在胞内，核酸释放少，浆液黏度低，处理后溶液澄清，便于后续固液分离和进一步提取，因此，化学渗透法使用较多。但该法通用性差，时间长、效率低，一般胞内物质释放率不超过 50%；部分化学试剂有毒，并易引起生物活性物质失活，试剂操作中需要根据生物活性物质的性质选用合适的化学试剂和操作条件；加入的化学试剂常会给后续产物的纯化带来困难，并影响最终产物纯度。

（2）渗透压冲击法　渗透压冲击法是最温和的一种破碎方法，原理是细胞能适应细胞外慢慢改变的压强，但细胞外压力快速变化，则会物理性伤害细胞。操作时将细胞放在高渗透压的介质中（如一定浓度的甘油或蔗糖溶液），使细胞内压力和细胞外压力平衡，然后急速稀释高渗透介质或将细胞转入水或低渗介质中，由于渗透压的突然变化，水迅速进入细胞内，引起细胞快速膨胀而破裂。

本法仅适用于细胞壁较脆弱的细胞、细胞壁预先用酶处理或合成受抑制而强度减弱的细胞，如动物细胞和 G^-，本法缺点是高盐浓度可能污染产品。

（3）冻结融化法　冻结融化法是通过水结晶的形成和随后的融化而进行细胞破碎。操作时将细胞放在低温（约-15℃）下突然冷冻而在室温下缓慢融化，反复多次达到破壁作用。冷冻的作用有两点：一是使细胞膜的疏水键结构破裂，增加其亲水性和通透性；二是使胞内水结晶，形成冰晶粒，细胞内外产生溶液浓度差，引起细胞膨胀而破裂。

本法适用于细胞壁较脆弱的菌体，对于存在于细胞质周围靠近细胞膜的胞内产物释放更为有效，但通常破碎率很低，即使反复循环多次也不能提高收率。另外，在冻融过程中可能引起某些蛋白质变性失活。

（4）干燥法 采用气流干燥、真空干燥、喷雾干燥和冷冻干燥等多种方法干燥细胞，使细胞结合水分丧失，细胞膜的通透性改变，从而使细胞内某些物质容易被丙酮、丁醇或缓冲液等溶剂抽提出来。

气流干燥主要适用于酵母菌，一般在25~30℃空气中吹干，然后用水、缓冲液或其他溶剂抽提。气流干燥时，部分酵母可能产生自溶，所以较冷冻干燥、喷雾干燥容易抽提，真空干燥多用于细菌。冷冻干燥适用于较不稳定的生化物质。将冷冻干燥后的菌体在冷冻条件下磨成粉，然后用缓冲液抽提。此外，还能用有机溶剂，例如丙酮、二氧杂环乙烷等使细胞脱水，即将菌体悬浮液慢慢倒入10倍体积预冷至-20℃的丙酮中搅拌，使之脱水并溶解除去膜上部分脂肪，易于抽提。

本法条件变化较剧烈，容易引起蛋白质或其他组织变性。

（5）酶溶法 通过细胞自身的酶系或外加酶的催化作用，分解破坏细胞壁上的特殊化学键或某种特殊物质，达到细胞破碎的目的，从而使细胞内含物释放出来。根据是否需要额外添加水解酶，酶溶法分为外加酶法和自溶法两种。

外加酶法是根据实验对象细胞壁结构、化学组成的不同添加不同的水解酶来破坏细胞壁。其特点是专一性强，需要根据细胞的结构和化学组成选择适当的酶。常用的酶如溶菌酶、蜗牛酶、半纤维素酶、脂酶、甘露糖酶、β-1,6-葡聚糖酶、壳多糖酶等。溶菌酶主要是通过破坏肽聚糖中 N-乙酰胞壁酸和 N-乙酰葡糖胺之间的 β-1,4-糖苷键，使细胞壁不溶性黏多糖分解成可溶性糖肽，导致细胞壁破裂，内含物逸出而使细菌溶解。溶菌酶主要用于细菌类细胞壁的裂解，G^+对其敏感程度强于G^-，放线菌的细胞壁结构类似于G^+，以肽聚糖为主要成分，也可采用溶菌酶。蜗牛酶是含有纤维素酶、半纤维素酶、果胶酶、淀粉酶、蔗糖酶、蛋白酶等多种具有生物活性的混合酶，可用于细胞壁主要成分是纤维素、葡聚糖、几丁质等的酵母和霉菌的破碎。半纤维素酶可水解植物细胞壁的组成成分——半纤维素而达到细胞破碎的目的。有时按照次序加入多种酶会产生更好的效果，加入时需确定相应的次序。如酶法破碎酵母细胞时，先加入蛋白酶作用蛋白质-甘露聚糖结构，使二者溶解，再加入葡聚糖酶作用于裸露的葡聚糖层，最后只剩下原生质体，通过改变缓冲溶液使渗透压发生变化，使细胞膜破裂，释放出胞内产物。

外加酶法适用于多种微生物，具有作用条件温和、内含物成分不易受到破坏、细胞壁破损程度可控等优点，但也存在下列问题：一是产物抑制作用，在溶酶系统中，甘露糖和葡聚糖分别具有抑制蛋白酶和葡聚糖酶的作用，这可能是导致胞内物质释放率低的一个重要因素；二是溶酶价格高，限制了大规模利用，若回收溶酶又需增加分离纯化酶的操作和设备，增加了成本；三是酶溶法通用性差，不同的菌种需选择不同的酶，并且需要确定酶的最佳反应条件。

自溶法是利用组织细胞代谢过程中产生的酶系统，在适宜的pH、温度、缓冲液浓度等条件下将细胞破碎的方法。该法在一定程度上可用于工业规模，如酵母自溶物的制备。啤酒废酵母在pH6.0，温度45℃，NaCl 4.0%下保持60h发生自溶，产生的氨基氮含量可达 405mg/100mL。该法的缺点是耗时长，需加入少量甲苯、氯仿等防腐剂防止细胞污染，易引起蛋白质变性，悬浮液黏度增大而使过滤速度下降等。

三、选择破碎方法的依据

在选择细胞破碎方法时，主要考虑以下 5 个方面。
（1）细胞处理量。
（2）细胞壁强度和结构（高聚物交联程度、种类、壁厚度）。
（3）目标产物对破碎条件的敏感性。
（4）破碎程度。
（5）目标产物的选择性释放。

选择细胞破碎方法时，应遵循以下一般原则：①目标产物在细胞质内，选用强烈的机械破碎法；②目标产物在细胞膜附近可用温和的非机械破碎法，如酶溶法、渗透压冲击法、冻结融化法等；③目标产物与细胞壁或细胞膜结合时，采用机械破碎法与化学法相结合的方法；④为提高破碎效率，采用机械破碎法和非机械破碎法相结合的方法。适宜的操作条件应从高产物释放率、低能耗和便于后续提取三方面权衡，机械破碎法和非机械破碎法的比较如表 2-4 所示。

表 2-4　　　　　　　　机械破碎法与非机械破碎法的比较

比较项目	机械破碎法	非机械破碎法
破碎处理	切碎细胞	溶解局部壁膜
碎片大小	细小	大，细胞外形完整
内含物释放	全部	部分
黏度	高（核酸多）	低（核酸少）
时间、效率	时间短、效率高	时间长、效率低
设备	需专用设备	不需专用设备
通用性	强	差
经济性	成本低	成本高
应用范围	实验室、工业	实验室，部分工业

四、细胞破碎效果的检查

细胞破碎效果直接影响细胞内含物的流出，常用破碎率表示细胞破碎效果。破碎率即被破碎的细胞数量占原始细胞数量的百分数，公式如式（2-1）。

$$Y(\%) = [(N_0-N)/N_0] \times 100 \qquad (2-1)$$

式中　N_0——原细胞数；
　　　N——破碎后残存的正常细胞。

破碎率可通过直接测定法、目的产物测定法和电导率测定法测得。

1. 直接测定法

样本经过适当稀释，通过用显微镜观察血球计数板计数或电子微粒计数器直接计数等方法，检测破碎前后的完整细胞数量即可直接计算其破碎率。为避免破碎过程中释放出的DNA和其他聚合物组分等成分影响破碎后细胞计数，采用染色法将破碎的细胞与未破碎的细胞区别开来，如采用革兰氏染色法染色酵母破碎液，完整的细胞呈紫色，而受损害的细胞呈亮红色。破碎的革兰氏阳性菌染成革兰氏阴性菌的颜色。

对于量大的样品，显微镜计数法耗时长，枯燥；电子微粒计数器虽可测定酵母细胞破碎率，但大的细胞破碎物可能有干扰，用于细菌破碎率的测定时，灵敏度较低。同时直接测定法还需要寻找一种合适、可用的细胞染色技术区分破碎与未破碎细胞。

2. 目的产物测定法

目的产物测定法是指细胞破碎后，通过测定破碎液中目的产物的释放量来估算破碎率。通常将破碎后的细胞悬浮液离心，测定上清液中目的产物（如蛋白质或酶）的含量或活性，并与100%破碎率所获得的标准值比较，计算其破碎率（Y）。公式如式（2-2）：

$$Y(\%) = [(R_m - R)/R_m] \times 100 \tag{2-2}$$

式中 R_m——理论最大值；

R——实验测得值。

3. 电导率测定法

细胞破碎后，大量带电荷的内含物被释放到水相，使电导率上升，电导率随着破碎率的增加而呈线性增加。电导率的大小受微生物种类、处理条件、细胞浓度、温度和悬浮液中原电解质含量等因素影响，因此，正式测定前，应预先用其他方法制定标准曲线。

■ **岗位链接**

消毒液的配制、使用与更换操作规程

文件编号		颁发部门	
SOP-PA-124-01	消毒液的配制、使用与更换岗位		
总页数		执行日期	
编制者	审核者		批准者
编制日期	审核日期		批准日期

1. 目的

明确消毒液的配制、使用、更换的标准操作规程。

2. 范围

消毒液使用车间

3. 责任

车间主任及消毒液使用人员。

4. 内容

(1) 消毒液的配制

①5%乙醇的配制：将适量95%乙醇放置于洁净专用容器内，缓缓加入纯水，边搅边加，插入酒精计进行测量，浓度快达到80%时再少量加入纯水搅拌，测量，使乙醇浓度接近或达到75%即得。领用完毕要严格密闭容器。

②2%~5%甲酚皂溶液的配制：取市售甲酚皂浓溶液500mL加水5~8kg进行稀释，搅匀即得。

③0.1%新洁尔灭溶液：计算稀释浓度，进行稀释。

④丙二醇、乳酸使用原液。

(2) 消毒液的使用

① 将75%乙醇分散到小容器中。各岗位定点放置。使用时，按需量取，用过后的废弃75%乙醇集中到指定容器中，生产完毕可作为盥洗地漏的初液。用于容器、设备、皮肤、工具等消毒。

②甲酚皂溶液只可用于地面环境、清洁工具、不能拆包的原辅料外包装的消毒。

③0.1%新洁尔灭用于容器、设备、皮肤、工具消毒。

④丙二醇、乳酸用于空间灭菌。

用量：丙二醇 $1mL/m^3$，乳酸 $2mL/m^3$。

用法：将丙二醇、乳酸置蒸发容器中加热，使蒸气弥漫全室。

(3) 消毒液的更换 消毒液使用时失去原色立即更换，每两天配制一次。各种消毒液每半月交替更换一次。

(4) 为确保清洁效果，每15L清洁剂或消毒剂所擦面积不得大于 $25m^2$。

5. 培训

(1) 培训对象 各岗位操作人员。

(2) 培训时间 2h。

工作过程二　植物材料粉碎

工作过程背景：

植物材料的粉碎是药物预处理的一个重要环节，对后续的加工操作有着重要的意义。粉碎不仅仅是将物料尺寸由大变小，利于有效成分的溶解和溶出，当物料粒度尺寸减小到一定值以下时，物料的性质会发生显著的变化，具备一般颗粒所没有的特殊理化性质，如良好的溶解性、吸附性、分散性等。

知识目标：
1. 掌握植物材料粉碎的目的。
2. 了解植物材料常见的粉碎方式。

能力目标：
1. 掌握植物材料常用粉碎的方法与设备使用。
2. 能根据物料性质选择粉碎方法与设备。

素养目标：
培养学生安全操作的习惯。

粉碎是指固体物料在外部机械力作用下，克服分子间的内聚力，使固体物料外观尺寸由大变小，物料的比表面积由小变大的过程。植物材料的粉碎是借助机械力将大块的植物材料粉碎成适宜程度的碎块或细粉的操作过程，是植物材料加工中的基本操作之一。

一、植物材料粉碎的目的

（1）中药材的原料多为植物材料，粉碎后增加了植物材料的表面积，便于药物有效成分的溶解和浸出。经过粉碎后的中药材，其薄片比厚片、小颗粒比大块材料更易煎煮和浸出有效成分。

（2）难溶的中药植物材料粉碎后可提高溶出度和提高生物利用度。

（3）粉碎可改善植物材料的流动性，同时可控制多种植物材料粒度相近，便于均匀混合。颗粒越小，越接近，混合均匀度越高。

（4）适当的粉碎可以实现植物材料颗粒内的成分分离。如小麦的制粉过程中，通过研磨实现胚乳分离后磨成细粉。

（5）在植物材料前处理中应用超微粉碎技术，可使其具有独特的物理化学性能，如良好的分散性、吸附性、溶解性等，利于提高药效。对于一些昂贵的药材，如人参、灵芝、冬虫夏草等，超微粉碎还可以减少资源浪费，提高吸收率与疗效。

（6）粉碎还可以减小植物材料体积，利于干燥与贮存。

二、植物材料粉碎的方式

目前，植物材料粉碎的方式很多，不同的粉碎设备作用也不同，其基本作用力有：挤压、截切、研磨、撞击、劈裂和锉削等，各种粉碎作用力见图2-11，应按照被粉碎材料的理化性质、粒度要求等来选择粉碎方式，主要有以下几种。

1. 以挤压作用为主的粉碎

以挤压作用为主的粉碎是将物料置于两个工作构件之间，逐渐加压，使之由弹

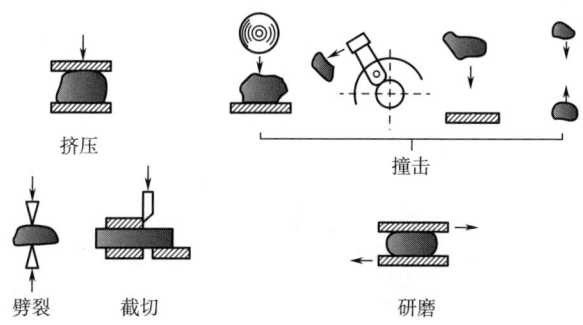

图 2-11　粉碎作用力示意图

性变形或塑性变形而至破裂粉碎的粉碎方式。这种粉碎方式仅适用于硬而脆性物料。

2. 以截切作用为主的粉碎

以截切作用为主的粉碎是指物料在构件间承受切应力超过强度极限而折断的粉碎方式。常用的有切片机、切药机、截切机等，一般植物的根、茎、叶的切制或药用部分的切块、切片、切丝、切碎块都属于这一类。

3. 以撞击作用为主的粉碎

以撞击作用为主的粉碎是指当物料与工作构件以相对高速运动撞击时或受到锤击作用而粉碎的方式。这种粉碎方式适用于质量较大的脆性物料。撞击粉碎应用范围很广，从较大块的破碎到微粉碎均可使用，而且可以粉碎多种物料。常见的有冲钵、锤击式粉碎机、万能粉碎机（图 2-12）等，也有利用物料自身超高速运动而碰撞粉碎的机器，如超音速喷射粉碎机等。

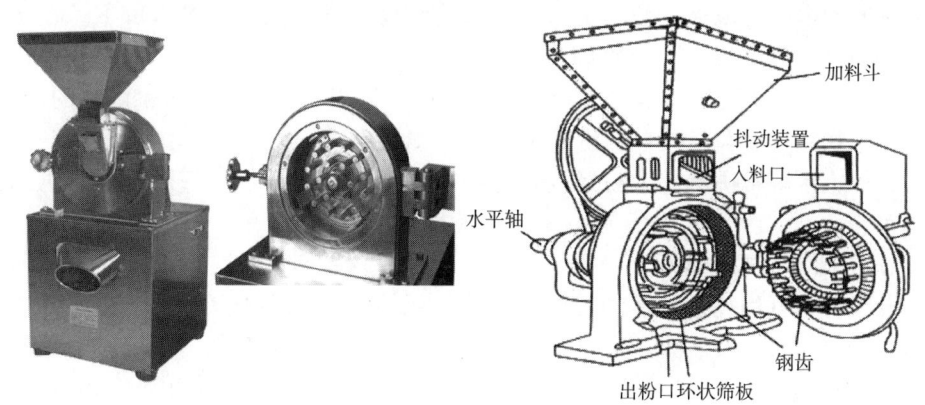

图 2-12　万能粉碎机及结构示意图

4. 以研磨作用为主的粉碎

以研磨作用为主的粉碎是指物料与粗糙工作面之间在一定压力下相对运动而摩擦，使物料受到破坏，表面剥落的粉碎方式。这种粉碎方式往往还带有挤压和截切作用，常见的设备有研钵、铁研船、球磨机（图2-13）等。

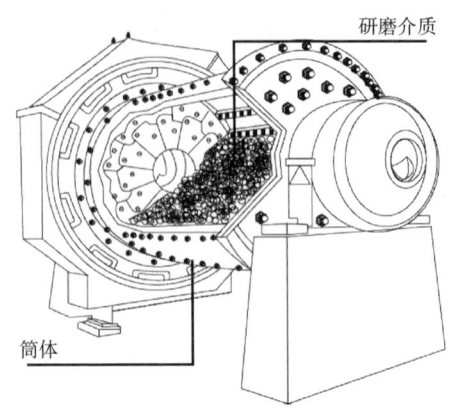

图2-13 球磨机结构示意图

三、中药超微粉碎设备

超微粉碎技术是在粉体学基础上，随着粉碎工艺的不断改进、粉碎理论及相关学科的突破性进展、新型粉碎设备的相继出现而发展起来的一门新技术。其应用范围广泛，涉及机械、化工、医药、食品、材料、冶金、农业等众多领域。此法是利用机械或流体动力的方法克服固体内部凝聚力使之破碎，从而将物料颗粒粉碎至微米甚至纳米级的操作技术，其产品称为微粉。

超微粉碎的原理与普通粉碎相同，主要也是利用外加机械力，部分地破坏物质分子间的内聚力来达到粉碎的目的，只是细度要求更高，在微米以下。在此细度下表现出的显著特点是植物细胞的破壁率高，通常可达95%，因此中药经过超微粉碎后，可以增强有效成分的吸收速率及提高溶出量；特别是对难溶性的药物，增加了生物利用度和疗效；全粉末入药，也保留了中药材的属性和功能。

目前，中药常用的超微粉碎设备有：机械冲击式粉碎机、气流式粉碎机和振动磨等。

1. 机械冲击式粉碎机

此设备是利用高速旋转的转子上的冲击元件对物料施加激烈的冲击，并使物料与定子间以及物料之间产生高频的撞击、截切、摩擦等多种作用而粉碎的设备。粉碎后微粉的粒度在 $10 \sim 40 \mu m$，配合高性能的精细分级机后可产生 $10 \sim 40 \mu m$ 的超细粉体产品。适用于中等硬度和弱热敏性中药材的粉碎，是目前超微粉碎领域应用较广的机型之一。

2. 气流式粉碎机

此设备也称为流能磨、气流磨，是利用高速气流喷出时形成的强烈多相紊流场，使其中的固体颗粒在自撞中或与冲击板、器壁撞击中发生变形、破碎，同时在气流旋转离心的作用下或与分级机联合使用,还可进行粗细颗粒分级而实现超细粉碎的目的。由于气流在粉碎中膨胀时的冷却效应,故被粉碎的物料温度不易升高,适合低熔点或热敏性物料的粉碎,见图2-14。

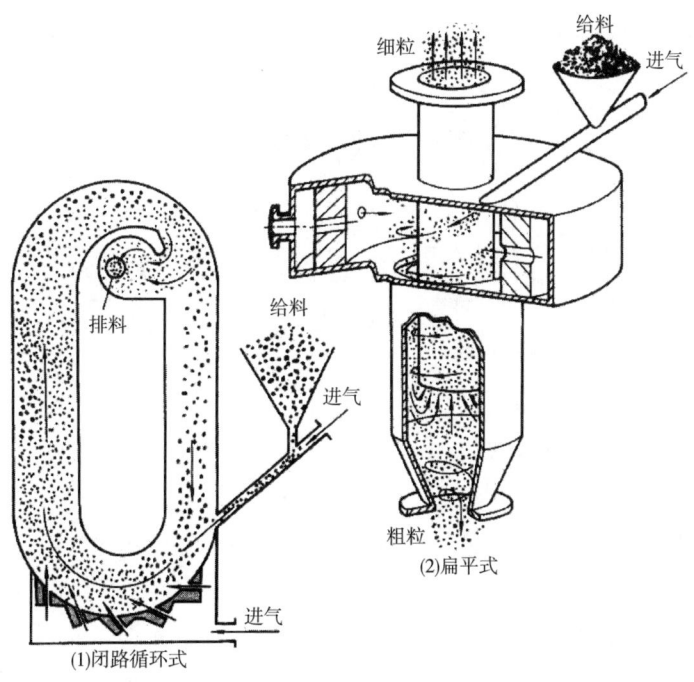

图 2-14 气流式粉碎机工作原理示意图

3. 振动磨

振动磨是利用研磨介质在振动磨筒体内做高频振动,产生摩擦、冲击、截切等作用,将物料磨细,同时均匀混合、分散。振动磨的类型按照筒体数目可分为:单筒式、双筒式和多筒式振动磨。振动磨结构紧凑,是由球磨机发展而来,磨碎效率比球磨机更高,能耗较低,见图2-15。

图 2-15 振动磨

岗位链接

粉碎岗位操作规程

文件编号		颁发部门	
SOP-PA-001-01	粉碎岗位操作规程		
总页数		执行日期	
编制者		审核者		批准者	
编制日期		审核日期		批准日期	

1. 目的

明确粉碎岗位的操作规程。

2. 范围

粉碎岗位。

3. 责任

粉碎岗位操作人员。

4. 内容

(1) 认真检查操作间及设备各部位的清洁状况,检查清场合格证,核对其有效期,取下标示牌,按生产部标识管理规程定置管理。

(2) 挂生产品种批次牌于指定位置,按生产指令填写工作状态。

(3) 根据生产指令,接收待粉碎物料,由班长与外辅岗位操作人员进行核对。

①核对物料的品名、批号、外包装的完整情况。

②核对数量,按称量器具使用标准操作规程进行称量;核对无误后,称皮、减重,计算净重,并予以登记。

(4) 根据生产指令按粉碎机使用标准操作规程的使用标准操作程序进行粉碎操作。

(5) 将粉碎后的药粉称重,填写状态标识,袋口扎绳上粘贴一张,并扎紧袋口,移至暂存间。

(6) 生产完毕后,填写批生产记录。

(7) 操作完毕后,取下生产品种批次标示牌,放入批生产记录,按清场管理规程、洁净区生产操作间清洁标准操作规程、称量器具清洁标准操作规程、万能粉碎机清洁标准操作规程进行清洁、清场。

(8) 清场后,填写清场记录,上报质检员,检查合格后,挂清场合格证。

5. 培训
（1）培训对象　班长及粉碎岗位操作人员。
（2）培训时间　2h。

工作过程三　发酵液预处理技术

工作过程背景：
发酵液（或培养液）成分复杂，除含有目标药物产物外，还存在大量的菌体、细胞、细胞内外代谢产物和大量的不参与发酵过程的不溶性悬浮物、剩余的培养基、可溶性杂质、高价态金属离子以及各种杂蛋白等杂质。有些杂质成分会对进一步提取分离工艺或对产品质量产生影响，因此在预处理阶段就要采取适当的方法将其去除。

知识目标：
1. 掌握发酵液预处理的目的和主要方法。
2. 熟悉凝聚和絮凝的原理和区别，了解常见的凝聚剂、絮凝剂的选择方法。
3. 掌握发酵液中杂蛋白、杂多糖与金属离子的去除方法。

能力目标：
能针对不同种类的发酵液选择合适的预处理方法。

素养目标：
培养吃苦耐劳、严谨认真的工作态度和解决实际问题的工作能力。

发酵液预处理的主要目的就在于改变发酵液（或培养液）的过滤特性，利于固-液分离；去除部分杂质，实现发酵液的相对纯化，以利于后续提取和精制各工序进行。

一、发酵液过滤特性及其改变方法

发酵液因其成分复杂，而具有产物浓度较低、悬浮物颗粒小且相对密度与液相相差不大、固体粒子可压缩性大、液相黏度大、多为非牛顿流体、性质不稳定等特性。这些特性往往使得发酵液的过滤与分离变得比较困难，因此通过对发酵液进行适当的预处理，可改善其流体性能，降低滤饼阻力，提高过滤与分离的速率。

发酵液预处理技术

常用的方法有：降低液体的黏度、调节 pH、凝聚与絮凝、加入反应剂、加入助滤剂等。

1. 降低液体黏度
发酵液的过滤速率与黏度成反比，通常可通过降低液体黏度来提高过滤速率，常用的方法有加水稀释法和加热法等。

（1）加水稀释法　发酵液加水稀释后，能降低液体的黏度，但同时增加了悬浮液的体积，加大了后续过程的处理任务。因此，单从过滤操作看，稀释后的过滤速率提高的百分比必须大于加水百分比才能认为有效。

（2）加热法　加热可以有效降低液体的黏度，提高过滤速率。同时，在适当的温度和加热时间下，蛋白质可凝聚形成较大颗粒的凝聚物，从而进一步改善发酵液的过滤特性，提高过滤速率。

使用加热处理时，要注意严格控制加热的温度与时间。加热的温度必须控制在不影响目标产物活性的范围内；加热的温度过高或时间过长，会使细胞溶解，胞内物质外溢，增加发酵液的复杂性，影响后续产物的分离与纯化。

2. 调节 pH

pH 可直接影响发酵液中某些物质的电离度和电荷性质，适当调节 pH 可改善发酵液过滤特性。对于氨基酸、蛋白质等两性物质，可调节 pH 使其达到等电点而得以除去；在膜过滤时，发酵液中的大分子物质易于发生膜吸附，通过调节 pH 改变易吸附分子的电荷性质，即可减少堵塞和污染；细胞、细胞碎片及某些胶体物质等，在适当的 pH 下也更易聚集成较大颗粒，有利于过滤的进行。

3. 凝聚与絮凝

凝聚与絮凝在发酵液的预处理中，常用于细小菌体或细胞、细胞碎片及蛋白质等胶体粒子的去除。其处理过程就是将一定的化学试剂预先投加到发酵液中，改变细胞、菌体和蛋白质等胶体粒子的分散状态，破坏其稳定性，使其聚集成可分离的颗粒，便于固-液分离。

凝聚与絮凝

凝聚与絮凝是两种方法、两个概念，其具体处理过程也是有差别的，应该明确区分。

（1）凝聚　凝聚是向胶体悬浮液中加入某种电解质，在电解质中异电离子作用下，胶粒的双电层电位降低，使胶体体系不稳定，胶体粒子间因热运动而相互碰撞产生凝集（1mm 左右）的现象，加入的电解质就称为凝聚剂。工业上常用的凝聚剂大多为阳离子型，主要有：十八水硫酸铝［$Al_2(SO_4)_3 \cdot 18H_2O$］（明矾）、六水三氯化铝（$AlCl_3 \cdot 6H_2O$）、三氯化铁（$FeCl_3$）、硫酸锌（$ZnSO_4$）和碳酸镁（$MgCO_3$）等。

电解质的凝聚能力可用凝聚值来表示，使胶粒发生凝聚作用的最小电解质浓度称为凝聚值。根据 Schulze-Hardy 法则，阳离子的价数越高，该值就越小，即凝聚能力越强。因此，阳离子对带负电荷的发酵液胶体粒子凝聚能力的次序为：$Al^{3+} > Fe^{3+} > H^+ > Ca^{2+} > Mg^{2+} > K^+ > Na^+ > Li^+$。

（2）絮凝　絮凝是利用带有许多活性官能团的高分子线状化合物可吸附多个微粒的能力，产生桥架连接作用，将许多微粒聚集在一起，形成较大的松散絮团（10mm）的过程，所利用的高分子化合物称为絮凝剂。

絮凝剂是一种能溶于水的高分子聚合物，其相对分子质量可高达数万至一千万以上，它们具有长链状结构，其链节上含有许多活性官能团，这些基团能通过静电引力、范德华引力或氢键的作用，同时与多个胶粒表面相结合形成较大的絮凝团。

根据絮凝剂的活性基团在水中解离情况不同，可分为阳离子型（含有氨基）、阴离子型（含有羧基）和非离子型三类（表2-5）。对于带负电荷的菌体或蛋白质来说，阳离子型高分子絮凝剂同时具有降低胶粒双层电位和产生吸附架桥的双重作用，所以可以单独使用。对于非离子型和阴离子型高分子絮凝剂，则主要通过分子间引力和氢键作用产生吸附架桥，所以它们常与无机电解质凝聚剂搭配使用。即首先加入无机电解质，使悬浮粒子间双电层电位降低，脱稳而凝聚成微粒，然后加入絮凝剂絮凝成较大的颗粒。无机电解质的凝聚作用为高分子絮凝剂的架桥作用提供了良好的基础，从而提高了絮凝效果，这种包含了凝聚和絮凝的过程，常称为混凝。

根据来源的不同，工业上主要使用的絮凝剂又可分为以下几种。

①有机高分子聚合物，如聚丙烯酰胺类衍生物（最常用）、聚苯乙烯类衍生物。

②无机高分子聚合物，如聚合铝盐、聚合铁盐等。

③天然有机高分子絮凝剂，如聚糖类胶黏物、海藻酸钠、明胶、骨胶、壳聚糖、脱乙酰壳聚糖等。

此外，微生物絮凝剂也是近年研究的重点，它是一类由微生物产生的具有絮凝功能的物质，主要成分是糖蛋白、黏多糖、纤维素及核酸等高分子化合物，具有安全、无毒和不污染环境等优点。

表 2-5　　　　　　　　　各种离子型絮凝剂活性基团及实例

离子类型	活性基团	实例
阳离子型	$-NH_2$ $-NH-R$ $-NR_2$ $-N^+R_3$	聚乙烯吡啶、胺与环氧氯丙烷缩聚物、聚丙烯酰胺阳离子化衍生物
阴离子型	$-COOH$ $-SO_3H$ $-OSO_3H$	聚丙烯酸、海藻酸、羧酸乙烯共聚物、聚乙烯苯磺酸
非离子型	$-OH$ $-CN$ $-CONH_2$	聚丙烯酰胺、尿素甲醛聚合物、水溶性淀粉、聚氧乙烯

4. 加入反应剂

加入某些不影响目标产物的反应剂,可消除发酵液中某些杂质对过滤的影响,从而提高过滤速度。其原理是利用反应剂和某些可溶性盐类发生反应生成不溶性沉淀,如硫酸钙、磷酸铝等。生成的沉淀能防止菌丝体黏结,使菌丝具有块状结构,沉淀本身可作为助滤剂,并且能使胶状物和悬浮物凝固,从而改善发酵液过滤性能。例如,在新生霉素发酵液中加入氯化钙和磷酸钠,生成的磷酸钙沉淀可充当助滤剂,另一方面可使某些蛋白质凝固。

另外,当发酵液中含有不溶性多糖物质时,则需用酶将其转化为单糖,以提高过滤速度。例如,万古霉素用淀粉作为培养基,发酵液过滤前加入0.025%淀粉酶,搅拌30min充分反应后,再加2.5%硅藻土为助滤剂,可使过滤速度提高5倍。

5. 加入助滤剂

工业生产中,有时会加入某些固体物质,以加快过滤速度,这些物质称为助滤剂。加入助滤剂后,发酵液中的胶体微粒被吸附到助滤剂微粒上,而助滤剂的微粒是一种不可压缩的多孔结构,这就使得原本压缩性高的微生物细胞形成滤饼的可压缩性大大降低,从而降低过滤阻力,故过滤速度增大。

助滤剂的使用方法有三种:一种是在过滤介质表面预涂助滤剂,作为过滤介质使用;另一种是适量加入发酵液中;第三种是两种方法同时使用。常用的助滤剂有硅藻土、珍珠岩、纤维素、石棉粉、白土、炭粒、淀粉等,最常用的是硅藻土和珍珠岩。

选择助滤剂时,应从目标产物的特性、过滤介质和过滤情况、助滤剂的粒度和用量等方面进行考虑。要特别注意有些目标产物,如某些抗生素会被助滤剂硅藻土吸附产生不可逆结合等情况,应选择合适的助滤剂或处理方法。

二、发酵液的相对纯化

发酵液的成分复杂,存在许多杂质,其中高价无机离子(Ca^{2+}、Mg^{2+}、Fe^{3+}等)和杂蛋白等对下一步分离的影响最大,因此在预处理时,应尽量除去这些杂质。

1. 无机离子的去除

高价无机离子,尤其是Ca^{2+}、Mg^{2+}、Fe^{3+}等的存在,会影响树脂对生化物质的交换容量,预处理时应将它们去除。

(1)Ca^{2+}的去除 发酵液中Ca^{2+}的去除常采用草酸,反应后生成的草酸钙在水中溶解度很小,因此能将Ca^{2+}较完全地去除。反应生成的草酸钙还能促使蛋白质凝固,改善发酵液的过滤特性。但由于草酸溶解度较小,因此用量大时,可使用其可溶性盐,如草酸钠等。此外,草酸价格昂贵,应注意回收。

(2)Mg^{2+}的去除 去除发酵液中的Mg^{2+}也可用草酸,但草酸镁的溶解度较大,沉淀不完全。可加入三聚磷酸钠,与Mg^{2+}形成可溶性络合物。

$$Na_5P_3O_{10} + Mg^{2+} \rightleftharpoons MgNa_3P_3O_{10} + 2Na^+$$

用磷酸盐处理，也能大大降低 Ca^{2+} 和 Mg^{2+} 的浓度。

（3）Fe^{3+} 的去除　发酵液中 Fe^{3+} 的去除，可加入亚铁氰化钾（黄血盐），使其形成普鲁士蓝沉淀而去除。

$$4Fe^{3+}+3K_4Fe(CN)_6 \rightarrow Fe_4[Fe(CN)_6]_3\downarrow +12K^+$$

2. 杂蛋白的去除

发酵液中，可溶性杂蛋白的存在会影响后续的分离过程：一方面，降低了离子交换和吸附法提取时的交换容量和吸附能力；另一方面，在有机溶剂法或双水相萃取时，易产生乳化现象，使两相分离不清；在粗滤或膜过滤时，也易使过滤介质堵塞或受污染，影响过滤速率。所以，在预处理时，必须采用适当的方法将这些杂蛋白去除，可采用以下方法。

（1）等电点沉淀法　蛋白质在等电点时溶解度最小，因此，可通过调节发酵液的 pH，使之达到杂蛋白的等电点而产生沉淀去除。应用等电点沉淀法时应注意以下几点。

①不同的蛋白质的等电点也不同，在实际生产过程中如果目标产物也是蛋白质，且等电点相对较高时，可先除去低于等电点的杂蛋白。同一种蛋白质的等电点在不同的条件下也不同。例如胰岛素在水溶液中等电点为 5.3，在含一定浓度锌盐的水-丙酮溶液中的等电点为 6，只有 pH 升高才能达到等电点状态；如果改变锌盐浓度，等电点也会改变，应相应调节 pH。

②蛋白质的酸性常强于碱性，因而很多蛋白质的等电点都在酸性范围内（pH4.0~4.5），多通过加入无机酸来调节 pH 完成等电点沉淀。等电点沉淀法一般多用于疏水性较大的蛋白质，对于亲水性很强的蛋白质，由于其在水中的溶解度较大，单靠等电点的方法不能将其大部分沉淀去除，通常需要结合其他方法。

③调节 pH 所用的酸或碱，要与原溶液相适应，尽量不增加新物质。另外，目标产物对 pH 有要求时，应尽可能避免极端 pH 调节时导致的产物失活。

（2）变性沉淀法　受外界因素影响，蛋白质分子结构从有规则的排列变成不规则排列，其物理性质也发生改变，并失去原有的生理活性的过程称为蛋白质的变性。变性蛋白质在水中溶解度变小而产生沉淀。利用蛋白质的变性作用，除去发酵液中杂蛋白的方法，称为变性沉淀法。常用的变性沉淀方法有以下几种。

①加热法：利用蛋白质等生物大分子的热敏性，加热破坏某些组分，而保存另一些组分，同时，加热还可以改变流体的流动性，利于固-液分离，但要严格控制加热的温度和时间。此法操作简便、成本低，但目标产物为热敏性物质时慎用此法。

②大幅度调节 pH：当溶液的酸碱性发生剧烈的变化时，会引起蛋白质的变性而沉淀。例如用浓度为 2.5% 的三氯乙酸处理含胰蛋白酶、抑肽酶或细胞色素 c 的

溶液，均可除去大量杂蛋白。使用此法要注意极端 pH 可能会导致某些目的产物失活。

③加入有机试剂（丙酮、乙醇等）：有机试剂的加入，使得蛋白质表面水化程度降低，既破坏了蛋白质胶体的水膜，也降低了溶液的介电常数。这些都使蛋白质分子间的静电引力增大，产生凝聚和沉淀。此法成本较高，通常只适用于所处理的液体数量较少的场合。

④加入重金属离子、有机酸及表面活性剂等：蛋白质是两性物质，在碱性溶液中，一些重金属离子，如 Ag^+、Cu^{2+}、Zn^{2+}、Fe^{3+} 和 Pb^{2+} 等能与蛋白质分子上的某些残基相互作用形成沉淀。在酸性溶液中，能与一些有机酸的阴离子，如三氯乙酸盐、水杨酸盐、钨酸盐、苦味酸盐、鞣酸盐、过氯酸盐等形成沉淀。

（3）盐析法　通常在较低盐浓度下，蛋白质的溶解度随着盐浓度的升高而增加的现象称为盐溶。但是在较高盐浓度下，盐浓度增加反而使蛋白质的溶解度降低，当达到某一浓度时，蛋白质可从溶液中析出，这种现象称为盐析。盐析产生的原因是由于盐离子亲水性比蛋白质强，和蛋白质胶粒争夺与水结合的机会，破坏了蛋白质的水化层，引起蛋白质溶解度降低，故从溶液中沉淀出来。另一方面由于盐离子与蛋白质表面具有相反电性的离子基团结合，形成离子对，即盐离子部分中和了蛋白质的电性，使蛋白质分子之间的电排斥作用减弱而相互靠拢、聚集形成沉淀。

影响盐析沉淀的因素很多，主要有无机盐的种类、浓度、温度和 pH。一般阴离子的盐析效果较阳离子好。对于阴离子，带电荷较多者，盐析能力较强；对于阳离子，带电荷较多者，盐析能力较低。最常用的盐析剂为硫酸铵。对于 pH 而言，一般距蛋白质的等电点越近，蛋白质所需的盐浓度越小，该性质适合于大部分蛋白质。但盐的浓度较大时，也会对等电点产生较大影响。因此，在实际生产中，应找出 pH 与溶解度的关系，选择适合的 pH。对于温度而言，在无盐或稀盐溶液中，大多数蛋白质的溶解度随温度升高而增大，但在高盐溶液中则相反，因此温度升高对盐析沉淀有利。但对于某些热敏性物质如蛋白酶，最好在低温下（常在 0~4℃ 迅速操作）进行盐析。

（4）吸附法　是在发酵液中加入某些吸附剂或沉淀剂吸附杂蛋白而除去。例如，在枯草芽孢杆菌发酵液中，常利用氯化钙和磷酸氢二钠二者反应生成庞大的凝胶，把蛋白质、菌体及其他不溶性粒子吸附并包裹在其中而除去，加快过滤速度。

3. 有色物质的去除

发酵液中的有色物质可能是培养基带入的色素，如糖蜜、玉米浸出液等都带有颜色，也可能是微生物在生长代谢过程中分泌的。一般采取离子交换树脂、活性炭等材料来吸附脱色。

■ 岗位链接

出渣间的管理操作规程

文件编号		颁发部门	
SOP-PA-025-01	出渣间的管理操作岗位		
总页数		执行日期	
编制者		审核者		批准者	
编制日期		审核日期		批准日期	

1. 目的

明确出渣间管理的标准操作规程。

2. 范围

出渣间。

3. 责任

提取工序操作人员。

4. 内容

（1）出渣间是操作安全关键区域，必须进行严格的管理。

（2）排渣前，必须进行认真的检查，内容包括：①检查出液过滤器内药液情况，是否已出液完毕；②确认出渣间内无人；③确认待出渣的提取罐号，将出渣车移至提取罐口正下方；④按照排渣车的安全使用规程进行排渣操作。

（3）排渣完毕后，按排渣车的清洁操作要求进行卫生清洁。

（4）清洁完毕后，填写清洁记录，上报质检员，检查合格后，挂"已清洁"牌。

5. 培训

（1）培训对象　提取工序操作人员。

（2）培训时间　2h。

工作过程四　固-液初级分离技术

工作过程背景：

固-液分离是生物分离过程中应用最多的操作过程。可用于分离细胞、细胞碎片、包含体、沉淀物。广泛应用到产品的初级分离、纯化精制阶段。

知识目标：
1. 熟悉发酵液的预处理目的、过程和本质。
2. 熟悉凝聚和絮凝的原理及凝聚剂、絮凝剂的选择方法。
3. 了解去除原料中的杂蛋白、多糖和金属离子的方法。
4. 掌握过滤、离心分离的基本原理。
5. 掌握影响固−液分离效果的因素。

能力目标：
1. 能针对不同的生物材料选择适宜的预处理方法。
2. 能针对不同的分离对象选择合适的过滤和离心过程。
3. 能熟练使用常见的过滤和离心设备。

素养目标：
1. 培养学生规范操作、爱护仪器的习惯。
2. 培养学生解决问题的能力和安全生产意识。

固−液分离是指将发酵液中的悬浮固体，如细胞、菌体、细胞碎片，以及蛋白质等沉淀物或它们的絮凝体从液相中分离开来的技术。固−液分离的目的包括两个方面：其一是收集含胞内产物的细胞或菌体等沉淀，分离除去液相；其二是收集含目的产物的液相，分离除去固体悬浮物。

固−液分离技术简介

固−液分离包括过滤和离心两类单元操作技术。通过这个过程可以得到清液和固态浓缩物两部分。发酵液中粒子的形状和大小见图2-16。

(1)细胞碎片(<0.4μm×0.4μm)　(2)细菌细胞(1μm×2μm)　(3)酵母细胞(7μm×10μm)　(4)动物细胞(40μm×40μm)

(5)植物细胞(100μm×100μm)　(6)真菌细胞(1~10μm)　(7)絮凝体(100μm×100μm)

图2-16　发酵液中粒子的形状和大小

在生物活性物质固−液分离时，如何选择合适的固−液分离方法对分离效果至关重要，需要考虑的重要参数是：分离粒子的大小和形状，介质的黏度，粒子和介质之间的密度差，固体颗粒的含量，粒子凝聚或絮凝作用的影响，产品的稳定性，助滤剂的选择，料液对设备的腐蚀性，操作规模及费用等。决定固-液分离最佳方案时，应对这些参数做综合性评估，同时要考虑到它们对后步工艺的影响，尽量不要引入新的杂质，给纯化操作带来更多困难。

固-液分离的效果取决于原材料的理化性质、固-液分离方法及条件的选择。一般来说，对于那些固体颗粒小，溶液黏度大的发酵液，选用离心技术分离效果较好，如细菌、酵母等微粒的分离。也可在预处理后，使用过滤技术。对于含体形较大的颗粒的发酵液，选用过滤技术分离较适合，如霉菌、丝状放线菌等粒子的分离。下面以微生物发酵液的固-液分离过程分析固-液分离的影响因素。

大多数微生物发酵液都属于非牛顿型液体；固-液分离较困难，发酵液的流变特性与很多因素有关，主要取决于菌种和培养条件。

1. 微生物种类对固-液分离的影响

一般真菌的菌丝比较粗大，固-液分离容易，含真菌菌体及絮凝蛋白质的发酵液，可采用鼓式真空过滤或板框过滤。对于酵母，离心分离的方法具有较好的效果，但是细菌或细胞碎片相当细小，固-液分离十分困难，用一般的离心分离或过滤方法效果很差，因此应先用各种预处理手段来增大粒子，才能获得澄清的滤液。

2. 发酵液的黏度

固-液分离的速度通常与黏度成反比。影响发酵液黏度的因素很多，如下所示。

（1）菌体种类和浓度不同，其黏度有很大差别。

（2）不同的培养基组分和用量也会影响黏度，如用黄豆饼粉、花生饼粉作氮源，用淀粉作碳源会使黏度增大。发酵液中未用完的培养基较多或发酵后期用油作消泡剂也会使过滤困难。

（3）一般来说，发酵进入菌丝自溶阶段，抗生素产量才能达到高峰，但菌丝自溶使发酵液变黏，为保证过滤工序的顺利进行，必须正确选择发酵终点和放罐时间。

（4）染菌的发酵液黏度也会增高。

3. 其他因素

发酵液的pH、温度和加热时间也会影响过滤速度。另外加助滤剂有利于改善固-液分离速度。如灰色链丝菌发酵液过滤与助滤剂硅藻土加入量有明显关系，实践证明，随助滤剂加量增多，比阻值降低，滤速大大提高。

任务一 过滤技术

过滤操作是借助于过滤介质，在一定的压差 Δp 作用下，使悬浮液中的液体通过介质的孔道，而固体颗粒被截留在介质上，从而实现固-液分离的单元操作。

过滤技术

(一) 过滤技术的分类

按过滤过程的推动力不同，过滤可分为重力过滤、加压过滤、真空过滤、离心过滤。重力过滤利用混合液自身的重力作为过滤所需的推动力。重力过滤效率低，设备和能耗也低。加压过滤一般是通过气压或泵推动液体前进，是最常用的过滤方式。真空过滤一般是在样品液的反向端进行抽真空，造成负压，形成压差。真空过滤对密闭性要求高，成本也高，适用于一些放射性、腐蚀性、致病性较强的样品过滤。离心过滤是利用离心机旋转形成的离心力作为料液的推动力，离心机能产生强大的离心力，因此过滤速度快，但仪器设备自动化要求高，结构复杂，成本高。

按过滤过程中固体颗粒截留的机理不同，过滤可分为滤饼过滤、深层过滤和绝对过滤。滤饼过滤的介质常用多孔织物，其网孔尺寸未必一定小于被截留的颗粒的直径。在过滤操作开始阶段，会有部分颗粒进入过滤介质网孔中发生架桥现象，也有少量颗粒穿过介质而混入滤液中。随着滤渣的逐步堆积，在介质上形成一个滤渣层，称为滤饼。不断增厚的滤饼才是真正有效的过滤介质，而穿过滤饼的液体则变为清净的滤液，这种方法常用于分离固体含量大于 $0.001g/mL$ 的悬浮液。深层过滤是介质填充于过滤器内构成过滤层，截留颗粒尺寸小于介质孔道，介质孔道弯曲细长，由于滤液流过时所引起的挤压、冲撞和静电吸附作用，颗粒进入孔道后容易被截留。介质表面无滤饼形成，过滤是在介质内部进行的，这种方法适合于固体含量少于 $0.001g/mL$，颗粒直径在 $5 \sim 100 \mu m$ 的悬浮液的过滤，如麦芽汁、酒类等的过滤。绝对过滤是利用膜作介质，颗粒截留主要依靠筛分作用，大于膜孔径的颗粒被截留，小颗粒和溶剂则自由通过膜。

按料液流动方向的不同，过滤可分为常规过滤和错流过滤。常规过滤操作如图 2-17 所示，固体颗粒被过滤介质截留，在介质表面形成滤饼，滤液则透过过滤介质的微孔。滤液的透过阻力来自两个方面：过滤介质和介质表面不断堆积的滤饼。过滤操作中，滤饼的阻力占主导地位。

滤饼阻力与滤饼干重成正比，还与滤饼的可压缩性有关。对于可压缩性滤饼（大多数生物滤饼），随着操作压力的增大，滤饼阻力增大。因此，在过滤操作中，压力差是非常敏感和重要的操作参数。特别是可压缩滤饼，一般需缓慢增大操作压力，最终操作压力不超过 0.3MPa。错流过滤中料液流动的方向与过滤介质平行，其操作特点是使悬浮液在过滤介质表面做切向流动，利用流动液体的剪切作用将过滤介质表面的固体（滤饼）移走，是一种维持恒压下高速过滤的技术（图 2-18）。错流过滤的过滤介质通常为微孔膜或超滤膜。错流过滤适用于十分细小的悬浮颗粒（如细菌）的发酵液的过滤。对于细菌悬浮液，错流过滤的滤速可达 $67 \sim 118L/(m^2 \cdot h)$。但是，采用这种方式过滤

除菌过滤

时，液、固两相的分离不太完全，固相中有70%~80%的滞留液体，而用常规过滤，固相中只有30%~40%的滞留液体。

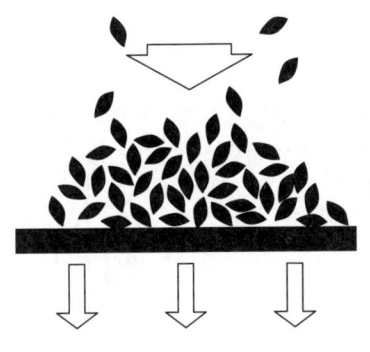

图2-17 常规过滤

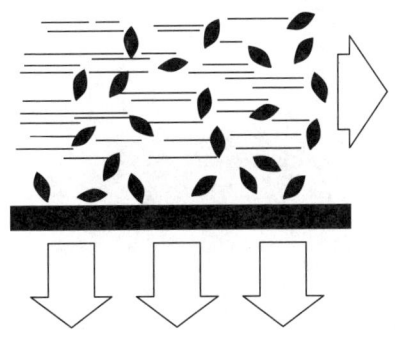

图2-18 错流过滤

（二）影响过滤性能的主要因素

过滤性能主要与过滤液的理化性质及操作条件有关。

1. 料液的理化性质

（1）料液中悬浮微粒的性质和大小　一般情况下，悬浮液微粒越大，粒子越坚硬，大小越均匀，固-液分离越容易。如果发酵液中的菌体较小，过滤速率就会相对减小。

（2）料液的黏度　料液的黏度越大，固-液分离越困难，过滤速率就会降低。黏度与料液组成和浓度密切相关，组成越复杂，浓度越高，黏度越大。发酵所用的菌体种类和浓度不同，黏度相差也很大。另外，培养基若用淀粉作碳源，黄豆饼作氮源，其发酵液的黏度也较大。若发酵终点控制不当，菌体发生自溶，黏度也会增大。改善料液的理化性质，可采用预处理技术，以提高过滤速率。

2. 操作条件

固-液分离操作中温度、pH、操作压力、滤饼厚度等的控制也会影响固-液分离的速率。最重要的因素是压力。提高操作压力一般也可提高过滤速率，但如果滤饼的可压缩性较大时，提高压力，使滤饼受压而不断变得致密，导致流动阻力逐渐增大，滤速反而下降。温度升高，流体黏度降低；调节pH，也可改变流体黏度，从而使固-液分离速率提高。

（三）过滤设备

工业上较为常用的过滤设备有板框压滤机和真空转鼓过滤机。

1. 板框压滤机

板框压滤机是一种传统的过滤设备，广泛应用于培养基过滤及霉菌、放线菌、酵母菌和细菌等多种发酵液的固-液分离。适合于固体含量为 1%~10% 的悬浮液的分离，其设备结构见图 2-19。

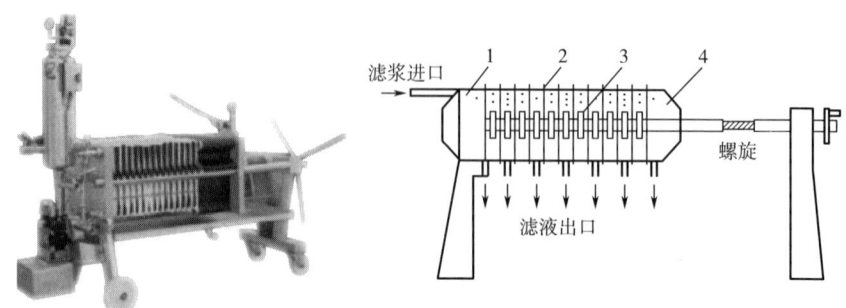

图 2-19　板框压滤机结构图
1—固定端板　2—滤布　3—板框支座　4—可移动端板

板框压滤机包括板和框，多做成正方形，角端均开有小孔，装合压紧后即构成供滤液或洗水流通的孔道。框的两侧覆以滤布，空框与滤布围成了容纳滤液及滤饼的空间，滤板用以支撑滤布并提供滤液流出的通道。

板框压滤机在过滤时，悬浮液由离心泵或齿轮泵经滤浆通道打入框内，滤液穿过滤框两侧滤布，沿相邻滤板沟槽流至滤液出口，固体则被截留于框内形成滤饼。滤饼充满滤框后停止过滤。

板框压滤机的优点是过滤面积大，结构简单，价格低，动力消耗少，对不同过滤特性的发酵液适应性强。它最重要的特征是通过过滤介质时产生的压力可以超过 0.1MPa，这是真空转鼓过滤机无法达到的。板框压滤机的缺点是不能连续操作，设备笨重，劳动强度大，占地面积大，非过滤的辅助时间较长（包括解框、卸饼、洗滤布、重新压紧板框等），卫生条件也差。自动板框压滤机在板框压紧、卸饼、清洗等操作中可自动完成，劳动强度小，辅助操作时间短。但自动压滤机结构复杂、价格昂贵，在一定程度上限制了它的应用和发展。

2. 真空转鼓过滤机

真空过滤设备以大气与真空之间的压力差作为过滤操作的推动力。在生物工业中，用得较多的是转筒式真空过滤机和带式真空过滤机。

转筒式真空过滤机主体结构如图 2-20 所示，是一个由筛板组成、开有许多小孔的、以很低转速旋转的水平圆筒（即转鼓），圆筒里面有一层金属丝网，网上覆盖滤布。转鼓的下部浸入盛有悬浮液的滤槽中，内部抽真空。鼓内的真空使液体通过滤布进入转鼓。滤液经中间的管路和分配阀流出。固体黏附在滤布表面形成滤饼，当滤饼转出液面后，再经洗涤、脱水和卸料从转鼓上脱落下来。

整个工作周期是在转鼓旋转一周内完成的。转鼓旋转一周可以分为四个区。为了使各个工作区不相互干扰，用径向隔板将其分隔成若干个过滤室，每个过滤室都有单独的通道与轴颈端面相连通，而分配阀则平装在此端面上。分配阀分成

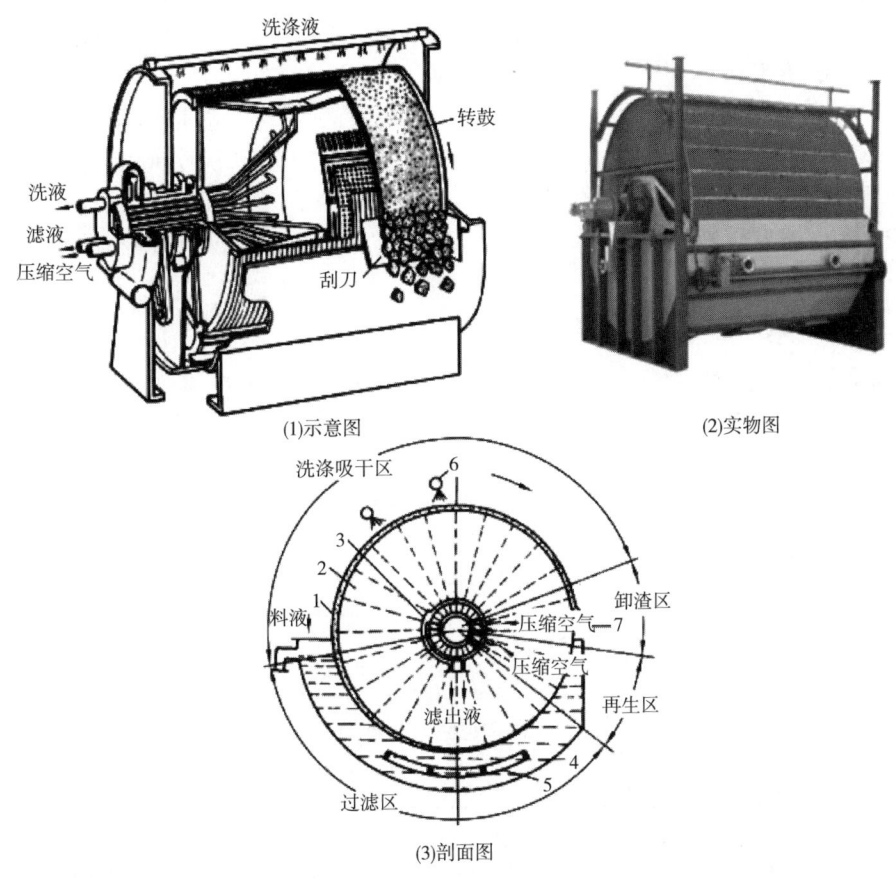

图 2-20 转筒式真空过滤机
1—转鼓　2—过滤室　3—分配室　4—料液槽　5—摇摆式搅拌器　6—洗涤液喷嘴　7—刮刀

四个室，分别与真空和压缩空气管路相连。转鼓转动时，每个过滤室相继与分配阀的各室相连接，这样就使过滤面形成四个工作区。

（1）过滤区　浸没在料液槽中的区域。在真空下，料液槽中悬浮液的液相部分透过过滤层进入过滤室，经分配阀进入储槽中，而悬浮液中的固相部分则被阻挡在滤布表面形成滤饼。为了防止悬浮液中固相的沉降，料液槽中设有摇摆式搅拌器。

（2）洗涤吸干区　在此区域内用洗涤剂洗涤滤饼，以进一步降低滤饼中溶质的含量。洗涤液用喷嘴均匀地喷洒在滤饼层上，以透过滤饼置换其中的滤液，再经过一段吸干段进行吸干。

（3）卸渣区　通入压缩空气，促使滤饼与滤布分离，然后用刮刀清除滤饼。

（4）再生区　压缩空气通过分配阀进入再生区的滤室，吹落这些微粒，除去堵塞在滤布孔隙中的细微颗粒使滤布再生。对发酵液的过滤大多采用预涂助滤剂或用刮刀卸渣时保留一层滤饼的预留层,这种场合就不用再生区。因为转鼓不断旋转,每个滤室相继通过各区即构成了连续操作的一个工作循环。分配阀控制着连续操作的各工序。

真空转鼓过滤机的突出优点是连续自动操作,特别适合于固体含量较大(>10%)的悬浮液如霉菌发酵液的分离,如过滤霉菌发酵液的速率可达 800L/($m^2 \cdot h$)。由于受到推动力(真空度)的限制,真空转鼓过滤机一般不适合于菌体较小和黏度较大的细菌发酵液的过滤,而且采用真空转鼓过滤机过滤所得固相的干度不如加压过滤。

两种过滤设备的比较见表 2-6。

表 2-6　　　　　　　　两种过滤设备的比较

设备	主要结构	过程	特点	适用性
板框压滤机	滤板 滤框 夹紧机构 机架	装合 过滤 洗涤 卸渣 整理	加压过滤,推动力较大;结构简单,造价低;过滤面积大,能耗少;间歇操作;洗涤时间长,生产效率低	应用广泛,对原料的适应性强
真空转鼓过滤机	转筒 (滤网、滤布) 分配头 滤浆槽	过滤 洗涤 吹干 卸渣	连续化生产,自动化程度高;真空过滤,推动力较小;滤饼湿度大,设备投资高	适于粒度中等、黏度不太大的物料

任务二　离心技术

离心分离是基于固体颗粒和周围液体的密度存在差异,在转鼓高速转动时所产生的离心力使不同密度的固体颗粒加速沉降,实现悬浮液、乳浊液分离或浓缩的分离过程。

离心分离技术广泛应用于食品、生物制药生产中的固-液分离、液-液分离及不同大小的分子分离等。特别适用于固体颗粒很小、液体黏度大、过滤速度很慢及忌用助滤剂或助滤剂无效的悬浮液的分离。离心分离不但可用于悬浮液中液体和固体的直接回收,还可用于两种不相溶液体的分离和不同密度固体或乳浊液的分离。其优点是分离速率快、分离效率高、液相澄清度好,但也存在设备投资高、能耗大,连续排料时,固相干度不如过滤分离等缺点。

离心技术简介

(一) 离心技术分类

1. 根据分离方式分类

根据分离方式分类可分为离心沉降和离心过滤两种方式。

(1) 离心沉降 是利用固、液两相的相对密度差,在离心机无孔转鼓或管子中进行悬浮液的分离操作。可用于液-固、液-液物料的分离。由于环境的复杂性,在离心分离过程中影响物质颗粒沉降的因素很多,但大体可以分为以下几个方面。

①固相颗粒与液相密度差:离心分离中,液相因分离与纯化需要不断增减某些物质,使固相颗粒与液相相对密度差发生变化,例如,盐析时盐浓度变化,或密度梯度离心时梯度液密度的变化等。

②固体颗粒的形状和浓度:相对分子质量相同、形状不同的固相颗粒在相同离心力的作用下,可有不同的沉降速率。一般情况下,相对分子质量相同的球形分子比纤维状分子沉降速率大。料液浓度增加到一定程度,物质颗粒的沉降还会出现浓度阻滞即拖尾现象,其沉降速率减小,分离效果下降。

③液相的黏度与离心分离工作的温度:液相黏度是沉降过程中产生摩擦阻力的主要原因,其变化既受液体中溶质性质及含量的影响,也受环境温度的影响。物质含量对液相黏度的影响程度随物质浓度的增加而递增。温度则对水的黏度产生很大的影响。如0℃水的黏度约为20℃水的1.8倍,5℃水的黏度约为20℃水的1.5倍。

④液相影响固相沉降的其他因素:固相物质离心分离受液相化学环境因素影响很大,其中主要包括pH、盐种类及浓度、有机化合物的种类及浓度等。

(2) 离心过滤 离心机的转鼓为一多孔圆筒,圆筒转鼓内表面铺有滤布,操作时料液由圆筒口表面连续进入筒内,在离心力的作用下,清液穿过过滤介质,经转鼓上的小孔流出,固体吸附在滤布上形成滤饼,以后的液体要依次流经饼层、滤布,再经小孔排出,滤饼层随过滤时间的延长而逐渐加厚,至一定厚度后停止离心,进行卸料处理后再转入离心操作,从而实现固-液分离。

2. 根据离心原理分类

根据离心原理,可分为两类:沉降速率法和沉降平衡离心法。

(1) 沉降速率法 沉降速率法是根据粒子大小、形状不同进行分离的,包括差速离心法和速率区带离心法。差速离心法是利用不同的粒子在离心力场中沉降的差别,在同一离心条件下,沉降速率不同,通过不断增加相对离心力,使一个非均匀混合液内的大小、形状不同的粒子分步沉淀(图2-21)。操作过程中一般是在离心后用倾倒的办法把上清液与沉淀分开,然后提高转速将上清液离心,分离出第二部分沉淀,如此往复提高转速,逐级分离出所需要的物质。

差速离心法的分辨率不高,沉降系数在同一个数量级内的各种粒子不容易分开,常用于其他分离手段之前的粗制品提取,如细胞匀浆中细胞器的分离,见图2-22。

速率区带离心法是在离心前于离心管内先装入密度梯度介质(如蔗糖、甘油、

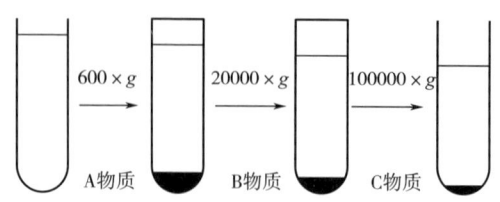

图 2-21　差速离心示意图

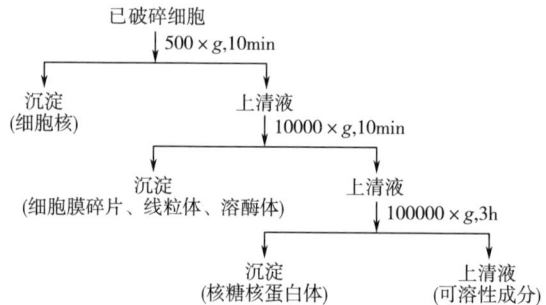

图 2-22　用差速离心法分离已破碎的细胞各组分

KBr、$CsCl_2$ 等），待分离的样品铺在梯度液的顶部、离心管底部或梯度层中间，同梯度液一起离心。根据分离的粒子在梯度液中沉降速率的不同，使具有不同沉降速率的粒子处于不同的密度梯度层内，分成一系列区带，达到彼此分离的目的。梯度液在离心过程中以及离心完毕后、取样时起着支持介质和稳定剂的作用，避免因机械振动而引起已分层的粒子再混合。这种方法要求介质的最大梯度密度比沉降颗粒中最小的密度小。

该离心法的离心时间和转速要严格控制，既有足够的时间使各种粒子在介质梯度中形成区带，又要控制沉降最快的颗粒在到达管底以前停止离心。如果离心时间过长，所有的样品可全部到达离心管底部；如果离心时间不足，样品还没有分离。由于此法是一种不完全的沉降，沉降受物质本身大小的影响较大，对物质大小相同、密度不同的粒子如线粒体、溶酶体、过氧化氢酶体等的分离不适用。一般应用在物质大小相异而密度相同的情况，如 RNA-DNA 混合物、核蛋白体亚单位和其他细胞成分的分离。

（2）沉降平衡离心法　依粒子密度差进行分离，包括等密度离心法和经典式沉降平衡离心法。

等密度离心法是在离心前预先配制介质的密度梯度，此种密度梯度液包含了被分离样品中所有粒子的密度，待分离的样品铺在梯度液顶上与梯度液先混合，离心开始后，当梯度液由于离心力的作用逐渐形成管底浓而管顶稀的密度梯度时，原来分布均匀的粒子也会重新分布。当管中介质的密度大于粒子的密度时，粒子上浮；相反，则粒子沉降，最后粒子进入一个它本身的密度位置，此时粒子不再移动，粒子形成纯组分的区带。

特点：形成的区带与样品粒子的密度有关，而与粒子的大小和其他参数无关；只要转速、温度不变，则延长离心时间也不能改变这些粒子的成带位置。

此法一般应用于物质大小相近而密度差异较大的情况。常用的梯度液是 $CsCl_2$ 溶液。经典式沉降平衡离心法主要用于对生物大分子相对分子质量的测定、纯度估计、构象变化等。

（二）影响离心效果的因素及控制

影响离心效果的因素主要包括所分离样品的理化性质、所选用的离心设备及离心操作条件等。

1. 样品的理化性质

样品各组分相对分子质量的大小、分子形状、密度及黏度等对离心分离效果影响很大。因此，在制订离心分离方案前，必须详细地了解要分离的料液的性质。

2. 离心分离设备

样品处理量、样品理化性质是选择离心分离设备的决定性因素。对于处理量大的场合，往往需要选用连续离心机，对于组分大小比较接近或流体黏度较大的场合，一般选用高速离心机甚至超速离心机。

3. 离心条件的选择

离心分离因数、离心时间和离心操作温度是影响离心效果最重要的工艺参数。

（1）离心分离因数　离心机在运行过程中产生的离心力（F_C）和重力加速度的比值，称为分离因数（F）。计算公式如式（2-3）和式（2-4）。

$$F_C = r\overline{\omega}^2 = r(2\pi n)^2 = 4\pi^2 n^2 r \tag{2-3}$$

$$F = r\overline{\omega}^2/g \tag{2-4}$$

式中　r——离心机转鼓的回转半径；

$\overline{\omega}$——转鼓的角速度，rad/s；

n——转鼓的转速，r/min；

g——重力加速度。

分离因数是离心机分离能力的主要指标，分离因数 F 越大，物料所受的离心力就越大，分离效果就越好。对于小颗粒，液相黏度大的难分离悬浮液，需要采用分离因数大的离心机加以分离。目前，工业用离心机的分离因数 F 值有几百至数十万。分离因数 F 与离心机的转鼓半径 r 成正比，与转鼓转速 n 的平方也成正比，因此，提高转鼓转速比增大转鼓半径对分离因子的影响要大得多。

分离因数 F 的极限取决于转鼓的机械强度，一般超高速离心机的结构特点都是小直径、高转速。

另外，离心力的大小与径向距离上颗粒的质量成正比。所以，在离心机的使用中，对已装载了被分离物质的离心管的平衡提出了严格的要求：离心管要依旋转中心对称放置，质量要相等；旋转中心对称位置上两个离心管中的被分离物质平均密度要基本一致，以免在离心一段时间后，此两离心管在相同径向位置上由于颗粒密度的较大差异，导致离心力的不同。如果忽略这两点，会使转轴扭曲或断裂，导致事故。

（2）离心时间　是指样品颗粒从液面沉降到离心管底部的沉降时间。离心时间与离心速率及粒子的沉降距离有关。对于某一样品溶液，当需达到要求的沉降效果（沉降距离）时，离心时间与转速乘积为一定值，因此，采用较低的转速、较长的离心时间或较高的转速、较短的离心时间都可以达到同样的离心效果。

（3）离心操作温度　在生物实训操作过程中，很多蛋白质、酶都必须在低温下进行操作才能保持其良好的生物活性。有些蛋白质在温度变化的情况下，可能出现变性，或改变颗粒的沉降性质，影响分离效果。因此，必须严格控制温度。

（三）离心设备

离心设备根据离心分离方式的不同，可分为沉降离心机和过滤离心机；根据转速的不同，可分为低速离心机、高速离心机和超速离心机（表2-7）；根据离心机的容量、使用温度、机身体积等方面的不同，可分为大容量离心机、冷冻离心机、落地式离心机、台式离心机等；按操作方式的不同，可分为间歇式、连续式离心机；按结构特点的不同可分为管式、套筒式、碟片式离心机。

离心机的使用

表2-7　　　　　　　　　　不同转速离心机的特点和使用范围

性能指标	低速离心机	高速离心机	超速离心机
转速/（r/min）	小于8000	10000~25000	25000~150000
离心力/×g	10000以下	10000~100000	100000~1000000
分离形式	固-液沉淀	固-液沉淀	密度梯度区带分离或差速沉降分离
转子	角式、外摆式转子	角式、外摆式转子	角式、外摆式转子，角式、外摆式、区带转子等
仪器结构性能和特点	速率不能严格控制，多数在室温下操作	有消除空气和转子间摩擦热的制冷装置，速率和温度控制较准确、严格	备有消除转子与空气摩擦热的真空和冷却系统，有更为精确的温度和速度控制、监测系统，有保证转子正常运转的传动和制动装置等

续表

性能指标	低速离心机	高速离心机	超速离心机
应用范围	收集易沉降的大颗粒,如RBC、酵母细胞等	收集微生物、细胞碎片、大细胞器、硫酸铵沉淀物和免疫沉淀物等,但不能有效地沉淀病毒、小细胞器(如核糖体)、蛋白质等大分子	主要分离细胞器、病毒、核酸、蛋白质、多糖等,甚至能分开分子大小相近的同位素标记物 ^{15}N-DNA 和未标记的 DNA

常用的几种离心机如下。

1. 斜角式离心机

斜角式离心机(图2-23)是结构最简单的一类实验室常用离心机,具有离心管腔与转轴成一定倾角的转子。角度越大,沉降越结实,分离效果越好;角度越小,颗粒沉降距离越短,沉降速率越快,但分离效果较差。颗粒在转子中沉降时,先沿离心力方向撞向离心管,然后沿管壁滑向管底,因此管的一侧会出现颗粒沉积。

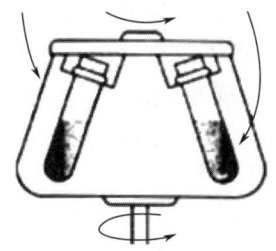

图 2-23 斜角式离心机

2. 平抛式离心机

平抛式离心机(图2-24)是一类结构简单的实验室常用的低/中速离心机,转速一般为 3000~6000r/min。转子活动管内套离心管,静止时垂直挂在转头上,旋转时随着转子转动,从垂直悬吊上升到水平位置(200~800r/min)。颗粒在水平转子中的沉降是沿管子轴向移动的。样品便于收集。受振动和变速搅乱后对流现象小,但转头结构复杂,最高转速相对较低。

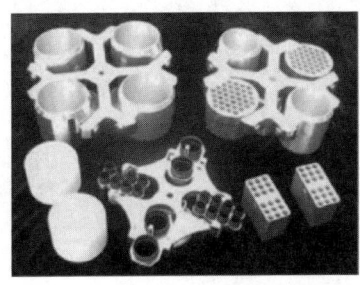

图 2-24 平抛式离心机

3. 管式离心机

管式离心机（图2-25）具有一个细长而高速旋转的转鼓，转鼓内装有纵向平板，其下部有进料口。上部两侧有重液相和轻液相出口。待处理的物料在一定压力（$3 \times 10^4 Pa$左右）下由进料管经底部空心轴进入鼓内，靠挡板分布于鼓的四周，并使料液迅速达到与转鼓相同的角速度。转鼓带动物料高速旋转，在离心力下，悬浮液沿转鼓内壁向上流动，料液在离心力场的作用下因其密度差的存在而分离。澄清后的液相流动到转鼓上部的排液口排出。相对密度大的固体微粒逐渐沉积在转鼓内壁形成沉渣层，达到一定数量后，停机人工清除。

图2-25　管式离心机

4. 碟片式离心机

碟片式离心机（图2-26）是生物工业中应用最为广泛的一种离心机。它是在管式离心机的基础上发展起来的，在转鼓中加入了许多重叠的碟片，缩短了颗粒的沉降距离，提高了分离效率。碟片式离心机有一个密封的转鼓，内装十至上百个顶角为60°~100°的锥形碟片。碟片间的距离一般为0.5~2.5mm，当悬浮液在动压头的作用下，经中心管流入高速旋转的碟片之间的间隙时，便产生了惯性离心力，其中，密度较大的固体颗粒在离心力作用下向上层碟片的下表面运动，而后在离心力作用下向外甩出，而液体则由于密度小，在后续液体的推动下沿着碟片的隙道向转子中心流动，然后沿中心轴上升，从套管中排出，达到分离的目的。

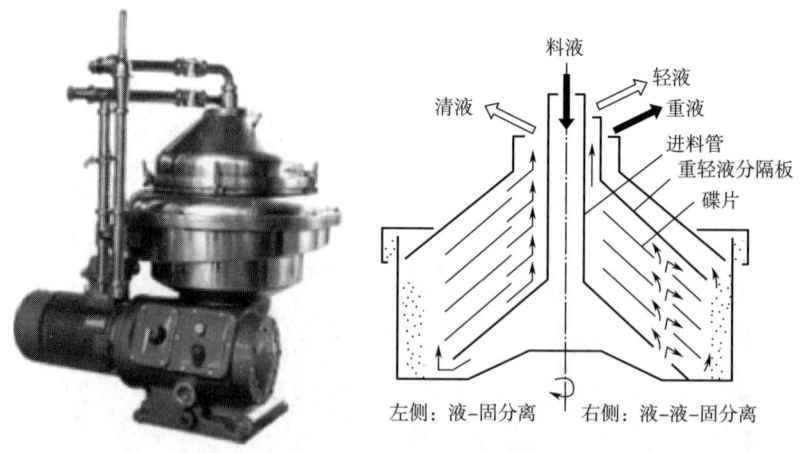

图2-26　碟片式离心机

5. 倾析式离心机

倾析式离心机（图2-27）靠离心力和螺旋的推进作用自动连续排渣，因而也称为螺旋卸料沉降离心机。倾析式离心机的转动部分由转鼓及装在转鼓中的螺旋输送器组成，两者以稍有差别的转速同向旋转，在离心力的作用下，固体颗粒发生沉降分离，沉积在转鼓内壁上。堆积在转鼓内壁上的固相靠螺旋推向转鼓的锥形部分，从排渣口排出。

工业上常用离心机的特性及选用见表2-8。

图2-27 倾析式离心机

表2-8 工业上常用离心机的特性及选用

类型	管式	碟片式		螺旋倾析式
		间歇排渣	连续	
固体含量/%	0.01~0.2	0.1~5	1~10	5~50
微粒直径/（×10^{-6}m）	0.01~1	0.5~15	0.5~15	>2
排渣方式	间歇或连续	间歇	连续	连续
滤渣状况	团块状（间歇）	糊膏状	糊膏状	较干
分离因子/×g	10^4~$6×10^5$	10^3~$2×10^4$	10^3~$2×10^4$	10^3~10^4
最大处理量/（m^3/h）	10	200	300	200

■ 岗位链接

低速大容量冷冻离心机操作规程

文件编号	低速大容量冷冻离心机操作规程	颁发部门	
SOP-PA-021-01			
总页数		执行日期	
编制者		审核者		批准者	
编制日期		审核日期		批准日期	

1. 目的
明确低速大容量冷冻离心机的操作规程。

2. 范围
厂区内所有低速大容量冷冻离心机。

3. 责任
提取岗位离心机操作人员对此负责，生产技术部负责监督与指导。

4. 内容

（1）操作前准备

①检查离心机是否清洁，无异物残留。

②检查离心机电源、控制面板、电机等部件是否完好，无损坏现象。

③检查转子、离心管等部件是否匹配，无损坏、变形等情况。

④根据需要设定离心机的工作参数，填写使用记录，如转速、时间、温度等。

（2）操作过程

①将装有样品的离心管称重，配平后放入转子中，确保离心管平衡。

②关闭离心机门，启动离心机，开始离心操作。

③离心过程中，注意观察离心机的运行状态，如有异常声音、振动等情况，应立即停机检查。

④离心结束后，等待离心机自然停止，不要强行停止。

（3）操作后处理

①离心结束后，小心取出离心管，注意避免样品溅出。

②对离心机进行清洁，清除残留物，保持离心机的清洁。

③检查离心机各部件是否完好，如有损坏应及时更换。

④填写使用记录，记录离心结果。

（4）注意事项

①离心机运行过程中，禁止打开离心机门。

②离心管必须平衡放置，避免因不平衡引起的振动和损坏。

③离心过程中，注意观察离心机的运行状态，如有异常应及时处理。

④离心结束后，应等待离心机自然停止，不要强行停止。

（5）使用结束后，依据清场管理规程、清洁标准操作规程进行清场、清洁。

（6）清场后，填写清场记录，并报质检员，检查合格后，挂清场合格证。

5. 培训

（1）培训对象　提取岗位离心机操作人员。

（2）培训时间　3h。

知识拓展

细胞破碎技术的研究方向

不管是机械法还是非机械法，各种方法都有自身的局限性。机械法因高效、价廉、简单从而得以工业化应用，但敏感物质的失活问题、碎片去除以及杂蛋白太多等问题仍有待解决。细胞破碎技术还需完善，不仅仅局限于单一的细胞破碎领域，应与上游或下游过程相联系。

1. 多种破碎方法相结合

化学法或酶法与机械法相结合。化学法与酶法取决于细胞壁的化学组成，机械法取决于细胞结构的机械强度,而化学组成又决定了结构的机械强度,组成的变化必然影响到强度的差异。可先用化学渗透法或酶法处理细胞,破坏细胞壁的某些物质组成,使壁膜的机械强度下降,随后再用机械法处理,可大大提高细胞的破碎率。例如,用细胞壁溶解酶预处理面包酵母,然后高压匀浆,95MPa压力下匀浆4次,总破碎率接近100%,而单独采用高压匀浆法,同样条件下破碎率只有32%。

2. 与上游过程相结合

在发酵培养过程中,培养基、生长期、操作参数(如pH、温度、通气量、稀释率)等因素对细胞破碎都有影响,因此细胞破碎与上游培养有关。另一方面,用基因工程的方法对菌种进行改造也是非常重要的。

培养过程控制:在发酵培养过程的细胞生长后期,加入某些能抑制或阻止细胞壁合成的抑制剂(如青霉素、环丝氨酸等),继续培养一段时间,新分裂的细胞其细胞壁存在缺陷,有利于破碎,而且有些胞内产物不经破碎就可直接渗透出来。

寄主细胞的选择:选择较易破碎的菌种如革兰氏阴性菌为宿主细胞。

包涵体的形成:包涵体是重组蛋白在原核生物细胞内表达后形成的不溶性组分,细胞经机械破碎后,包涵体可用密度梯度离心收集,再将其变性溶解,透析除去变性剂,得到恢复活性的蛋白质产品。

克隆噬菌体溶解基因:根据病毒的生物学特性,可以利用噬菌体对特定的宿主细胞进行裂解,达到细胞破碎的目的。可以直接用噬菌体处理细胞或在细胞内引进噬菌体基因,培养结束后,控制一定条件(如温度),细胞自内向外溶解,释放出内含物。

耐高温产品的基因表达:在细胞破碎和分离过程中,为防止产品失活而消耗的制冷费用是相当可观的。如果产品能表达成耐高温型,杂蛋白仍然保持原活性,那么在较高的温度下就可以将产品与杂质分开,这样既节省了冷却费用,又简化了分离步骤。

3. 与下游过程相结合

细胞破碎与固-液分离紧密相关,对于可溶性产品来讲,碎片必须除净,否则将造成层析柱和超滤膜的堵塞,缩短设备使用寿命。因此必须从后分离过程的整体角度来看待细胞破碎操作,即破碎过程要易于细胞碎片的去除。

技能提升

技能提升三 预处理技术应用实例与案例设计

[预处理技术应用实例]

以链霉素发酵液的预处理为例,其预处理工艺如图2-28所示。

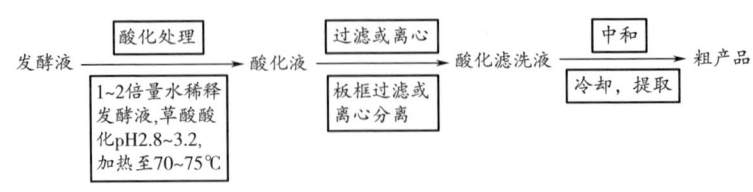

图 2-28　链霉素发酵液预处理

链霉素在发酵终了时，部分链霉素留在菌丝内部，将发酵液酸化至 pH3 左右，可使其释放到液体中，以提高链霉素的收率；同时直接蒸馏加热，可使蛋白质凝固；由于进一步提取链霉素采用的是离子交换法，而发酵原液中除蛋白质之外，尚含有钙、镁等金属离子，对离子交换吸附有影响，因此必须在预处理时除去这些金属离子。例如酸化用的草酸还能将 Ca^{2+} 去除，再用磷酸除去 Mg^{2+}，经分离后再加入碱调 pH 为 8.8~9.0，借磷酸根的作用，使钙、镁离子生成不溶性的磷酸盐而析出，并随碱性蛋白质一起被去除。

经过上述酸化、加热、分离、冷却、中和等预处理，能将发酵液中的大量菌丝体蛋白质和碱土金属等杂质去除，可保证下一步离子交换过程的顺利进行。

[预处理操作实训方案设计与能力培养]

（1）教师结合本院校实际情况，指定实训题目，提出具体实训要求。

（2）学生查阅资料，了解所处理混合液的组成、理化性质和提取工艺对预处理的要求，找出已有的预处理工艺，培养搜集信息的能力。

（3）结合所学知识，提出多种预处理方法，并从理论上加以分析比较，培养分析问题、解决问题的能力。

（4）制定实训方案或计划，列出所用仪器、药品清单，做好实训准备工作，培养制订计划和组织实施的能力。

（5）按照拟定的方案进行实训操作，并随时进行观察，做好记录工作，注意思考各种现象产生的原因，培养用科学的眼光观察现象、用科学的头脑思考问题的良好习惯。

（6）对各种方案的实施结果进行对比分析，学会优选操作参数，确定最佳预处理方案，整理出翔实的实训报告，培养综合能力。

例：赖氨酸发酵液的预处理

预处理要求：赖氨酸的提纯需采用离子交换法，而影响离子交换树脂吸附能力的主要是蛋白质和阳离子。分析赖氨酸发酵液，其中含有菌体、蛋白质和钙离子，故应对发酵液进行预处理，除去这些杂质。

根据预处理要求，结合所学理论知识初步考虑以下几点。

（1）沉淀蛋白质等杂质　将发酵液调节至一定 pH（等电点附近），加入适宜的凝聚与絮凝剂，使菌体蛋白质聚集而沉淀。

（2）除去钙离子　选择添加酸性物质（如草酸）。

(3) 离心分离　菌体细小，采用高速离心机（4500~6650r/min）分离除去。

(4) 过滤分离　菌体细小，选择添加助滤剂。

对上述各项预处理方法进行分析，确定预处理的具体实施方案。例如，每一项操作均有几种选择。如（1）中，凝聚剂与絮凝剂有很多种，哪一种最适合赖氨酸发酵液，需通过实验确定，这样即可设计多种方案，试列出几种方案。

分析对比以上实训过程和结果，找出对生产实践有指导意义的预处理方法和操作控制数据，并加以论述，确定最佳预处理方案，写出实训报告（论文），例如，添加助滤剂前后的过滤效果比较，最佳操作的温度和pH等。

[研究与探讨]

(1) 简述去除蛋白质的原理、方法和基本操作；除蛋白质的方法在日常生活中有何具体应用？

(2) 简述凝聚与絮凝技术的选择与操作要点。

(3) 分析 pH 等控制条件与产量、质量的关系。

(4) 分析影响固-液分离的因素。

(5) 如何确定青霉素发酵液中蛋白质的等电点？怎样去除其他抗生素发酵液中的蛋白质？

技能提升四　细胞破碎及梯度离心综合试验

[目的要求]

1. 了解细胞破碎的基本方法，熟练掌握机械破碎法。

2. 熟练掌握密度梯度离心的原理及方法。

[实验原理]

1. 细胞破碎技术（包括机械破碎法：①捣碎法；②珠磨法；③高压匀浆法；④超声波破碎法。非机械破碎法：①冻结-融化法；②渗透压冲击法；③有机溶剂法；④表面活性剂法；⑤酸碱法；⑥酶溶法。是提取分离生物药物的一个基本技术，是必须掌握的一项技能。

2. 溶液的密度自上而下逐渐变化的分布状态称为密度梯度。在超速离心技术中，样品的密度应分布在溶液的密度梯度范围内。

[实验用品]

1. 材料

土豆、蔗糖。

2. 器具

烧杯、布氏漏斗、抽滤瓶、量筒、容量瓶、普通离心机、水浴锅、不锈钢锅。

[实验过程]

酶抽提物制备具体步骤见表2-9。

表 2-9　　　　　　　　　　　酶抽提物制备具体步骤

步骤	实际操作及现象

① 拿一块土豆，洗去上面的泥土。
② 去土豆皮后切成小块。
③ 称取 50g 土豆块放入匀浆器中，再加入氯化钠溶液 50mL。
④ 在匀浆器中研磨 30s。
⑤ 把匀浆物通过几层细布滤入一个 100mL 的烧杯中。
⑥ 加入等体积的饱和硫酸铵溶液，混合后于 4℃放置 30min。
⑦ 在 4000r/min 下离心 15min，倒掉上清液。
⑧ 将沉淀物用大约 15mL 柠檬酸缓冲液溶解，即得该酶粗制品。

[注意事项]
1. 邻苯二酚溶液应现用现配。
2. 制备梯度液时要求缓慢，不能使各浓度液混合在一起。

[结论]

[思考题]
1. 水果、蔬菜的褐变是否与本实验有相关性？
2. 密度梯度离心与差速离心的区别是什么？

科学引领

我国最早开始系统研究青霉与曲霉分类的科学家——施有光

施有光是我国最早开始系统研究青霉和曲霉分类的科学家。1933 年毕业时，他对武昌地区的青霉和曲霉进行过研究，分别在《扎幌自然史学会会刊》和《岭南科学杂志》上发表了他对采自武汉地区的青霉和曲霉的研究报告。在后一篇报告中，他将自己研究过的一个曲霉菌株定名为钟氏曲霉（*Aspergillus chungii*），以纪念他的老师钟心煊。在毕业后的两年中，他一面在中学教书，一面跟随钟教授进行曲霉的分类研究。1936 年在《岭南科学杂志》上发表了武昌地区曲霉属的分类研究。这些研究工作，后来都被国际著名曲霉分类学权威 Charles Thoma 1945 年编著的 *Manual of the Aspergilli* 中收录。在以食品发酵微生物学研究著名的日本，施有光在半泽教授指导下研究了中国霉豆渣中的毛霉和面筋中的霉菌，发表了两篇研究论文。同时，他在日本学习了以应用微生物学为核心专业的农艺化学，积累了有关食品和酒精及酒类酿造的知识。抗日战争时期，他的主要贡献是在四川内江酒精厂任厂长，提供给当时国民政府资源委员会用于抗战的酒精。他在我国较早地将国外先进的发酵理论、发酵技术和工艺写进大学教材。年迈的施有光连续发表过多篇介绍国外学术动态的文章，例如 1983 年发表在《江苏食品与发酵》上的"微生物在工业上应用的概况"以及介绍日本工业技术院发酵研究所概况的文章,在改革开放之初,曾吸引过不少读者。年近八十,他还不顾体弱和家庭困难,坚持上班,积极主动地承担科技英语培训班的教学工作,为轻工业研究所恢复正常的科研工作,提高科技人员的业务素质做出了贡献。

项目总结

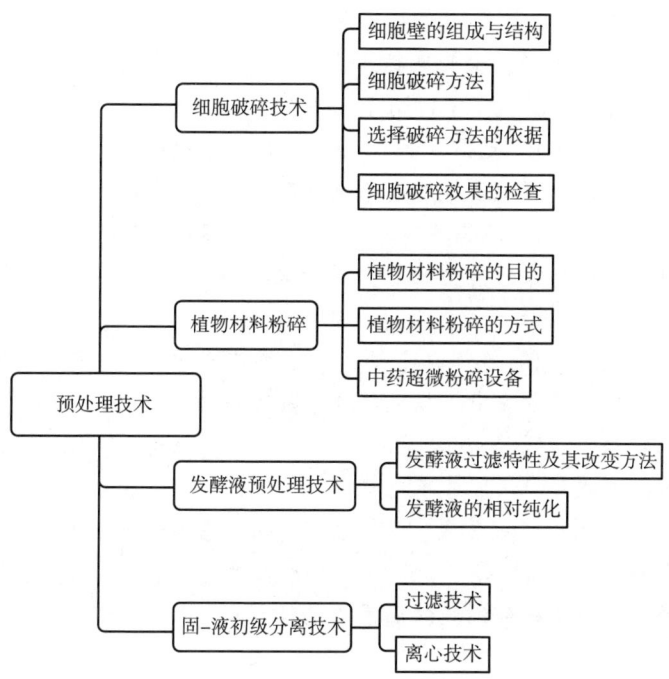

岗课赛证融通

一、名词解释题

1. 离心　2. 过滤　3. 差速离心　4. 密度梯度离心　5. 凝聚　6. 絮凝

二、单项选择题

1. 细胞破碎是指选用物理、化学、酶或（　　）方法来破碎细胞壁或细胞膜。
A. 生物　　　　B. 分离　　　　C. 机械　　　　D. 纯化

2. 下面关于细胞破碎的说法不正确的是（　　）。

A. 细胞破碎的阻力主要来自细胞壁

B. 酶解法专一性强，发生酶解的条件温和

C. 渗透压冲击法是将细胞由低渗溶液转移至高渗溶液

D. 超声破碎法由于噪声和散热的问题，其工业应用潜力有限

3. 破碎细菌的主要任务是（　　）。

A. 破坏肽聚糖的网状结构

B. 破坏葡聚糖和甘露聚糖形成的网状结构

C. 破坏纤维素的 β-1,4-糖苷键结构

D. 破坏纤维素、半纤维素和果胶质

4. 高压匀浆法破碎细胞，不适用于（　　）。

A. 酵母菌　　　B. 大肠杆菌　　　C. 巨大芽孢杆菌　D. 青霉菌

5. 下列哪种细胞破碎方法适用于工业生产（　　）。

A. 珠磨法　　　B. 超声破碎法　　C. 渗透压冲击法　D. 酶溶法

6. 如果用大肠杆菌作为宿主细胞，蛋白表达部位为周质，下面哪种细胞破碎的方法最佳？（　　）

A. 高压匀浆法　B. 超声破碎法　　C. 渗透压冲击法　D. 珠磨法

7. 下列细胞破碎的方法中，属于非机械破碎法的是（　　）。

A. 化学渗透法　B. 高压匀浆法　　C. 超声波破碎法　D. 珠磨法

8. 影响珠磨机破碎率的因素不包括（　　）。

A. 研磨剂直径大小及装载量　　　　B. 细胞悬浮液的浓度

C. 微生物类型　　　　　　　　　　D. 压力

9. 影响高压均质机破碎细胞的因素不包括（　　）。

A. 通过均质机的次数　　　　　　　B. 温度

C. 压力　　　　　　　　　　　　　D. 通过均质机的时间

10. 当使用离心机时，何种状况下才能往离心机投或取物料？（　　）

A. 高速旋转时　B. 缓慢转动时　　C. 完全静止时　　D. 没有静止时

11. 根据离心机每分钟的转速（rpm），下列哪种离心机分离能力强？（　　）

A. 离心机（rpm=8000）　　　　　　B. 离心机（rpm=20000）

C. 离心机（rpm=50000）　　　　　 D. 离心机（rpm=9000）

12. 工业上常用的过滤介质不包括（　　）。

A. 织物介质　　B. 堆积介质　　　C. 多孔固体介质　D. 真空介质

13. 为加快过滤效果通常使用（　　）。

A. 电解质　　　B. 高分子聚合物　C. 惰性助滤剂　　D. 有机溶剂

14. 一般过滤器过滤精度为（　　）。

A. 10μm　　　　B. 8μm　　　　　C. 6μm　　　　　D. 5μm

15. 能够除去发酵液中钙、镁、铁离子的方法是（　　）。
   A. 过滤　　　　　　　　　　B. 萃取
   C. 加入试剂生成沉淀　　　　D. 蒸馏
16. 从四环素发酵液中去除铁离子，可用（　　）。
   A. 草酸酸化　　B. 加黄血盐　　C. 加硫酸锌　　D. 氨水碱化

三、判断题

1. 珠磨法适用于绝大多数微生物细胞破碎，特别是对于有大量菌丝体的微生物、质地坚硬的亚细胞器或含有包涵体的工程菌。（　　）
2. 高压匀浆法可破碎高度分枝的微生物。（　　）
3. 超声波破碎法的有效能量利用率极低，操作过程产生大量的热，因此，操作需要在冰水或有外部冷却的容器中进行。（　　）
4. 冻结的作用是破坏细胞膜的疏水键结构，降低其亲水性和通透性。（　　）
5. 有机溶剂被细胞壁吸收后，会使细胞壁膨胀或溶解，导致破裂，把细胞内产物释放到水相中去。（　　）
6. 细胞破碎技术是生物分离操作中必需的步骤。（　　）
7. 基于固体颗粒和周围液体密度存在差异，在离心场中使不同密度的固体颗粒加速沉降的分离过程是离心分离。（　　）
8. 离心分离因子是指重力与离心力的比值。（　　）
9. 离心操作时，对称放置的离心管要达到体积相同才能进行离心操作。（　　）
10. 过滤物质颗粒的性状、大小、滤饼的紧密度和厚度都会影响过滤效果。通过增加助滤剂来降低滤饼阻力，可提高过滤速度。（　　）
11. 温度高，液体黏度小，所以要趁料液热时进行过滤。（　　）
12. 凝聚和絮凝的原理相同，但是沉淀的状态不同。（　　）

四、填空题

1. 确定生物材料预处理方法的依据是_____、_____、_____。
2. 去除高价金属离子常用的方法有_____、_____。
3. 常用的细胞破碎方法有_____、_____、_____、_____，其中物理法主要包括_____、_____、_____；生物法主要包括_____、_____。
4. 常规的固-液分离技术主要有_____和_____等。
5. 影响盐析沉淀的因素主要有_____、_____、_____和_____。

五、图表归纳题

以脾脏为原料制备 iRNA 的工艺流程如图 1 所示。

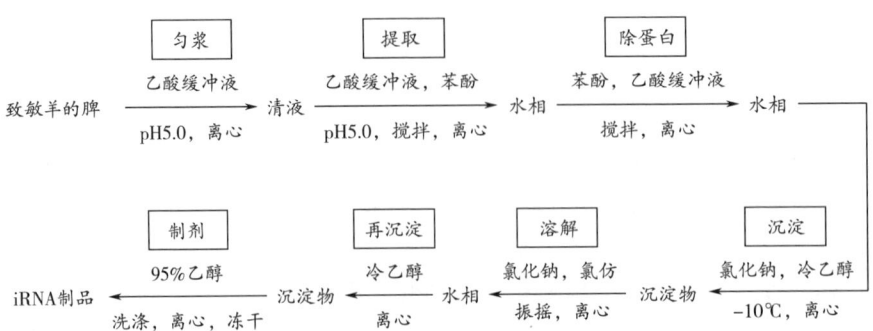

图 1　制备 iRNA 的工艺流程

匀浆过程是将脾去脂肪组织，称重，剪碎，加入等质量的 pH5.0、0.01mol/L 乙酸缓冲液，用组织捣碎机匀浆，3000r/min 离心，得上清液。

（1）该步骤中用到了哪种细胞破碎方法，其作用机理及适用性是什么？

（2）除上述细胞破碎方法外，列举其他三种常用的细胞破碎方法。

六、简答题

1. 简述错流过滤的优点及其原因。
2. 简述影响固-液分离的因素。
3. 简述离心分离法的优缺点。
4. 简述细胞及蛋白质的预处理方式。

项目三

产物提取技术

项目目标

知识目标：
1. 熟悉萃取、盐析、沉淀、结晶的概念和原理。
2. 掌握萃取、盐析、沉淀、结晶技术的分类及特点。
3. 掌握各类萃取、盐析、沉淀、结晶技术的特性。
4. 掌握萃取、盐析、沉淀、结晶工艺流程。
5. 了解影响萃取、盐析、沉淀、结晶的因素。

能力目标：
1. 能针对不同的处理对象选择不同目标产物的提取方法。
2. 在理解提取基本原理的基础上，能进行不同目标产物的提取过程。

素养目标：
1. 培养学生规范操作、环保节能的习惯。
2. 培养学生发现问题、解决问题的能力和安全生产意识。

项目引例

明确萃取任务并认识青霉素滤液

一、明确萃取任务

因青霉素在水溶液中极不稳定，必须加快生产进度，在尽可能短的时间内完成生产任务。一般来讲，时间越短，副产物越少，则生产收率越高，产品质量越好。萃取是青霉素提取精制工艺的一个重要环节，主要利用溶剂萃取法，采用二级逆流萃取的操作方式，在酸性环境下，将青霉素从水相萃取到丁酯相中，从而达到转移、浓缩、提纯的目的，实现青霉素的初步提取精制。

萃取在青霉素生产上的应用

在萃取过程中，萃取剂的用量一般为滤液的 1/3 左右，萃取液中青霉素的浓度可提高至滤液效价的 3 倍左右；萃取也起到提纯的作用，这是由于滤液中大量的水溶性杂质不溶于萃取剂而被分离出去。

二、认识青霉素滤液

滤液中青霉素效价在 5000~2000U/mL；透光率在 75% 以上；固体含量在 0.2% 以下；温度为 10℃ 以下；青霉素含量在 90% 以上。滤液中的青霉素是以青霉素游离酸的形式存在，并含有一定量的色素与蛋白质，固体含量很少。

青霉素在水溶液中易水解，在酸性条件下水解速度加快。因此，应尽量缩短青霉素在水溶液中的停留时间。pH、温度对青霉素 G 钠盐水溶液半衰期的影响见表 3-1。

表 3-1　　pH、温度对青霉素 G 钠盐水溶液半衰期的影响

pH	半衰期/min			
	0℃	10℃	24℃	37℃
2.0	4.25	1.3	0.31	
3.0	24.0	7.6	1.7	
4.0	197.0	52.0	12.0	
5.0	2000.0	341.0	92.0	
5.5			—	62.0
5.8			315.0	99.0
6.0			336.0	103.0
6.5			281.0	94.0
7.0			218.0	84.0
7.5			178.0	60.0
8.0			125.0	27.6
9.0			31.2	
10.0			9.3	
11.0			1.7	

注：表中空白表示没有数据。

由表 3-1 可知，青霉素 G 钠盐水溶液在 10℃ 以下和 pH5~7 较稳定，在 pH6 左右最稳定。青霉素 G 钠盐在 10℃ 与 24℃（pH2.0）时的半衰期比较短，约为 36min，青霉素 G 钾盐（水溶液）的效价随时间的变化见表 3-2。

表3-2　　　　　　　青霉素 G 钾盐（水溶液）的效价随时间的变化

存放时间/min	效价/（U/mL）	存放时间/min	效价/（U/mL）
0	1422	50	668
10	1266	60	510
20	1029	80	317
30	852	100	216
40	623		

注：试验条件为溶液 pH2.0，温度16℃。

三、青霉素萃取液制备的生产要求

对于青霉素萃取液（RBA）制备过程来讲，一般的生产要求如下。

1. RBA 质量要求

水分：≤1.6%；色级：≤6级；效价：3000~80000U/mL；青霉素含量在95%以上。

2. 萃取剂乙酸正丁酯质量要求

酸度：≤0.5%；酯含量：≥93%；水分：≤0.8%；色级：≤20。

在生产过程中，乙酸正丁酯可以反复多次循环使用，但随着时间的增加，降解产物丁醇越来越多，在萃取时易造成 RBA 水分高、滤液相与乙酸正丁酯相分离困难等情况的发生。

3. 工艺控制要求

阶段重相：pH（2.15±0.15）。

二阶段重相：pH（1.85±0.15）。

稀硫酸浓度：（9%±1%）。

在萃取过程中，要求萃余相（废酸水）不夹带萃取相（乙酸正丁酯），萃取相澄清透明，不乳化。

4. 生产进度要求

操作时间按一个操作班次8h。除去准备与停车、洗车时间，应在4~6h。

项目实施

工作过程一　萃取技术

工作过程背景：

发酵结束后，目标产物存在于发酵液中，经过发酵液预处理和过滤得到青霉素滤液。利用青霉素在不同的 pH 条件下以不同的化学状态（游离态酸或盐）存在时，在水及与水互不相溶的溶媒中溶解度不同的特性，使青霉素从一种液相（如发酵滤液）转移到另一种液相（如有机溶媒）中去，以达到浓缩和提纯的目的。

知识目标：
1. 熟悉萃取的概念和原理。
2. 掌握萃取的分类及特点。
3. 掌握各种萃取技术和特性。
4. 掌握萃取工艺流程。
5. 了解影响萃取的因素。

能力目标：
1. 能针对不同的处理对象选择不同的萃取方法。
2. 能进行萃取剂的选择。
3. 在理解萃取基本原理的基础上，能正确操作各种萃取过程。

素养目标：
1. 培养学生规范操作、环保节能的习惯。
2. 培养学生发现问题、解决问题的能力和安全生产意识。

任务一 萃取技术认知

（一）萃取的概念与原理

1. 萃取的概念

萃取是指利用化合物在两种互不相溶（或微溶）的溶剂中溶解度或分配系数的不同，使化合物从一种溶剂内转移到另外一种溶剂中。经过反复多次萃取，将绝大部分的化合物提取出来的方法。萃取可用于有机酸、氨基酸、抗生素、维生素、激素、生物碱、蛋白质、核酸的提取等。

萃取原理与操作方式

2. 萃取的原理

萃取的目的就是要分离或提纯一种物质，原理是被提纯的物质在原溶剂和萃取剂中的溶解度差异，一般上是被提纯的物质在原溶剂中的溶解小于在萃取剂中的溶解度，以至于被提纯的物质最终溶解在萃取剂中，达到分离提纯的目的，萃取过程如图 3-1 所示。

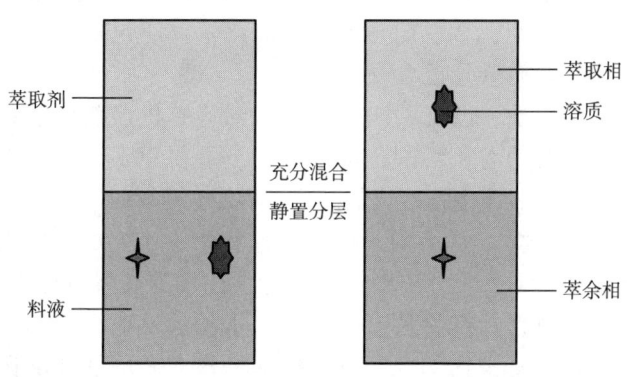

图 3-1　萃取过程示意图

（二）萃取的分类与特点

1. 萃取的分类

（1）按萃取剂物理状态分类　在萃取操作中至少有一相是流体，一般称该流体为萃取剂。以液体为萃取剂时，如果含有目标产物的原料也为液体，则称此操作为液-液萃取；如果含有目标产物的原料为固体，则称此操作为液-固萃取或浸取；以超临界流体为萃取剂时，含有目标产物的原料可以是液体也可以是固体，则称此操作为超临界流体萃取。另外在液-液萃取中，根据萃取剂的种类和形式的不同又可分为有机溶剂萃取、双水相萃取、反胶团萃取等，见表3-3。

表 3-3　　　　　　　　　　常用萃取方法

萃取剂	含目标产物的原料	方法名称
液体	液体	液-液萃取
液体	固体	液-固萃取或浸提
超临界流体	液体/固体	超临界流体萃取

（2）按萃取机制分类　从萃取机制来看，可以分为物理萃取和化学萃取两种萃取方式。物理萃取是利用溶剂对待分离组分有较高的溶解能力而进行的萃取；而在化学萃取中，溶剂首先选择性地与溶质反应或者络合形成新的化合物或者络合物，从而在两相中重新分配而达到分离的目的。

①物理萃取：溶质根据相似相溶的原理在两相间达到分配平衡，萃取剂与溶质之间不发生化学反应，分离过程属物理过程，如乙酸正丁酯萃取发酵液中的青霉素。物理萃取广泛应用于抗生素及天然植物中有效成分的提取过程。其中被萃取的物质为溶质，原先溶解溶质的溶剂为原溶剂，加入的第三组分为萃取剂。

②化学萃取：利用脂溶性萃取剂与溶质之间的化学反应生成脂溶性复合分子，实现溶质向有机相的分配，萃取剂与溶质间的化学反应包括离子交换和络合反应等，如以季铵盐为萃取剂萃取氨基酸。

化学萃取中常用煤油、己烷、四氯化碳和苯等有机溶剂溶解萃取剂，改善萃取相的物理性质，此时的有机溶剂称为稀释剂。主要用于金属的提取，也可用于氨基酸、抗生素和有机酸等生物产物的分离回收。

（3）按萃取过程分类　在溶剂萃取分离过程中，当完成萃取操作后，为进一步纯化目标产物或便于下一步分离操作的实施，往往需要将目标产物转移到水相。这种调节水相条件，将目标产物从有机相转入水相的萃取操作称为反萃取。对于一个完整的萃取过程，常常在萃取和反萃取的操作之间增加洗涤操作，目的是除去与目标产物同时萃取到有机相的杂质，提高第二水相中目标产物的纯度。经过萃取、洗涤和反萃取操作，大部分目标产物进入反萃取相（第二水相），而大部分杂质则残留在萃取后的料液相（称作萃余相），如图3-2所示。

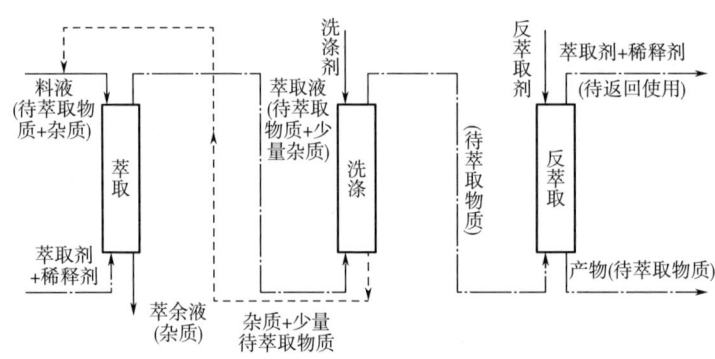

图 3-2　萃取、洗涤、反萃取操作过程示意图

2. 萃取的特点

萃取是一种初级分离技术。萃取过程本身并未完成目标产物的分离任务，得到的仍是均相混合物，要获得目标产物及回收萃取剂还需借助蒸馏或蒸发等其他单元操作来完成。可以这样说，萃取操作是将难分离的混合物，借助萃取剂的作用，转化为较易分离的混合物的单元操作，具有以下特点。

（1）传质速度快，生产周期短，便于连续操作，容易实现自动控制。
（2）分离效率高、生产能力大。
（3）采用多级萃取可使产品达到较高纯度，便于下一步处理。
（4）容易产生乳化，需要添加破乳剂，必要时需要高速离心机。
（5）需要一整套回收萃取剂装置。
（6）需要各项防火、防爆等措施。

任务二 溶剂萃取技术

（一）溶剂萃取的概念与原理

1. 溶剂萃取的概念

将所选定的某种溶剂，加入一种与其不互溶的液体混合物中，根据混合物中不同组分在该溶剂中的溶解度不同，将需要的组分分离出来，这个操作过程称为溶剂萃取。萃取操作的实质是溶质在两个不互溶的液相之间通过传质实现再分配的过程，通过萃取操作溶质优先溶于溶解度高的液相中。在萃取操作中，一相以细小液滴或股流形式分散在另一相中，称为分散相。另一相在设备内占有较大体积，不间断，连成一体，称为连续相。

萃取操作的基本过程如图3-3所示。原料液（液体混合物）由A、B两组分组成，若待分离的组分为A，则称A为溶质，B组分为原溶剂（或称稀释剂），加入的溶剂S称为萃取剂。首先将原料液和溶剂加入混合器中，然后进行搅拌。萃取剂与原料液互不相溶，混合器内存在两个液相。通过搅拌可使其中一个液相以小液滴的形式分散于另一相中，造成很大的相接触面积。有利于溶质A由原溶剂B向萃取剂S扩散。A在两相之间重新分配后，停止搅拌，将两液相放入澄清器内，依靠两相的密度差进行沉降分层。上层为轻相，通常以萃取剂S为主，并溶入较多溶质A，同时含有少量B，称为萃取相，以E表示；下层为重相，以原溶剂B为主及未扩散溶质A，同时含有少量的S，称为萃余相，以R表示。在实际操作中，也有轻相为萃余相，重相为萃取相的情况。

萃取相和萃余相都是A、B、S的均相混合物，为了得到分离后的A组分。应除去溶剂S，称为溶剂回收。回收后的溶剂S，可供循环使用。通常用蒸馏的方法回收S，如果溶质A很难挥发，也可用蒸发的方法回收S，萃取相脱去溶剂S后，称为萃取液，以E′表示；萃余相脱去S后，称为萃余液。以R′表示，见图3-3。

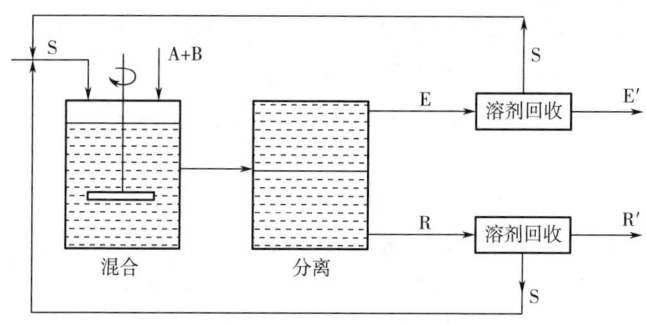

图3-3 萃取操作的基本过程

由此可见，一个完整的萃取过程应包括：原料液 A+B 与萃取剂 S 的充分混合，以完成溶质 A 由原溶剂 B 转溶到萃取剂 S 的传质过程；萃取相与萃余相的分离过程；从两相中回收溶剂 S 最后得到产品的过程。

2. 溶剂萃取的原理

（1）物质的溶解和相似相溶原理　一种物质（溶质）均匀地分散在另一种物质（溶剂）中的过程，称为溶解。萃取过程是溶质溶解在萃取溶剂中的过程。目前还不能定量地解释溶解的规律，用得较多的是相似相溶原理：相似物易溶解在相似物中。相似体现在两个方面：一是结构相似，如分子的组成、官能团，形态结构和极性相似；二是溶质 A 与溶剂 S 的相互作用力相似，即能量相似。两种物质如相互作用力相似，则能互相溶解。而分子间作用力与分子的极性紧密相关，故两种物质极性相似，则能互相溶解。

（2）溶剂的互溶性规律　在萃取操作中，萃取剂与原溶剂的互溶度对萃取操作有重大影响，因此必须对溶剂的互溶性规律有所了解。物质分子之间的作用与物质种类有关，分子间力包括氢键和分子间作用力。氢键键能比化学键键能小得多，但氢键键能加上范德华力对分子物理性质的影响很大，化合物分子中凡是和电负性大的原子相连的氢原子都有可能再和同一分子或另一分子内的另一个电负性较大的原子相连接，这样形成的键，称作氢键。也就是说一个氢原子可以和两个电负性大的原子相结合。如 A-H⋯B，这里"⋯"表示氢键，形成氢键必须有两个条件：可接受电子的电子受体，A-H⋯B 中的 H 可接受电子；可提供孤对电子的电子供体，A-H⋯B 中的 B 有孤对电子。F、O、N 形成的氢键强，S、Cl 形成的氢键较弱。

按照生成氢键的能力，可将溶剂分成四种类型。

①N 型溶剂：不能形成氢键，如烷烃、四氯化碳、苯等，称为惰性溶剂。

②A 型溶剂：只有电子受体的溶剂，如氯仿、二氯甲烷等，能与电子供体形成氢键。

③B 型溶剂：只有电子供体的溶剂，如酮、醛、醚、酯等，萃取溶剂中的磷酸三丁酯（TBP）胺等。

④AB 型溶剂：同时具备电子受体 A-H 和电子供体 B 的溶剂，可缔合成多聚分子。因氢键的结合形式不同，AB 型溶剂又可分为以下三类。

a. ABⅠ型。交链氢键缔合溶剂，如水、多元醇、氨基取代醇、羟基羧酸、多元羧酸、多脂等。

b. ABⅡ型。直链氢键缔合剂，如醇、胺、羧酸等。

c. ABⅢ型。生成分子内氢键，这类分子因已生成分子内氢键，同类分子间不再生成氢键，故 ABⅢ型溶剂的性质与 N 型或 B 型分子相似。

各类溶剂互溶性的规律，可由氢键形成的情况来推断。由于氢键形成的过程，是释放能量的过程，如果两种溶剂混合后能形成氢键或形成的氢键强度更大，则有利于互溶，否则不利于互溶。AB I 型与 N 型几乎不互溶，如水与四氯化碳，因为溶解要破坏水分子之间的氢键，A 型、B 型易互溶，如氯仿和丙酮混合后可形成氢键。

（3）溶剂的极性　溶剂萃取的关键是萃取剂 S 的选择，萃取剂 S 既要与原溶剂互不相溶，又要与目标产物有很好的互溶度。根据相似相溶原理，分子的极性相似，是选择溶剂的重要依据之一。极性液体与极性液体易于相互混合。非极性液体与非极性液体易于相互混合。盐类和极性固体易溶于极性液体中，而非极性化合物易溶于低极性或没有极性的液体中。

（4）分配定律和分离因数　在恒温恒压条件下，溶质 A 在互不相溶的两相中达到分配平衡时，如果其在两相中以相同的分子形态存在，则其在两相中的平衡浓度之比为常数，称为分配常数，这就是溶质的分配平衡定律，简称为分配定律。其数学表达式如式（3-1）所示。

$$K=\frac{c_2}{c_1} \qquad (3-1)$$

式中　K——分配常数；
　　　c_2——A 在萃取相 E 中的浓度，mol/L；
　　　c_1——A 在萃余相 R 中的浓度，mol/L。

分配常数是以相同分子形态存在于两相中的溶质浓度之比，但在多数情况下，特别是在化学萃取中，溶质在各相中并非以同一种分子形态存在。因此，萃取过程中常用溶质在萃取相 E 和萃余相 R 中的总浓度之比表示溶质的分配平衡，该比值称为分配系数，用 k 表示。

对溶质 A 在两相中的分配系数：

$$k_A=\frac{A 在 E 相中的总浓度}{A 在 R 相中的总浓度}=\frac{A 在 E 相中的摩尔分数}{A 在 R 相中的摩尔分数}=\frac{y_A}{x_A}$$

对原溶剂 B 在两相中的分配系数：

$$k_B=\frac{B 在 E 相中的总浓度}{B 在 R 相中的总浓度}=\frac{B 在 E 相中的摩尔分数}{B 在 R 相中的摩尔分数}=\frac{y_B}{x_B}$$

显然分配常数 K 是分配系数的特殊情况。不同体系有不同的分配系数。对同一体系，分配系数一般不是常数，其值随系统的温度和溶质的组成变化而变化。当溶质的组成变化不大时，在恒温恒压条件下，k 为常数，其值由实验决定。

一般情况下，习惯上取 E 相中的溶质 A 的组成为分子，因此 k_A 值越大，表示萃取效果越好。

在萃取操作中，不仅要求萃取剂 S 对溶质 A 的效果好，而且要求萃取剂 S 尽可能与原溶剂 B 不互溶，这种性质称为溶剂的选择性。通常用分离因数 β 来表示。分离因数 β 也称为分离因子或选择性系数。见式（3-2）：

$$\beta=\frac{k_A}{k_B}=\frac{y_A/x_A}{y_B/x_B}=\frac{y_A/y_B}{x_A/x_B} \qquad (3-2)$$

式中 β——分离因子,萃取剂 S 对溶质 A 和原溶剂 B 的选择性系数;
y_A——溶质 A 在萃取相 E 中的摩尔分数;
y_B——原溶剂 B 在萃取相 E 中的摩尔分数;
x_A——溶质 A 在萃余相 R 中的摩尔分数;
x_B——原溶剂 B 在萃余相 R 中的摩尔分数。

分离因数 β 越大,说明萃取分离的效果越好,若 $\beta=1$,表示 A、B 两组分在 E 相和 R 相中分配系数相等,不能用萃取的方法对 A、B 进行分离。

(5) 萃取系统的组成(图 3-4) 萃取是由水溶液和有机溶剂组成的两个液相的传质过程,在这两个液相中含有下列一些物质,但并不一定是在每一个萃取过程中都有。

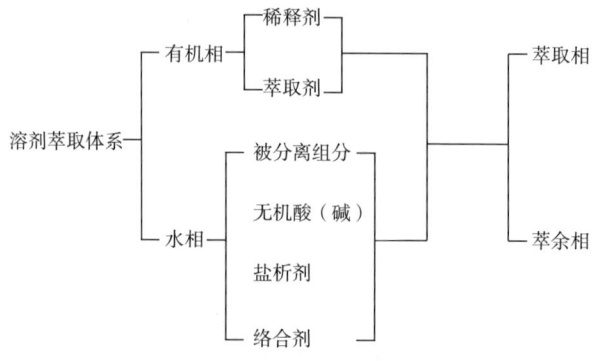

图 3-4 萃取系统的组成

各种物质作用如下。
①萃取剂:能和被萃取物质形成溶于有机相的萃合物的有机化合物。
②稀释剂:改变萃取剂的物理性能,使两相易于分层的有机溶剂,或者对溶质具有很高溶解能力的有机溶剂,有时有机相中只含有稀释剂,而不含萃取剂。
③无机酸(碱):调节水溶液的酸(碱)度或参与萃取反应,使组分能够得到较好的分离。
④盐析剂:溶于水相使萃合物转入有机相。

(二)萃取剂的选择

1. 选择依据

溶剂萃取中,萃取剂通常是有机溶剂,根据目标产物以及与其共存杂质的性质选择合适的有机溶剂,可使目标产物有较大的分配系数和较高的选择性。根据"相似相溶"的原理,选择与目标产物极性相近的有机溶剂为萃取剂,可以得到较大的分配系数。此外,有机溶剂还应满足以下要求。

(1)价廉易得。
(2)与水相不互溶。

（3）与水相有较大的密度差，并且黏度小、表面张力适中，相分散和相分离较容易。

（4）容易回收和再利用。

（5）毒性低，腐蚀性小，闪点低，使用安全。

（6）不与目标产物发生反应。

2. 常用萃取剂

常用的萃取剂大致有以下四类。

（1）中性萃取剂，如醇、酮、醚、脂、醛及烃类。

（2）酸性萃取剂，如羧酸、磺酸、酸性磷酸酯等。

（3）整合萃取剂，如羟肟类化合物。

（4）叔胺和季铵盐。

（三）萃取的目的和任务

1. 萃取的目的

（1）分离 在制药过程中，无论是发酵方法、化学合成方法，还是中药提取过程，都有副产物的存在，因此，把产品从混合物中分离出来，是首先要解决的问题。

（2）相转移 萃取是相与相之间的接触，药物要从液体混合物（某一液相）进入到萃取剂（另一不互溶液相）中，必定要发生物质在相与相之间的转移。

（3）浓缩 因被萃取的物质在萃取剂中的溶解度相对原溶剂而言有较大的提高，因此，被萃取物由混合物向萃取剂转移的同时，浓度有较大程度提高，为下一步的分离精制打基础。

2. 萃取的任务

萃取单元是实施萃取技术的工艺操作单元，包括萃取设备、配套的辅助设备（如分离设备、混合设备、贮存设备、输送设备等），以及连接设备的管路及其上的各种管件（如法兰等）、阀门、仪表（温度表、流量计、压力表等）。在制药生产中，处理物料量大的萃取单元，一般要采用自动化、连续化作业，以提高生产的稳定性与生产能力。这时，萃取设备可以采用高速的萃取离心机。处理物料的量小时，可采取间歇生产，萃取设备一般以萃取罐、萃取塔为主，萃取单元的主要任务如下。

（1）对混合物进行分析，选择适宜的萃取剂。

（2）按生产能力，综合考虑安全、生产成本、工艺的可控性。

（3）将萃取剂与待处理的料液混合，实现待处理料液中相应溶质在两个液相间的转移，从而实现相应溶质与其他组分的分离。另外，控制好相应的工艺条件，尽可能提高溶质的萃取率和减少对药物的破坏。

（4）将萃取后的两个液相进行分离。从成本考虑以及结合循环经济，尽可能做到萃取剂的循环使用。

(5) 注重安全生产，因萃取剂中易燃物较多，在生产过程中，一般要注意防火防爆方面的措施。

(四) 溶剂萃取操作过程与方式

1. 溶剂萃取操作过程

(1) 混合　萃取剂和含有组分（或多组分）的原料液混合接触，进行萃取，溶质从原料液转移到萃取剂中。

(2) 分离　分离互不相溶的两相。

(3) 回收　萃取剂从萃取相及萃余液（残液）除去，并加以回收。

2. 溶剂萃取操作方式

根据原料液与萃取剂的接触方式，萃取操作流程可分为单级和多级萃取流程，后者又分为多级错流萃取流程和多级逆流萃取流程，以及两者结合进行操作的流程。

(1) 单级萃取流程　只用一个混合器和一个分离器的萃取称为单级萃取，如图3-5所示。将原料液与萃取剂一起加入萃取器内，并用搅拌器加以搅拌，使两种液体充分混合，产物由一相转入另一相。经过萃取后的溶液，流入分离器分离后得到萃取相和萃余相，最后将萃取相送入回收器，将溶剂与产物进一步分离，回收得到的溶剂仍可作萃取剂循环使用。

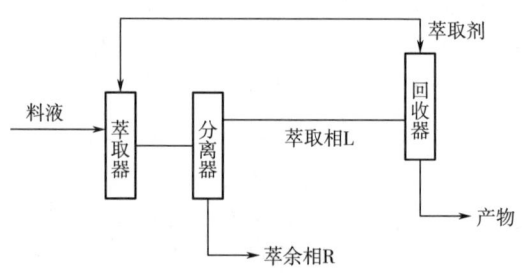

图3-5　单级萃取流程

这种流程比较简单，但由于只萃取一次，所以一般萃取效率不高，产物在水相中含量仍然很高。如增加萃取剂的用量会使产品的浓度降低，也会增加萃取剂回收处理的工作量。

(2) 多级错流萃取流程　多级错流萃取流程是由几个萃取器串联所组成，原料液经第一级萃取（每级萃取由萃取器与分离器所组成）后分离成两个相；萃余相依次流入下一个萃取器，再加入新鲜萃取剂继续萃取；萃取相则分别由各级排出，将它们混合在一起，再进入回收器回收溶剂，回收得到的溶剂仍可作萃取剂循环使用。

单级混合澄清器见图3-6。

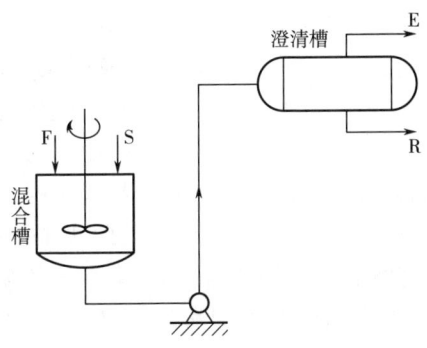

图 3-6　单级混合澄清器

多级错流萃取由于溶剂分别加入各级萃取器，故萃取推动力较大，萃取效果较好；缺点是仍需加入大量的溶剂，需消耗较多的能量回收溶剂，流程如图 3-7 所示。

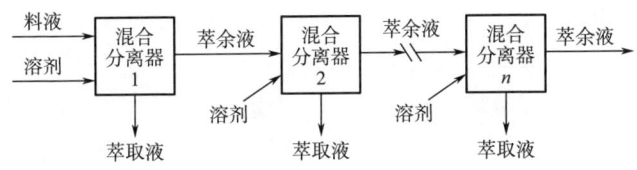

图 3-7　多级错流萃取流程

（3）多级逆流萃取流程　此流程中，原料液从前端进入，连续通过各级萃取器，最后从末端排出；萃取剂则从末端进入，通过各萃取器最后从前端排出。在整个过程中，萃取剂与原料液互成逆流接触，故称为多级逆流萃取流程。与上两种萃取相比，逆流萃取收率最高，溶剂用量最少。这在工业生产中很经济，因而被普遍采用，流程如图 3-8 所示。

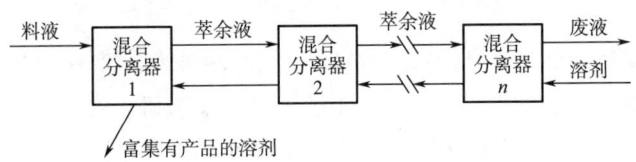

图 3-8　多级逆流萃取流程

（五）溶剂萃取操作工艺与过程

溶剂萃取的关键是要使两个不相溶的液相能够充分混合及混合后两液相间彻底分层。混合的目的是实现溶质从一个液相主体向另一液相主体的传递，混合程度影响溶质的传递速度,而搅拌强度、流速、喷嘴孔径、设备结构、离心力等因素影响混合程度。分层的目的是使两个不相溶的液相能够较彻底分开,减少相互夹带,从而实现溶质从一个液相转入至另一个液相,达到与其他组分分开的目的。静置时间、分散相的粒度、表面活性物质含量、离心力的大小、静置空间的大小、设备结构等因素都会影响分层的效果。一般混合与分层可以在不同的设备内完成,如搅拌罐、澄清器(图3-6),也可以在一个设备内实现,如各种萃取塔,离心萃取机等。根据上述原则,溶剂萃取工艺配置主要有溶剂的贮罐、离心泵、流量计、萃取设备、分层设备等。下面以乙酸正丁酯为萃取剂,从发酵液中萃取青霉素为例,简要介绍溶剂萃取工艺及其操作。

从发酵液中提取青霉素主要是利用溶剂萃取法,采用二级逆流萃取工艺。在酸性环境中,将青霉素从水相萃取到乙酸正丁酯相,达到转移、浓缩、提纯的目的,实现青霉素初步提取精制。生产上为了提高萃取相中青霉素的纯度,用水对萃取相再进行洗涤,具体工艺见图3-9。

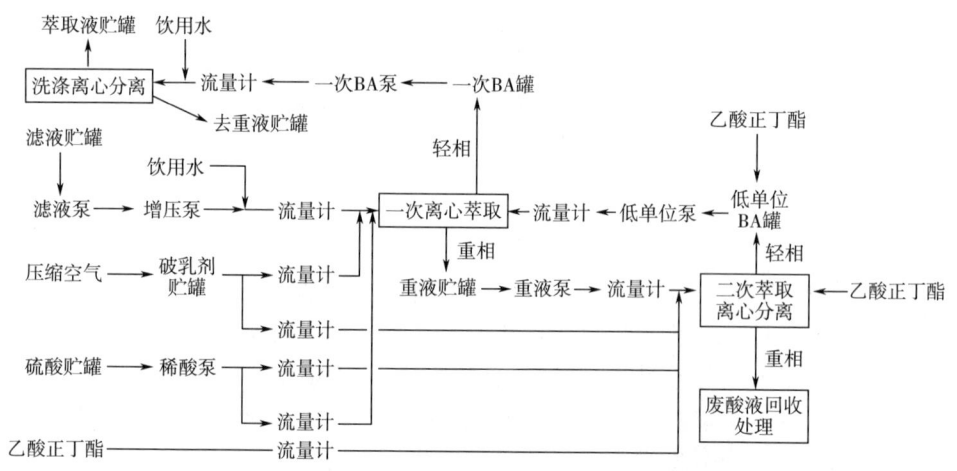

图3-9 乙酸正丁酯萃取青霉素工艺

来自过滤岗位的滤液首先进入滤液贮罐,经滤液泵及增压泵输出,经流量计计量后与破乳剂及稀硫酸混合,调整pH进入离心萃取机,在萃取机中与来自低单位乙酸正丁酯(BA)萃取液罐的萃取液混合接触,实现青霉素由水相向乙酸正丁酯相的转移(一次萃取)。从离心萃取机分出的轻相进入一次乙酸正丁酯萃取液贮罐,再经泵将萃取液输出,与饮用水混合,经离心分离机分离,实现萃取相的洗涤。从离心分离机分出的轻相进入萃取液贮罐,然后去冷脱工段;分出的重相去重液贮罐。从离心萃取机分出的重相进入重液贮罐,经泵输送及流量计计量,然后与经计量的新鲜乙酸正丁酯、破乳剂及稀硫酸混合后进入离心分离机(实现二次萃取)。分出的轻相进入低单位乙酸正丁酯萃取液贮罐(在此可加入新鲜的乙酸正丁酯），然后经泵输送进入离心萃取机，分出的重相去废酸回收岗位，具体操作过程如下。

1. 原辅材料的准备

配制一定浓度的破乳剂，用于萃取过程消除乳化；配制一定浓度的稀硫酸，用于调节 pH。向乙酸正丁酯罐加入足量的乙酸正丁酯用于萃取。

2. 开车前的检查

（1）按照离心萃取机、离心分离机各自的操作规程进行认真检查，与萃取机相连的滤液、醋酸丁酯、稀硫酸、破乳剂的流量计进、出料阀及旁加水阀均应关闭，滤液增压泵出料阀应关闭，萃取机上重相、轻相进出料阀及回流阀、各取样阀均应关闭。

（2）滤液罐上相应阀门应关闭，滤液泵进、出料阀等均应关闭，所有电气设备绝缘良好，接地接零完好，所有静电连接齐全、完好。压力表均指示在"零"位。

（3）破乳剂贮罐进出料阀、压缩空气阀均应关闭，排气阀打开，接地及静电连接齐全、完好，压力表均指示在"零"位。

（4）一次 BA 罐上的冷却水阀、罐底阀、出料阀、回流阀及一次 BA 泵进出料阀均应关闭，水洗一次 BA 流量计进出料阀、水流量计进出料阀均应关闭。

（5）BA 泵、一次 BA 加压泵、滤液泵、增压泵、一次 BA 泵、重液泵等按泵标准操作规程进行检查。

3. 开车

（1）接过滤岗位通知萃取可以开车后，启动离心萃取机，之后启动离心分离机。萃取机转速正常后，开始从过滤岗位向滤液贮罐进料。

（2）依次打开滤液流量计出、进料阀和旁加饮用水阀，调节滤液流量计控制流量，打开乙酸正丁酯流量计进出料阀，启动低单位乙酸正丁酯泵，调节乙酸正丁酯流量计控制流量。萃取机轻相背压达到一定数值后，打开轻相出料阀，打开稀硫酸、破乳剂流量计、进料阀，调节流量使重相 pH 符合要求。

（3）打开滤液贮罐罐底出料阀及滤液泵前进料阀，启动滤液泵，从滤液管道排污阀排气，排净后关闭排污阀。打开增压泵进料阀，启动增压泵。依次打开增压泵出料阀、流量计下滤液进料阀，关闭旁加饮用水阀，调节流量，调节稀硫酸及破乳剂流量计流量，使重相 pH 符合工艺要求，并调节轻重相出料阀，使重相不夹带、轻相不乳化。

（4）二次萃取离心分离机转速正常后，打开轻相出料阀，随后依次打开重相出料阀、进料阀。接到一次萃取岗位进料通知后，打开重液罐冷却水系统，启动重液泵，依次打开重液流量计进出料阀、乙酸正丁酯换热器冷却水系统，启动乙酸正丁酯泵。依次打开稀硫酸、破乳剂、乙酸正丁酯流量计进料阀，调节稀硫酸流量，使重相 pH 符合工艺要求，调节破乳剂流量及重相出料背压。使重相不夹带乙酸正丁酯，轻相不乳化。控制低单位 BA 罐、重液罐、废酸水池的液位，严禁溢出或拉空。

（5）打开萃取液罐上的进料阀。水洗离心分离机转速正常后，关闭重相取样阀，依次打开重相出料阀、轻相出料阀至最大。开进料阀门，开换热器冷盐水阀；启动一次 BA 泵。打开一次 BA 进出料阀，启动一次 BA 增压泵，打开其进出料阀，打开物料与水流量计进出料阀，按比例调节流量；检查水洗轻相，重相出料，调节背压，使轻相澄清，重相不夹带乙酸正丁酯。

4. 生产中的巡回检查

（1）各设备声音、振动、温度等有关指标应正常。
（2）各压力表显示正常。
（3）各物料流量应稳定且符合工艺要求。
（4）滤液罐、乙酸正丁酯罐、萃取液罐、一次 BA 罐、重液罐、破乳剂罐、稀硫酸罐、低单位 BA 罐等各罐液位计显示液位稳定在 1/2~2/3 处。
（5）各需检测 pH 之处，pH 均应符合工艺要求。
（6）冷盐水、冷却水、乙酸正丁酯，滤液等各种物料温度符合要求。
（7）各离心机、变速器、泵等油位、油质、油温正常。
（8）各离心机分离正常，无夹带、乳化现象。
（9）各管道及设备无跑、冒、滴、漏现象。

5. 停车

（1）当滤液贮罐内滤液萃取完毕时，由滤液贮罐加水阀向滤液贮罐加水，依次关闭乙酸正丁酯预混流量计进出料阀。

（2）从滤液流量计观察料液由棕色变白色。依次关闭稀硫酸、破乳剂系统，并通知二次萃取岗位料已提完。按停车操作规程进行一次萃取岗位停车。

（3）接到一次萃取岗位停车通知后，依次关闭乙酸正丁酯、稀硫酸、破乳剂系统，停低单位 BA 罐系统。重液罐内体积少于 150L 时关闭重液系统，然后停二次萃取离心分离机，依次关闭进出料阀。

（4）一次 BA 罐内设料后，依次关闭一次 BA 流量计进出料阀，停一次 BA 系统，2min 后，依次关闭水流量计进出料阀、换热器冷盐水阀、离心机进料阀，停离心机。关闭轻、重相出料阀，打开重相取样阀。放出多余的重液，关闭萃取液罐进料阀。

6. 清场

停车后，检查各设备的油位，温度正常。罐底阀门关闭，检查阀门有无内漏现象。对离心萃取机进行停车清洗，对生产现场进行清洗，做好卫生，检查各生产用具正常并放在规定的位置。

（六）溶剂萃取的工艺问题及处理

在溶剂萃取过程中，两相界面上经常会产生乳化现象。乳化是指液体以细小液滴的形式分散在另一不相溶的液体中。例如，水以细小液滴的形式分散在有机相中，或有机溶剂以细小液滴的形式分散在水相中。在发酵液的溶剂萃取中产生乳化现象后，使水相和有机相分层困难，影响萃取分离操作的进行。它可能产生两种夹带：萃余相中夹带溶剂，目标产物的收率降低；萃取相中夹带发酵液，给分离提纯带来困难。

一般形成乳状液要有两个条件：互不相溶的两相溶剂和表面活性物质。在发酵液中有蛋白质和固体微粒，这些物质具有表面活性剂的作用。因此溶剂萃取中，乳化现象极易发生。在形成的乳状液中，如果表面活性物质亲水基团强度大于亲油基团，易形成水包油（O/W）型乳状液；如果表面活性物质亲油基团强度大于亲水基团，易形成油包水（W/O）型乳状液。在发酵液溶剂萃取中，由蛋白质引起的乳状液是水包油型的，这种乳状液可放置数月而不凝聚。一方面由于蛋白质分散在两相界面，形成无定形黏性膜保护作用；另一方面，发酵液中存在一定数量的固体颗粒，对于已产生的乳化层也有稳定作用。

稳定的乳浊液形成的主要因素有：①界面上形成保护膜；②液滴带电荷；③介质的黏度。乳状液虽有一定的稳定性，但乳状液具有高的分散度，表面积大，表面自由能高，是一个热力学不稳定体系。它有聚结分层、降低体系能量的趋势。当乳化现象发生时，使两相难以分层，出现两种夹带。若萃取相中夹带原料液相，会给以后的精制造成困难，严重时会引起产品质量的下降，甚至不合格；若原料液相中夹带萃取剂相时，则意味着产物的损失与收率的下降。因此，需防止萃取过程发生乳化，要及时破乳。在发酵液溶剂萃取过程中，防止发生乳化现象的手段就是在实施萃取操作前，对发酵液进行过滤和絮凝沉淀处理，除去大部分蛋白质及固体微粒，消除引起水相乳化的因素。发生乳化后，可根据乳化的程度和乳状液的性质，采用适当的破乳手段，乳化程度不严重时，可采用过滤和离心沉降的方法。针对乳状液和界面型活性剂类型，加入相反的界面活性剂，促使乳状液转型。对于水包油（O/W）型乳状油，加入十二烷基磺酸钠，可使乳状液从O/W型向W/O型转化，但由于溶液条件不允许W/O型乳状液的形成，从而达到破乳的目的。

破乳的其他方法：加入强电解质，破坏乳状液双电层的化学法；加热、稀释、吸附及离心等物理法；加入表面活性更强的物质，把界面活性替代出来的顶替法等。但这些方法耗时、耗能、耗物，最好在实施溶剂萃取操作前，对发酵液进行预处理，从源头上消除乳化现象的发生。

（七）影响溶剂萃取的因素

影响萃取的因素很多，如温度、时间、原料液中被萃取组分浓度、萃取剂及稀释剂的性质、两相体积比、盐析剂种类及浓度、原料液pH、不连续相的分散程度。另外，萃取操作方式及选用的萃取设备也影响萃取效率。因此，在采取萃取操作过程中应综合考虑各方面的因素，以满足生产的需求。

1. 萃取剂

根据萃取原理、分配定律和分离因数等知识，萃取剂对溶剂萃取的影响主要体现在以下几个方面。

萃取剂 S 的选择性，萃取剂 S 对溶质 A 的分配系数要大，对原溶剂 B 的分配系数要小。分离因数 β 值大，萃取剂 S 的选择性就好。只有选择性好，才能利用不同溶质在两相中的分配平衡的差异实现萃取分离。萃取剂 S 与原溶剂 B 的互溶度要小。互溶度越小，溶质 A 在萃取相 E 中的浓度就越高。

萃取剂 S 与原溶剂 B 之间要有密度差，有利于萃取后的萃取相 E 与萃余相 R 分层，同时界面溶剂的张力要适中。溶剂的界面张力过小，分散后的液滴不易凝聚，产生乳化现象不利于分层，使两相分离困难；溶剂的界面张力过大，两相分散困难，单位体积内的相界面面积小，对传质不利，但细小的液滴易凝聚，对分离有利。一般情况下，倾向于选择界面张力较大的溶剂。

2. 温度

温度升高，溶解度增加，但温度过高。两相互溶度增大，可能导致萃取分离不能进行；温度降低，溶解度减小，但温度过低，溶剂黏度增大，不利于传质。因此要选择适宜的操作温度，有利于目标产物的回收和纯化。由于生物产物在较高温度下不稳定，萃取操作一般在室温或较低温度下进行。

3. 原溶液 pH

pH 对分配系数有显著影响。如青霉素在 pH2 时，乙酸正丁酯萃取液中青霉素烯酸可达青霉素含量的 12.5%，当 pH>6.0 时，青霉素几乎全部分配在水相中。可见选择适当的 pH，可提高青霉素的收率。红霉素是碱性电解质，在乙酸正戊酯和 pH 9.8 的水相之间分配系数为 44.7，而 pH5.5 左右时，分配系数降至 14.4。

通过调节原溶剂 B 的 pH 可控制溶质的分配行为，提高萃取剂 S 的选择性，同样可以通过调节 pH 来实现反萃取操作。反萃取是在萃取分离过程中，当完成萃取后，为进一步完成目标产物纯化或便于完成下一步分离操作的实施，往往需要将目标产物转移到水相。这种调节水相条件，将目标产物从有机相转入水相的萃取操作称为反萃取。例如在 pH10~10.2 的水溶液中萃取红霉素，而反萃取则在 pH5.0 的水溶液中进行。

4. 盐析剂

无机盐类如硫酸铵、氯化钠等在水相中的存在，一般可降低溶质 A 在水中的溶解度，使溶质 A 向有机相中转移。如萃取青霉素时加入 NaCl，萃取维生素 B_{12} 时添加 $(NH_4)_2SO_4$ 等，但盐析剂的添加要适量，用量过多时可能促使杂质也转入有机相。

5. 萃取时间

延长萃取时间有助于提高被萃取组分向有机相的扩散，从而提高被萃取组分的萃取分率（萃取相与原料液中溶质的量之比），但过分延长萃取时间对萃取分率的提高效果并不明显，特别是当萃取趋于平衡时，萃取速率很小，延长时间没有实际意义，反而会降低设备的生产能力，同时加大了杂质在萃取相中的含量。

6. 两相的体积比

增大萃取剂与原溶剂的体积比，有助于提高被萃取组分向有机相的扩散，提高萃取分率，但两相的体积比过大，也会使被萃取组分在萃取相中浓度降低，不利于后序的处理，也加大有机溶剂回收的成本，同时也会使杂质成分在有机相中含量加大。

7. 不连续相的分散程度

不连续相的分散程度越大，越有利于提高两相的接触面积，有助于传质，提高萃取速度，提高被萃取组分的萃取分率，但过分分散对于两相分层不利，会使两相分层所需时间延长，也不利于萃取操作。不连续相的分散程度与两相的流动程度有关，一般提高流速、加强搅拌、减小喷头喷嘴的孔径等有助于提高不连续相的分散程度。

8. 原液中被萃取组分的浓度

提高原液中被萃取组分的浓度，有助于提高萃取速度，有利于快速达到萃取平衡，但被萃取组分浓度提高也可能使杂质浓度提高，影响萃取质量。

（八）溶剂回收

萃取剂回收是萃取操作过程中实现萃取剂循环利用，减少萃取操作生产成本的主要辅助过程。回收萃取剂所用的方法主要是蒸馏，根据物系的性质，可以采用简单蒸馏、恒沸蒸馏、萃取蒸馏，水蒸气蒸馏、精馏等方法分离出萃取剂。对于热敏性药物，可以通过降低萃取相温度使溶质结晶析出，达到与萃取剂分离的目的，或者通过反萃取的措施使被萃取组分与萃取剂分开。对于后两种方法，分开后的溶剂可以循环利用，但一段时间后由于萃取剂中所含杂质含量升高，对萃取操作有很大影响，仍需要通过蒸馏进行萃取剂的提纯和浓缩。

■ 岗位链接

提取岗位操作规程

文件编号			颁发部门	
SOP-PA-011-01	提 取 岗 位			
总页数			执行日期	
编制者		审核者		批准者
编制日期		审核日期		批准日期

1. 目的

明确提取岗位的标准操作规程。

2. 范围

提取工序。

3. 责任

车间主任及提取工序操作人员。

4. 内容

（1）检查操作间、设备、工具、容器及输液管道的清洁状况，检查清场合格证，核对有效期，取下标示牌，按生产部标识管理定置管理。

（2）挂本次生产品种批次牌于指定位置，按生产指令填写工作状态。

（3）根据生产指令，接收原料，由班长和外辅岗位操作人员进行核对。投料人员投料前，要求核对原料名称、投料重量等，称量按照称量器具的使用标准操作程序进行操作。

（4）生产中随时注意检查设备运行情况以及蒸气压力、温度、时间、药液、药膏、醇沉浓度、半成品的质量等。设备的操作严格按所使用设备的标准操作程序进行操作。

（5）出现异常情况，按照 SOP 规定进行处理，不得擅自处理。

（6）操作完毕，填写批生产记录。

（7）每批操作完毕，取下批次标示牌，依照清场管理规程进行清场。

（8）清场完毕后，填写清场记录，上报质检员，检查合格后，挂清场合格证。

5. 培训

（1）培训对象　提取岗位操作人员。

（2）培训时间　3h。

任务三　双水相萃取技术

（一）双水相萃取的原理与特点

双水相现象是当两种聚合物或一种聚合物与一种盐溶于同一溶剂时，由于聚合物之间或聚合物与盐之间的不相容性，当聚合物或无机盐浓度达到一定值时，就会分成不互溶的两相。因使用的溶剂是水，因此称为双水相，在这两相中水分都占很大比例（85%～95%）。活性蛋白或细胞在这种环境中不会失活，但可以按不同比例分配于两相，这就克服了有机溶剂萃取中蛋白容易失活和强亲水性蛋白难溶于有机溶剂的缺点。

双水相萃取

1. 双水相萃取的原理

在聚合物-盐或聚合物-聚合物系统混合时，会出现两个不相混溶的水相，典型的例子如在水溶液中的聚乙二醇（PEG）和葡聚糖。当各种溶质均在低浓度时，可以得到单相均质液体，但是当溶质的浓度增加时，溶液会变得浑浊，在静置的条件下，会形成两个液层，实际上是其中两个不相混溶的液相达到平衡，在这种系统中，上层富集了PEG，而下层富集了葡聚糖，就形成了双水相系统。

双水相萃取的原理即当物质进入双水相体系后，由于物质表面性质、电荷以及各种力（如疏水键、氢键、离子键等）的存在以及环境的影响，使其在上下两相中的分配系数 K 明显不同，从而达到分离的目的。例如，各种类型的细胞离子分配系数都大于100或小于0.01，而酶、蛋白质等生物大分子物质的 K 在 0.1~10；更有一些小分子物质的 K 在1.0左右，因此双水相系统能很好地选择性地将它们分离。

2. 双水相萃取的特点

（1）操作条件温和，在常温常压下进行。

（2）平衡时间短，含水量高，表面张力小，两相易分散，特别适合于生物活性物质的分离纯化。

（3）两相的相比随操作条件而变化。

（4）上下两相密度差小，一般在10g/L，因此两相分离较困难，目前这方面的研究较多。

（5）操作简便，易于放大。

（6）易于连续操作，处理量大，适合工业应用。

3. 双水相萃取的分类

（1）高聚物-高聚物双水相　这类相体系最常用，易于后续处理连接，如直接上离子交换柱而不必脱盐。蛋白质在两相中的分配取决于高聚物分子质量、浓度、pH及盐浓度等因素，细胞的分配也不固定，这种体系可以直接用离子交换色谱进一步纯化，而且可回收高聚物，使成本大大降低。

这类相体系的优点是盐浓度低、活性损失小，缺点是价格贵、黏度大、分相困难。

（2）高聚物-盐双水相　这类相体系盐浓度高，蛋白质易盐析，废水处理困难。PEG-盐体系是最常见的价廉体系，上相富含PEG，下相富含无机盐。在PEG盐体系中，一般蛋白质主要分配在下相，只有疏水性很强的蛋白质或等电点较低的蛋白质，才有可能分配在上相中。这种体系中盐浓度太高，后续的纯化工艺不能采用有效的色谱纯化方法。虽然该体系的成本低，比较适合于工业规模的应用，但废盐水的处理比较困难，不能直接排入生物氧化池中。例如，PEG-硫酸铵、PEG-硫酸钠等。

这类相体系的优点为成本低、黏度小；缺点是盐浓度高、活性损失大、界面吸附多。

（二）双水相萃取的工艺流程

1. 双水相系统的选择

在选择双水相体系组成时，首先要考虑被分离物质在其中的分配系数，只有在较高分配系数的条件下,才能将目的物有效地分离出来。另外,要考虑经济性及对目标物质活性的影响。选择合适的双水相系统,使目标产物的收率和纯化程度均达到较高的水平,并且成相系统易于利用静置沉降或离心沉降法进行相分离。如果以胞内蛋白质为萃取对象,应使破碎的细胞碎片分配于下相中,从而增大两相的密度差。满足两相的快速分离、降低操作成本和操作时间的产业化要求。几种常见的双水相体系见表3-4。

表3-4 几种常见的双水相体系

聚合物1	聚合物2	聚合物1	聚合物2
PEG	葡聚糖 聚蔗糖(Ficoll)	羧甲基葡聚糖钠	PEG-NaCl 羧甲基纤维素-NaCl
聚丙二醇	PEG 葡聚糖	羧甲基纤维素钠	PEG-NaCl 羧甲基纤维素-NaCl 聚乙烯醇
聚乙烯醇	甲基纤维素 葡聚糖	DEAE葡聚糖盐酸盐	PEG-Li$_2$SO$_4$ 羧甲基纤维素
Ficoll	葡聚糖	葡聚糖硫酸钠	羧甲基葡聚糖钠 羧甲基纤维素钠
葡聚糖硫酸钠	PEG-NaCl 甲基纤维素-NaCl 葡聚糖-NaCl 聚丙二醇	羧甲基葡聚糖钠 葡聚糖硫酸钠	羧甲基纤维素钠 DEAE葡聚糖-HCl-NaCl

双水相系统的选择应根据目标蛋白质和共存杂质的表面疏水性、分子质量、等电点和表面电荷等性质上的差别,综合利用静电作用、疏水作用和添加适当种类和浓度的盐,选择性地萃取目标产物。

2. 双水相体系的制备

确定体系组成后,将形成双水相的聚合物或盐溶解在水中,搅拌制备双水相。通过控制聚合物或盐的浓度来调整分配系数大小,在保证聚合物或盐浓度不变的情况下,通过调整水量、盐和聚合物量来实现双水相体积变化,以达到一定的萃取率。

双水相萃取法可选择性地使细胞碎片分配于双水相系统的下相,而目标产物分配于上相,同时实现目标产物的部分纯化和细胞碎片的去除,从而节省利用离心法或膜分离法去除碎片的操作过程。因此,双水相萃取应用于胞内蛋白质的分离纯化是非常有利的。一般来说,根据细胞种类与目标产物的不同,每千克萃取系统的处理量上限为200~400g湿细胞,即质量分数为20%~40%。

3. 相平衡与相分离

双水相萃取过程包括以下几个步骤：双水相的形成，溶质在双水相中的分配和双水相的分离。在实际操作中，经常将固状（或浓缩的）聚合物和盐直接加入细胞匀浆液中，同时进行机械搅拌使成相物质溶解，形成双水相；溶质在双水相中发生物质传递，达到分配平衡。由于常用的双水相系统的表面张力很小，相间混合所需能量很低，通过机械搅拌很容易分散成微小液滴，相间比表面积极大，达到相平衡所需时间很短，一般只需几秒钟，所以，如果利用固体状聚合物和盐成相，则聚合物和盐的溶解多为萃取过程的速率控制步骤。

双水相系统的两相间密度差很小，重力沉降法需 10h 以上，两相很难完全分离。利用离心沉降可大大加快相分离速度，并易于连续化操作。

4. 多步萃取

细胞匀浆液中的目标产物可以经过多步萃取获得较高的纯化倍数。

第一步萃取使细胞碎片、大部分杂蛋白和亲水性核酸、多糖等发酵副产物分配于下相，目标产物分配于上相。如目标产物尚未达到所需纯度，向上相中加入盐使其重新形成双水相。

第二步萃取，此步萃取可除去大部分多糖和核酸。

第三步（最后一步）萃取则使目标产物分配于盐相，以使目标产物与 PEG 分离，便于 PEG 的重复利用和目标产物的进一步加工处理。

5. 大规模双水相萃取

双水相萃取系统的相混合能耗很低，达到相平衡所需时间很短。因此，双水相萃取的规模放大非常容易，在双水相萃取过程中，当达到相平衡后可采用连续离心法进行相分离。

（三）影响双水相萃取的因素

1. 成相聚合物

聚合物的类型如何选择是双水相萃取过程中至关重要的关键问题，当两种不同的聚合物溶液混合时，可能出现以下三种情况：①完全混溶，称为溶液，未形成双水相体系；②物理性不溶，即形成双水相；③复杂的凝聚，有些水溶液聚合物呈现出与此不同的性能，当混合时，水分被大量地排出，两聚合物表现为强烈的相互吸引力，在这种情况下，聚合物离开基本上像纯溶剂的第二液相而聚集在单一的相中，这一过程称为复杂的凝聚。

2. 离子环境（盐的种类和浓度）

双水相萃取时，蛋白质的分配系数受离子强度的影响很小。盐的种类和浓度对分配系数的影响主要反映在相间电位和蛋白质疏水性的影响。不同电解质的正负离子的分配系数不同，当双水相系统中含有这些电解质时，由于两相均应各自保持电中性，从而产生不同的相间电位。因此盐的种类（离子组成）影响蛋白质、核酸等生物大分子的分配系数。

3. pH

相体系的 pH 对溶质的分配有很大影响，这是由于体系的 pH 变化能明显地改变两相的电位差，而且 pH 的改变还导致蛋白质带电性质的变化，从而改变分配系数，如体系 pH 与蛋白质的等电点相差越大，则蛋白质在两相中分配越不平均，对于酶蛋白体系应控制在酶稳定的 pH 范围内。

4. 温度

分配系数对温度的变化不敏感。大规模双水相萃取操作一般在室温下进行，不需冷却。基于成相聚合物对蛋白质有稳定作用，室温操作活性收率依然很高，而且常温下溶液黏度较低，有助于相的分离并节省冷却费用。

温度影响双水相系统的相图，因而影响蛋白质的分配系数，也影响到上下相体积比，因此，在实验中对某些敏感的相体系仍要注意温度的影响。

（四）双水相萃取的应用

到目前为止，双水相萃取分离技术在生化工艺过程、中草药有效成分的提取、双水相萃取分析方面均得到成功应用，比如氨基酸、多肽、核酸、细胞器、细胞膜、各类细胞、病毒等的分离纯化，部分已实现工业化。

（1）酶的提取和纯化　双水相的应用始于酶的提取。由于聚乙二醇-精葡聚糖体系太贵，而粗葡聚糖黏度又太大，目前研究和应用较多的是聚乙二醇-盐系统，如用 PEG 1000-磷酸盐组成的水相系统，萃取 6-磷酸-葡萄糖脱氢酶，料液中湿细胞含量可高达 30%，酶的提取率可达 91%。在萃取酶的双水相系统中，酶主要分配在上相，菌体在下相或界面上。如果条件选择合适，不仅可以从发酵液中提取酶，实现它与菌体的分离，而且还可以把各种酶加以分离纯化。

（2）β-干扰素的提取　由于双水相系统萃取操作条件温和，成相的聚合物对生物活性分子有保护作用，所以特别适用于 β-干扰素这些不稳定的、在超滤时易失活的蛋白质的提取和纯化。β-干扰素是合成纤维细胞或小鼠体内细胞的分泌物，培养基中总蛋白含量为 1g/L，而 β-干扰素的浓度仅为 0.1mg/L，用一般的聚乙二醇-葡聚糖体系，不能将 β-干扰素与主要蛋白分开，必须使用带电基团或亲和基团的聚乙二酸衍生物如 PEG-磷酸酯与盐的系统，才能使 β-干扰素分配在上相，杂蛋白完全分配在下相而得到分离，并且 β-干扰素浓度越高，分配系数越大，纯化系数甚至可高达 350。这一技术已用于 1×10^9U/mg β-干扰素的回收，收率达 97%，干扰素的活性 $\geqslant 1\times10^6$U/mg 蛋白质。这一方法与色谱分离技术相结合，组成双水相萃取-色谱分离联合流程已成功用于生产。

（3）中草药有效成分的提取　有文献报道，以聚乙二醇-磷酸氢二钾双水相系统萃取甘草有效成分，在最佳条件下，分配系数达 12.80，收率达 98.3%。用 PEG 6000-K_2HPO_4-H_2O 的双水相系统对黄芩苷和黄芩素进行萃取实验。由于黄芩苷和黄芩素都有一定疏水性，主要分配在富含聚乙二醇（PEG）的上相，两种物质分配系数最高可达 30 和 35，分配系数随温度升高而降低，且黄芩苷降幅比黄芩素大。

虽然有关报道不多，但是展示了双水相系统萃取中草药有效成分有着良好的应用前景。

（4）生物活性物质的分析检测　双水相系统萃取技术已成功地应用于免疫分析，生物分子间相互作用的测定和细胞数的测定。以免疫分析为例，一般免疫分析是依靠抗体和抗原之间达到一定平衡来分析的，而双水相分析检测是根据分配系数的不同为基础进行分析。如强心药物羟基毛地黄毒苷的免疫测定，可用 ^{125}I 标记的黄毒苷与含有黄毒苷的血清样品混合，加入一定量的抗体，保温后加入双水相系统 [7.5%（质量分数）PEG 4000，22.5%（质量分数）$MgSO_4$] 分相后，抗体分配在下相，黄毒苷在上相，测定上相的放射性则可测定免疫效果。

（5）相转移生物转化反应　在双水相体系中，加入生物催化剂（细胞或酶）使其分配在某一相中，选择适当的反应条件，加入需参与反应的物质。物质与催化剂在同一相中，反应生成的产物进入另一相，可以实现生物反应-产物分离耦合，由于产物分配进入另一相，可以降低产物对反应的影响，有利促进反应向生成物方向进行。

任务四　超临界流体萃取技术

（一）超临界流体萃取的原理与特点

超临界流体萃取

流体在超临界状态下，其密度接近液体，具有与液体溶剂相当的萃取能力；其黏度接近于气体，传递阻力小，传质速率大于其处于液态下的溶剂萃取速率。基于超临界流体的这种优良特性，自 20 世纪 70 年代以来，迅速发展为一门综合了精馏与液-液萃取两个操作单元优点的独特分离工艺，见图 3-10。

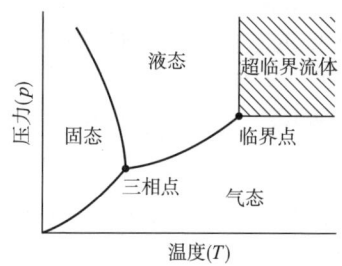

图 3-10　压力-温度的纯物质相图

每一种物质都有其特征的临界参数。在压力-温度的纯物质的相图上（图3-10），称其为临界点。临界点对应的压力称为临界压力，对应的温度称为临界温度，用T_c表示。不同的物质有不同的临界点。临界点是气体和液体转化的极限，饱和液体和饱和气体的差别消失。当温度和压力超过临界点值时，物质处于既不是液体也不是气体的超临界状态，称其为超临界流体（SCF）。常用的超临界气体流体有CO_2、SO_2、NH_3、H_2O、CH_3OH、C_2H_5OH、C_2H_6、C_3H_8、C_4H_{10}、C_5H_{12}、C_2H_4、$CClF_3$等。

超临界萃取中应用最多的是CO_2。CO_2的临界温度31.3℃，接近于室温，临界压力7.38MPa，处于中等压力，目前工业水平易于达到，并且无毒、无味、性质稳定、不燃、不腐蚀，易于精制、回收。

1. 超临界流体萃取的原理

溶质在一种溶剂中的溶解度取决于两种分子间的作用力，这种溶剂溶质之间的作用力随着分子靠近而强烈增加，分子间作用力越大，溶剂的溶解度越大。超临界流体的密度越接近液体的密度，因此对溶质的溶解能力与液体基本相同。压力越大，超临界流体的密度越大，对溶质的溶解度也就越大，随着压力的降低，超临界流体的密度减小，溶解度急剧减小。

超临界流体萃取分离过程是利用其溶解能力与密度的关系，即利用压力和温度对超临界流体溶解能力的影响而进行的。在超临界状态下，流体与待分离的物质接触，使其有选择性地依次把极性大小、沸点高低和分子质量大小不同的成分萃取出来，然后借助减压、升温的方法使超临界流体变成普通气体，被萃取物质则自动完全或基本析出，从而达到分离提纯的目的，并将萃取分离的两个过程合为一体。

2. 超临界流体的特点

（1）使用超临界流体是最干净的提取方法，由于全过程不用有机溶剂，因此萃取物绝无残留的溶剂物质，从而防止了提取过程中对人体有害物的存在和对环境的污染，保证了100%的纯天然性。

（2）萃取和分离合二为一，当有饱和溶解物的CO_2流体进入分离器时，由于压力下降或温度的变化，使得CO_2与萃取物迅速成为两相（气液分离）而立即分开，不仅萃取的效率高而且能耗较少，提高了生产效率也降低了费用成本。

（3）超临界萃取可以在接近室温（35~40℃）及CO_2气体笼罩下进行提取，有效地防止了热敏性物质的氧化和逸散。

（4）CO_2是一种不活泼的气体，萃取过程中不发生化学反应，且属于不燃性气体，无味、无臭、无毒，安全性非常好。

（5）CO_2气体价格便宜、纯度高、容易制取，且在生产中可以重复循环使用，从而有效地降低了成本。

（6）压力和温度都可以成为调节萃取过程的参数，通过改变温度和压力达到萃取的目的，压力固定通过改变温度也同样可以将物质分离开来；反之，将温度固定，通过降低压力使萃取物分离，因此工艺简单容易掌握，而且萃取的速度快。

3. 常用萃取剂

作为超临界萃取的溶剂可以分为非极性和极性溶剂两种，如乙醇、甲醇等极性溶剂以及二氧化碳等非极性溶剂。在常用的超临界流体萃取剂中，非极性的二氧化碳应用最为广泛，这主要是由于二氧化碳的临界点较低，特别是临界温度接近常温，并且无毒无味、稳定性好、价格低廉、无残留。

（二）超临界流体萃取的工艺流程

超临界流体萃取的过程是由萃取和分离两个阶段组合而成的，超临界流体萃取工艺流程如图 3-11 所示。根据分离方法的不同，可以把超临界萃取流程分为：等温法、等压法和吸附法，其流程示意图见图 3-12。

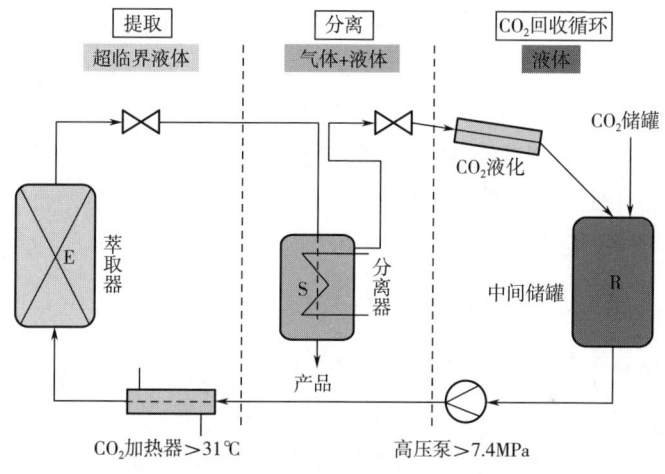

图 3-11 超临界流体萃取工艺流程

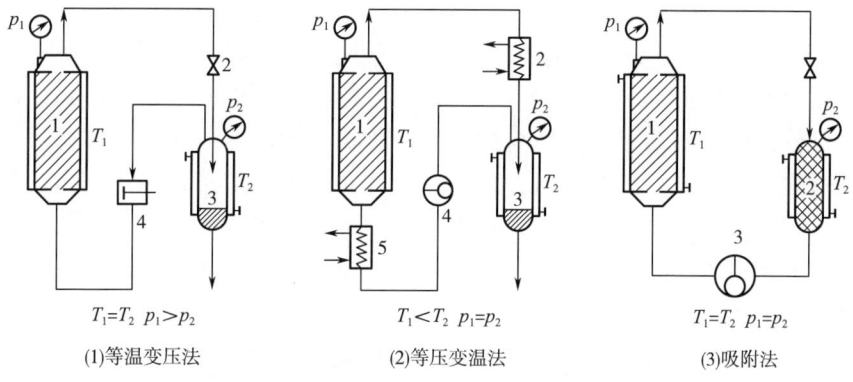

图 3-12 超临界流体萃取典型工艺流程

（1）1—萃取槽　2—膨胀阀　3—分离槽　4—压缩机

（2）1—萃取槽　2—加热器　3—分离槽　4—泵　5—冷却器

（3）1—萃取槽　2—吸附分离器　3—泵

1. 等温变压萃取流程

萃取和分离在同一温度下进行。萃取完成后,萃取了溶质的超临界流体通过膨胀阀进入分离系统,此时压力下降,超临界流体密度下降,对溶质的溶解度下降,于是溶质析出得以分离。释放了溶质后的萃取剂经压缩机加压后再循环使用。这种方法应用较多,生产中由于高压操作,有适量流体损失,可定期补充适量萃取剂。

2. 等压变温萃取流程

萃取和分离在同一压力下进行,萃取完成后,萃取了溶质的超临界流体经加热器适当升温后进入分离系统,此时温度升高,超临界流体密度下降,对溶质的溶解度下降,于是溶质析出得以分离。释放了溶质的萃取剂经压缩机加压,并经冷却器降温后再循环使用。这种方法分离和萃取均在高压下进行,设备投资较大,且分离中需升温,对热敏性物质不适用,但压缩机功耗小。

3. 吸附萃取流程

分离和萃取均在同一温度、压力下进行。萃取完成后,萃取了溶质的超临界流体经过一个装有吸附剂的吸附分离器,使萃取剂与溶质分离,分离后的萃取剂经适当加压后循环使用,吸附了溶质的吸附剂进行解析、再生,将溶质分离出来。此种方法十分节能,但需增加吸附设备及吸附剂处理工艺过程。

(三) 超临界流体萃取的应用

超临界流体技术应用的领域更为广泛,除了天然产物的提取、有机合成外还有环境保护、材料加工、油漆印染、生物技术和医学等。

尤其是超临界 CO_2 流体萃取,超临界 CO_2 流体萃取分离过程的原理是利用超临界流体的溶解能力与其密度的关系,即利用压力和温度对超临界流体溶解能力的影响而进行的。在超临界状态下,将超临界流体与待分离的物质接触,使其有选择性地把极性大小、沸点高低和分子质量大小不同的成分依次萃取出来。当然,对应各压力范围所得到的萃取物不可能是单一的,但可以控制条件得到最佳比例的混合成分,然后借助减压、升温的方法使超临界流体变成普通气体,被萃取物质则完全或基本析出,从而达到分离提纯的目的,所以超临界 CO_2 流体萃取过程是由萃取和分离过程组合而成的。超临界 CO_2 萃取应用范围十分广泛,如在医药工业中,可用于中草药有效成分的提取、热敏性生物制品药物的精制及脂质类混合物的分离。具体应用可以分为以下几个方面。

(1) 在食品方面的应用 传统的食用油提取方法是乙烷萃取法,但此法生产的食用油所含溶剂的量难以满足食品管理法的规定,美国采用超临界二氧化碳萃取法 (SCFE) 提取豆油获得成功,产品质量大幅度提高,且无污染问题。目前,已经可以用超临界二氧化碳从葵花籽、红花籽、花生、小麦胚芽、棕榈、可可豆中提取油脂，且提出的油脂中含中性脂质，磷含量低，着色度低，无臭味。这种方法比传统的压榨法回收率高，而且不存在溶剂法的溶剂分离问题，这种方法可以使油脂提取工艺发生革命性改进。

咖啡中含有的咖啡因，多饮对人体有害，因此必须从咖啡中除去。工业上传统的方法是用二氯乙烷来提取，但二氯乙烷不仅提取咖啡因，也提取咖啡中的芳香物质，而且残存的二氯乙烷不易除净，影响咖啡质量。德国 Max-plank 煤炭研究所的 Zesst 博士开发的从咖啡豆中用超临界二氧化碳萃取咖啡因的专题技术，现已由德国的 Hag 公司实现了工业化生产，并被世界各国普遍采用。这一技术的最大优点是取代了原来在产品中残留的对人体有害的微量卤代烃溶剂，咖啡因的含量可从原来的1%左右降低至0.02%，而且 CO_2 良好的选择性可以保留咖啡中的芳香物质。

美国 ADL 公司最近开发了一个用 SCFE 技术提取酒精的方法，还开发了从油腻的快餐食品中除去过多的油脂，而不失其原有色香味及保有其外观和内部组织结构的技术，已申请专利。

（2）在医药保健品方面的应用 德国 Saarland 大学的 Stahl 教授对许多药用植物采用 SCFE 法对其有效成分（如各种生物碱，芳香性及油性组分）实现了满意的分离。

在抗生素药品生产中，传统方法常使用丙酮、甲醇等有机溶剂，但要将溶剂完全除去，又不使药物变质非常困难，若采用 SCFE 法则完全可以符合要求。美国 ADL 公司从7种植物中萃取出了治疗癌症的有效成分，使其真正应用于临床。

许多学者认为摄取鱼油和 $\omega-3$ 脂肪酸有益于健康，这些脂类物质也可以从浮游植物中获得。这种途径获得的脂类物质不含胆固醇，J. K. Polak 等从藻类中萃取脂类物质获得成功，而且叶绿素不会被超临界 CO_2 萃出，因而省去了传统溶剂萃取的漂白过程。

另外，用 SCFE 法从银杏叶中提取的银杏黄酮，从鱼的内脏、骨头等提取的多烯不饱和脂肪酸（DHA，EPA），从沙棘籽中提取的沙棘油，从蛋黄中提取的卵磷脂等对心脑血管疾病具有独特的疗效。日本学者宫地洋等从药用植物蛇床子、桑白皮、甘草根、紫草、红花、月见草中提取了有效成分。

（3）在中药方面的应用 从药用植物中提取药效成分，美国拥有超临界公司，德国有专利（3133032）CO_2-SFE 提取设备等。1998年3月底，来自中国大陆及中国香港20多个单位的60多位专家学者聚集在厦门大学，探讨了中药现代化问题，特别是超临界流体技术。东宇集团率先在全国制造完成自动化大型超临界机组，从而实现了超临界机组的远程监控及微机管理，并已在青岛安装完毕。中国科学院大连化学物理所、北京化工大学、北京中医药大学等研究的 CO_2-SFE 技术已经成熟。

根据研究开发实践,认为超临界流体萃取技术应用于中药提取分离及中药现代化,具有较大的潜力和可观前景。

(4) 在化工方面的应用

①天然香精香料的提取:用 SCFE 法萃取香料不仅可以有效地提取芳香组分,而且还可以提高产品纯度,能保持其天然香味,如从桂花、茉莉花、菊花、梅花、米兰花、玫瑰花中提取花香精,从胡椒、肉桂、薄荷中提取香辛料,从芹菜籽、生姜、芫荽籽、茴香、砂仁、八角、孜然等原料中提取精油,不仅可以用作调味香料,而且一些精油还具有较高的药用价值。酒花是啤酒酿造中不可缺少的添加物,具有独特的香气、清爽度和苦味。传统方法生产的酒花浸膏不含或仅含少量的香精油,破坏了啤酒的风味,而且残存的有机溶剂对人体有害。超临界萃取技术为酒花浸膏的生产开辟了广阔的前景。美国 SKW 公司从酒花中萃取酒花油,已形成生产规模。

②天然色素的提取:目前国际上对天然色素的需求量逐年增加,主要用于食品加工、医药和化妆品生产,不少发达国家已经规定了不许使用合成色素的最后期限,在中国合成色素的禁用也势在必行。溶剂法生产的色素纯度差,有异味和溶剂残留,无法满足国际市场对高品质色素的需求。超临界萃取技术克服了以上这些缺点,目前用超临界流体萃取(SFE)法提取天然色素(辣椒红色素)的技术已经成熟并达到国际先进水平。在美国超临界流体技术还用来制备液体燃料:以甲苯为萃取剂,在压力为 10MPa,温度为 400~440℃ 条件下进行萃取,在 SFE 溶剂分子的扩散作用下,促进煤有机质发生深度的热分解,能使三分之一的有机质转化为液体产物。此外,从煤炭中还可以萃取硫等化工产品。美国最近研制成功用超临界二氧化碳既作反应剂又作萃取剂的新型乙酸制造工艺。俄罗斯、德国还把 SFE 法用于油料脱沥青技术。

(5) 在农药残留分析中的应用　农药残留分析包括对样品的提取、净化、浓缩、检测等步骤,其中提取和分离净化是分析的关键环节。传统的农药残留分析中,样品的前处理大多采用有机溶剂提取。溶剂提取存在许多缺点;一是溶剂浪费严重,对环境污染较大;二是费时,提取、净化过程烦琐;三是提取率低。目前国际上将超声波提取和索氏萃取两种方法列为首要的农药残留提取方法,但是这两种提取方法最大的缺点就是处理时间较长,因而影响了其推广应用。

超临界流体萃取技术在农药残留的提取中具有得天独厚的优势。根据众多学者的研究发现,样品前处理简单、萃取时间短、提取效率高、提取结果准确度高、重现性好等优点将会极大程度地推动其在农药残留分析中的应用。对于水分含量大的样品,只需在样品前处理过程中加入适量的干燥剂混匀即可;对于极性较大的物质,在萃取过程中加入一定量的改性剂或将流体的配比加以改变就可以实现有效萃取。每个样品一般从制样到完成约需要40min,大大地缩短了提取时间,是常规溶剂提取、索氏提取和超声波提取等方法所不能比拟的。研究还发现,超临界流体萃取的结果重现性和提取准确度远远好于其他方法。有关学者运用SCFE技术来实现对杀虫剂残留的萃取,也得到了比较满意的结果。尽管目前超临界流体萃取技术已经成为农药残留研究中的热点,但是还存在一些缺点:首先,仪器价格昂贵是制约该技术推广应用的主要因素;其次,常用仪器的限流管比较容易堵塞,当实验品的水分过大或提取物中有些成分黏度过高或聚合能力较强时,往往会将毛细管堵塞,严重时甚至使限流管报废,限制了对部分样品的提取;第三,由于通常所使用的超临界流体是极性较弱的二氧化碳,对于极性较强物质的萃取不很理想,因此需要大量的实验来确定流体的种类及两种或三种以上流体的配比,同时还需要夹带剂的配合使用来成功实现对靶标物质的萃取,这些缺点基本上是技术上的弱点,比较容易改进。中国现在已经有很多厂家可以完成超临界萃取仪器的制造。

SFE技术越来越多地和多种方法联用,在农药残留的应用研究中很有潜力,尤其在多种农药残留分析中,能够显著地提高分析效率。有人将SFE和分析仪器GC、MS联用,对动物组织中的有机磷农药、氨基甲酸酯类农药进行分析,得到了很好的结果。Iancas等研究后认为,将SFE与胶束毛细管电泳色谱(Micellar Electrokinetic Capillary Chromatography)技术结合可以迅速有效地实现萃取,该分析方法将成为农药残留分析中的新型方法。

■ 岗位链接

提取岗位质量自查操作规程

文件编号			颁发部门	
SOP-PA-028-01		提取岗位质量自查		
总页数			执行日期	
编制者		审核者		批准者
编制日期		审核日期		批准日期

1. 目的

明确提取岗位质量自查的标准操作规程。

2. 范围

提取工序质量。

3. 责任

车间主任及提取岗位操作人员。

4. 内容

（1）提取岗位操作人员要加强质量意识，保证提取投料和提取流浸膏的质量。

（2）凡是进入提取工序的所有原料都必须进行自检，项目有原料名称、原料质量（包括真伪、虫蛀、霉变、走油等）、原料重量等，并复核与生产指令单是否相符。

（3）生产过程中，要随时检查药液、浸膏、醇沉浓度、半成品的质量等。

（4）各品种浸膏质量要求见表3-5（其他品种见工艺规程）。

表3-5　　　　　　　　　各品种浸膏质量要求

品名	相对密度	波美度（热测）
养心氏片	1.21	25
利胆片	1.14	18
苦甘冲剂	1.22~1.25	26

（5）流浸膏检查方法

①外观：将流浸膏加入到烧杯内，自然光下观察，应该细腻、具流动性、无变质、发霉，无异臭。

②相对密度：将波美氏比重计插入盛有流浸膏的特制的圆形小桶内，待稳定后立即观察，应符合工艺要求。

③溶化性：取相当量的流浸膏加入80℃的热水搅拌5min立即观察，应全部溶化，无异物或焦屑等出现。

④以上三项中，冲剂有一项不合格则视为不合格。片剂符合①和②项，其中有一项不合格则视为不合格。

5. 培训

（1）培训对象　提取岗位操作人员。

（2）培训时间　1h。

工作过程二　固相析出分离技术

工作过程背景：

生物技术的最终产品许多是以固体形态出现的，需要对生物产品进行分离和纯化。

知识目标：

1. 熟悉常用固相析出技术的原理、特点及其影响因素。

2. 掌握常用固相析出技术的具体操作方法及其注意事项。

能力目标：

1. 能熟练地进行生物产品的分离纯化操作。
2. 熟知各固相分离技术的影响因素，并能对分离方法进行评价。

素养目标：

1. 培养学生规范操作、爱护仪器的习惯。
2. 培养学生解决问题的能力和安全生产意识。

在工业生产中，许多生物技术的最终产品是以固体形态出现的。通过加入某种试剂或改变溶液条件，使生化物质以固体形式从溶液中沉淀析出的分离纯化技术称为固相析出技术，固相析出分离是最经典的分离和纯化生物物质的技术，目前仍广泛应用在实验室和工业中。

由于其浓缩作用常大于纯化作用，因而固相析出分离技术通常作为初步分离的一种方法，用于从去除了菌体或细胞碎片的发酵液中沉淀出生物物质，然后利用色谱层析分离等方法进一步提高其纯度。固相析出分离技术有成本低、收率高（不会使蛋白质等大分子失活）、浓缩倍数高（可达10~50倍）、操作简单等优点。根据有关统计，大约80%的酶浓缩过程采用沉淀方法，其中用硫酸铵沉淀的约为60%，有机溶剂乙醇沉淀的约为35%，沉淀法制得粗酶，平均收率约为87%。固相析出分离技术的优点使其成为生物下游加工过程中应用最广泛的纯化方法。固相析出分离技术分离提纯的基本原理，是基于在不同条件下，性质各异的蛋白质具有溶解度的差异或热稳定性的差异，而发生某些蛋白质的沉淀，从而起到分离、纯化的作用。根据加入固相析出分离剂的不同，固相析出分离技术可以分为盐析法、等电点沉淀法、有机溶剂沉淀法、有机聚合物沉淀法、金属离子沉淀法和有机酸沉淀法等。

任务一 盐析技术

盐析技术是利用各种生物分子在浓盐溶液中溶解度的差异，通过向溶液中引入一定数量的中性盐，使目的物或杂蛋白以沉淀析出，达到纯化目的的方法。利用盐析技术可以达到分离、提纯生物大分子的目的。向含蛋白质的粗提取液中先后加入不同饱和度的中性盐（以硫酸铵最为常用，也可用磷酸钾、硫酸钠、硫酸镁、氯化钠等），使不同特征的蛋白质分别从溶液中沉淀出来称为蛋白质的分级分离。例如，20%~40%饱和度的硫酸铵可以使许多病毒沉淀；43%饱和度的硫酸铵可以使DNA和rRNA沉淀。

盐析技术不只是在制药工业上有应用，其可适用于氯碱厂、涂布、油漆、制革、酶制剂、机加工、炼油厂、淀粉糖类加工、食品饮料加工等多种行业。在制药工业上，盐析技术是生物大分子制备中最常用的沉淀方法之一，用于蛋白质、酶、多肽、多糖、核酸等物质的分离纯化。盐析是最早使用的生化分离技术之一，由于易产生共沉作用，故其分辨率不是很高，但配合其他分离纯化手段完全能达到良好的分离效果，再有因其成本低，操作安全简单，不需特殊设备，安全，应用范围广，对许多生物活性物质具有很好的稳定作用，一般用于生物分离纯化的初步纯化阶段。

（一）盐析技术的基本原理

高浓度的中性盐溶液中存在着大量带电荷的盐离子，它们能够中和生物分子表面的电荷，使之赖以稳定的双电层受损，从而破坏分子外围的水化层；另外，大量盐离子自身的水合作用降低了自由水的浓度，从另一方面摧毁了水化层，使生物分子相互聚集而沉淀。

1. 中性盐离子中和蛋白质表面电荷

蛋白质分子中含有不同数目的酸性和碱性氨基酸，其肽链的两端含有不同数目的自由羧基和氨基，这些基团使蛋白质分子表面带有一定的电荷，因同种电荷相互排斥，使蛋白质分子彼此分离。当向蛋白质溶液中加入中性盐时，盐离子与蛋白质表面具有相反电性的离子基团结合，形成离子对，因此盐离子部分中和了蛋白质的电性，使蛋白质分子之间电排斥作用减弱而能互相聚集起来，如图 3-13 所示。

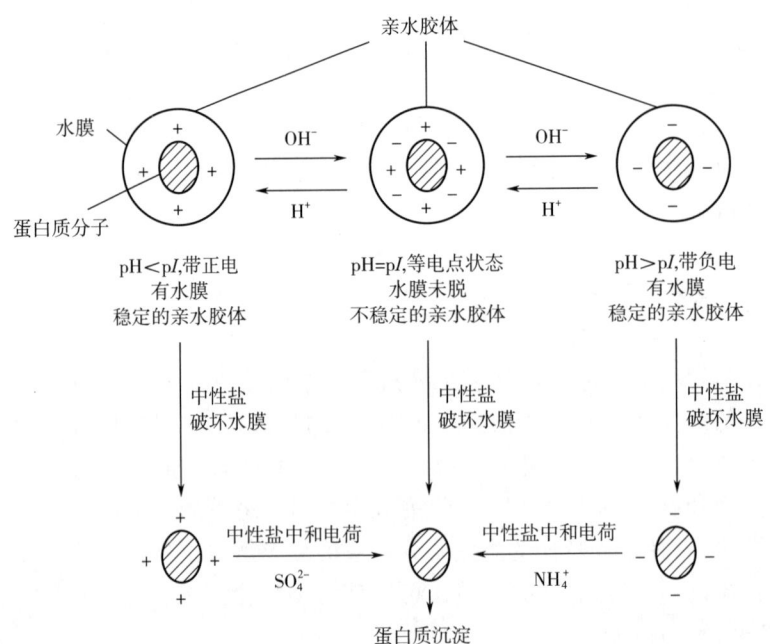

图 3-13 中性盐离子中和蛋白质表面电荷示意图

2. 中性盐离子破坏蛋白质表面水化膜

在蛋白质分子表面分布着各种亲水基团，例如，—COOH、—NH$_2$、—OH，这些基团与极性水分子相互作用形成水化膜，包围于蛋白质分子周围形成 1~100nm 大小的亲水胶体，削弱了蛋白质分子间的作用力，蛋白质分子表面的亲水基团越多，水化膜越厚，蛋白质分子的溶解度也越大。当向蛋白质溶液中加入中性盐时，中性盐对水分子的亲和力大于蛋白质，它会抢夺本来与蛋白质分子结合的自由水，于是蛋白质分子周围的水化膜层减弱乃至消失，暴露出疏水区域，由于疏水区域的相互作用，使其沉淀，如图 3-14 所示。

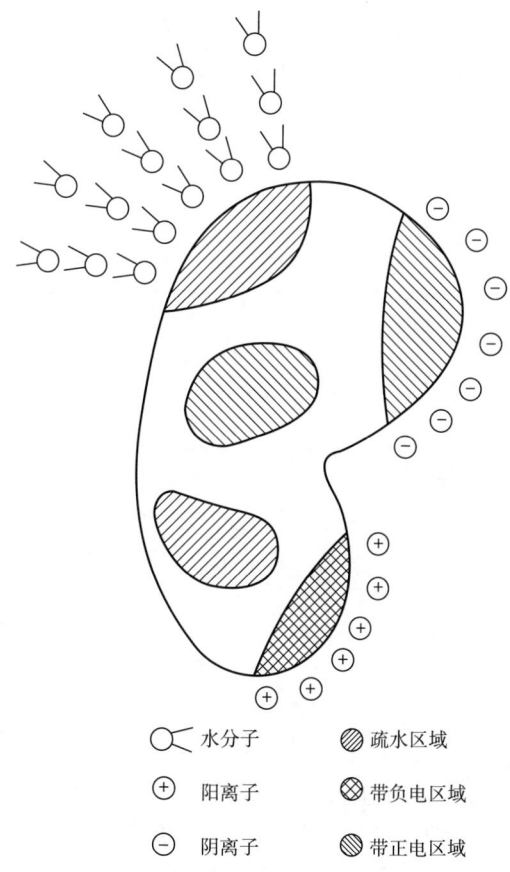

图 3-14 中性盐离子破坏蛋白质表面水化膜示意图

（二）盐析用盐的种类及其选择

1. 选用中性盐的几点原则

在盐析过程中，离子强度和离子种类对蛋白质等溶质的溶解度起着决定性的影响。在选择中性盐时要考虑以下几个问题：①要有较强的盐析效果。一般多价阴离子的盐析效果比阳离子显著。②要有足够大的溶解度，且溶解度受温度的影响尽可能小。这样便于获得高浓度的盐溶液，尤其是在较低的温度下操作时，不至于造成盐结晶析出，影响盐析效果。③盐析用盐在生物学上是惰性的，并且，最好不引入给分离或测定带来麻烦的杂质。④来源丰富，价格低廉。

2. 常用的中性盐种类及选择

生物大分子盐析常用中性盐，主要有硫酸铵、硫酸钠、硫酸镁、磷酸钠、氯化钠等。其中应用最广的是硫酸铵，主要是因为硫酸铵有以下优点：①离子强度大，盐析能力强。②温度系数小而溶解度大（25℃时饱和溶解度为 4.1mol/L，即 767g/L；0℃时饱和溶解度为 3.9mol/L，即 676g/L），在这一溶解度范围内，许多蛋白质和酶都可以盐析出来，由表 3-5 可以看出，硫酸铵在 0℃时的溶解度，远远高于其他盐类。③有稳定蛋白质结构的作用，不易使蛋白质变性，有的蛋白质在 $2 \sim 3$mol/L 的 $(NH_4)_2SO_4$ 溶液中可保存数年。④硫酸铵价廉易得，分段盐析效果比其他盐好，见表 3-6。

表 3-6　　　　　　　　　　常用盐析剂在水中的溶解度

盐析剂	溶解度/（g/L）					
	0℃	20℃	40℃	60℃	80℃	100℃
$(NH_4)_2SO_4$	676	754	810	880	953	1030
$MgSO_4$	—	345	444	546	636	708
Na_2SO_4	49	189	483	453	433	422
NaH_2PO_4	16	78	541	826	938	1010
$NaCl$	357	360	366	373	384	398

硫酸铵也存在缺点：①硫酸铵水解后变酸，在高 pH 下会释放出氨，腐蚀性较强。因此，盐析后要将硫酸铵从产品中除去。②应用硫酸铵时，对蛋白氮的测定有干扰，缓冲能力比较差，故有时也应用硫酸钠，如盐析免疫球蛋白，用硫酸钠的效果也不错，但硫酸钠低于 40℃就不容易溶解，因此只适用于热稳定性较好的蛋白质的沉淀过程。③硫酸铵浓溶液的 pH 在 $4.5 \sim 5.5$，市售的硫酸铵常含有少量游离硫酸，pH 往往降至 4.5 以下，当用其他 pH 进行盐析时，需用硫酸或氨水调节。

磷酸盐也常用于盐析，具有缓冲能力强的优点，但它们的价格较昂贵，溶解度较低，还容易与某些金属离子生成沉淀，所以也没有硫酸铵应用广泛。

(三) 影响盐析的因素

1. 蛋白质性质

各种蛋白质的结构和性质不同，盐析沉淀要求的离子强度也不同。例如，血浆中的蛋白质，纤维蛋白原最易析出，硫酸铵的饱和度达到20%即可；饱和度增加到28%~33%时，优球蛋白析出；饱和度增加至33%~50%时，拟球蛋白析出；饱和度大于50%时，白蛋白析出。

硫酸铵的饱和度是指饱和硫酸铵溶液的体积占混合后溶液总体积的百分数。通常盐析所用中性盐的浓度不以百分浓度或物质的量浓度表示，而多用相对饱和度来表示，也就是把饱和时的浓度看作1或100%，如1L水在25℃时溶入了767g硫酸铵固体就是100%饱和，溶入383.5g硫酸铵称为半饱和（50%或0.5饱和度）。同样，对于液体饱和硫酸铵来说，1体积的含蛋白溶液加1体积饱和硫酸铵溶液时，饱和度为50%或0.5，3体积的含蛋白溶液加1体积饱和硫酸铵溶液时，饱和度为25%或0.25。

2. 蛋白质浓度

中性盐沉淀蛋白质时，溶液中蛋白质的实际浓度对分离的效果有较大的影响。在相同的盐析条件下，样品的浓度越大，越容易沉淀，所以通常高浓度的蛋白质用稍低的硫酸铵饱和度即可将其沉淀下来。但样品的浓度越高，越易产生各种蛋白质包括杂质的共沉淀作用，从而使分辨率降低；相反，样品浓度小时，共沉作用小、分辨率高，但盐析所需的盐饱和度大，用盐量大，样品的回收率低。所以在盐析时，要根据实际条件选择适当的样品浓度。通常认为比较适中的蛋白质浓度是2.5%~3.0%，相当于25~30mg/mL。

3. 离子强度和类型

按照盐析理论，离子强度对蛋白质等溶质的溶解度起着决定性的影响。一般说来，离子强度越大，蛋白质的溶解度越低。离子种类对蛋白质溶解度也有一定影响，一般阴离子的盐析效果比阳离子好，尤其以高价阴离子更为明显。阴离子的盐析效果排序为：柠檬酸>磷酸盐>硫酸盐>乙酸盐>盐酸盐>硝酸盐>硫氰酸盐，阳离子的盐析效果排序为：铝盐>钙盐>镁盐>铵盐>钾盐>钠盐。

下面列出两类离子盐析效果强弱的经验规律，可供参考。

阴离子：$C_6H_5O_7^{3-} > C_4H_4O_6^{2-} > SO_4^{2-} > F^- > IO_3^- > H_2PO_4^- > Ac^- > BrO_3^- > Cl^- > ClO_3^- > Br^- > NO_3^- > ClO_4^- > I^- > CNS^-$。

阳离子：$Ti^{3+} > Al^{3+} > H^+ > Ba^{2+} > Sr^{2+} > Ca^{2+} > Mg^{2+} > Cs^+ > Rb^+ > NH_4^+ > K^+ > Na^+ > Li^+$。

再有，离子半径小而高电荷的离子在盐析方面影响较强，离子半径大而低电荷的离子的影响较弱。所以，在进行盐析操作选择中性盐时要利用试验确定最适盐析剂。

4. pH

等电点是一个分子或者表面不带电荷时的pH，是针对带电荷的物质而言，不只限于两性电解质如氨基酸和蛋白质。当然，蛋白质是两性电解质，其等电点和它所含的酸性氨基酸和碱性氨基酸的数量比例有关。各种蛋白质因氨基酸残基组成不同，等电点也不一样。当溶液在某一特定 pH 的条件下，蛋白质所带正电荷与负电荷恰好相等（总净电荷为零）时，在电场中既不向阳极移动，也不向阴极移动。蛋白质在等电点时，因为没有相同电荷而互相排斥的影响，所以最不稳定，溶解度最小，极易借静电引力迅速结合成较大的聚集体，因而沉淀析出。同时蛋白质的黏度、渗透压、膨胀性以及导电能力均为最小。

pH 对盐析的影响：蛋白质所带净电荷越多，它的溶解度就越大。改变 pH 可改变蛋白质的带电性质，因而就改变了蛋白质的溶解度。远离等电点处溶解度大，在等电点处溶解度小，因此用中性盐沉淀蛋白质时，pH 常选在该蛋白质的等电点附近，但必须注意在水中或稀盐液中蛋白质等电点与高盐浓度下所测的结果是不同的，需根据实际情况调整溶液 pH，以达到最好的盐析效果。

5. 温度

温度是影响溶解度的重要因素，对于多数无机盐和小分子有机物，温度升高溶解度加大，但对于蛋白质、酶和多肽等生物大分子，在高离子强度溶液中，温度升高，它们的溶解度反而减小。在低离子强度溶液或纯水中蛋白质的溶解度大多数还是随温度升高而增加的。在一般情况下，对蛋白质盐析的温度要求不严格，可在室温下进行，但对于某些对温度敏感的酶，要求在 0~4℃ 下操作，以避免活力丧失。

（四）盐析操作过程及应用

硫酸铵是盐析中最为常用的中性盐，下面以硫酸铵盐析蛋白质为例介绍盐析操作的过程。

1. 盐析曲线的制作

如果要分离一种新的蛋白质或酶，没有文献可以借鉴，则应先确定沉淀该物质所需的硫酸铵饱和度，具体操作方法如下。

取已定量测定蛋白质（或酶）的活性与浓度的待分离样品溶液，冷却至 0℃，调至该蛋白质稳定的 pH，分 6~10 次分别加入不同量的硫酸铵，第一次加硫酸铵至蛋白质溶液刚开始出现沉淀时，记下所加硫酸铵的量，这是盐析曲线的起点。继续加硫酸铵至溶液微微浑浊时，静置一段时间，离心得到第一个沉淀级分（级分：指在分离纯化某一混合物时可以得到的某些特性相近的或相同的物质组分），然后取上清液再加至浑浊，离心得到第二个级分，如此连续可得到 6~10 个级分，按照每次加入硫酸铵的量，在表 3-7 中查出相应的硫酸铵饱和度。将每一级分沉淀物分别溶解在一定体积的适宜的 pH 缓冲液中，测定其蛋白质含量和酶活力。以每个级分的蛋白质含量和酶活力对硫酸铵饱和度作图，即可得到盐析曲线（图 3-15）。

表 3-7　　0℃下硫酸铵水溶液由原来的饱和度达到所需饱和度时，每升硫酸铵水溶液应加入固体硫酸铵的质量

硫酸铵初浓度（饱和度）/%	硫酸铵终浓度（饱和度）/%															
	20	25	30	35	40	45	50	55	60	65	70	75	80	85	90	95	100
	每升溶液加固体硫酸铵的质量/g															
0	106	134	164	194	226	258	291	326	361	398	436	476	516	559	603	650	767
5	79	108	137	166	197	229	262	296	331	368	405	444	484	526	570	615	697
10	53	81	109	139	169	200	233	266	301	337	374	412	452	493	536	581	627
15	26	54	82	111	141	172	204	237	271	306	343	381	420	460	503	547	592
20	0	27	55	83	113	143	175	207	241	276	312	349	387	427	469	512	557
25		0	27	56	84	115	146	179	211	245	280	317	355	395	436	478	522
30			0	28	56	86	117	148	181	214	249	285	322	362	402	445	488
35				0	28	57	87	118	151	184	218	254	291	329	369	410	453
40					0	29	58	89	120	153	187	222	258	296	335	376	418
45						0	29	59	90	123	156	190	226	263	302	342	383
50							0	30	60	92	125	159	194	233	268	308	348
55								0	30	61	93	127	161	197	235	273	313
60									0	31	62	95	129	164	201	231	279
65										0	31	63	97	132	168	205	244
70											0	32	65	99	134	171	209
75												0	32	66	101	137	174
80													0	33	67	103	139
85														0	34	68	105
90															0	34	70
95																0	35
100																	0

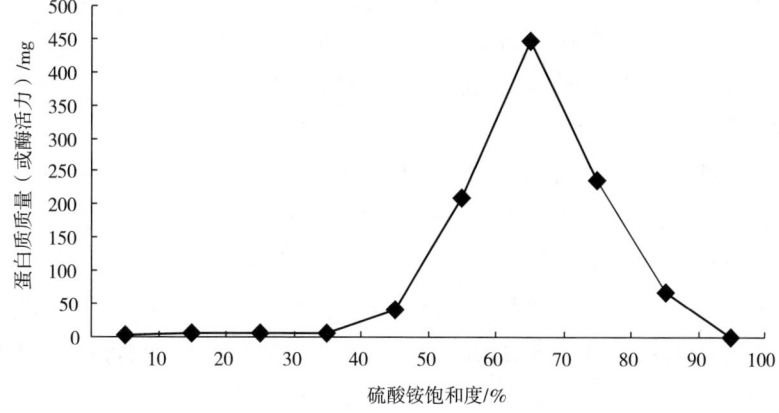

图 3-15　蛋白质的盐析曲线

2. 操作方式

盐析时，将盐加入溶液中有以下两种方式。

（1）加硫酸铵的饱和溶液　在实验室和小规模生产中溶液体积不大时，或硫酸铵浓度不需太高时，可采用这种方式。这种方式可防止溶液局部过浓，但是溶液会被稀释，不利于下一步的分离纯化。

为达到一定的饱和度，所需要加入的饱和硫酸铵溶液的体积可由式（3-3）求得。

$$V = V_0 \frac{S_2 - S_1}{1 - S_2} \tag{3-3}$$

式中　V——需要加入的饱和硫酸铵溶液的体积；

V_0——溶液的原始体积；

S_1 和 S_2——硫酸铵溶液的初始和最终饱和度。

其中，所加的硫酸铵饱和溶液应达到真正的饱和，配制时加入过量的硫酸铵，加热至 50~60℃，保温数分钟，趁热滤去不溶物，在 0~25℃下平衡 1~2d，有固体析出，即达到100%饱和度。

（2）直接加固体硫酸铵　在工业生产中溶液体积较大时，或需要达到较高的硫酸铵饱和度时，可采用这种方式。加入之前先将硫酸铵研成细粉不能有块，加入时速度不能太快，要在搅拌下缓慢、均匀、少量、多次地加入，尤其到接近计划饱和度时，加盐的速度要更慢一些，尽量避免局部硫酸铵浓度过高而造成不应有的蛋白质沉淀。

为了达到所需的饱和度，应加入固体硫酸铵的量，可由表 3-7 或表 3-8 查得，也可由式（3-4）计算而得。

$$X = \frac{G(S_2 - S_1)}{1 - AS_2} \tag{3-4}$$

式中　　X——1L 溶液所需加入硫酸铵的质量，g；

S_1 和 S_2——硫酸铵溶液的初始和最终饱和度；

G——经验常数，0℃时为 515，20℃时为 513；

A——常数，0℃时为 0.27，20℃时为 0.29。

3. 脱盐

利用盐析技术进行初级纯化时，产物中的盐含量较高，一般在盐析沉淀后，需要进行脱盐处理，才能进行后续的纯化操作。通常所说的脱盐就是指将小分子盐与目的物分离。最常用的脱盐方法有两种，即透析和凝胶过滤。凝胶过滤脱盐不仅能除去小分子的盐，也能除去其他小分子的物质。用于脱盐的凝胶主要有 Sephadex G-10、G-15、G-25 和 Bio-Gel P-2、P-6、P-10。与透析法相比，凝胶过滤脱盐速度比较快，对不稳定的蛋白质影响较小，但样品的黏度不能太高，不能超过洗脱液的 2~3 倍。

表 3-8　　室温 25℃下硫酸铵水溶液由原来的饱和度达到所需饱和度时，
每升硫酸铵水溶液应加入固体硫酸铵的质量

硫酸铵初浓度（饱和度）/%	硫酸铵终浓度（饱和度）%													
	10	20	25	30	33	35	40	45	50	55	60	65	70	75	80	90	100
	每升溶液加固体硫酸铵的质量/g													
0	56	114	144	176	196	209	243	277	313	351	390	430	472	516	561	662	767
10		57	86	118	137	150	183	216	251	288	326	365	406	449	494	592	694
20			29	59	78	91	123	155	190	225	262	300	340	382	424	520	619
25				30	49	61	93	125	158	193	230	267	307	348	390	485	583
30					19	30	62	94	127	162	198	235	273	314	356	449	546
33						12	43	74	107	142	177	214	252	292	333	426	522
35							31	63	94	129	164	200	238	178	319	411	506
40								31	63	97	132	168	205	245	285	375	469
45									32	65	99	134	171	210	250	339	431
50										33	66	101	137	176	214	302	392
55											33	67	103	141	179	264	353
60												34	69	105	143	227	314
65													34	70	107	190	275
70														35	72	153	237
75															36	115	198
80																77	157
90																	79

4. 操作注意事项

（1）加固体硫酸铵时，必须注意表 3-7 和表 3-8 中规定的温度，一般有 0℃和室温两种，加入固体盐后体积的变化已考虑在表中。

（2）分段盐析时，要考虑到每次分段后蛋白质浓度的变化，蛋白质浓度不同要求盐析的饱和度也不同。

（3）为了获得实验的重复性，盐析的条件如 pH、温度和硫酸铵的纯度都必须严格控制。

（4）盐析后一般要放置 0.5~1h，待沉淀完全后再离心与过滤，过早分离将影响收率。低浓度硫酸铵溶液盐析可采用离心分离，高浓度硫酸铵溶液则常用过滤方法。因为高浓度硫酸铵密度太大，要使蛋白质完全沉降下来需要较高的离心速度和较长的离心时间。

（5）盐析过程中，搅拌必须是有规则和温和的。搅拌太快将引起蛋白质变性，其变性特征是起泡。

（6）为了平衡硫酸铵溶解时产生的轻微酸化作用，沉淀反应至少应在50mmol/L缓冲溶液中进行。

5. 盐析的应用

盐析广泛应用于各类蛋白质的初级纯化和浓缩。例如，人干扰素的培养液经硫酸铵盐析沉淀，可使人干扰素纯化1.7倍，回收率为99%；白细胞介素2的细胞培养液经硫酸铵沉淀后，沉淀中白细胞介素2的回收率为73.5%，纯化倍数达到7。

盐析沉淀法不仅是蛋白质初级纯化的常用手段，在某些情况下还可用于蛋白质的高度纯化。例如，利用无血清培养基培养的融合细胞培养液浓缩10倍后，加入等量的饱和硫酸铵溶液，在室温下放置1h后离心除去上清液，得到的沉淀物中单克隆抗体回收率达100%。对于杂质含量较高的料液，例如，从胰脏中提取胰蛋白酶和胰凝乳蛋白酶，可利用反复盐析沉淀并结合其他沉淀法，制备纯度较高的酶制剂。蛋白质的盐析沉淀纯化实例见表3-9。

表3-9　蛋白质的盐析沉淀纯化实例

目标蛋白	来源	硫酸铵饱和度/%		收率/%	纯化倍数
		一次沉淀	二次沉淀		
人干扰素	细胞培养液	30（上清）	80（沉淀）	99	1.7
白细胞介素	细胞培养液	35（上清）	85（沉淀）	73.5	7.0
单克隆抗体	细胞培养液	50（沉淀）		100	>8
组织纤溶酶原激活物	猪心抽提液	50（沉淀）		76	1.8
			35（沉淀）	81	1.5

任务二　有机溶剂沉淀技术

在含有蛋白质、酶、核酸、黏多糖等生物大分子的水溶液中，加入一定量亲水性的有机溶剂，能降低溶质的溶解度，使其从溶液中沉淀出来。利用生物大分子在不同浓度的有机溶剂中的溶解度差异而分离的方法，称为有机溶剂沉淀法。

有机溶剂沉淀法的优点：①分辨能力比盐析技术高。因为蛋白质等其他生物大分子只在一个比较窄的有机溶剂浓度下沉淀。②有机溶剂沸点低，容易除去或回收，产品更纯净，沉淀物与母液间的密度差较大，分离容易。而盐析技术需要复杂的除盐过程才能将盐从产品中除去。

有机溶剂沉淀法的缺点：①采用大量有机溶剂，成本较高。为节省用量，通常将蛋白质溶液适当浓缩，并回收溶剂。②有机溶剂易燃易爆，工业生产上车间和设备都应有防护措施,储存也比较麻烦。③有机溶剂沉淀法没有盐析技术安全,它容易使蛋白质等生物大分子变性,沉淀操作需要在低温下进行。

(一) 有机溶剂沉淀的基本原理

有机溶剂沉淀的原理主要有两点。

(1) 有机溶剂降低水溶液的介电常数,使溶质分子之间的静电引力增加,互相吸引聚集,形成沉淀。

介电常数与静电引力的关系,常用式 (3-5) 表示。

$$F = \frac{Q_1 Q_2}{Kr^2} \tag{3-5}$$

式中 K——介电常数,由介质本身决定,在真空中定为1,表示介质对带有相反电荷的微粒之间的静电引力与真空中对比减弱的倍数;

F——相距为 r 的2个带电量分别为 Q_1 和 Q_2 的点电荷互相作用的静电引力,其中 Q_1、Q_2 和 r 都是定值,F 的大小则取决于 K 值。

(2) 有机溶剂的亲水性比溶质分子的亲水性强,它会抢夺本来与亲水溶质结合的自由水,破坏其表面的水化膜,导致溶质分子之间的相互作用增大而发生聚集,从而沉淀析出。不同溶质沉淀要求不同浓度的有机溶剂,是有机溶剂分级沉淀的理论基础。

常用于生物大分子物质沉淀的有机溶剂有甲醇、乙醇、异丙醇和丙酮等,其中乙醇是最常用的沉淀剂,因为它无毒,适用于医药上使用,并能很好地用于蛋白质混合物的分级沉淀。有机溶剂的加入量应适当,过多加入不仅造成浪费,还会使溶液中更多的色素、糊精及其他杂质沉淀,影响产品纯度。工业上常用95%~96%(体积分数)的乙醇加入蛋白质溶液后,达到一定的终浓度所需的乙醇用量可用乙醇稀释表查算(表3-10)。

表3-10 　　15℃下100mL 高浓度乙醇制得低浓度乙醇的加水量

稀释后乙醇的浓度/%	乙醇的原始浓度/%			
	96	95	94	93
	加水量/mL			
65	52.0	50.2	48.4	46.7
64	54.5	52.6	50.9	49.1
63	57.0	55.1	53.3	51.5
62	59.5	57.5	55.7	54.0
61	62.3	60.2	58.4	56.6
60	65.0	63.0	61.3	59.2

续表

稀释后乙醇的浓度/%	乙醇的原始浓度/%			
	96	95	94	93
	加水量/mL			
59	67.9	65.8	63.9	62.0
58	70.8	68.7	66.8	64.9
57	73.8	71.7	69.8	67.8
56	76.9	74.8	72.8	70.8
55	80.0	78.0	75.9	73.9
54	83.4	81.2	79.1	77.1
53	86.9	84.6	82.5	80.4
52	90.4	88.1	86.0	83.9
51	94.1	91.8	89.6	87.5
50	98.1	96.0	93.6	91.4
49	102.2	99.7	97.6	95.3
48	106.3	103.8	101.7	99.4
47	110.7	108.2	106.0	103.6
46	115.4	112.9	110.4	108.8
45	120.0	117.5	115.1	112.6
44	125.2	122.6	119.9	117.4
43	130.4	127.7	125.0	122.4
42	135.7	133.0	130.3	127.7
41	141.2	138.3	135.9	133.2
40	147.2	144.4	141.7	138.9
39	153.4	150.3	147.8	145.0
38	159.6	156.4	154.2	151.4
37	166.5	163.3	161.0	158.0
36	173.7	170.4	168.1	165.1
35	181.8	178.7	175.6	172.5

(二) 常用的有机溶剂及其选择

沉淀用的有机溶剂一般要能与水无限混溶，也可使用一些与水部分混溶或微溶的溶剂如三氯甲烷等，一般利用其变性作用除去杂蛋白；在选择有机溶剂时需考虑以下几方面：①介电常数小，沉淀作用强。②对生物大分子的变性作用小。③毒性小，挥发性适中。沸点低虽有利于溶剂的除去和回收，但挥发损失较大，且给劳动保护和安全生产带来麻烦。④一般需能与水无限混溶。

结合上面几个因素，常用于生物大分子沉淀的有机溶剂有乙醇、丙酮、异丙酮和甲醇等。其中，乙醇是最常用的有机溶剂沉淀剂，因为它具有沉淀作用强、沸点适中、无毒等优点，广泛用于蛋白质、核酸、多糖、核苷酸、氨基酸等的沉淀过程。丙酮的介电常数小于乙醇，故沉淀能力较强，用丙酮代替乙醇为沉淀剂一般可减少 1/4~1/3 有机溶剂用量，但丙酮具有沸点较低、挥发损失大、对肝脏有一定的毒性、着火点低等缺点，使得其应用不如乙醇广泛。甲醇的沉淀作用与乙醇相当，对蛋白质的变性作用比乙醇、丙酮都小，但甲醇口服有剧毒，所以应用也不如乙醇广泛。

进行有机溶剂沉淀时，欲使溶液达到一定的有机溶剂浓度，需要加入的有机溶剂的量可按式（3-6）计算而得。

$$V=V_0 \frac{S_2-S_1}{100\%-S_2} \tag{3-6}$$

式中　V——需加入的有机溶剂的体积；

　　　V_0——原溶液体积；

　　　S_1——原溶液中有机溶剂的体积分数，%；

　　　S_2——需达到的有机溶剂的体积分数，%；

　　100%——加入的有机溶剂体积分数为100%，如所加入的有机溶剂的体积分数为95%，公式中的分母应改为（95%-S_2）。

上式的计算由于没有考虑混溶后体积的变化和溶剂的挥发情况，实际上存在一定的误差。在实际工作中，有时为了获得沉淀而不着重于进行分离，可用溶液体积的倍数，例如，加入1倍、2倍、3倍原溶液体积的有机溶剂，来进行有机溶剂沉淀。

(三) 影响有机溶剂沉淀的因素

1. 温度

多数蛋白质在有机溶剂与水的混合液中，溶解度随温度降低而下降。值得注意的是，大多数生物大分子如蛋白质、酶和核酸在有机溶剂中对温度特别敏感，温度稍高就会引起变性，且有机溶剂与水混合时产生放热反应，因此有机溶剂必须预先冷至较低温度，操作要在冰盐浴中进行，加入有机溶剂时必须缓慢且不断搅拌以免局部过浓。一般规律是温度越低得到的蛋白质活性越高。

2. 样品浓度

样品浓度对有机溶剂沉淀生物大分子的影响与盐析的情况相似。低浓度样品要使用比例更大的有机溶剂进行沉淀,且样品的损失较大,即回收率低,具有生物活性的样品易产生稀释变性。但对于低浓度的样品,杂蛋白与样品共沉淀的作用小,有利于提高分离效果。反之,对于高浓度的样品,可以节省有机溶剂,减少变性的危险,但杂蛋白的共沉淀作用大,分离效果下降。通常使用 5~20mg/mL 的蛋白质初浓度为宜,可以得到较好的沉淀分离效果。

3. pH

有机溶剂沉淀适宜的 pH 要选择在样品稳定的 pH 范围内,而且尽可能选择样品溶解度最低的 pH,通常是选在等电点附近,从而提高此沉淀法的分辨能力。

4. 离子强度

离子强度是影响有机溶剂沉淀生物大分子的重要因素。以蛋白质为例,盐浓度太大或太小都有不利影响,通常溶液中盐浓度以不超过 5% 为宜,使用乙醇的量也以不超过原蛋白质水溶液的 2 倍体积为宜,少量的中性盐对蛋白质变性有良好的保护作用,但盐浓度过高会增加蛋白质在水中的溶解度,降低了有机溶剂沉淀蛋白质的效果,通常是在低盐或低浓度缓冲液中沉淀蛋白质。有机溶剂沉淀法经常用于蛋白质、酶、多糖和核酸等生物大分子的沉淀分离,使用时先要选择合适的有机溶剂,然后注意调整样品的浓度、温度、pH 和离子强度,使之达到最佳的分离效果。沉淀所得的固体样品,如果不是立即溶解进行下一步的分离,则应尽可能抽干沉淀,减少其中有机溶剂的含量,如若必要可以装透析袋透析脱去有机溶剂,以免影响样品的生物活性。

(四)有机溶剂沉淀技术的操作过程及应用

1. 有机溶剂沉淀技术的操作过程

操作前先要选择合适的有机溶剂,将待分离溶液和有机溶剂分别进行预冷,一般蛋白质溶液冷却到 0℃ 左右,有机溶剂预冷到 -10℃ 以下,然后注意调控样品的浓度、温度、pH 和中性盐的浓度,使之达到最佳的参数控制范围。由于高浓度有机溶剂易引起蛋白质变性失活,因此必须在低温下进行,同时加入有机溶剂时注意少量多次加入,同时要注意搅拌均匀以避免局部浓度过大使目的物变性。作用一定时间后过滤或离心,分离得到固体目的物沉淀。沉淀应立即用水或缓冲液溶解,以降低有机溶剂浓度,同时进行下一步的分离。如果不能立即溶解,则应尽可能抽真空以减少其中有机溶剂的含量,以免影响目的物的生物活性。下面以乙醇沉淀法操作过程为例。

乙醇沉淀法是在浓缩后的水提液中,加入一定量的乙醇,使含醇量达到 80%以上时,则难溶于高浓度乙醇的成分如蛋白质、淀粉、树胶、黏液质等从溶液中沉淀析出,经过滤即可除去。同样,在乙醇提取液中加入一定量的水,也会使叶绿素、树脂等亲脂性成分沉淀析出。

先以水为溶剂提取原材料有效成分,再用不同浓度的乙醇沉淀去除提取液中杂质的方法，称为水提醇沉法。先以适宜浓度的乙醇提取原材料成分，再用水去除提取液中杂质的方法称为醇提水沉法。

（1）水提醇沉法

①水提醇沉法工艺原理：根据原材料中各种成分在水和乙醇中的溶解性，通过水和不同浓度的乙醇交替处理，可保留有效成分，去除杂质（包括淀粉、黏液质、油脂、脂溶性色素、树脂、树胶等）。

通常认为，料液中含醇量达到50%～60%时，可去除淀粉等杂质，当含醇量达75%以上时，除鞣质、色素外大部分杂质均可沉淀去除，当含醇量达到85%以上时，鞣质、色素也可去除。

②水提醇沉法工艺操作要点：该方法是将原材料如中药材先用水提取，再将提取液浓缩后，加入适量乙醇，使含醇量达到所需浓度，搅拌一定时间，静置冷藏，待沉淀完全沉降后分离去除沉淀，最后制得澄清的药液。水提醇沉法工艺流程如图3-16所示。

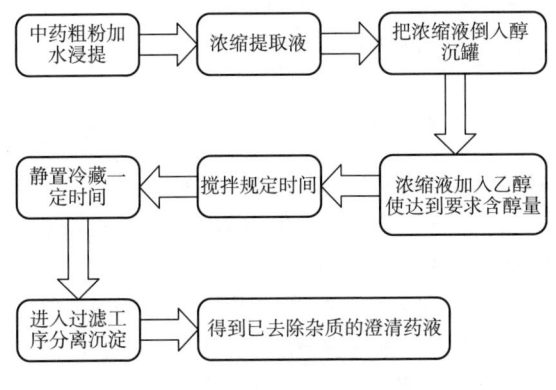

图3-16 水提醇沉法工艺流程

③操作时应注意的问题

药液的浓缩：水提液应经浓缩后再加乙醇处理，这样可减少乙醇的用量，使沉淀完全。浓缩程度要适宜，浓度太大，过滤的时候就容易造成成分流失。

加醇方式：通常可分两种方式，一种是分次醇沉，即第一次醇沉完后先回收乙醇，然后第二次加入所需浓度的乙醇量进行二次醇沉，这样分次醇沉有利于除去杂质，减少杂质对有效成分的包裹一起沉出而出现损失；另一种是梯度递增法醇沉，即逐步提高乙醇浓度，最后才回收乙醇，其操作方便，但乙醇用量大。不管用何种加醇方式，操作时皆应将乙醇慢慢加入浓缩药液中，边加边搅拌，使含醇量逐步提高，杂质慢慢分级沉出。

冷藏与处理：加乙醇时药液的温度不能太高，加至所需含醇量后，将容器口盖严，以防止乙醇挥发。待含醇药液慢慢降至室温后，再移至冷库中，于5～10℃下静置12～24h。待提取液充分静置后，进入过滤工序。

(2) 醇提水沉法　指先以适宜浓度的乙醇提取有效成分，再用水除去提取液中杂质的方法。其原理与操作大致与水提醇沉法相同，适用于蛋白质、黏液质、多糖等杂质较多的原材料的提取和精制，使这些杂质不易被醇提出。但由于先用乙醇提取，树脂、油脂、色素等杂质可溶于乙醇而被提出，故将醇提取液回收乙醇后，再加水搅拌，树脂、油脂、色素等杂质就可沉淀。静置冷藏一定时间，待这些杂质完全沉降后滤过去除。醇提水沉法工艺流程如图3-17所示。

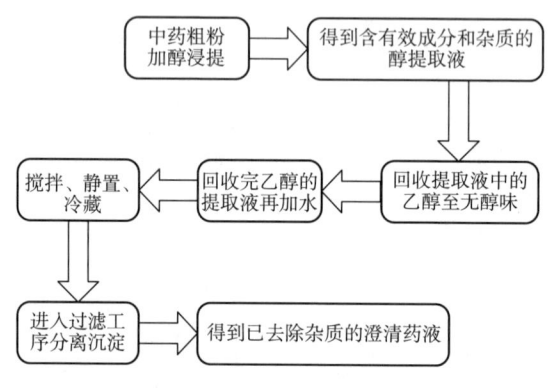

图3-17　醇提水沉法工艺流程

(3) 乙醇沉淀法常用到的公式　无论是水提醇沉还是醇提水沉，都是利用乙醇体积分数的变化来使杂质析出沉淀。在调药液的含醇量达某种浓度时，只能将计算量的乙醇加入药液中，而用酒精计直接在含醇的药液中测量的方法是不正确的。分次醇沉时，每次需达到某种含醇量，其加醇量可用稀释公式（3-7）计算。

$$C_1 X = C_2 (V+X) \tag{3-7}$$

式中　C_1——浓乙醇的体积分数；
　　　C_2——所需达到的乙醇体积分数；
　　　X——需加入浓乙醇的体积；
　　　V——浓缩药液的体积。

公式应用与实践如下。

现有黄芪药材2000g，加水煎煮3次，每次1.5h，合并各次煎煮液，滤过，浓缩，得提取液500L，然后进行分次醇沉处理除杂两次。第一次醇沉，乙醇体积分数达到75%，回收乙醇，第二次醇沉乙醇体积分数为85%，问两次醇沉各需加多少95%的浓乙醇？

第一次醇沉根据稀释公式得：

$$95\% X_1 = 75\% (500+X_1)$$

解得 $X_1 = 1875$ L

第二次醇沉根据稀释公式得：

$$95\% X_2 = 85\% (500+X_2)$$

解得 $X_2 = 4250L$

2. 有机溶剂沉淀技术的应用

有机溶剂沉淀法是常用的多糖提取工艺，它是利用多糖溶于水或酸、碱、盐溶液而不溶于醇、醚、丙酮等有机溶剂的特点，从不同材料中进行提取。提取时一般先将原料物质脱脂与脱游离色素，然后用水或稀酸、稀碱或稀盐溶液进行提取，提取液经浓缩后即以数倍的甲醇或乙醇沉淀析出，得粗多糖。

灵芝多糖的提取：灵芝多糖是从灵芝中提取的一种内源活性物质，其所含的化学成分能够显著提高吞噬细胞的吞噬能力，增强体液免疫和细胞免疫功能，还能提高红细胞中超氧化物歧化酶的活性，对人体具有显著的抗肿瘤、抗癌作用，是现代人理想的保健食品。灵芝多糖的开发与应用具有广阔的空间。

从灵芝子实体中提取多糖，一般采用水提醇沉法，工艺流程如下。

选择清洁干燥、无霉变、无虫蛀的灵芝，破碎成颗粒状，过40目筛→水浸提→离心→滤渣→上清液→真空浓缩→有机溶剂沉淀→冷冻干燥→干品。

岗位链接

醇沉罐的使用操作规程

文件编号	醇沉罐的使用操作规程		颁发部门	
SOP-PA-021-01				
总页数			执行日期	
编制者		审核者		批准者
编制日期		审核日期		批准日期

1. 目的

明确醇沉罐的使用操作规程。

2. 范围

醇沉罐。

3. 责任

提取工序操作人员。

4. 内容

（1）醇沉罐是用来分离醇不溶性物质与醇溶性物质的设备。

（2）使用前检查设备清洁状况及工作状态标识。

(3) 检查与中转罐泵口处连接的软管是否已清洁。

(4) 将软管连接醇沉罐进料阀门并打开，开启中转罐泵，调液至醇沉罐。

(5) 开启搅拌器搅拌 1~2h，加速药液冷却至室温。

(6) 启动移动泵将乙醇打入储酒罐，再启动移动泵将储酒罐中乙醇打入高位槽中，打开高位槽与醇沉罐间的阀门，同时开启搅拌器，按工艺要求缓缓加入乙醇。

(7) 乙醇加入完毕关闭搅拌器及所有阀门，关闭醇沉罐上盖。

(8) 按工艺要求静置后，启动移动泵抽取醇沉罐内上清液打入高位槽，关闭醇沉罐与高位槽之间阀门，开启醇沉罐底部阀门放沉淀。

(9) 沉淀放完后，将电源、照明灯关闭，按照醇沉罐清洁标准操作规程进行清洁。

(10) 清洁完毕后，填写清洁记录，上报质检员，检查合格后，挂"已清洁"牌。

(11) 注意事项

①加醇搅拌时不能离人，必须两人操作。

②严格执行醇沉间的各项安全防火规定，确保安全生产。

5. 培训

(1) 培训对象　提取工序操作人员。

(2) 培训时间　2h。

任务三　等电点沉淀技术

等电点沉淀法是有效的蛋白质初级分离手段，因其操作简单，设备要求不高，操作条件温和，对蛋白质损伤小等特点，被广泛应用于蛋白质等特别是疏水性大的生物大分子的初级分离。

水提醇沉技术

利用蛋白质在等电点时溶解度最低的特性，向含有目的药物成分的混合液中加入酸或碱，调整其 pH，使蛋白质沉淀析出的方法，称为等电点沉淀法。

(一) 等电点沉淀的基本原理

在等电点时，蛋白质分子以两性离子形式存在，其分子净电荷为零（即正负电荷相等），此时蛋白质分子颗粒在溶液中因没有相同电荷的相互排斥，分子相互之间的作用力减弱，其颗粒极易碰撞、凝聚而产生沉淀，所以蛋白质在等电点时，其溶解度最小，最易形成沉淀物。等电点时的许多物理性质如黏度、膨胀性、渗透压等都变小，从而有利于悬浮液的过滤。等电点沉淀法只适用于水化程度不大，在等电点时溶解度很低的物质，如四环素在其等电点（pI = 5.4）附近，难溶于水，能产生沉淀，又如酪蛋白也能用该法沉淀。但对于亲水性很强的生化物质，即使在等电点的 pH 下，仍不产生沉淀，因此可与其他沉淀法结合起来。在采用该法时必须注意溶液 pH 应首先满足生化物质的稳定性。等电点沉淀法除可用于所需生化物质的提取，也可用于沉淀除去杂蛋白及其他杂质。例如胰岛素纯化时，调至 pH 8.0，除去碱性杂蛋白，调至 pH3.0，除去酸性杂蛋白，粗提液经这样处理后纯度大大提高，有利于后续提取操作。提取某些酶时，也可先将溶液 pH 调至 5.0 沉淀并分离除去核蛋白等杂质，使酶液纯度大大提高。

（二）影响等电点沉淀的因素

影响蛋白质等电点最直接的因素就是它的一级结构，因为一级结构决定了有多少 R 基带电基团和疏水氨基酸的数量。但是在实际操作中，有很多因素可以影响蛋白质的等电点，并可以根据这个原理对蛋白质进行分离。

1. pH

在等电点以上或以下 pH 时，蛋白质携带同种符号的静电荷相互排斥，组织了单个分子聚集成沉淀。生产中应尽可能避免直接用强酸或强碱调节 pH，以免局部过酸或过碱，而引起目的药物成分蛋白或酶的变性。另外，调节 pH 所用的酸或碱应与原溶液中的盐或即将加入的盐相适应，如溶液中含硫酸铵时，可用硫酸或氨水调 pH，如原溶液中含有氯化钠时，可用盐酸或氢氧化钠调 pH。总之，应以尽量不增加新物质为原则。

2. 盐的浓度

在盐溶液中，蛋白质若结合较多的阳离子，则等电点的 pH 升高；因为结合阳离子后，正电荷相对增多，只有 pH 升高才能达到等电点状态，如胰岛素在水溶液中的等电点为 5.3，在含一定浓锌盐的水-丙酮溶液中的等电点为 6.0；如果改变锌盐的浓度，等电点也会改变。蛋白质若结合较多的阴离子，如 Cl^-、SO_4^{2-} 等，则等电点移向较低的 pH，因为负电荷相对增多，只有降低 pH 才能达到等电点状态。

3. 杂蛋白影响

在生产过程中应根据分离要求，除去目的产物之外的杂蛋白；若目的产物也是蛋白质，且等电点较高时，可先除去低于等电点的杂蛋白，如细胞色素 c 的等电点为 10.7，在细胞色素 c 的提取纯化过程中，调至 pH6.0，除去酸性蛋白，调整 pH 为 7.5~8.0，除去碱性蛋白。

（三）等电点沉淀的操作过程及应用

1. 等电点沉淀法操作

等电点沉淀的操作条件是：低离子浓度，pH=pI。因此，等电点沉淀操作需要在低离子浓度下调整溶液的 pH 至等电点，或在等电点的 pH 下利用透析等方法降低离子强度,使蛋白质沉淀。由于一般蛋白质的等电点多在偏酸性范围内,故等电点沉淀操作中,多通过加入无机酸(如盐酸、磷酸和硫酸等)调节 pH。

在盐析沉淀中,要综合等电点沉淀技术,使盐析操作在等电点附近进行,降低蛋白质的溶解度。例如,碱性磷酸酯酶的 pI 沉淀提取:发酵液调 pH4.0 后出现含碱性磷酸酯酶的沉淀物,离心收集沉淀物。用 pH9.0 的 0.1mol/L Tris-HCl 缓冲溶液重新溶解,加入 20%~40%饱和度的硫酸铵分级,离心收集的沉淀用 Tris-HCl 缓冲液再次沉淀,即得较纯的碱性磷酸酯酶。

2. 等电点沉淀法应用

等电点沉淀法主要应用于蛋白质等两性电解质的分离提纯,还可应用于大豆异黄酮的分离。用等电点沉淀法脱去蛋白质,可提高大豆异黄酮制品的纯度,大豆异黄酮截留率为 7.2%,蛋白质截留率为 91.1%。

大豆蛋白质在 pH4.5 左右达到等电点,此时其溶解度最低形成沉淀,利用这个性质来提取大豆分离蛋白,使大豆分离蛋白从提取液中聚沉下来,与其他可溶性物质分离。大豆分离蛋白不是在所有酸性条件下都沉淀,只有在等电点附近才沉淀,当 pH 调太低时溶解度反而升高,到 pH2.5 时,已沉淀的蛋白质就会几乎全部重新溶解,因此必须严格掌握酸沉所需的 pH,才能有满意的效果(图 3-18)。在分离中,大量含磷化合物的存在是影响蛋白质提取的较大因素,最好除去植酸,可用透析法,也可根据蛋白质和植酸溶解度的差异性将其除去。

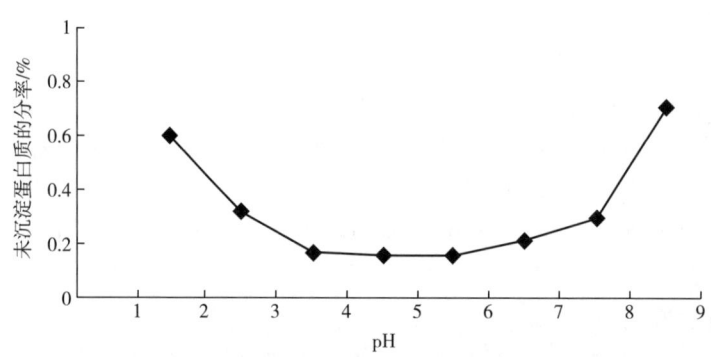

图 3-18 大豆蛋白质的溶解度随 pH 的变化情况

大豆分离蛋白的一般工艺是用 50℃温水萃取并离心,把豆渣用 50℃温水和 NaOH 调整 pH9 进行二次萃取,并离心分离把分离出的豆浆进行酸沉,同时搅拌(60r/min),加入 2%消泡剂和温水,加入适量亚硫酸钠调 pH7 左右,进行高速搅拌(120r/min)并加入 3.5%HCl 调至 pH4.5,此时蛋白质在等电点开始沉淀,并经过一系列的工艺凝乳分离、均质、中和、杀菌、干燥得成品。

任务四 结晶技术

结晶演示实验

固体物质分为结晶形和无定形两种状态。食盐、蔗糖、氨基酸、柠檬酸等都是结晶型物质，而淀粉、蛋白质、酶制剂、木炭、橡胶等都是无定形物质。它们的区别在于构成单位——原子、分子或离子的排列方式不同，结晶型物质是三维有序规则排列的固体，而无定形物质是无规则排列的物质。晶体具有一定的熔化温度（熔点）和固定的几何形状，具有各向异性的现象，无定形物质不具备这些特征。

形成结晶物质的过程称为结晶。结晶操作能从杂质含量较高的溶液中得到纯净的晶体；结晶过程可赋予固体产品以特定的晶体结构和形态；结晶过程所用设备简单，操作方便，成本低；结晶产品的外观优美，在包装、运输、贮存和使用上都很方便。许多化工产品、医药产品及中间体、生物制品均需制备成具有一定形态的纯净晶体。因此，结晶是一个重要的生产单元操作，在化工、医药、轻工、生物行业分离纯化物质的过程中得到广泛应用。

结晶是固体物质以晶体形态从气相或液相（溶液或熔融液）中析出的过程，是相态变化过程，通过结晶最终实现相态的平衡。由于晶体构成单位的排列需要一定的时间，所以在条件变化缓慢时有利于晶体的形成；相反，条件变化剧烈时，溶质分子来不及排列，则固体物质就从液相或气相中析出，形成无定形状态沉淀。由于只有同类分子或离子的有规则排列才能形成晶体，所以结晶过程具有高度的选择性。当溶质从液相中析出时，不同的环境条件和控制条件，可以得到不同形状的晶体，甚至无定形物质，如表 3-11 所示。因此，结晶过程是一个复杂的物理变化过程，环境与控制条件变化均会对晶体的形成有重要的影响。

表 3-11　　　　　光辉霉素在不同溶剂中的凝固状态

溶剂	凝固状态	溶剂	凝固状态
氯仿浓缩液滴入石油醚	无定形沉淀	丙酮	长柱状晶体
乙酸正戊酯	微粒晶体	戊酮	针状晶体

工业上结晶过程不但要求晶体产品有较高的产率和纯度，而且对晶体的晶形、晶体的粒度和粒度分布也加以规定。因此，通过结晶技术获得晶体的生产操作过程要严格控制好环境条件和操作条件，才能实现一定的生产目标。

生产上利用结晶技术获得晶体产品，是通过一系列设备构成的工艺操作单元实现的，称之为结晶单元。主要包括结晶设备、配套的辅助设备（如贮罐、换热器、离心泵、真空泵等），以及连接设备的管路及各种阀门、仪表（温度计、压力表等）。

结晶单元作为分离纯化产品的生产操作单元,除了要满足产品质量要求外,还要考虑节能降耗及环境保护的要求。因此,结晶单元要合理设计生产工艺,完成一系列操作任务,才能适应产品工业化的需求。

结晶单元的主要操作任务有五个方面:一是将待结晶的料液输送至结晶设备。二是使溶质尽可能多地从溶液中结晶析出,其目的是通过采取适宜的方法,实现溶质从料液中结晶出来,生成相应物质的晶体,并提高结晶物的产率。三是控制好结晶操作条件,其目的是使晶体的生成过程更加合理,以得到高质量的晶体(一定的晶形,一定的粒度且粒度均匀,杂质含量要尽可能低)。四是对结晶后的料液进行分离,并对晶体进行处理,其目的是使结晶后的物质与料液中其他组分分离,同时通过对晶体的处理,使晶体的纯度达到产品质量的要求。五是对结晶后的母液进行处理,其目的是减少"三废"的排放或者回收母液中其他溶质组分。

(一) 结晶的基本原理

结晶分为溶质溶解为分子扩散进入液体内部,溶质分子从液体中扩散到固体表面进行沉积两个过程。如果溶液浓度未达到饱和,则固体的溶解速率大于沉积速率;如果溶液的浓度达到饱和,则固体的溶解速率等于沉积速率,溶液处于一种平衡状态,不能析出晶体。当溶液浓度超过饱和浓度,达到一定的过饱和度时,
结晶的原理与过程

溶液平衡状态被打破,固体的溶解速率小于沉积速率,这时才有晶体析出。最先析出的微小颗粒是结晶中心,称为晶核。晶核形成以后,在良好的结晶环境中,继续成长为晶体。可见,结晶包括三个过程:过饱和溶液的形成、晶核的形成、晶体的生长。

1. 过饱和溶液的形成

结晶首要条件是溶液过饱和。溶液的过饱和度,与晶核生成速率和晶体生长速率都有关系,因而对结晶产品的粒度及其分布有重要影响。在低过饱和度的溶液中,晶体生长速率与晶核生成速率的比值较大,因而所得晶体较大,晶形也较完整,但结晶速率很慢。当过饱和度增大时,溶液黏度增高,杂质含量也增大,成核速率过快,晶体细小;晶体产生速率过快,容易在晶体表面产生液泡,影响结晶质量;结晶壁产生晶垢,给结晶操作带来困难,产品纯度降低。因此,过饱和度与结晶速率、成核速率、晶体生长速率及结晶产品质量之间存在着一定的关系,应根据具体产品的质量要求,取最适宜的过饱和度。在工业结晶器内,过饱和度通常控制在介稳区内,此时结晶器具有较高的生产能力,又可得到一定大小的晶体产品。过饱和溶液的制备一般有四种方法。

(1) 饱和溶液冷却法 饱和溶液冷却法适用于溶解度随温度降低而显著减小的物质。例如,冷却 L-脯氨酸的浓缩液至 4℃ 左右,放置 4h,L-脯氨酸结晶将大量析出。与此相反,对溶解度随温度升高而显著减小的体系,则应采用加温结晶。

(2) 部分溶剂蒸发法　部分溶剂蒸发法是使溶液在加压、常压或减压下加热,蒸发除去部分溶剂达到过饱和的结晶方法。此法主要适用于溶解度随温度降低而变化不大的物质。例如,灰黄霉素的丙酮萃取液真空浓缩除去部分丙酮后即有结晶析出。

(3) 化学反应结晶法　此法是通过加入反应剂或调节pH生成一个新的溶解度更低的物质,当其浓度超过它的溶解度时,就有结晶析出。例如,在头孢菌素C的浓缩液中加入乙酸钾即析出头孢菌素钾盐;在利福菌素S的乙酸丁酯萃取浓缩液中加入氢氧化钠,利福菌素S即转为其钠盐而析出。四环素、氨基酸等水溶液,当其pH调节至等电点附近就会析出结晶或沉淀。

(4) 解析法　是向溶液中加入某些物质,使溶质的溶解度降低,形成过饱和溶液而结晶析出。这些物质被称为抗溶液剂或沉淀剂,它们可以是固体,也可以是液体或气体。抗溶液剂有个最大的特点就是极容易溶解在原溶液的溶剂中。利用固体氯化钠作为抗溶液剂使溶液中的溶质尽可能地结晶出来的方法称为盐析结晶法,如普鲁卡因青霉素结晶时加入一定量的食盐,可以使晶体容易析出。向水溶液中加入一定量亲水性的有机溶剂,如甲醇、乙醇、丙酮等,降低溶质的溶解度,使溶质结晶析出,这种结晶方法称为有机溶剂结晶法。例如,利用卡那霉素易溶于水而不溶于乙醇的性质,在卡那霉素脱色液中加入95%的乙醇至微浑,加晶种并保温,即可得到卡那霉素的粗晶体。

在工业生产中,除了单独使用上述各法外还常将几种方法合并使用。例如,制霉菌素结晶的制备就是并用饱和溶液冷却和部分溶剂蒸发两种方法。先将制霉菌素的乙醇提取液真空浓缩10倍,再冷至5℃放置2h即可得到制菌霉素结晶;维生素B_{12}的结晶原液中,加入5~8倍用量的丙酮,使结晶原液混沌,在冷库中放置3d,就可得到紫红色的维生素B_{12}结晶。

2. 晶核的形成

晶核是在过饱和溶液中最先析出的微小颗粒,是以后结晶的中心。单位时间内在单位体积溶液中生成的新晶核数目,称为成核速率。成核速率是决定晶体产品粒度分布的首要因素。工业结晶过程要求有一定的成核速率,如果成核速率超过要求必将导致细小晶体生成,影响产品质量。

(1) 成核速率的影响因素　成核速率主要与溶液的过饱和度、温度以及溶质种类有关。在一定温度下,当过饱和度超过某一值时,成核速率则随过饱和度的增加而加快。但实际上成核速率并不按理论曲线进行变化,因为过饱和度太高时,溶液的黏度就会显著增大,分子运动缓慢,成核速率反而减少。由此可见,要加快成核速率,则需要适度增加过饱和度,但过饱和度过高时,对成核率并不利。实际生产中常从晶体生产速率及所需晶体大小两个方面来选择适当的过饱和度。

在过饱和度不变的情况下,温度升高,成核速率也会加快,但温度又对过饱和度有影响,一般当温度升高时,过饱和度降低,所以温度对成核速率的影响要从温度与过饱和度相互消长的速率来决定。根据经验,一般成核速率开始随温度升高而上升,当达到最大之后,温度再升高,成核速率反而降低。

成核速率与溶质种类有关。对于无机盐类,有下列经验规则:阳离子或阴离子的化合价越大,越不容易成核;在相同化合价下,含结晶水越多,越不容易成核。对于有机物质,一般结构越复杂,相对分子质量越大,成核速率就越慢。例如,过饱和度很高的蔗糖溶液,可保持长时间不析出。对于粒度小于某一最小值的晶体,其单个晶粒的接触成核速率接近于零。粒度增大,接触频率及能量增大,单个晶粒成核速率增加,越过某一最大值后,晶粒与桨叶的接触频率降低,成核速率下降。当晶粒大于某一粒度的界限时,晶粒不再参与循环而沉于结晶器的底部。

(2)晶核的生成　溶质从溶液中析出的过程,可分为晶核生成和晶体生长两个阶段,两个阶段的推动力都是溶液的过饱和度。晶核的生成有 3 种形式:初级均相成核、初级非均相成核及二次成核。在高过饱和度下,溶液自发地生成晶核的过程,称为初级均相成核;溶液在外来物(如大气中的灰尘)的诱导下生成晶核的过程,称为初级非均相成核;而在含有溶质晶体的溶液中的成核过程,称为二次成核。二次成核也属于非均相成核过程,它是在晶体之间或晶体与其他固体(器壁、搅拌器等)碰撞时所产生的微小晶粒的诱导下发生的。

真正自动成核的机会很少,加晶种能诱导结晶,晶种可以是同种物质或相同晶形的物质,有时惰性的无定形物质也可作为结晶中心,如尘埃也能导致结晶。添加晶种诱导晶核形成的常用方法如下。

如有现成的晶体,可取少量研碎后,加入少量溶剂,离心除去大的颗粒,在稀释至一定浓度(稍稍过饱和),使悬浮液中具有很多小的晶核,然后倒进待结晶的溶液中,用玻璃棒轻轻搅拌,放置一段时间后即有结晶析出。

如果没有现成晶体,可取 1~2 滴待结晶溶液置于表面玻璃皿上,缓慢蒸发除去溶液,可获得少量晶体。或者取少量待结晶溶液置于一试管中,旋转试管使溶液在管壁上形成薄膜,使溶剂蒸发至一定程度后,冷却试管,管壁上即可形成一层结晶。用玻璃棒刮下玻璃皿或试管壁上所得的结晶,蘸取少量,接种到待结晶的溶液中,轻轻搅拌,并放置一定时间,即有结晶形成。

实验室结晶操作时,人们较喜欢使用玻璃棒轻轻刮擦玻璃容器的内壁,刮擦时产生的玻璃微粒可作为异种晶核。另外,玻璃棒蘸有溶液后暴露于空气中的那部分,很容易蒸发形成一层薄薄的结晶,再浸入溶液中便成为同种晶核。同时,用玻璃棒贴边缓慢地搅动,也可以帮助溶质分子在晶核上定向排列,促进晶体的生长。

3. 晶体的生长

在过饱和溶液中已有晶核形成或加入晶种后,以浓度差为推动力,晶核或晶种将长大,这种现象称为晶体的生长。晶体的生长速率也是影响晶体产品粒度大小的一个重要因素。因为晶核形成后立即开始产生晶体,同时新的晶核还在继续形成,如果晶核形成速率大大超过晶体产生速率,则过饱和度主要用来生成新的晶核,因而得到细小的晶体,甚至为无定形固体颗粒;反之,如果晶体的产生速率超过晶核的形成速率则得到粗大而均匀的晶体。在实际生产中,一般希望得到粗大而均匀的晶体,因为这样的晶体便于以后的过滤、洗涤、干燥等操作,且产品质量也较高。

影响晶体生成速率的因素主要有温度、过饱和度、搅拌和杂质等。

温度对晶体生长速率的影响要大于成核速率。当溶液缓慢冷却时,得到较粗大的颗粒;当溶液快速冷却时,达到的过饱和程度较高,得到的晶体较细小。

过饱和度增高一般会使结晶速率增大,但同时引起黏度增加,结晶速率增大受阻。

搅拌能促进扩散,加速晶体产生,同时也能加速晶核形成,但超过一定范围,效果就会降低,搅拌越剧烈,晶体越细。应确定适宜的搅拌速率,获得需要的晶体,防止晶簇形成。

杂质通过改变晶体与溶液之间界面上的液层特性而影响溶质长入晶面,或通过杂质本身在晶面上的吸附,发生阻挡作用;如果杂质和晶体的晶格有相似之处,杂质能长入晶体内而产生影响。

(二) 影响结晶的因素

影响晶体形成的因素有很多,主要有以下几个方面。

1. 溶液浓度

结晶要以过饱和度为推动力,所以目的浓度是结晶的首要条件。溶液浓度高,结晶收率高,但溶液浓度过高时,结晶物的分子在溶液中聚集析出的速度超过这些分子形成晶核的速度,便得不到晶体,只能获得一些无定形固体颗粒。另外,溶液浓度过高相应的杂质浓度也高,容易生成纯度较差的粉末结晶。因此,溶液的浓度应根据工艺和具体情况确定。一般来说,生物大分子的浓度控制在3%~5%比较适宜,小分子物质如氨基酸浓度可适当增大。

结晶影响因素及纯度判定

2. 样品纯度

大多数情况下,结晶是同种分子的有序堆砌,杂质无疑是结晶形成的空间障碍,所以大多数生物分子需要有一定的纯度才能析出结晶,一般来说,结晶母液中的物质纯度应达到50%以上,纯度越高越容易结晶。

3. 溶剂

溶剂对于晶体能否形成和晶体质量的影响十分显著，故选用合适的溶剂是结晶首先考虑的问题。对于大多数生物小分子来说，水、乙醇、甲醇、丙酮、氯仿、乙酸乙酯、异丙醇、丁醇、乙醚等溶剂使用较多。尤其是乙醇，既亲水又亲脂，而且价格便宜、安全无毒，所以应用较多。对于蛋白质、酶和核酸等生物大分子，使用较多的是硫酸铵溶液、氯化钠溶液、磷酸缓冲溶液、Tris缓冲溶液和丙酮、乙醇等。有时需要考虑使用混合溶剂。

结晶溶剂要具备以下几个条件：①溶剂不能和结晶物质发生任何化学反应。②溶剂对结晶物质要有较高的温度系数，以便利用温度的变化达到结晶的目的。③溶剂应对杂质有较大的溶解度，或在不同的温度下结晶物质与杂质在溶剂中应有溶解度的差别。④溶剂如果是容易挥发的有机溶剂时，应考虑操作方便、安全。工业生产上还应考虑成本高低、是否容易回收等。

4. pH

一般来说，两性生化物质在等电点附近溶解度低，有利于达到饱和而使晶体析出，所选择pH应在生化性质稳定范围内，尽量接近其等电点。例如，5%的溶菌酶溶液，调pH为9.5~10，在4℃放置过夜便析出晶体。

5. 温度

对于生物活性物质，一般要求在较低的温度下结晶，因为高温容易使其变性失活。另外，低温可使溶质溶解度降低，有利于溶质的饱和，还可以避免细菌繁殖。所以生化物质的结晶温度一般控制在0~20℃，对富含有机溶剂的结晶体则要求更低的温度。但有时温度过低时，由于溶液黏度增大会使结晶速度变慢，这时可在析出晶体后，适当升高温度。另外，通过降温促使结晶时，降温快，则结晶颗粒小；降温慢，则结晶颗粒大。

6. 搅拌与混合

增大搅拌速率可提高成核和生长速率，但搅拌速率过快会造成晶体的剪切破碎，影响结晶产品质量。为获得较好的混合状态，同时避免结晶的破碎，可采用气提式混合方式，或利用直径或叶片较大的搅拌桨，降低桨的转速。

(三) 结晶的操作类型

结晶操作既要满足产品生产规模的要求，又要符合产品质量、粒度的要求。我国发酵产品的结晶过程目前仍以分批操作为主，分批操作的结晶设备一般比连续结晶设备简单。但连续操作有很多显著的优点，特别是当生产规模达到一定水平，采用连续操作更为合理。连续结晶有以下优点。

(1) 冷却法和蒸汽法（真空冷却法除外），采用连续结晶操作费用低，经济性好。

(2) 结晶工艺简化，相对容易保证质量。

（3）生产周期短，节约劳动力。

（4）连续结晶设备的生产能力可比分批结晶提高数倍甚至数十倍，相同生产能力则投资少、占地面积小。

（5）连续结晶操作参数相对稳定，易于实现自动化控制。

但是连续结晶也有缺点，主要有：

（1）换热面和器壁上容易产生晶垢，并不断积累，使运行后期的操作条件和产品质量逐渐恶化。

（2）与分批结晶相比，产品平均粒度较小。

（3）操作控制上比分批操作困难，要求严格。

1. 分批结晶

分批结晶有以下4种操作方式。

（1）不加晶种，迅速冷却 溶液很快达到饱和状态，大量微小的晶核骤然产生，溶液的过饱和度迅速降低，过量的晶粒数和细小的晶粒使产品质量和结晶收率都差，属于无控制结晶。

（2）不加晶种，缓慢冷却 溶液慢慢达到饱和状态，产生较多晶核。过饱和度因成核而有所消耗，但由于晶体生长，过饱和度也迅速降低。这种方法对结晶过程的控制作用也有限。

（3）加晶种，迅速冷却 溶液一旦达到饱和，晶种开始长大。由于溶质结晶出来，溶液浓度有所下降，但因冷却速度很快，溶液仍很快到达饱和状态，最后不可避免地会有细小晶体产生。

（4）加晶种而缓慢冷却 溶液中有晶种存在，且降温速率得到控制，晶体生长速率完全由冷却速度控制，所以这种操作方法能够产生预定粒度的、几乎质量要求的匀整晶体。

2. 连续结晶

连续结晶操作有以下几项要求：产品粒度分布符合质量要求；生产强度高；晶垢的产生速率尽量低，以延长结晶的操作周期；维持结晶器的操作稳定性。因此，在连续结晶的操作中往往要采用细晶消除、粒度分级排料、清母液溢流等技术。

（1）结晶消除 在工业结晶过程中，成核速率难以控制，或者说晶核生成速率过高，一方面使晶体平均粒度过小，粒度分布过宽；另一方面也使结晶收率下降。因此，"结晶消除"就成为连续结晶操作中，提高晶体平均粒度、控制粒度分布、提高结晶收率必不可少的手段。

（2）粒度分级排料 为了实现对晶体粒度分布的调节，有时混合悬浮型连续结晶器采用这种方法。它是将结晶器中流出的产品先流过一个分级排料器，然后排出系统。

（3）清母液溢流 清母液溢流是调节结晶器内浆密度的主要手段，增加清母液溢流量可有效地提高晶浆的密度。

3. 提高晶体质量的方法

（1）晶体大小的控制　工业上通常希望得到粗大而均匀的晶体。粗大而均匀的晶体较细小不规则晶体便于过滤与洗涤，在储存过程中不易结块，但对一些抗生素，药用时有些特殊要求。生产上可通过控制溶液的过饱和度、温度、搅拌速度和晶种来控制晶体的大小。

①过饱和度：过饱和度增加使成核速率和晶体生长速率增快，但成核速率增加更快，尤其过饱和度很高时更为显著。要获得大的晶体，结晶操作应以最大过饱和度为限度。

②温度：冷却结晶时，如果溶液快速冷却，溶液很快达到较高的过饱和度，生成大量的细小晶体；反之，缓慢冷却常得到较大的晶体。蒸发结晶时，蒸发室内温度不宜过高，防止蒸发速度过快，造成溶液的过饱和度太大，生成大量细小的晶体。

③搅拌速度：搅拌能促进成核和加快扩散，提高晶核长大的速度，但当搅拌速度到一定程度后，再加快搅拌效果就不显著，相反，晶体还会被打碎。为了避免结晶的破碎，可采用气提式搅拌方式，或利用直径或叶片较大的搅拌桨，降低桨的速度。

④晶种：生物产物的结晶操作主要采用晶种起晶法。特别是对于溶液黏度较大的物质，晶核很难形成，而在高过饱和度下，一旦产生晶核，就会同时出现大量晶核，容易发生聚晶现象。因此，高黏度物系必须采用在稳压区内添加晶种的操作方法，而且要求晶种有一定的形状、大小，并且比较均匀。

（2）晶体形状的控制　同种物质的晶体，用不同的结晶方法产生，虽然仍属于同一晶体，其外形可以完全不同。通过下列措施可以改变晶体外形。

①过饱和度：在结晶过程中，对于某些物质来说，过饱和度对其各结晶面的生长度影响不同，所以提高或降低过饱和度有可能使晶体外形受到显著影响。如果只有在过饱和度超过亚稳区的界限后才能得到所要求的晶体外形，则需采用向溶液中加入抑制晶核生长的添加剂。

②选择不同的溶剂：在不同溶剂中结晶常得到不同的外形，如普鲁卡因青霉素在水溶液中结晶得方形晶体，而在乙酸正丁酯中结晶得长棒形晶体；光神霉素在乙酸正戊酯中结晶得到微粒晶体，而在丙酮中结晶则得到长柱状晶体。

③杂质：杂质的存在会影响晶形。例如，普鲁卡因青霉素结晶中，作为消泡剂的丁醇存在会影响晶形，醋酸丁酯存在会使晶体变得细长。

另外，晶种形状、结晶温度、溶液 pH 等也会影响晶体的形状。

（3）晶体纯度的控制

①晶体洗涤：结晶过程中，含杂质多的母液是影响产品纯度的一个重要因素。

晶体表面具有一定的物理吸附能力，因此表面上有很多母液和杂质黏附在晶体上。晶体越细小，比表面积越大，吸附杂质越多。一般把晶体和溶剂一起放在离心机或过滤机中，搅拌后再离心或抽滤，这样洗涤效果好。边洗涤边过滤的效果较差，因为易形成沟流使有些晶体不能洗到。对非水溶性晶体，常可用水洗涤，如红霉素、麦迪霉素、制霉菌素等。灰黄霉素也是非水溶性抗生素，若用丁醇洗涤后，其晶体由黄变白，原因是丁醇将吸附在表面上的色素溶解所致。

②重结晶：当结晶速度过大时（如过饱和度较高，冷却速度很快），常发生若干颗晶体聚结成为"晶簇"的现象，此时易将母液等杂质包藏在内；或因晶体对溶剂亲和力大，晶体中常包含溶剂。为防止晶簇产生，在结晶过程中可以进行适度搅拌。为除去晶格中的有机溶剂只能采用重结晶的方法。

重结晶演示实验

重结晶是利用杂质和结晶物质在不同溶剂和不同温度下的溶解度不同，将晶体用合适的溶剂溶解再次结晶，从而使其纯度提高。重结晶的关键是选择合适的溶剂。选择溶剂的原则：溶质在某溶剂中的溶解度随温度升高而迅速增大，冷却时能析出大量结晶；易溶于某一溶剂而难溶于另一溶剂，若两溶剂互溶，则需通过试验确定两者在混合溶剂中所占的比例。

最简单的重结晶方法是把收获的晶体溶解于少量的热溶剂中，然后冷却使之再次结成晶体，分离母液后或经洗涤，就可获得更高纯度的新晶体。若要求产品的纯度很高，可重复结晶多次。

（4）晶体结块的控制　大气湿度、温度、压力及贮存时间等对结块也有影响。空气湿度高会使结块严重；温度高增大化学反应速率使结块速率加快；晶体受压，一方面使晶粒紧密接触增加接触面，另一方面对其溶解度有影响，因此压力增加导致结块严重；随着贮存时间增加，结块现象趋于严重，这是因为溶解及重结晶次数反复增多所致。

为避免结块，在结晶过程中应控制晶体粒度，保持较窄的粒度分布及良好的晶体外形，还应贮存在干燥、密闭的容器中。

（四）结晶技术的设备及应用

工业生产中，结晶设备的形式多种多样。依据操作方式的不同，结晶设备可分为连续式、半连续式和间歇式；依据流动方式的不同，可分为母液循环型和晶浆循环型；依据操作能否进行粒度分级，可分为粒析作用式和无粒析作用式；依据过饱和度产生方法的不同，又可分为冷却式、蒸发式和真空式。

1. 冷却式结晶器

冷却式结晶器是通过降温而使得溶质的溶解度减小，进而析出结晶体的结晶设备。工业上，最简单的冷却式结晶器仅为一个敞口结晶槽，称为空气冷却式结晶器。操作时，溶液通过液面或器壁向空气中散热，降低自身温度，从而析出晶体，该类结晶器的主要优点为药品的质量好、粒度大，特别适合于含结晶水多的物质的结晶处理；主要缺点为传热速率小，且因间歇操作，故生产能力低。

目前，生产中应用最广泛的冷却式结晶器为釜式结晶器，又称为结晶罐。按溶液循环方式的不同，该类结晶器又分为内循环式和外循环式两类，它们均采取间接换热方式。图 3-19 所示为常见的内循环釜式结晶器，它是在空气冷却式结晶器的基础上，在釜的外部加装了传热夹套，以加速溶液的冷却。由于受传热面积的制约，内循环釜式结晶器的传热量一般较小，故为了提高其传热速率和传热量，可改用图 3-20 所示的外循环釜式结晶器。与前者相比，后者为一种强制循环式结晶器，设有循环泵，故料液的循环速率较高，传热效果较好。此外，由于外循环式结晶器采用了外部换热器实施降温，因而传热面积也易于调节。

除空气冷却式结晶器和釜式结晶器外，工业上还有众多其他类型的冷却式结晶器，其中连续式搅拌结晶槽即为常见的一种，结构如图 3-21 所示。该结晶槽的外形为一长槽，槽内呈半圆形，槽内装有长螺距的螺带式搅拌器，槽外设有夹套。操作时，料液由槽的一端加入，在搅拌器的推动下流向另一端，形成的晶浆由出料口排出，其间冷却剂在夹套内与料液呈逆流流动。该结晶槽内的搅拌器除起到排料作用外，还可以提高槽内传热与传质的均匀性，从而促进晶体的均匀生长，减小晶簇的形成和结块等现象。此外，为防止晶体在槽内堆积或结垢，可在搅拌器上安装钢丝刷，以便及时清除附着于传热表面的晶体。通常，连续式结晶槽的生产能力较大，故多用于处理量大的结晶操作，如葡萄糖的结晶等。

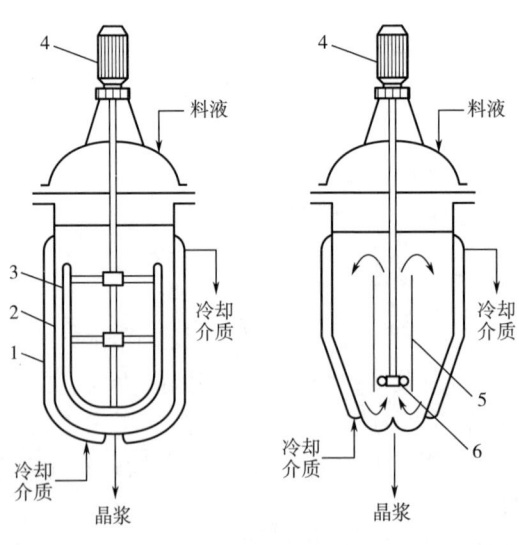

图 3-19 内循环釜式结晶器

1—夹套 2—釜体 3—框式搅拌器 4—电动机 5—导流筒 6—推进式搅拌器

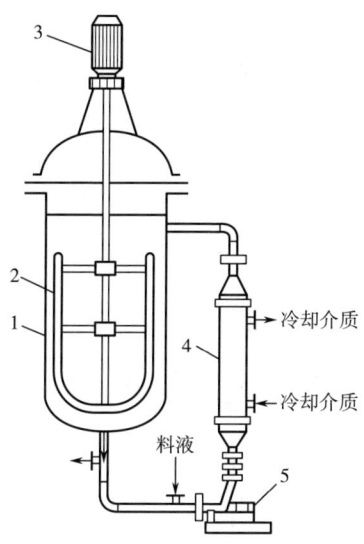

图 3-20　外循环釜式结晶器
1—釜体　2—框式搅拌器　3—电动机　4—换热器　5—循环泵

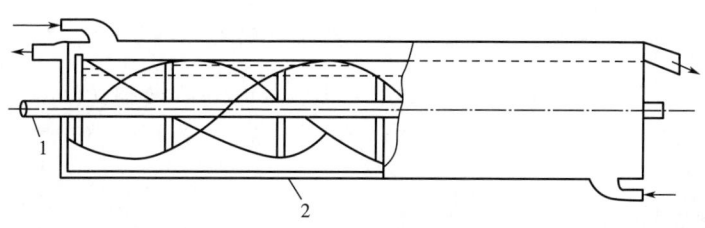

图 3-21　连续式搅拌结晶槽
1—搅拌器　2—冷却夹套

2. 蒸发式结晶器

蒸发式结晶器是通过蒸发移除溶剂而使得溶液浓缩并析出晶体的结晶设备，又称为移除部分溶剂式结晶器。在设备的结构与操作上，该类结晶器与用于溶液浓缩的普通蒸发器基本相同。图 3-22 所示为典型的蒸发式结晶器，称为奥斯陆式结晶器，它由结晶室、蒸发室和加热室三部分构成。操作时，原料液由进料口加入，经循环泵输送至加热室加热后，进入蒸发室，届时将有部分溶剂被气化蒸发，所形成的蒸汽由顶部排出，而浓缩后的料液则经中央管下行至结晶室的底部并转而向上流动，且析出晶体。由于结晶室呈锥形结构，即自下而上的横截面积逐渐增大，故当溶液与晶体在室内流动时，流速将逐渐减小。由沉降理论可知，粒度较大的晶体将富集于洁净室的底部，并与新鲜的过饱和溶液相接触，故粒度进一步增大。相反，粒度较小的晶体则处于结晶室的上部，只能与过饱和度较低的溶液接触，故粒度增长缓慢。可见，晶体的粒度在该类结晶容器中被自动分级，故易于得到粒度大而均匀的晶体产品，这是奥斯陆式结晶器的突出优点。虽然奥斯陆式结晶器的操作性能十分优异，但结构比较复杂，故投资与制造费用较高。

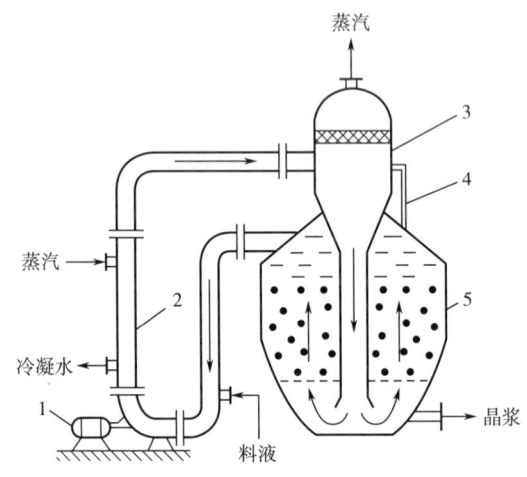

图 3-22　奥斯陆式结晶器
1—循环泵　2—加热室　3—蒸发室　4—通气室　5—结晶室

奥斯陆式结晶器属于母液循环式结晶器，通常当溶液到达洁净室的顶部时，其过饱和度消耗完毕，不再含有颗粒状的晶体，故一般可作为澄清的母液参与管路循环。

3. 真空式结晶器

真空结晶操作是将常压下未饱和的溶液置入绝热、真空的结晶器中，经减压闪蒸过程使得部分溶剂气化，从而使得溶液浓缩并冷却，得到晶体产品。真空结晶又称为蒸发冷却结晶，相应的工业设备习惯称为蒸发冷却真空式结晶器。

真空式结晶器虽然是一种相对新型的结晶生产设备，但它与普通的蒸发式结晶器之间并没有严格的区分界限，只是操作温度更低和真空度更高而已。例如，将上述的奥斯陆式结晶器与真空系统相连，便为真空式结晶器。

真空式结晶器既可进行间歇操作，又可进行连续操作。图 3-23 所示为间歇式真空结晶器。其中，设备的真空状态由蒸汽喷射泵或其他类型的真空泵产生并维持。操作时，料液因自身的闪蒸作用而剧烈沸腾，如同搅拌一样迫使自身均匀混合，从而为晶体均匀生长提供良好的条件。间歇真空式结晶器的结构简单，且由于结晶器内进行的为绝热蒸发操作，无须安装传热面，故不会引起传热面的结垢现象。

图 3-24 为一种可连续性操作的真空冷却式结晶器，其操作的高度真空状态由双级蒸汽喷射泵产生并维持。操作时，原料液经预热后，自底部的进料口被连续地送至结晶室，并在循环泵的外力作用下，进行强制循环流动，进而较好地确保

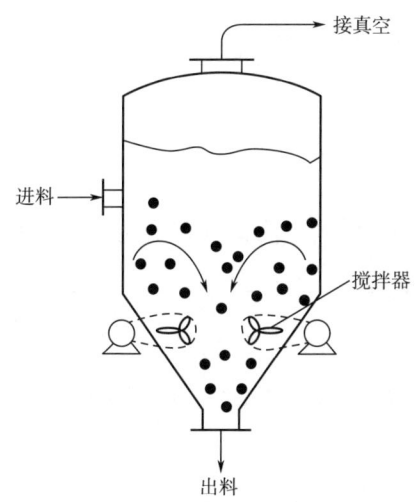

图 3-23　间歇式真空结晶器

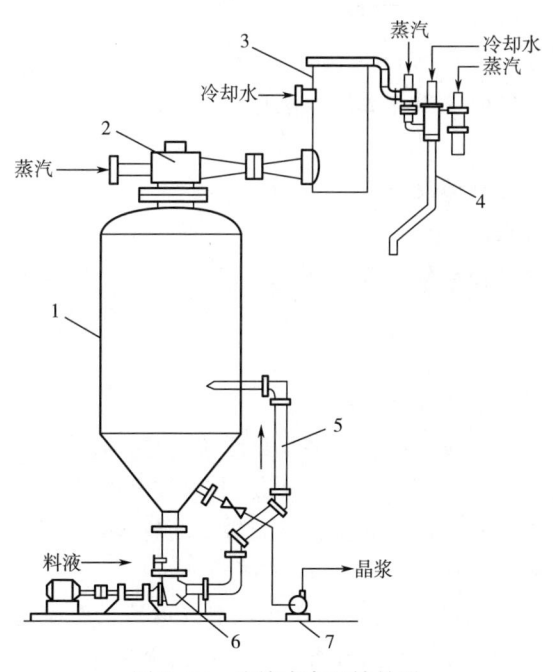

图 3-24　连续式真空结晶器
1—结晶室　2—蒸汽喷射泵　3—冷凝室　4—双级蒸汽喷射泵　5—循环管　6—出料管　7—循环泵

了溶液在结晶室内可充分、均匀地混合与结晶。其间，被气化的溶剂将由室顶部的真空系统抽出，并送至高位冷凝器与水进行混合冷凝，与此同时，晶浆则由底部的出口泵连续排出。由于该类结晶器的操作温度一般较低，故产生的溶剂蒸汽不易被冷却水直接冷凝，为此需在冷凝器的前方装设一蒸汽喷射泵，便于在冷凝前对蒸汽进行压缩，以提高其冷凝温度。

■ 岗位链接

多功能提取罐的使用操作规程

文件编号		颁发部门	
SOP-PA-013-01	多功能提取罐的使用操作岗位		
总页数		执行日期	
编制者	审核者	批准者	
编制日期	审核日期	批准日期	

1. 目的

明确多功能提取罐的使用标准操作规程。

2. 范围

多功能提取罐及其辅助设施。

3. 责任

车间主任及提取工序操作人员。

4. 内容

（1）使用

①多功能提取罐是煎煮原材料的设备。

②使用前检查设备清洁状况，各部位应清洁干净，检查设备标识状况。

③使用前检查提取罐上下盖是否严密，水阀、汽阀是否有泄漏和堵塞，自来水、视镜灯是否正常，检查出液管路、储液罐、过滤器是否干净、通畅。

④开启空气压缩机，同时打开提取罐相对应的压缩空气管道上的阀门，使压力达到0.7MPa。打开电磁阀的总电源及相对应提取罐的分电源，使相应提取罐关上底盖，待底盖靠拢后，按锁紧按钮锁定后，关闭电磁阀的分电源。

⑤打开提取罐上盖，按工艺要求投料。

⑥如遇到特别品种需提油时，使用1号、2号多功能提取罐，在需提油的药材上均匀洒少量水，使药材表面湿润，关闭提取罐上盖。打开冷凝阀门，关闭排汽阀门，打开相应的出油阀门后，打开提取罐直汽阀门，观察罐上压力表，使压力表数值保持为零。同时保持冷却系统正常，观察回流罐试管提油情况，达到工艺

要求后关闭直汽阀门，打开排汽阀门，关闭冷凝阀门，关闭提油系统。

⑦煎煮原材料时，按工艺条件加水后，关闭加料盖。开启直汽阀门，加热至沸腾。然后关闭直汽阀门，开启夹层蒸汽阀门，通过视窗观察，压力应不超过0.1MPa，使罐内保持微沸状态，按工艺要求进行煎煮。

⑧煎煮结束后，关闭夹层蒸汽阀门，打开出液阀门、水泵及出液泵开关，出液管道上的出液阀门向相应储液罐进药液，出液完毕，关闭出液阀门、出液泵开关及出液管道上的出液阀门。

⑨检查渣车、输送带、搅拌器一切正常后，按动渣车开关将渣车开到相应提取罐下面，开启输送带及排汽扇。打开空压机，使压力达0.7MPa时，开启电磁阀，依次按动开锁紧，开启底盖按钮开关，进行排渣，将渣车开至出渣处，打开两侧挡板，观察出渣口是否有人，确定无人后，开动搅拌器，排净药渣后关闭搅拌器输送带，插上两侧挡板备用。

（2）日常保养
①检查提取罐上、下盖密封条是否老化并及时更换。
②出液泵水泵及时加油。

（3）注意事项
①向罐内注入水检查底盖是否漏水，如漏水不得投料。
②开锅后关闭直汽阀门，开启夹层要随时查看煎煮情况。
③出液时要检查出液量，全部出净后才能排渣。

5. 培训
（1）培训对象　提取工序操作人员。
（2）培训时间　2h。

知识拓展

结晶新技术

用超声波影响结晶行为的技术，称为声呐结晶。超声波能对成核作用和晶体生长两方面产生影响，使成核作用在低过饱和度时诱发，对于一次成核过程，它可作为初始成核作用的额外控制手段，并可提供对晶体尺寸分布的调节作用，声呐结晶是一种有效的、更加可控的、能够代替晶种的方法。对于二次成核过程，利于超声波可产生空穴作用的机理，即气泡空穴倒塌的强烈压力可以引起显著的二次成核。超声波影响晶体生长的机理虽不易理解，但是它可以明显地影响声响流动，为提高晶体表面近旁的质量传递创造条件。由于紧邻晶体表面的空穴作用，使热量高度集中，造成暂时的不饱和，从而提高晶体的纯度。

超临界结晶技术还处于萌芽状态，但经实验研究可以确认，超临界结晶技术拓宽了结晶的条件范围，其有吸引力的地方是产品可以从气态溶剂中轻易地分离出来，可通过两种途径来实现，利用超临界溶液快速膨胀，使溶解度降低而析出结晶。利用超临界流体作为反溶剂，类似于盐析结晶。这些技术的初始小规模结果是令人鼓舞的，然而存在规模放大的问题，还需要满足商品化的要求。

结晶过程的优化和新型结晶设备的设计也是结晶技术研究的一个方面，特别是在生物制药技术领域中，随着药物分子质量的加大，立体结构的复杂，结晶过程远比一般分子物质困难得多，如分子纳入有序排列消耗较大，诱导期比较长，晶核形成与晶体生长都比较慢，因此从不饱和到过饱和的调节过程必须相应调整，否则易于生成无定形结晶或微细晶体，其表面积较大，从而使药物结晶表面吸附杂质多，同时也给分离造成很大的困难，收率下降，所以更应重视这方面的研究。

技能提升

技能提升五 牛血清白蛋白在双水相系统中的分配制备实例

[目的要求]
1. 了解双水相系统成相的原理和方法。
2. 掌握双水相系统分离蛋白质的操作。

[实验原理]
双水相系统中使用的双水相是由两种互不相溶的高分子溶液或者互不相溶的盐溶液和高分子溶液组成。双水相系统的制备，一般是将两种溶质分别配制成一定浓度的水溶液，然后将两种溶液按照不同的比例混合，静置一段时间，当两种溶质的浓度超过某一浓度范围时，就会产生两相。

双缩脲反应是指蛋白质在碱性溶液中与二价铜离子结合，生成紫红色络合物的反应。双缩脲是由两分子尿素缩合而成的化合物，在碱性溶液中与硫酸铜反应生成紫红色络合物。含有两个或两个以上肽键的化合物都具有双缩脲反应。蛋白质含有多个肽键，因此有双缩脲反应，其颜色的深浅与蛋白质的含量成正比。可利用此反应对蛋白质进行定性鉴别。

[实验用品]
1. 材料
牛血清白蛋白。
2. 器具
离心机、离心管、烧杯、搅拌棒、量筒、分析天平。

[实验过程]
实验过程见表3-12。

表 3-12	实验过程
步骤	实际操作及现象

①配制牛血清白蛋白溶液：浓度 1g/L。

②配制高浓度的聚合物和盐的母液：400g/LPEG6000、400g/L 硫酸铵各 20mL。

③按预先设计好的总组成成分，由母液配制相应的高聚物子液（60g/L、100g/L、140g/L）和盐的子液（140g/L、140g/L、140g/L）各 4mL。

④将配制好的高聚物和盐的子液转移至 10mL 离心管中，再加入牛血清白蛋白溶液 2mL，共三组。离心管封口后，反复倒置 5~10min，6~10 次/min，使溶液充分混合。

⑤在 1500r/min 下离心 3~5min 后，观察成相情况。

⑥小心地将目标物用吸管吸出，加入双缩脲试剂进行定性鉴别。

[注意事项]

1. 离心前离心管应称重，离心管重量应保持一致，可用蒸馏水补重，以保证离心机正常运转。
2. 配制双水相体系时应掌握好聚乙二醇、硫酸铵和水的比例关系。

[结论] _____

[思考题]

1. 双水相萃取蛋白质的优点是什么？
2. 影响双水相成相的因素有哪些？

技能提升六　硫酸铵分级盐析分离血清中的蛋白质制备实例

[目的要求]

1. 了解盐析法分离血清中的主要蛋白质的基本原理。
2. 掌握硫酸铵分级盐析的基本操作技术。

[实验原理]

盐析是最常用的分离蛋白质的方法，是利用各种蛋白质所带电荷不同、相对分子质量不同，从而在高浓度的盐溶液中溶解度不同，因此一个含有几种蛋白质的混合液，就可用不同浓度的中性盐来使其中各种蛋白质先后分别沉析下来，达到分离纯化的目的，这种方法称为分级盐析，一般粗提取物常用它进行粗分离。常用的盐析剂有硫酸铵、硫酸钠、硫酸镁、氯化钠、磷酸二氢钠等，其中最常用的是硫酸铵。用盐析法分离蛋白质，简便安全，而且所得的蛋白质并不丧失活性，是分离纯化中最佳的一种方法。在实际操作时，可先把蛋白质溶液调至等电点，使其溶解度达到最低，然后加入粉末固体硫酸铵或饱和硫酸铵溶液，并达到一定浓度。这时蛋白质即从溶液中析出，经过滤或离心，透析去盐，即可获得产品。

[实验用品]

1. 材料

新鲜动物血浆或血清（无溶血现象）：100mL。

2. 试剂

pH7.2饱和硫酸铵溶液、0.2mol/L pH7.2的磷酸盐缓冲液（PBS）其配制方法如下：

（1）配A液　0.2mol/L磷酸氢二钠溶液（称取磷酸氢二钠5.37g，加去离子水精确配100mL）。

（2）配B液　0.2mol/L磷酸二氢钠溶液（先称取磷酸二氢钠3.12g，加去离子水精确配100mL）。

（3）取A液约72mL，取B液约28mL，然后，将这两种溶液边混合边用高精度pH试纸检测，调配成约100mL浓度为0.2mol/L pH7.2的磷酸盐缓冲溶液备用。

3. 器具

离心机、大烧杯（≥500mL）、烧杯（250mL）、高精度pH试纸、大容量瓶、移液管、玻璃棒等。

[实验过程]

1. 清蛋白与球蛋白分离

清蛋白与球蛋白的分离操作步骤见表3-13。

表3-13　　　　　　　　　清蛋白与球蛋白的分离操作步骤

步骤	实际操作及现象
①取100mL血浆或血清置于500mL烧杯中，加PBS 100mL搅拌10min。	
②在搅拌下慢慢滴加200mL pH7.2饱和硫酸铵溶液。	
③加完饱和硫酸铵溶液后继续搅拌20~30min，充分沉淀球蛋白。	
④离心（3500r/min）20min，弃去上清液（主要含清蛋白），沉淀中含有各种球蛋白。	

2. 各种球蛋白的分离

各种球蛋白的分离操作步骤见表3-14。

表 3-14　　各种球蛋白的分离操作步骤

步骤	实际操作及现象
①用 100mL PBS 溶解上述沉淀中的各种球蛋白，并转移至 250mL 烧杯中搅拌 15min。	
②在搅拌下，慢慢滴加 25mL 饱和硫酸铵溶液，饱和度达 20%。	
③离心（3500r/min）20min，沉淀含少量纤维蛋白质，取上清液。	
④上清液在搅拌下，慢慢滴加 18~25mL 饱和硫酸铵溶液，饱和度达 30%~33%。	
⑤离心（3500r/min）20min 得上清液和沉淀（主要含 γ-球蛋白和少量 β-球蛋白）。	
⑥取⑤中沉淀溶于 PBS 中，使体积达 100mL 并转移至 250mL 烧杯中搅拌 15min。	
⑦在搅拌下，慢慢滴加 43~50mL 饱和硫酸铵溶液，达 30%~33%饱和度。	
⑧离心（3500r/min）20min 得上清液（含 β-球蛋白）和沉淀（主要含 γ-球蛋白）。	
⑨取⑤中上清液在搅拌下，慢慢滴加 35~40mL 饱和硫酸铵溶液，饱和度约达 45%。	
⑩离心（3500r/min）20min 得上清液（主要为 α-球蛋白）和沉淀（主要为 β-球蛋白）。	

[注意事项]

1. 缓冲液的配制应准确。
2. 滴加饱和硫酸铵溶液的速度要慢一些，搅拌的速度应适中。
3. 加完饱和硫酸铵溶液后，要静置一段时间，20~30min，使沉淀完全。

[结论]

[思考题]

1. 如何加磷酸盐缓冲液？
2. 如何继续分离纯化上清液中球蛋白？

技能提升七　结晶技术应用实例与方案设计

[结晶技术应用实例]

四环素碱的工艺流程如下：

发酵液 —酸化过滤→ 滤洗液 —连续结晶→ 四环素碱结晶液 —分离洗涤→ 湿四环素碱

四环素发酵液经过预处理后,即可在酸性滤液中用碱化剂调节 pH 至等电点,使四环素直接从滤液中沉淀结晶出来。在结晶过程中应注意以下几点。

1. 碱化剂的选择

碱化剂一般采用氢氧化钠、氢氧化铵、碳酸钠、亚硫酸钠等。目前生产上多采用氨水（内含 2%~3% $NaHSO_4$ 或 Na_2CO_3 及尿素等）作为碱化剂,这样既能节约成本,又能起到抗氧脱色的作用,效果较好。

2. pH 的控制与产量、质量关系

在连续结晶过程中,pH 的高低对产量和质量都有一定的影响。四环素的等电点为 pH5.4,若 pH 控制在接近等电点时,沉淀结晶虽较完全,收率也高,但此时会有大量杂质（主要是蛋白质类杂质的等电点与四环素等电点的 pH 相近）,同时沉淀析出,影响产品的质量和色泽;若 pH 控制得较低一些,对提高产品质量虽有好处（即上述蛋白质等杂质不同时析出而残留在母液中）,但沉淀结晶不够完全,收率要低些,影响产量。因此,在选择沉淀结晶的 pH 时,就必须同时考虑到产量、质量的关系。根据在 pH4.5~7.5,四环素游离碱在水中的溶解度几乎不变的特性,在正常情况下,工艺上控制 pH 在 4.8 左右。若发现结晶质量较差时,pH 可控制得稍低些,以利于改善结晶质量,但不能低于 4.5,否则收率低,影响产量。

3. 影响晶体质量的其他条件

为使四环素高产优质,所得晶体均匀,粒度大,易分离,便于过滤和洗涤等操作,除了严格控制 pH 条件外,加碱化剂的速度、滤液质量、结晶温度、时间和搅拌转速等条件都必须加以考查,从而选择最佳操作条件。

4. 连续结晶

由四环素的结晶速率可知,结晶完成一般需要 2h 左右,2.5h 后母液中四环素含量下降幅度基本稳定。若以结晶最大流量为基准,设计一套连续进行 2.5h 的结晶设备（管道或连罐）,在调好 pH 的情况下,若结晶液在结晶设备内停留足够的时间（或过程）,保证晶体成长的时间,即可达到结晶完全的目的。

[结晶操作实训方案设计与能力培养]

（1）教师根据结晶操作实训目标要求,结合本院校实际情况,拟定实训题目。

（2）学生在理解实训题目要求的基础上,查阅相关资料,了解有关物质结构、性质、结晶条件等,初步确定操作方案,以培养学生搜集信息、拟定实训方案的能力。

（3）在确认实训方案可行的基础上,根据所学专业知识,初定工艺参数和相关数据,培养学生理论联系实际的能力。

（4）根据实训方案要求,选择所用仪器、设备的规格型号,计算并编写所用溶液的配制方案,经指导教师确认后,进行各项实训准备工作,以培养学生基本工艺计算、溶液配制和设备选用的基本能力。

（5）按照拟订方案进行实训操作,在操作中注意观察,随时记录实训操作的有关数据、现象,及时处理实训中所遇到的各种问题,通过实训操作,培养学生动手、动脑的能力，强化学生的操作技能。

（6）根据实际操作情况，编写实训报告，要求对实训中遇到的问题进行分析，提出实训方案的改进意见，培养学生分析问题、解决问题的能力。

[研究与探讨]

1. 简述结晶的原理、方法和基本操作。
2. 简述结晶过程的控制方法。
3. 简述不同条件对结晶产品质量的影响。

科学引领

化学泰斗——侯德榜

侯德榜（1890—1974 年），名启荣，字致本，生于福建闽侯，杰出化学家，侯氏制碱法的创始人，近代化学工业的奠基人之一，是世界制碱业的权威。

侯德榜，1890 年 8 月 9 日生于福建省闽侯县一个普通农家。1903—1906 年，得姑妈资助在福州英华书院学习。1907 年，他曾到上海学习了两年铁路工程。毕业后，在当时正施工的津浦路上谋到了一份工作。1911 年，侯德榜弃职并考入北平清华留美预备学堂。以 10 门功课 1000 的优异成绩誉满清华园。

1913 年，清华学堂公布第一批高等毕业生名单，16 人赴美留学，侯德榜榜上有名，并被保送至美国麻省理工学院化工科学习。

20 世纪 20 年代，侯德榜突破氨碱法制碱技术的奥秘，主持建成亚洲第一座纯碱厂；1926 年，中国"红三角"牌纯碱入选万国博览会，获金质奖章。侯德榜积极传播交流科学技术，培育了很多科技人才，为发展科学技术和化学工业做出了卓越贡献。

20 世纪 30 年代，领导建成了中国第一座兼产合成氨、硝酸、硫酸和硫酸铵的联合企业。20 世纪 40~50 年代，又发明了连续生产纯碱与氯化铵的联合制碱新工艺，以及碳化法合成氨流程制碳酸氢铵化肥新工艺；并使之在 20 世纪 60 年代实现了工业化和大面积推广。

1972 年以后，侯德榜日渐病重，行动不便，仍多次要求下厂视察，帮助解决技术问题，还多次邀请科技人员到家里开会，讨论小联碱技术的完善与发展等问题，呕心沥血，直至生命的最后一息。

侯德榜的一生充满传奇色彩，备受敬重，他于 1974 年 8 月 26 日在北京病逝，终年 84 岁。

侯德榜曾言："勤能补拙，勤俭立业"。这是他一生为人、工作和生活的写照。他是一位杰出的科学家。他打破了索尔维集团 70 多年来对制碱技术的垄断，发明了世界制碱领域最先进的技术，并为祖国的化工事业奋斗终生。他犹如一块坚硬的基石，与范旭东、陈调甫等实业家、化学家一起，托起了中国现代化学工业的大厦。

项目总结

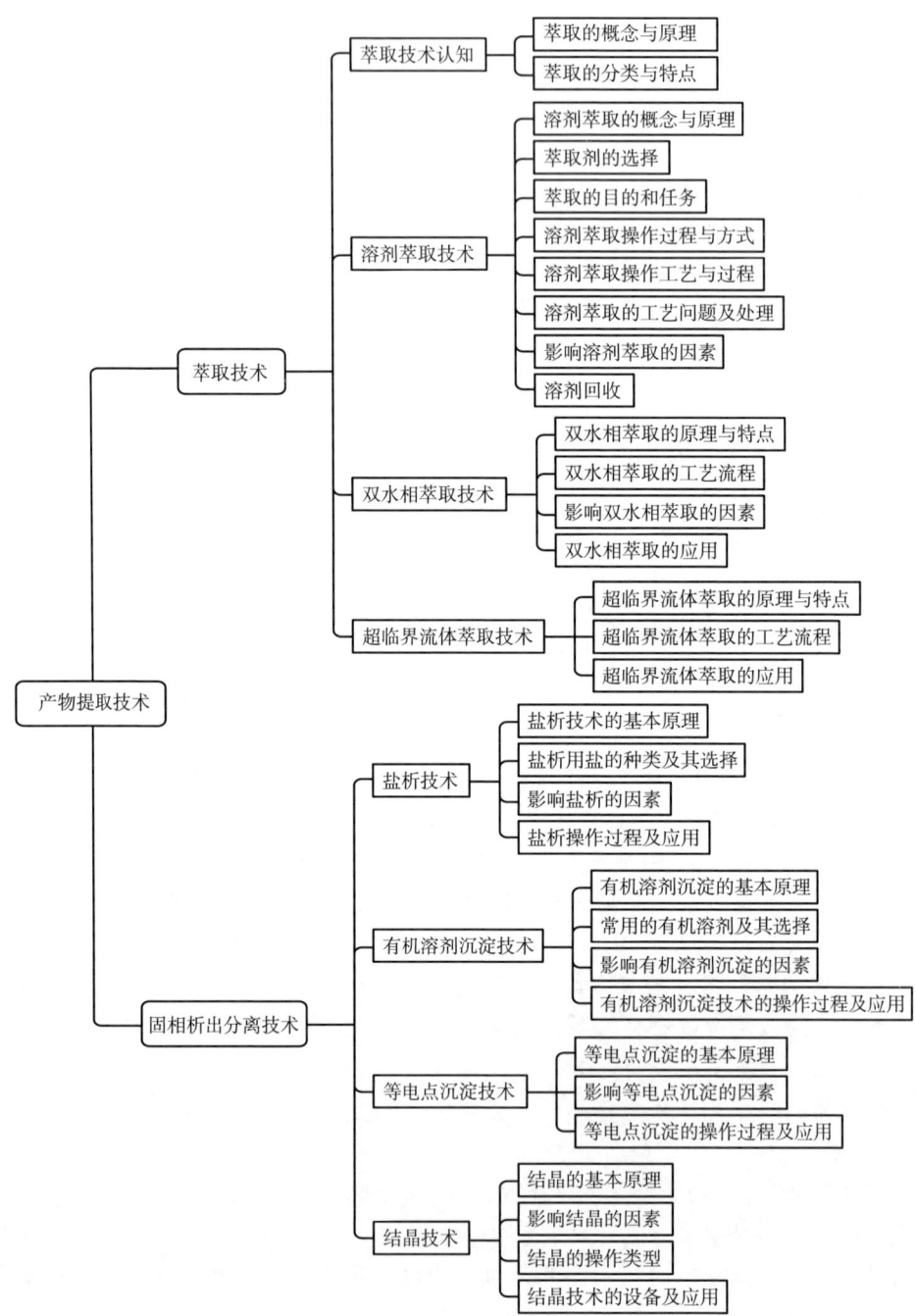

岗课赛证融通

一、名词解释题

1. 盐析技术 2. 等电点沉淀法

二、不定项选择题

1. 萃取中利用相似相溶的原理进行的萃取过程称为（　　）。
   A. 反萃取　　　　B. 物理萃取　　　　C. 化学萃取　　　　D. 萃取剂
2. 进行萃取操作时应使（　　）。
   A. 分配系数大于1　　　　　　　　　B. 分配系数小于1
   C. 选择性系数大于1　　　　　　　　D. 选择性系数小于1
3. 采用多级错流萃取与单级萃取比较，如果溶剂比、萃取浓度均相同，则多级逆流萃取可使萃余分数（　　）。
   A. 增大　　　　　　　　　　　　　B. 减少
   C. 基本不变　　　　　　　　　　　D. 变化趋势不确定
4. 萃取操作是利用原料液中各组分（　　）的差异实现分离的操作。
   A. 溶质中溶解度　B. 沸点　　　　C. 挥发度　　　　D. 密度
5. 在萃取操作中下列哪项不是选择溶剂的主要原则？（　　）
   A. 较强的溶解能力　B. 较高的选择性　C. 易于回收　　　D. 冰点较高
6. 影响双水相萃取的因素有（　　）。
   A. 成相聚合物　　B. pH　　　　C. 盐的种类和浓度　D. 温度
7. 萃取分离法按照萃取剂的物理状态可以分为以下哪几类？（　　）
   A. 液–液萃取　　B. 液–固萃取　　C. 物理萃取　　　D. 超临界萃取
8. 盐析技术沉淀蛋白质的原理是（　　）。
   A. 降低蛋白质溶液的介电常数　　　B. 中和电荷，破坏水膜
   C. 与蛋白质结合成不溶性蛋白　　　D. 调节蛋白质溶液pH到等电点
9. 等电点沉淀法是利用（　　）进行分离的。
   A. 电荷性质　　B. 挥发性质　　C. 溶解性质　　　D. 分配系数
10. 在盐析实际应用过程中，最常用的无机盐为（　　）。
    A. 硫酸镁　　　B. 硫酸钠　　　C. 硫酸铵　　　　D. 醋酸铵
11. 人血清蛋白的等电点为4.64，在pH为7.0的溶液中将血清蛋白质溶液通电，清蛋白分子向（　　）。
    A. 正极移动　　B. 负极移动　　C. 不移动　　　　D. 不确定
12. 使蛋白质盐析可加入试剂（　　）。
    A. 氯化银　　　B. 硫酸　　　　C. 硝酸汞　　　　D. 硫酸铵

13. 盐析技术纯化酶是（　　）进行纯化。
A. 根据酶分子电荷性质的纯化方法
B. 调节酶溶解度的方法
C. 根据酶分子大小、形状不同的纯化方法
D. 根据酶分子专一性结合的纯化方法

14. 有机溶剂沉淀法中可使用的有机溶剂为（　　）。
A. 乙酸乙酯　　　B. 正丁醇　　　C. 苯　　　D. 丙酮

15. 若两性物质结合了较多阳离子，则等电点 pH 会（　　）。
A. 升高　　　B. 降低　　　C. 不变　　　D. 以上均有可能

16. 若两性物质结合了较多阴离子，则等电点 pH 会（　　）。
A. 升高　　　B. 降低　　　C. 不变　　　D. 以上均有可能

17. 盐析技术与有机溶剂沉淀法比较，其优点是（　　）。
A. 分辨率高　　　B. 变性作用小　　　C. 杂质易除去　　　D. 沉淀易分离

18. 氨基酸的结晶纯化是根据氨基酸的（　　）性质。
A. 溶解度和等电点　B. 分子质量　　　C. 酸碱性　　　D. 生产方式

19. 结晶过程中，溶质过饱和度大小（　　）。
A. 不仅会影响晶核的形成速度，而且会影响晶体的长大速度
B. 只会影响晶核的形成速度，但不会影响晶体的长大速度
C. 不会影响晶核的形成速度，但会影响晶体的长大速度
D. 不会影响晶核的形成速度，而且不会影响晶体的长大速度

三、填空题

1. 溶剂萃取操作过程是_____、_____、_____。
2. 双水相体系的种类包括_____和_____。
3. 溶剂萃取流程分为_____、_____、_____。
4. 影响溶剂萃取的因素除了萃取剂外，还有_____、_____、_____等。
5. 根据分离方法的不同，可以把超临界萃取流程分为_____、_____、_____。
6. 影响盐析的因素有_____、_____、_____和_____。
7. 盐析用盐的选择需考虑_____、_____、_____和_____等方面的因素。
8. 影响有机溶剂沉淀的因素有_____、_____、_____、_____和_____。
9. 固体可分为_____和_____两种状态。
10. 结晶的前提是_____，结晶的推动力是_____。
11. 影响晶体生长速度的主要因素有_____、_____、_____和_____。

12. 结晶包括三个过程：_____、_____和_____。
13. 过饱和溶液的形成方法有_____、_____、_____和_____。
14. 晶体质量主要指_____、_____和_____三个方面。

四、判断题

1. 要增加目的物的溶解度，往往要在目的物等电点附近进行提取。（   ）
2. 蛋白质类的生物大分子在盐析过程中，最好在高温下进行，因为温度高会增加其溶解度。（   ）
3. 蛋白质变性后溶解度降低，主要是因为电荷被中和及水膜被去除所引起的。（   ）
4. 蛋白质为两性电解质，改变 pH 可改变其电荷性质，pH>pI，蛋白质带正电。（   ）
5. 盐析是利用不同物质在高浓度的盐溶液中溶解度的差异，向溶液中加入一定量的中性盐，使原溶解的物质沉淀析出的分离技术。（   ）
6. 在低盐浓度时，盐离子能增加生物分子表面电荷，使生物分子水合作用增强，具有促进溶解的作用。（   ）
7. 有机溶剂与水混合要在低温下进行。（   ）
8. 若两性物质结合了较多阳离子，则等电点的 pH 降低。（   ）
9. 盐析反应完全需要一定时间，一般硫酸铵全部加完后，应放置 30min 以上才可进行固-液分离。（   ）
10. 丙酮介电常数较低，沉析作用大于乙醇，所以在沉析时选用丙酮较好。（   ）
11. 甲醇沉淀作用与乙醇相当，但对蛋白质的变性作用比乙醇、丙酮都小，所以应用广泛。（   ）
12. 氨基酸、蛋白质、多肽、酶、核酸等两性物质可用等电点沉析。（   ）
13. 盐析一般可在室温下进行，当处理对温度敏感的蛋白质或酶时，盐析操作要在低温下（如 0~4℃）进行。（   ）

五、简答题

1. 常用的萃取剂有哪些？
2. 双水相萃取的特点有哪些？
3. 超临界流体的特点有哪些？
4. 萃取操作中有机溶剂的选择原则是什么？
5. 超临界流体萃取的工艺流程是什么？
6. 简述中性盐沉淀蛋白质的原理。
7. 何谓等电点沉析法？

8. 简述有机溶剂沉析的原理。
9. 简述影响盐析的因素。
10. 简述中性盐沉淀蛋白质的原理。
11. 简述有机溶剂沉析的原理。
12. 简述过饱和溶液形成的方法。
13. 简述结晶过程中晶体形成的影响因素。

项目四 产物精制技术

项目目标

知识目标：
1. 掌握色谱分离技术和膜分离技术的基本知识、基本原理。
2. 掌握典型色谱分离技术和膜分离技术的操作流程。
3. 熟悉色谱分离技术常见工艺问题及处理措施。
4. 熟悉膜的污染与清洗方法。
5. 了解色谱分离技术和膜分离技术在工业上的应用。

能力目标：
1. 学会典型色谱分离技术的基本操作。
2. 能针对不同的处理对象选择不同的色谱技术。
3. 能针对不同的处理对象选择不同的膜分离方法。
4. 能判断各种膜污染的原因，并能掌握常见的膜清洗方法。
5. 在理解膜分离基本原理的基础上，能正确操作各种膜分离过程。

素养目标：
1. 具有高度的社会责任感、良好的职业道德和诚信品质。
2. 具有正确运用所掌握的知识和技能在色谱分离过程和膜分离过程中发现问题、分析问题、解决问题的能力和安全生产意识。
3. 具有创新能力，竞争与承受的能力。
4. 具有良好的组织协调与沟通能力。

5. 培养学生按规范操作、爱护仪器的习惯。

项目引例

典型的制备色谱——模拟移动床色谱

模拟移动床（simulated moving bed，SMB）色谱分离技术是20世纪60年代发展起来的一种现代化分离技术，具有分离能力强、设备体积小、投资成本低、便于实现自动控制并特别有利于分离热敏性及难以分离物系等优点，在制备色谱技术中最适用于进行连续性大规模工业化生产。

SMB技术的兴起是化工技术中的一次革新，其应用范围也不断扩大，遍及石油、精细化工、生物发酵、医药、食品等很多生产领域，尤其在同系化合物、手性异构体药物、糖类、有机酸和氨基酸等混合物的分离中显示出其独特性能。

推动模拟移动床色谱研究的力量，源自手性药物市场的需求，但是，随着生命科学的发展，人们越来越认识到，外消旋体药物中对应异构体的错误使用是一种严重的药物污染，其毒副作用有时可能比具有医药活性的对映体的疗效要大得多。"反应停"悲剧就是一个典型的案例，"反应停"的 R-构型是一种有效的镇静剂，而其 S-构型却是一种强致畸剂，孕妇服用后产生了1万多起畸胎悲剧，被称为"20世纪最大的药物灾难"。"反应停"等这些具有不同药理作用的外消旋体药物就像两种药物，只有将其分为两种单一的对映体，才能对症下药。与手性药物的化学拆分、酶法拆分、不对称合成等方法相比，模拟移动床色谱具有周期短、成本低、风险小、分离效率高、固定相利用率高、流动相循环使用、自动化连续操作等优势，已被国际上公认为规模制备拆分手性药物的最有效手段。

SMB是连续操作的色谱系统，它由多个色谱柱（大多为5~12根）组成。各柱相互之间用多位阀和管子连接在一起，每根柱子均设有样品的进口、出口，并通过多位阀沿着移动相的流动方向，周期性地改变样品进口、出口的位置，以此来模拟固定相与流动相之间的逆流移动，实现组分的连续分离。

模拟移动床色谱分离技术的优势：属于连续色谱分离过程；分离效率高；可以实现旋光异构物质的分离过程；适合于不同规模的色谱分离过程。

SMB主要用于分离提纯手性药物及生物药物，制备高纯度标准品，在医药工业中得到了广泛应用；中药和天然药物作为药物的重要来源，已经受到各国研究人员的重视。对于中药和天然药物中有效成分的分离提纯，SMB将会起到重要的作用。

项目实施

工作过程一　色谱分离技术

工作过程背景：

色谱分离技术是分离纯化和分析产物的关键技术，它是一种分离分析复杂混合物中各个组分的有效技术。

知识目标：

1. 掌握色谱分离技术的原理。
2. 掌握色谱分离技术的操作步骤。
3. 熟悉色谱分离技术的基本知识、常用的色谱介质。
4. 熟悉色谱分离技术的应用。

能力目标：

1. 学会典型色谱分离技术的基本操作。
2. 能针对不同的处理对象选择不同的色谱技术。

素养目标：

1. 具有高度的社会责任感、良好的职业道德和诚信品质。
2. 具有正确运用所掌握的知识技能在色谱分离过程中发现问题、分析问题、解决问题的能力。
3. 具有创新能力、竞争力与承受力。
4. 具有良好的组织协调与沟通能力。

色谱分离技术也称色谱法、层析法，它是一组相关分离技术的总称。色谱法最早是 1906 年俄国植物学家 Michael Tswett 发现并命名的，他将植物叶子的色素通过装填有吸附剂的柱子，各种色素以不同的速率流动后形成不同的色带而被分开，由此得名为"色谱法"，见图 4-1。

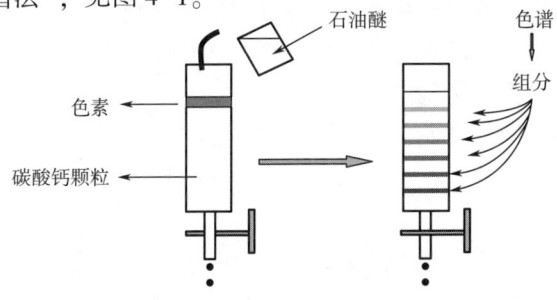

图 4-1　色谱起源

注：用色彩（chroma）和图谱（graphs）组成色谱一词（chromatography）。

色谱分离技术的基本原理是利用混合物中各成分的结构与性质上的差异，在互不相溶的两相（固定相、流动相）中分配行为的不同（或亲和力差异，或其他），在两相间经过多次差别分配（吸附—解吸—吸附—解吸……），使得各组分被固定相保留的时间不同，从而按一定次序由固定相中先后流出，与适当的柱后检测方法结合，实现混合物中各组分分离与检测的技术。它集分离与分析于一体，快速、简便、微量，成为分离分析复杂混合物的理想方法之一。

色谱分离法基本原理示意图见图4-2。

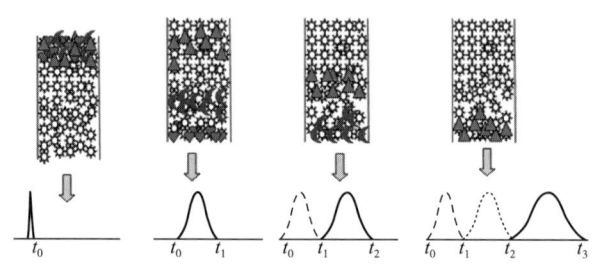

图4-2 色谱分离法基本原理示意图

t_0—样品溶剂的洗脱时间　t_1—样品1的洗脱时间　t_2—样品2的洗脱时间　t_3—样品3的洗脱时间

色谱系统一般由固定相、流动相、泵、检测系统组成。

固定相：固定于柱中或平板上，与流动相互不相溶的静止不动的一相，通常为表面积很大的多孔性固体介质。

流动相：携带样品流过整个系统的流体，通常为液体或气体。

泵：提供一定的动力，推动流动相移动。

检测系统：分析检测分离结果。

色谱分离技术与其他分离技术相比，具有很明显的优势。

（1）分离效率高　一方面，效能高，表现为色谱法能分开沸点接近的、含多种组分的复杂混合物；另一方面，灵敏度高，表现为色谱法可以检测出 $10^{-12} \sim 10^{-11}$ g 的物质，可以用于分析超纯气体、高纯试剂中的杂质。

（2）适用范围广　既可分析，又可用于最终产品纯化。

（3）选择性强　色谱法可分开性质很相近的组分，如同位素、同分异构体等，选择性取决于选择合适的固定相。

（4）设备简单　操作方便，操作条件温和。

同时，色谱分离技术也存在一些问题：处理量小、操作周期长、不能连续操作等。

根据不同的分类标准，可将色谱分离技术分成不同的类型，如下所示。

（1）按色谱分离原理的不同　可分为吸附色谱、分配色谱、离子交换色谱、凝胶过滤色谱、电泳技术等。

（2）按操作方式的不同 可分为柱色谱、纸色谱、薄层色谱和毛细管电泳色谱等。

（3）按固定相或支持剂种类的不同 可分为氧化铝色谱、硅胶色谱、聚酰胺色谱、凝胶色谱等。

（4）按流动相种类的不同 可分为气相色谱、液相色谱和超临界流体色谱等。

任务一　吸附色谱技术

吸附色谱技术常称为液-固色谱技术（liquid-solid chromatography，LSC）。

（一）吸附色谱简介

1. 吸附色谱技术的原理

吸附色谱技术是利用各组分在吸附剂（固定相）与洗脱剂（流动相）之间吸附和溶解（解吸）能力的差异进行分离的色谱技术。

吸附色谱法可以将吸附剂装填于柱中、覆盖于板上或浸渍于多孔滤纸中。吸附剂的活性位点，例如硅胶的表面硅烷醇，一般与待分离化合物的极性官能团相互作用。分子的非极性部分（例如烃基）对分离只有较小影响，所以吸附色谱十分适于分离不同种类的化合物。在给定温度下，在达到吸附平衡时，组分在固定相中的浓度（c_s）和在流动相中的浓度（c_m）的比值称为吸附平衡的平衡常数（K_D），也称为分配系数。分配系数对于计算待分离物质组分的保留时间有很重要的意义，用下式表示。

$$K_D = \frac{[c_s]}{[c_m]}$$

组分的性质不同，在固定相和流动相中的分配系数不同，在固定相中分配系数大的组分在固定相上的吸附能力强，在柱内移动速度慢，因而后流出色谱柱。由于各组分分配系数的差异，造成它们在色谱柱中移动速度的不同而在色谱柱上分离成不同的区带，从而实现组分的分离。

在吸附色谱中，溶质在吸附介质（色谱柱、纸或薄层板）中的移动常用阻滞因数（R_f）来表征，它表示色谱系统中溶质的移动速率和一理想标准物质（通常是和固定相没有亲和力的流动相，即 $K_D=0$ 的物质）的移动速率之比，即

$$R_f = \frac{溶质的移动速率}{流动相在色谱系统中的移动速率} = \frac{溶质的移动距离}{在同一时间内溶剂前沿的移动距离}$$

R_f 值大，则溶质易溶于流动相，不易溶于固定相；R_f 值小，则溶质易溶于固定相，不易溶于流动相。

2. 吸附色谱技术的类型

根据不同的分类方法，可将吸附色谱技术分为不同的类型。

（1）按吸附物质状态分类 按吸附物质状态分类可分为固-液吸附色谱与固-

气吸附色谱，吸附色谱一般指固-液吸附色谱。

固-液色谱的固定相是固体吸附剂，吸附剂是一些多孔的固体颗粒物质，位于其表层的原子、离子或分子的性质不同于在内部的原子、离子或分子的性质。表层的键因缺乏覆盖层结构而受到扰动，因此，表层一般处于较高的能级，存在一些分散的具有表面活性的吸附中心。因此，固-液色谱法是根据各组分在固定相上的吸附能力的差异进行分离，故也称为固-液吸附色谱。

（2）按操作方式不同分类　可分为吸附柱色谱和吸附薄层色谱。

①吸附柱色谱：将吸附剂填充到玻璃管或金属管中而使之成为柱状，这样的管状柱称为吸附色谱柱。使用吸附色谱柱分离混合物的方法，称为吸附柱色谱。这种方法可以用来分离大多数有机化合物，尤其适合于复杂的天然产物的分离。分离容量从几毫克到百毫克级，所以，适用于分离和精制较大量的样品。

②吸附薄层色谱（thin layer chromatography，TLC）：以涂布于玻璃板、塑料或铝基片等载体上的薄层基质为固定相，以合适的溶剂为流动相，对混合样品进行分离、鉴定和定量的一种层析分离技术。这是一种快速分离脂肪酸、类固醇、氨基酸、核苷酸、生物碱及其他多种物质的特别有效的色谱方法，从20世纪50年代发展起来至今，仍被广泛采用。

3. 吸附色谱固定相与流动相（展开剂）

（1）吸附色谱固定相及其特点　色谱固定相又称为吸附剂，吸附剂是具有大表面积的活性多孔固体。按吸附剂的化学结构，可将其分为无机吸附剂和有机吸附剂；按吸附剂的性质可分为极性和非极性两种类型。

①极性吸附剂：包括硅胶、氧化铝、氧化镁、硅酸镁、分子筛及聚酰胺等。极性吸附剂可进一步分为酸性吸附剂和碱性吸附剂。酸性吸附剂包括硅胶和硅酸镁等，碱性吸附剂有氧化铝、氧化镁和聚酰胺等。酸性吸附剂适于分离碱，如脂肪胺和芳香胺。碱性吸附剂则适于分离酸性溶质，如酚、羧酸和吡咯衍生物等。

a. 硅胶。硅胶是硅酸部分脱水后的产物，其成分是 $SiO_2 \cdot xH_2O$，又叫缩水硅酸。柱色谱用硅胶一般不含黏合剂。硅胶的吸附性是由于硅醇基能与极性化合物或不饱和化合物形成氢键。在现代液相色谱中，硅胶不仅作为液-固吸附色谱固定相，还可作为液-液分配色谱的载体和键合相色谱填料的基体。硅胶作为吸附剂有较大的吸附容量，分离范围广，能用于极性和非极性化合物的分离，如有机酸、挥发油、蒽醌、黄酮、氨基酸、皂苷等，但不宜分离碱性物质。天然产物中存在的各类成分大都用硅胶进行分离。

b. 氧化铝。市售的层析用氧化铝有碱性、中性和酸性三种类型，粒度规格大多为100~150目。

碱性氧化铝（pH9~10）：适用于碱性物质（如胺、生物碱）和对酸敏感的样品（如缩醛、糖苷等）的分离，也适用于烃类、甾体化合物等中性物质的分离。但这种吸附剂能引起被吸附的醛、酮的缩合，酯和内酯的水解、醇羟基的脱水，乙酰糖的去乙酰化，维生素 A 和维生素 K 的破坏等不良反应，所以，这些化合物不宜用碱性氧化铝分离。

酸性氧化铝（pH3.5~4.5）：适用于酸性物质如有机酸、氨基酸等的分离。

中性氧化铝（pH7~7.5）：适用于醛、酮、醌、苷和硝基化合物以及在碱性介质中不稳定的物质如酯、内酯等的分离，也可以用来分离弱的有机酸和碱等，目前，中性氧化铝的使用最多。

c. 聚酰胺。聚酰胺是聚己内酰胺的简称，商业上称为锦纶、尼龙-6 或卡普纶。色谱用聚酰胺是一种白色多孔性非晶形粉末，不溶于水和一般有机溶剂，易溶于浓无机酸、酚、甲酸及热的乙酸、甲酰胺和二甲基甲酰胺中。聚酰胺分子表面的酰胺羰基和末端胺基可以和酚类、酸类、醌类、硝基化合物等形成强度不等的氢键，吸附的强弱则取决于各种化合物与之形成氢键缔合的能力。因此可以分离上述化合物，也可以分离含羟基、氨基、亚氨基的化合物及腈和醛等化合物。

d. 硅酸镁。俗称硅藻土，是一种高选择性的吸附剂。这种吸附剂主要由三种成分组成：二氧化硅（84%）、氧化镁（15.5%）和硫酸钠（0.5%）。中性硅酸镁的吸附特性介于氧化铝和硅胶之间，主要用于分离甾体化合物和某些糖类衍生物。为了得到中性硅酸镁，用前先用稀盐酸，然后用乙酸洗涤，最后用甲醇和蒸馏水彻底洗涤至中性。

各种吸附剂中，最常用的吸附剂是硅胶，其次是氧化铝。硅胶和氧化铝作为极性吸附剂，有以下共同特点：对极性物质具有较强的亲和能力，故同为溶质，极性强者将被优先吸附。溶剂极性越弱，则吸附剂对溶质将表现出越强的吸附能力。溶剂极性增强，则吸附剂对溶质的吸附能力随之减弱。溶质即使被硅胶、氧化铝吸附，但一旦加入极性较强的溶剂时，又可被后者置换洗脱下来。硅胶和氧化铝的吸附活性与含水量关系很大，含水量越低，活性越大，吸附力越强。氧化铝操作不便，工艺烦琐，处理量有限，在工业大规模生产中应用受到限制。

②非极性吸附剂：最常用的是活性炭，具有疏水性和亲有机物质的性质，其吸附主要由范德华力引起，它的吸附作用与硅胶和氧化铝相反，对非极性物质具有较强的亲和能力，尤其是芳香族化合物的吸附性特别强，因此，活性炭在水溶液中吸附力最强，在有机溶剂中较弱，而水的洗脱能力最弱而有机溶剂较强。从活性炭上洗脱被吸附物质时，溶剂的极性减小，活性炭对溶质的吸附能力也随之减小，洗脱剂的洗脱能力增强。活性炭主要吸附分离水溶性成分，如氨基酸、糖、苷等；活性炭也能吸附绝大部分有机气体。因此，活性炭常被用来吸附和回收有机溶剂，处理恶臭物质。同时由于活性炭的孔径范围宽，即使对一些极性吸附物质和一些特大分子的有机物质，仍然表现出优良的吸附能力，如在 SO_2、NO_x、Cl_2、H_2S、CO_2 等有害气体治理中，有着广泛用途。因此，在吸附操作中，活性炭是一种首选的优良吸附剂。

针对不同的物质，活性炭的吸附遵循以下规律：

a. 对极性基团（如—COOH，—NH$_2$，—OH 等）多的化合物的吸附力大于极性基团少的化合物。例如，活性炭对酸性氨基酸和碱性氨基酸的吸附力大于中性氨基酸，可借此性质将酸性氨基酸或碱性氨基酸与中性氨基酸分开。

b. 对芳香族化合物的吸附力大于脂肪族化合物，因而可借此性质将芳香族氨基酸与脂肪族氨基酸（两者的氨基和羧基数目相同）分开；也可将某些水溶性芳香族物质与脂肪族物质分开。

c. 对分子质量大的化合物的吸附力大于分子质量小的化合物。例如，活性炭对肽的吸附力大于氨基酸，对多糖的吸附力大于单糖。

活性炭在使用之前一般需要先用稀盐酸洗涤，其次用乙醇洗，再用水洗净，再通过加热烘干进行活化，活化条件：一般活性炭在160℃加热干燥4~5h；锦纶活性炭易受热变形，改用100℃加热干燥4~5h，干燥后即可供柱色谱用。柱色谱用的活性炭，最好选用颗粒活性炭，若为细粉活性炭，则需加入适量硅藻土作为助滤剂一并装柱，以免流速太慢。

常用吸附剂的性能及用途见表4-1。

表4-1　　　　　　　　　　常用吸附剂的性能及用途

名称	极性		分离应用
酸性氧化铝		适用于分离空间排列或官能团不同的极性不是很大的物质	酸性化合物和对酸稳定的中性化合物
中性氧化铝	极性		酸、碱中不稳定的化合物
碱性氧化铝			碱性化合物，如生物碱和中性化合物
硅胶	极性		适用于分离大多数酸性和中性化合物，不适用于分离强碱性物质
聚酰胺	极性		适用于分离强极性物质
活性炭	非极性		适用于分离水溶液成分，如氨基酸、糖类及某些苷类

（2）色谱流动相与展开剂　吸附色谱流动相在薄层色谱（TLC）中称为展开剂，在吸附柱色谱（CC）中称为洗脱剂，是由一种溶剂或两种以上的溶剂组成的溶剂系统。流动相（展开剂）的洗脱作用实质上是流动相（展开剂）分子与被分离的溶质分子竞争占据吸附剂表面活性中心的过程。

①吸附柱色谱流动相的选择：吸附柱色谱流动相的选择主要考虑洗脱剂的洗脱能力、吸附剂和样品之间相互作用的性质等。

a. 洗脱剂的洗脱能力。常用的流动相有饱和烃、醇、酚、醚、有机酸、卤代烃等。它们的洗脱能力各不相同，可作为选择的参考。实际应用中，可以采用单一溶剂或混合溶剂作为洗脱剂。对于极性差别较大的样品，可先用极性低的溶剂洗脱，以后逐渐增加洗脱剂的极性，此法称为溶剂梯度洗脱。为了获得合适的溶剂极性，常采用两种、三种或更多种不同极性的溶剂混合起来使用（表4-2）。为了减小羧基、氨基等强极性物质拖尾，可在洗脱剂中添加少量乙酸（分离酸性物质）或氨水、二乙胺（分离碱性物质）。

在氧化铝、硅胶吸附剂上混合溶剂的组合和洗脱顺序见表4-2。

表4-2　　　　　　　　用于氧化铝、硅胶吸附剂的混合溶剂

洗脱能力	混合溶剂
小 ↓ 大	己烷-苯 苯-乙醚 苯-乙酸乙酯 氯仿-乙酸乙酯 氯仿-甲醇

在聚酰胺吸附剂上，洗脱剂的洗脱能力按下列顺序增强：水<乙醇<甲醇<丙酮<稀氨水<稀氢氧化钠水溶液<甲酰胺。

在活性炭吸附剂上，溶剂的洗脱能力与硅胶等极性吸附剂相反，洗脱剂的洗脱能力按下列顺序增强：水<甲醇<乙醇<丙酮<正丙醇<乙醚<乙酸乙酯<正己烷<苯。

b. 吸附剂和样品之间相互作用的性质。在极性吸附剂上，被分离物质的极性越大，极性基团越多，吸附力越强，洗脱越慢。常见的官能团按极性增强的顺序排列如下。

$$-CH_3 < -Cl, -Br, -I < \hspace{-0.5em}>\hspace{-0.5em}C{=}C\hspace{-0.5em}<\hspace{-0.5em} < -OCH_3 < -NO_2 < -N(CH_3)_2 <$$

$$-COOR < \hspace{-0.5em}>\hspace{-0.5em}C{=}O < -CHO < -SH < -NH_2 < -OH < -COOH$$

对于某种样品，选择固定相和流动相的一般规律为：弱极性组分选用吸附性较强的吸附剂，用极性较小的溶剂洗脱；强极性组分选用吸附性较弱的吸附剂，用极性较大的溶剂洗脱，以便既能实现分离又能适时洗脱。可以用薄层色谱为柱色谱找流动相条件。

②吸附薄层色谱展开剂的选择：展开剂也称溶剂系统，流动相、洗脱剂是在平面色谱中用作流动相的液体。展开剂的主要任务是溶解被分离的物质，在吸附剂薄层上转移被分离物质，使各组分的 R_f 值在 0.2~0.8 并对被分离物质要有适当的选择性。作为展开剂的溶剂应满足以下要求：适当的纯度、适当的稳定性、低黏度、线性分配等温线、很低或很高的蒸气压以及尽可能低的毒性。一般遵循"相似相溶"原则：极性大的物质选用极性大的展开剂，极性小的物质选用极性小的展开剂。可参考下列溶剂的洗脱能力顺序进行选择。

硅胶板：乙腈>二氧六环>丙酮>乙酸乙酯>乙醚>二氯甲烷>氯仿>苯>四氯化碳>戊烷。

氧化铝板：乙酸>甲醇>异丙醇>吡啶>乙腈>二甲亚砜>乙酸乙酯>二氧六环, 丙酮>二氯乙烷>四氢呋喃>二氯甲烷>氯仿>乙醚>苯>甲苯>四氯化碳>环己烷>石油醚>戊烷。

实际工作中，更常用到二元、三元混合溶剂作展开剂，这时可参考有关资料，利用资料上报道的展开剂进行实验时，往往还要经过实验来确定合适的配比。

根据被分离物的极性，先用单一溶剂展开，若 R_f 值太小，则加入一定量极性强的溶剂，如乙醇、丙酮等；如果 R_f 值太大，则加入适量极性弱的溶剂（如环己烷、石油醚等），以降低极性。可加入一定比例的酸或碱，使斑点集中。

4. 影响吸附的因素

影响吸附的因素很多，主要有吸附剂的性质、吸附质的物理化学性质、溶剂的影响以及吸附条件等。

(1) 吸附剂的性质　吸附剂的比表面积（每克吸附剂所具有的表面积）、颗粒度、孔径、表面化学结构和表面电荷性质对吸附的影响很大。比表面积主要与吸附容量有关，比表面积越大，空隙度越高，吸附容量越大。颗粒度和孔径分布则主要影响吸附速率，颗粒度越小，吸附速率就越快，孔径适当有利于吸附物向空隙中扩散，加快吸附速率。所以要吸附相对分子质量大的物质时，就应该选择孔径大的吸附剂，要吸附相对分子质量小的物质，则需选择比表面积大及孔径较小的吸附剂。吸附剂的表面化学结构和表面电荷性质对吸附过程也有很大的影响。极性分子型的吸附剂容易吸附极性分子型的吸附质，非极性分子型的吸附剂容易吸附非极性分子型的吸附质。

(2) 吸附质的物理化学性质　吸附质的溶解性能对平衡吸附量有重大影响。溶解度越小的吸附质越容易被吸附，也越不易解吸。结构相似的化合物在其他条件相同的情况下，具有高熔点的化合物容易被吸附，因为一般情况下，高熔点的化合物其溶解度相对较低；对于有机物在活性炭上的吸附，随同系物含碳原子数的增加，有机物的疏水性增强，溶解度减小，因而活性炭对其吸附容量越大；吸附质的分子大小对吸附速率也有影响，通常吸附质分子体积越小，其扩散系数越大，吸附速率越大；吸附过程由颗粒内部扩散控制时，受吸附质分子大小的影响较为明显；吸附质的浓度增加，吸附量也随之增加，但浓度增加到一定程度后，吸附量增加很慢；吸附质自身或在介质中能缔合则有利于吸附，如乙酸在低温下缔合为二聚体，苯甲酸在硝基苯内能强烈缔合，所以乙酸在低温下能被活性炭吸附，而苯甲酸在硝基苯中比在丙酮或硝基甲烷内容易被吸附。

(3) 溶剂的影响　单溶剂与混合溶剂对吸附作用有不同的影响。一般吸附物溶解在单溶剂中容易被吸附；若是溶解在混合溶剂（无论是极性与非极性混合溶剂或者是极性与极性混合溶剂）中不容易被吸附。所以一般用单溶剂吸附，用混合溶剂解吸。

(4) 吸附条件

①温度：吸附过程通常是放热过程，因此温度越低对吸附越有利，在低温时，有些吸附过程往往在短时间内达不到平衡，而升高温度会使吸附速度加快，并出现吸附量增加的情况。但由于吸附操作通常是在常温下进行，吸附过程的热效应

较小，温度变化并不明显，因而温度对吸附过程的影响不大。但是，在活性炭再生的场合，经常通过大幅度加温以使吸附质分子解吸。吸附一般是放热的，所以只要达到了吸附平衡，升高温度会使吸附量降低。

②pH：溶液的 pH 往往会影响吸附剂或吸附物解离情况，进而影响吸附量，对蛋白质或酶类等两性物质，一般在等电点处溶解度最小，吸附量最大。各种溶质吸附的最佳 pH 需要通过实验来确定。

③盐的浓度：盐对不同物质的吸附有不同的影响，有些情况下盐能阻止吸附，在低浓度盐溶液中吸附的蛋白质或酶，常用高浓度盐溶液进行洗脱。但在另外一些情况下盐能促进吸附，甚至有的吸附剂一定要在盐的存在下，才能对某种吸附物进行吸附。因此，盐的浓度对于选择性吸附很重要，在生产工艺中也要靠实验来确定合适的盐浓度。

④接触时间：吸附质与吸附剂要有足够的接触时间，才能达到吸附平衡，吸附剂的吸附能力才能得到充分利用。吸附平衡所需时间取决于吸附速率，吸附速率越快，达到平衡所需时间越短。

(二) 吸附色谱的操作

1. 吸附柱色谱的操作

（1）色谱柱的选择　色谱柱为内径均匀、下端缩口的硬质玻璃管，色谱柱的直径与长度之比为（1∶10）~（1∶30），高度视分离的难易可做变动，总的来说，长柱分辨率好，但处理大量物质则用粗的柱比较适宜。色谱柱底部塞以玻璃棉或脱脂棉，再放一薄层海砂或石英砂。管内装入吸附剂，吸附剂的颗粒应尽可能保持大小均匀，以保证良好的分离效果。除另有规定外，通常多采用直径为 0.07~0.15mm 的颗粒。色谱柱的大小、吸附剂的品种和用量以及洗脱时的流速，均按各品种项下的规定，层析柱的基本装置如图 4-3 所示。

（2）层析材料的准备　许多材料都可在层析法中使用。在装柱前这些材料要用溶剂平衡，另外还需做一些预处理。例如，吸附剂需要加热或酸处理来活化等。

在用溶剂平衡时，先使材料沉淀，用倾泻法除去悬浮的细颗粒，否则由于细颗粒的堵塞，溶剂的流速将显著降低。

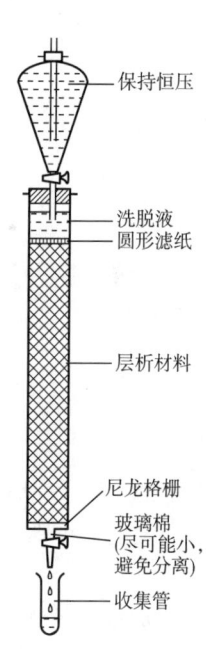

图 4-3　层析柱的基本装置

（3）装柱　装柱方法有干法、湿法两种。

①干法装柱：选定吸附剂填料，粒径一般为 0.07~0.15mm（100~200 目），筛分窄些较好。通过漏斗慢慢装入填料，边装边振动管壁使其均匀下沉并填实，

装填完毕，在吸附剂表面铺一层滤纸或一薄层石英砂，使加洗脱剂时吸附剂不被冲起。然后从柱管口徐徐加入洗脱剂，打开下端活塞，保持一定流速，使其均匀地润湿下沉，并排除柱内气泡，在管内形成松紧适度的吸附层。操作过程中应保持洗脱剂的液面要始终高于吸附剂。干法装柱适用于大颗粒的装填。

②湿法装柱：层析柱的填装是先关闭出口，用溶剂灌注至1/3体积，并使支持板下的"死体积"不存有气泡，再慢慢地向溶剂中加吸附剂浆状物，要小心地沿着玻棒倾注以防止气泡存留在柱内，可轻轻振动色谱柱，使带入的气泡从上部排出，并使填充均匀，让悬浮液沉淀，并放出过多的溶剂。为避免分层，最好一次装完，如需分几次填装，则在二次填装前应先在已经沉淀的表面用玻璃棒搅拌后再倾注，重复这个过程，直至装到需要的高度。用溶剂彻底洗涤层析柱后，使液面降到比层析床表面略高一点。最后覆盖一张圆形滤纸或尼龙布，以免加样时扰乱床表面，见图4-4。

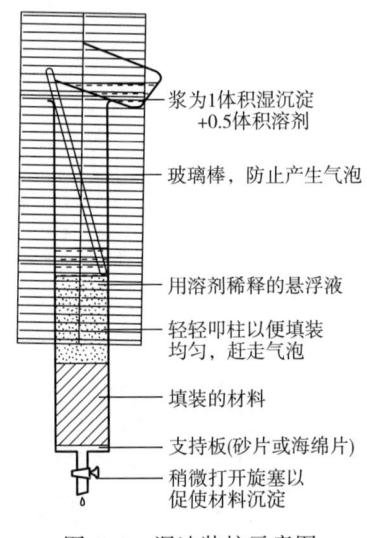

图4-4 湿法装柱示意图

无论是干装法，还是湿装法，装好的色谱柱应充填均匀，松紧适宜一致，没有气泡和裂缝，否则会造成洗脱剂流动不规则而形成"沟流"，引起色谱带变形，影响分离效果。

（4）加样　加样分为湿法加样和干法加样两种。

①湿法加样：把待分离的物质溶在少量色谱最初用的洗脱剂中，样品溶液的浓度应该尽可能高些，以减少样品溶液体积，使区带狭窄。将样品仔细加到层析床的表面，打开旋塞至液面与床面齐平，在上面撒一层细砂，然后连接溶剂池，保持一定高度的液面。

②干法加样：许多待分离物质难溶于最初使用的洗脱剂，针对这种情况，可选用一种对待分离物质溶解度大而且沸点低的溶剂，取尽可能少的溶剂将其溶解。

在溶液中加入少量吸附剂，拌匀后，挥干溶剂，研磨使之成松散均匀的粉末，轻轻撒在色谱柱吸附剂上面，再在上面撒一层细砂。

（5）洗脱　将洗脱剂小心地从柱顶端加到色谱柱中进行洗脱，在冲洗过程中，各组分因为吸附力不同而逐渐分离，从而依次从柱上洗脱下来。洗脱时，上柱量不超过总柱容量的10%，且控制流速在 10~15mm/min。如因柱阻力大使流速过低，可在柱顶用惰性气体加压（或在柱出口抽真空减压）的方法调节。在洗脱过程中，注意随时添加洗脱剂，以保持液面的高度恒定，特别应注意不可使柱面暴露于空气中。在进行大柱洗脱时，可在柱顶上架一个装有洗脱剂的带盖塞的分液漏斗或倒置的长颈烧瓶，让漏斗颈口浸入柱内液面下，这样便可以自动加液。如果采用梯度溶剂分段洗脱，则应从极性最小的洗脱剂开始，依次增加极性，并记录每种溶剂的体积和柱子内滞留的溶剂体积，直到最后一个成分流出为止。洗脱的速率也是影响柱色谱分离效果的一个重要因素。大柱一般调节每小时流出的毫升数相当于柱内吸附剂的克数，中小型柱一般以 1~5 滴/s 的速度为宜。在一个组分被洗脱后可以更换洗脱液，这就是所谓的分步洗脱。另外，还有一个可行的方法是逐渐改变溶剂的性质，形成一个离子强度、pH 或极性的递增梯度从而使各组分依次被洗脱，这种方法称为梯度洗脱，可减少拖尾现象。

（6）部分收集及分析　如果分离的各个组分为有色物质，按色带分段收集，两色带之间要另收集，可能两组分有重叠；如为无色物质，一般采用分等份连续收集到一系列试管中或使用部分收集器，每份流出液的体积（毫升）相当于吸附剂的克数。若洗脱剂的极性较强，或者各成分结构很相似时，每份收集量就要少一些，具体数额的确定，可以采用薄层色谱、紫外光（能透紫外光的柱子，采用荧光吸附剂）及其他方法检测，视分离情况而定。

洗脱完毕后可选用各种适宜的方法将已收集的许多部分流出液进行定量分析，可以让流出液通过一个流动小室测定其 280nm 或 260nm 的光吸收来进行连续监测每一部分的蛋白质或核酸的含量，画出洗脱物的量对流出液体积的洗脱曲线，并把含相同组分的收集液合并，除去溶剂，便得到各组分的较纯样品。

2. 吸附薄层色谱的操作

（1）薄层板制备

铺制薄层板时，要求基底板洁净平整，可用湿法或干法铺制。

①湿法制板（硬板）：湿法制板是目前常用的制板方法。具体操作：将吸附剂和黏合剂（如烧石膏）（有时为了特殊的分离或检出需要，要在固定相中加入某些添加剂）按一定比例混合，加入适量水调匀，用涂布器将此匀浆缓慢地移过基底板，放置晾干，再经适当烘烤活化后即可使用。

湿法制板可用于硅胶、聚酰胺、氧化铝等薄层板的制备，但最常用的是硅胶硬板。用硫酸钙为黏合剂铺成的板称为硅胶 G 板，用羧甲基纤维素钠作黏合剂铺成的板为硅胶 CMC 板。

a. 硅胶 G 板的制备。加硅胶质量 5%、10%或 15%的硫酸钙,与硅胶混匀,得到硅胶 G_5、G_{10} 或 G_{15}。用硅胶 G 和蒸馏水 1：(3~4)的比例调成糊状,倒一定量的糊浆于玻璃板上,铺匀,在空气中晾干,于 105℃活化 1~2h,薄层厚度为 2.5mm 左右。

b. 硅胶 CMC 板的制备。取硅胶（g）加适量 0.5%CMC 水溶液（mL）[1:3 左右,质量/体积比],将硅胶调成糊状,倒合适的量在玻璃板或载玻片上,控制铺板厚度在 2.5 mm 左右,转动或借助玻璃棒使其分布于整个玻璃表面,振动使之为均一平面,放于水平处,在空气中晾干,于 105℃活化 1h。一般情况下薄层越薄,分离效果越好。

②干法制板（硬板）：多用于氧化铝薄层板的制备。此法不加黏合剂和水,直接将吸附剂均匀地铺成薄层（软板）,氧化铝板于 150~160℃烘 4h,可得活性的薄层板。

现在市场上已有各种制好的薄层板出售,统称预制板。

（2）展开剂的配制　配制展开剂时,应严格控制其比例准确度,如遇到比例很小的溶剂时,应尽量满足其精确度要求,而不是为图方便省事直接用滴管加入。展开剂配好后如果浑浊不清,不能立即使用,应转移入分液漏斗中,待其静置分层澄清后再取其上层（或下层）液进行展开。

配制展开剂所用的溶剂质量直接影响薄层色谱分离能力。如果含有杂质超标、水分超标以及吸收空气中干扰气体等,均可影响分离结果。如甲酸乙酯遇水容易水解,如用多次开瓶的残存溶剂,因逐渐吸收大气中的水分而不同程度地分解,所得的色谱与用新鲜溶剂所得色谱有明显差别。因此,配制展开剂的溶剂一定要符合质量要求。

展开剂要求新鲜配制,如需分层则按规定要求放置分层后,分取需要的一相（上层或下层）备用;展开剂展开后,溶剂比例发生变化,勿重复使用。

（3）点样

①点样方式：分为手动点样和自动点样。手动点样主要器具为微量毛细管、微量注射器等。自动点样采用半自动点样仪或全自动点样仪,按预设程序自动点样。手动点样灵活方便,常用于各种 TCL 鉴别中,器具以微量毛细管最常用。仪器的自动点样准确性好,常用于薄层扫描法的含量测定。

②点样方法：分为接触式点样和喷雾点样。喷雾点样为仪器控制,在此不展开描述。接触式手工点样时,应注意小心用点样器垂直接触薄层板表面以防止损伤板面。若薄层吸附剂表面被损坏或点成洼孔,则展开后斑点成不规则形状;靠近溶剂前沿的化合物形成三角形,靠近原点的化合物形成新月形,影响测定结果。原点损失带来误差,也将使展开后的定量和判断不准确。

③点样应注意的问题

a. 点样量。原点位置对样品容积的负荷量有限,体积不宜太大,点样量一般为 0.5~10μL，样品的浓度通常为 (0.5~2mg) / (0.5~10μL)，太浓时展开剂从原点外围绕行而不是通过整个原点把它带动向前，使斑点脱尾或重叠，降低分离效率。点样量太小，不能检出清晰的斑点，影响判断。点样量太多，展开剂不能全部负载，容易产生脱尾现象。当点样量适合时，可采用点状点样；当点样量过大，原点无法负荷时，可采用条带状点样，得到更好的分离效果，提高分辨率。

b. 样品的溶剂。样品在溶剂中溶解度很大，原点将变成空心圆，影响随后的线性展开，所以原则上应选择对被测成分可以溶解但溶解度不是很大的溶剂。供试液的溶剂在原点残留会改变展开的选择性，亲水性溶剂残留在原点吸收大气中的水分（特别在高湿度环境中）对色谱质量也会产生影响，因此除去原点残存溶剂是必要的，但对遇热不稳定和易挥发的成分，应避免高温加热，以免成分被破坏或损失。

（4）展开

①展开方式：平面色谱的展开有线性、环形及向心 3 种几何形式（图 4-5）。

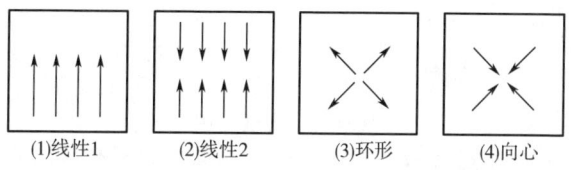

图 4-5 平面色谱的基本展开形式

a. 线性展开。根据展开方向的不同可分为上行展开、下行展开、水平展开、双向展开。上行展开是将薄层板垂直或倾斜放置，将展开溶剂加于底部，使之自下向上移动。下行法则为用滤纸将溶剂引至薄层上端，使其自上向下流动。水平展开用专用的水平展开槽，展开时，将板平放，溶剂被吸上至薄层板点有样品的一端，进行展开。双向展开是在两个垂直的方向上进行展开：将样品点在薄层板的一个角上，展开适当距离后，挥干溶剂，再将薄层板以与原展开方向呈 90°的方向进行展开，用于成分较多、性质比较接近的难分离组分的分离。

大多数采用直线形上行展开，一般可用适合薄层板大小的专用平底或双槽展开缸，展开时必须能密闭。薄层板水平角度以 75°为最佳。展开距离一般为 10~15cm，见图 4-6、图 4-7。

b. 环形展开。使用圆形薄层板时，将样品点在圆心附近，使溶剂自圆心向圆周方向移动，称为环形展开；一般将点样处附近的吸附剂刮去，使溶剂只能通过样品点附近的较窄部分前进展开，因而溶剂前缘呈弧形的展开方式，也称径向展开，这种方式对较难分离的组分可能效果好些。

c. 向心展开。将样品点在圆周位置，使溶剂自圆周向圆心移动，为向心展开，适用于 R_f 值大的组分的分离。

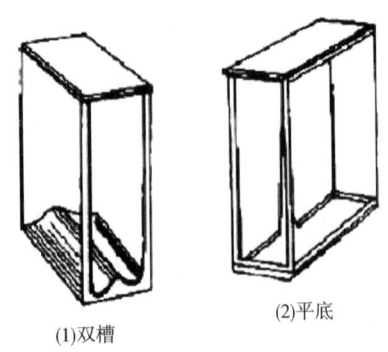

图 4-6　展开缸

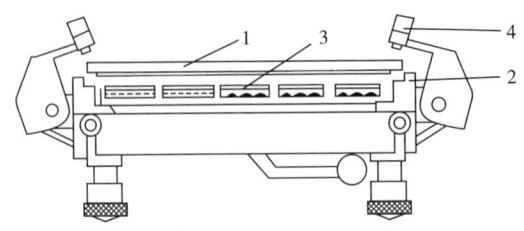

图 4-7　平展开室
1—薄层板　2—槽体　3—溶剂（饱和薄层用）　4—固定夹

环型与向心展开为特殊情况需求，需要借助特殊展开仪器进行展开。

根据分离、分析的需要，可选择单次展开、多次展开、分步展开或连续展开的形式。

a. 单次展开。用同一种展开剂一个方向展开一次，这种方式在平面色谱中应用最为广泛（垂直上行展开，垂直下行展开，一向水平展开，对向水平展开）。

b. 多次展开。单向多次展开，进行后一次展开前，应使薄层板残留的展开剂完全挥干，再用相同的展开剂沿同一方向进行相同距离的重复展开，直至分离满意，广泛应用于薄层色谱法。

c. 分步展开。混合物性质差别较大时，一种流动相不能有效分离时，可采用不同溶剂依次展开不同距离。

d. 连续展开。使到达薄层上缘的溶剂不断蒸发，连续展开以增加展开距离。因无溶剂前沿，需要有参照物同时展开，以计算相对保留值。

②展开操作：点样后的薄层板置入加有展开剂的薄层展开箱中，密闭，一般采用上行展开，薄层板浸入展开剂深度一般要求溶剂最初的前沿距原点为 0.5～1.0cm（切勿将样点浸入展开剂中），展开至规定展开距后立即将薄层板取出，晾干，以备检测。展开距离为 8～15cm 为宜，高效板 5～8cm 为宜。

如规定需用展开剂或其他溶剂的蒸气预平衡的情况，可在双槽展开箱的一侧加入适量的溶剂，密闭，一般保持 15～30min。如需达到饱和状态，可在展开室壁上贴两条与室一样高、宽的滤纸条,一端浸入展开剂中,密封室顶的盖,使展开箱易于被蒸气平衡。如规定薄层板需要同时预平衡者,应将薄层板放入箱内没有溶剂的一侧槽中,平衡后再将溶剂倾入此槽中展开(图4-8)。

必要时,可进行二次展开或双向展开,进行第二次展开前,应使薄层板残留的展开剂完全挥干。

展开剂要求新鲜配制,如需分层则按规定要求放置分层后,分取需要的一相(上层或下层)各用。

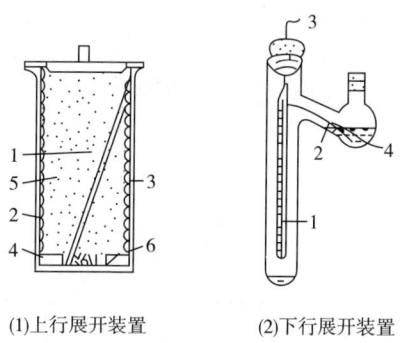

(1)上行展开装置　　(2)下行展开装置

图4-8　展层装置示意图

1—薄层板　2—滤纸　3—展层缸　4—展层剂　5—挥发展层剂　6—玻璃块

(5)显色　显色也称为定位,即用某种方法使经色谱展开后的混合物各组分斑点呈现颜色,以便观察其位置,判断分离条件的好坏和各组分的性质。

①显色剂:常用薄层色谱显色剂和常用腐蚀性万能显色剂详见表4-3、表4-4。

表4-3　常用薄层色谱显色剂

化合物	显色剂
氨基酸类	茚三酮溶液:(0.2~0.3g)茚三酮+95mL乙醇+5.0mL 2,4-二甲基吡啶
生物碱类	碘化铋钾试剂;碘蒸气
黄酮	紫外线氨熏,$AlCl_3$乙醇液
蒽醌类	乙酸镁甲醇溶液,0.5%乙酸镁甲醇溶液;喷后90℃烤5min,5%NaOH
糖类	2g二苯胺溶于2mL苯胺、10mL 80%磷酸和100mL丙酮
强心苷	氯胺T-三氯乙酸,Kedde试剂
甾苷	茴香醛硫酸液,磷钼酸液
萜类	磷钼酸液
醚和酸类	石油醚:乙醚:冰乙酸=90:10:1(或80:10:1)
酚类	5%三氧化铁溶于甲醇-水(1:1)中

续表

化合物	显色剂
醛酮	邻联茴香胺乙酸溶液
酸类	0.3%溴甲酚绿溶于80%乙醇中，每100mL中加入30% NaOH 3滴
脂肪类	5%磷钼酸乙醇液；三氧化锑或五氯化锑氯仿液；0.05%罗丹明B水溶液

表4-4　　　　　　　　　常用腐蚀性万能显色剂

试剂	组成和用法
浓硫酸	喷上浓硫酸，加热到100~110℃
50%硫酸	喷上后，加热到200℃，在日光或紫外灯下观察
硫酸:乙酸酐=1:3	喷上后加热
硫酸+高锰酸钾	0.5g高锰酸钾溶于15mL浓硫酸，喷后加热
10%硫酸乙醇	取硫酸57mL，加乙醇稀释至1000mL，喷后加热
硫酸+铬酸	将铬酸溶于浓硫酸中使成饱和溶液，喷后加热
硫酸+硝酸	喷1:1的硫酸和硝酸混合液后加热，或用含有5%硝酸的浓硫酸，喷后加热
高氯酸	喷2%（或25%）的高氯酸溶液后，加热至150℃
碘	喷含1%碘的甲醇液，或将薄层板放在含有碘结晶的密闭器皿内

②显色方法

a. 紫外线照射显色法。用紫外照射分离后的薄层，使化合物产生光加成、光分解、光氧化还原及光异构等光化学反应，导致物质结构发生某些变化，如形成荧光发射功能团，发生荧光增强或淬灭及荧光物质的激发或发射波长发生移动等现象，从而提高了分析的灵敏度和选择性。紫外线照射法常用的紫外线波长有两种：254nm和365nm。如果样品在紫外光照射下能发出荧光，层析后可直接在紫外灯下观察其位置。如果样品的斑点在紫外光下不显荧光，可在吸附剂中加入荧光物质或在制好的薄层上喷荧光物质制荧光薄层，这样在紫外光下薄层本身显荧光而样品的斑点却不显荧光。吸附剂中加入的荧光物质常用1.5%硅酸锌镉粉，或在薄层上喷0.04%荧光素钠水溶液，0.5%硫酸奎宁醇溶液以及1%磺基水杨酸的丙酮溶液。有些化学成分在紫外灯下会产生荧光或暗色斑点，可直接找出色点位置。对于在紫外灯下自身不产生颜色但有双键的化合物可用掺有荧光素的硅胶（GF_{254}或HF_{254}）铺板，展开后在紫外灯下观察，板面为亮绿色，化合物为黑色斑点。

b. 喷雾显色法。每类化合物都有特定的显色剂，展开完毕，进行喷雾，显色剂溶液以气溶胶的形式均匀地喷洒在薄层上，多数在日光下可找到色点。注意氧化铝软板在展开后，取出立即划出前沿，趁湿喷雾显色。如果干后显色，吸附剂会被吹散。

c. 浸渍显色。挥去展开剂的薄层板,垂直地插入盛有展开剂的浸渍槽中,设定浸板及抽出速度和规定在显色剂中浸渍的时间。

d. 碘蒸气显色。多数有机化合物吸附碘蒸气后显示不同程度的黄褐色斑点,这种反应有可逆及不可逆两种情况,前者在离开碘蒸气后,黄褐色斑点逐渐消退,并且不会改变化合物的性质,且灵敏度也很高,故是定位时常用的方法;后者是由于化合物被碘蒸气氧化、脱氢增强了共轭体系,因此在紫外光下可以发出强烈而稳定的荧光,对定性及定量都非常有利,但是制备薄层时要注意被分离的化合物是否改变了原来的性质。

(6) 测定比移值　在一定的色谱条件下,特定化合物的 R_f 值是一个常数,因此有可能根据化合物的 R_f 值鉴定化合物。

(7) 薄层扫描　薄层扫描法是指用一定波长的光照射在经薄层层析后的层析板上,对具有吸收或能产生荧光的层析斑点进行扫描,用反射法或透射法测定吸收的强度,以检测层析谱。对于中成药复方制剂,也可用相应的原药材按需要组合做阴、阳对照,然后比较其薄层扫描图谱加以鉴别。

(三) 吸附色谱的工艺问题及其处理

1. 吸附剂的吸附能力下降

吸附剂在使用过程中吸附能力下降,可能存在以下几方面原因。

(1) 新树脂的预处理没有做好　一般新树脂在使用前要求严格的预处理,预处理的方法,首先用大量的纯化水冲洗,然后用纯异丙醇过柱,浸泡一定时间,最后用纯化水冲至无异丙醇味,方可使用。

(2) 料液的预处理没有做好　如果用吸附剂吸附小分子物质,对料液进行预处理非常必要,特别是要除去那些固态物质及某些大分子物质,以防吸附剂被堵塞。如果用吸附剂进行交换吸附,预先要除去某些交换能力更强的干扰离子,有助于提高吸附剂的交换能力。

(3) 吸附剂的再生效果不好

①主要原因:吸附剂在再生过程中,由于再生剂用量不够,或再生操作不规范(如流速变化太大、压力变化太大、再生液流向不合理等),使吸附剂再生不彻底,或在较高温度下反复加热再生,吸附剂表面有碳沉积等,从而影响下一次的吸附效果。

②措施:生产上严格规范操作、确定合理的工艺条件、逆流再生等有利于提高再生效果。

(4) 吸附剂劣化　吸附剂由于反复吸附和再生后,会产生劣化现象,使吸附能力下降。

①主要原因:料液内存在某些污染物覆盖了吸附剂表面(内、外表面);由于操作温度高,特别是再生温度高,使吸附剂半熔融,引起微孔消失,减少了吸附

面积；由于化学反应，使细孔的结构受到破坏等。

②措施：对待处理料液认真分析，提前处理，除去有害物质。另外，控制好操作条件也可以有效预防吸附剂劣化。

(5) 操作不合理，使吸附剂受到破坏

①主要原因：吸附操作过程中，压力的快速变化引起吸附剂床层的松动或压碎从而危害吸附剂；气体吸附时进料带水；料液中杂质浓度过高；进料组分不在设计规格的范围内造成对吸附剂的损害，严重时可能导致吸附剂永久性损坏。

②措施：在操作过程中要防止使吸附剂的压力发生快速变化；进料气要经过严格脱水；当进料出现高的杂质浓度时，应缩短吸附时间，以防止杂质超载；根据进料组分，选择适宜的吸附剂的种类和规格。

2. 固定床操作中，过早出现"穿透"现象

床层过早出现"穿透"现象的主要原因可能是由于以下几方面，需采取相应的措施。

①床层装填不合理，颗粒不均匀等，导致出现偏流现象，需重新对吸附剂床层进行装填。

②操作过程不规范（如流速或压力突然变化），使床层均匀程度受到破坏，重新装填吸附剂后，严格按操作规程进行操作。

③系统密闭性差，或操作不合理，床层内出现气泡或分层现象。应进行密闭性检查，消除漏气，消除气泡及分层后，再进行正常工艺操作。

④料液浓度过高，操作流速过大等，对待处理料液进行适当稀释，合理确定操作流速。

3. 吸附剂在使用中受潮引起性能下降

吸附剂在使用中受潮，如果不是很严重，可以用干燥的气体进行吹除或用抽真空方式抽吸，降低水的分压，使吸附剂恢复部分活性，维持生产使用，但吸附性能难以恢复如初。如果受潮严重只有按照吸附剂活化处理的方法重新活化。

(四) 吸附色谱分离技术的应用

吸附色谱在生物化学和制药领域有比较广泛的应用。

1. 应用于生物分子的分离纯化

主要体现在对生物小分子物质的分离。生物小分子物质相对分子质量小，结构和性质比较稳定，操作条件要求不太苛刻，其中生物碱、萜类、苷类、色素等次生代谢小分子物质常采用吸附色谱或反相色谱法。吸附色谱在天然药物的分离制备中占有很大的比例。特别是柱色谱，对于简单的样品用此法可直接获得纯物质，对于复杂组分的样品，此法可作为初步分离手段，粗分为几类组分，然后用其他分析手段，将各类组分进行分离分析。例如以羟基磷灰石填充色谱柱，可具有较高的分离效率，并能保持生物分子较高的活性，已广泛用于生物分子的分离纯化。

2. 应用于各种医药品种的鉴定

例如各种医药品种成分分析、中成药鉴别和质量标准研究、纯度检查、稳定性考察和药物代谢以及合成工艺监控分析，生化和抗生素研究等。

3. 应用于其他方面

流动吸附色谱法测定固体比表面积，在催化剂、吸附剂、贵金属浆料、色谱担体、耐火材料及天然岩石的研究中，是一种测定比表面积的较优方法。

任务二 离子交换色谱技术

离子交换色谱技术是利用离子交换原理和液相色谱技术的结合来分离分析溶液中阳离子和阴离子的一种分离分析方法。凡在溶液中能够电离的物质通常都可以用离子交换色谱法进行分离。现在它不仅适用于无机离子混合物的分离，也可用于有机物的分离，如氨基酸、核酸、蛋白质等生物大分子，因此，其应用范围较广。

（一）离子交换色谱简介

1. 离子交换色谱的原理

离子交换色谱技术（ion exchange chromatography，IEC）是根据生物分子的可电离性、离子的净电荷、表面电荷分布的电性（种类、数目和分布）差异、对树脂亲和力不同，实现对不同生物分子分离的方法。离子交换色谱以离子交换树脂作为固定相，树脂上具有固定离子基团和可交换的离子基团。当流动相带着组分电离生成的离子通过固定相时，组分离子与树脂上可交换的离子基团进行交换。不同组分依其与离子交换剂亲和力的不同，而以不同牢度被交换，吸附于离子交换剂上，通过改变离子强度或（和）pH使组分再从离子交换剂上先后被洗脱下来，从而使混合成分中离子型与非离子型物质，或具有不同解离度的离子化合物得到分离。现已成为分离纯化生化制品、蛋白质、多肽等物质中使用最频繁的纯化技术之一，见图4-9。

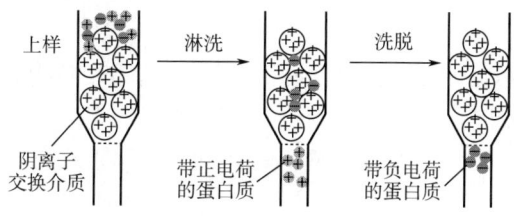

图4-9 离子交换色谱原理示意图

2. 离子交换色谱介质

离子交换色谱介质是一类具有离子交换功能的高分子材料，在溶液中它能将本身的离子与溶液中的同种离子进行交换。

（1）离子交换介质的结构　离子交换层析的固定相是离子交换介质（离子交换剂）。离子交换剂（或称基质）是一类带有功能基的网状结构的高分子化合物，它通常是由具有三维空间立体结构的不溶性网络骨架、联接在骨架上的功能基团（活性基团）、与活性基团所带的电荷相反的活性离子（可交换离子或称为反离子）三部分构成，如羧甲基纤维素离子交换剂组成如下所示。

$$纤维素—O—CH_2—COO^- \cdot Na^+$$
$$载体\ \ 电荷基团\ \ 反离子$$

载体 $\begin{cases} 化学原料合成：树脂类物质 \\ 天然材料制成：cellulose\ sephadex\ sepharose \end{cases}$

电荷基团 $\begin{cases} 阳离子交换剂：电荷基团（-），活性离子（+） \\ 阴离子交换剂：电荷基团（+），活性离子（-） \end{cases}$

例如：DEAE-纤维素、CM-sepharose

常用的离子交换剂有：离子交换纤维素、离子交换葡聚糖和离子交换树脂。下面以离子交换树脂为例对离子交换介质进行讨论。

（2）离子交换剂（树脂）的类型　离子交换树脂可根据不同的分类方法进行分类。

①按基质的组成和性质：可分为疏水性离子交换剂（树脂）和亲水性离子交换剂。

a. 疏水性离子交换剂（树脂）。疏水性离子交换剂是一种与水亲和力较小的合成树脂。最常见的是由苯乙烯与交联剂二乙烯苯反应生成聚合物，在此结构中再以共价键引入不同的电荷基团制成。疏水性离子交换剂主要用于无机离子、有机酸、核苷酸和氨基酸等小分子化合物的分离，也可用于从蛋白质溶液中除去表面活性剂（如 SDS）、去污剂（如 TritonX-1000）、尿素和两性电解质等。

b. 亲水性离子交换剂。亲水性离子交换剂与水亲和力较大，有纤维素离子交换剂、交联葡聚糖离子交换剂和交联琼脂糖离子交换剂等。

②按引入电荷基团的性质（活性基团）：可分为阳离子交换树脂和阴离子交换树脂。

a. 阳离子交换树脂。阳离子交换树脂的电荷基团带负电，反离子带正电，可与溶液中的阳离子或带正电荷化合物进行交换反应。阳离子交换树脂在交换时，H^+ 为外来的阳离子所取代，以含磺酸基的强酸型阳离子交换树脂为例，反应式如下：

$$R—SO_3—H^+ + Na^+ \rightarrow R—SO_3^- Na^+ + H^+$$

按电荷基团酸性强弱可将阳离子交换树脂分为：强酸型、弱酸型和中等酸型离子交换树脂。

强酸型：含磺酸基（—SO_3H）、次甲基磺酸基（—CH_2SO_3H）。

国产树脂中强酸 1×7（上海树脂#732）和国外产品 Dowex 50、Zerolit 225 等都为强酸型离子交换剂。

弱酸型：活性基团有—COOH、—OCH_2COOH、C_6H_5OH 等弱酸性基团。

中等酸型：含磷酸基（—PO_3H_2）。

b. 阴离子交换树脂。阴离子交换树脂是在基质骨架上引入季胺基 [—$N^+(CH_3)_3$]、叔胺基 [—$N^+(CH_3)_2$]、仲胺基 [—$NHCH_3$] 和伯胺基 [—NH_2] 而制成。

按胺基碱性强弱，可将阴离子交换树脂分为：强碱型、弱碱型和中等碱型。

强碱型：含季胺基，如三甲胺基或二甲基-β-羟基乙基胺基。

$$R—N^+R_3OH^- + Cl^- \rightarrow R—N^+R_3Cl^- + OH^-$$

#201 号国产树脂和国外 Dowex1、Dowex2、ZerolitFF 等都属于强碱型阴离子交换剂。

弱碱型：活性基团为叔胺基、仲胺基和伯胺基，碱性较弱。

$$R—N^+H_3OH^- + Cl^- \rightarrow R—N^+H_3Cl^- + OH^-$$

中等碱型：既含强碱性基团，又含弱碱性基团。

离子交换树脂的种类及特点见表 4-5。

表 4-5　　　　　　　　　　离子交换树脂的种类及特点

类型	缩写	化学结构	主要特点	pK_a 值
弱阳离子交换	CM	—CH_2COO^-	酸性较弱，适用于 pH>4 的流动相	4~6
强阳离子交换	SP	—$(CH_2)_2SO_3^-$	酸性强，pH1~14 均适用	<2
弱阴离子交换	DEAE	—$(CH_2)_2N(CH_3)_2$	碱性较弱，适用于 pH<9 的流动相	>9
强阴离子交换	Q	—$CH_2N^+(CH_3)_3$	碱性强，pH1~14 均适用	>9

注：1. 流动相 pH 必须介于 pI 和 pK_a。

2. 流动相 pH 与待分离样品等电点至少差 1.0pH。

3. pH<3.0 宜选用强阳离子交换树脂，pH>10.0 宜选用强阴离子交换树脂。

③按骨架的物理结构可分为：凝胶型离子交换树脂和孔型离子交换树脂。

a. 凝胶型离子交换树脂。由苯乙烯或丙烯酸与交联剂二乙烯苯聚合而成，透明，没有毛细孔，吸水后形成微细的孔隙。适用于无机小分子的分离。

b. 大孔型离子交换树脂。由苯乙烯或丙烯酸与交联剂二乙烯苯聚合，经过特殊的物理处理，形成大网孔，再引入活性基团而制成。不透明，既有微孔又有大孔，吸附大分子，耐污染。

c. 均孔树脂。它由低交联苯乙烯-二乙烯苯（ST-DVB）共聚物经二次交联而成。由于均孔树脂的交联比一般苯乙烯型交换树脂均匀，所以称为均孔树脂，主要是阴离子凝胶型离子交换树脂，其交换容量高、机械强度好。

（3）离子交换树脂的命名　离子交换树脂的全名称由分类名称、骨架（或基团）名称、基本名称组成。1997年，原中华人民共和国化学工业部（简称"化工部"）颁布了规范化命名法，规定离子交换树脂的型号用三位阿拉伯数字组成：第一位数字表示树脂的分类，第二位数字代表不同的骨架结构，第三位数字为顺序号。分类代号和骨架代号都分成7种，分别以0~6七个数字表示，其含义见表4-6。

命名法还规定凝胶型离子交换树脂的交联度可在型号后用"×"号连接阿拉伯数字表示，在书写交联度时，将百分号省略；大孔型离子交换树脂在型号前加"D"，用以区别，见图4-10。

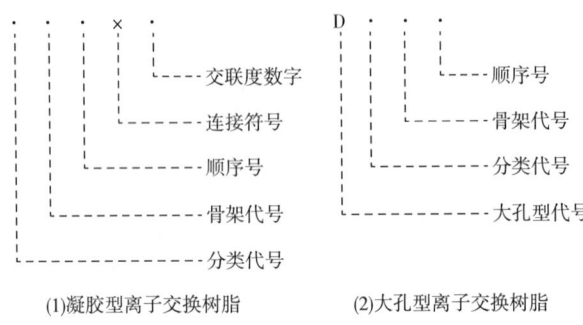

(1)凝胶型离子交换树脂　　(2)大孔型离子交换树脂

4-10　国产离子交换树脂命名原则图

表4-6　　　　　　　　常见树脂的骨架代号和分类代号及名称

代号	分类名称	骨架名称	代号	分类名称	骨架名称
0	强酸型	苯乙烯系	4	螯合型	乙烯哌啶系
1	弱酸型	丙烯酸系	5	两性	脲醛系
2	强碱型	酚醛系	6	氧化还原	氯乙烯系
3	弱碱型	环氧系			

例如，001×7强酸型苯乙烯系阳离子交换树脂（其交联度为7）的表示法如图4-11所示。

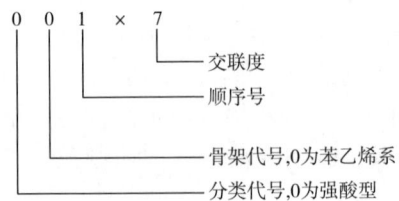

图4-11　001×7强酸型苯乙烯系阳离子交换树脂的表示法

(4) 离子交换树脂的理化性能

①交联度：交联度表示离子交换树脂中交联剂的含量。如聚苯乙烯树脂中，交联度以二乙烯苯在树脂母体中所占质量分数表示，一般为4%~14%。

交联度的大小决定着树脂的机械强度以及网状结构的疏密：交联度大，树脂孔径小，结构紧密，树脂机械强度大，一般用于小分子分离；反之，交联度小，树脂孔径大，结构疏松，强度小。

所以对相对分子质量较大的物质，选择低交联度的树脂；分离小分子物质选择较高交联度的树脂；在不影响分离时，也以选用高交联度的树脂为宜。

②交换容量：即每克干燥的离子交换树脂或每毫升完全溶胀的离子交换树脂所能吸附的一价离子的毫摩尔数（mmol/g 或 mmol/mL），是表征树脂离子交换能力的主要参数，实际上是表征树脂活性基团数量的参数，一般为3~6mmol/g。

一般选择交换容量大的树脂，可用较少的树脂交换较多的化合物，但交换容量太大，活性基团太多，树脂不稳定。

a. 交换容量的分类。交换容量可分为全交换容量和工作交换容量。

全交换容量：树脂所含可交换离子全部被交换，称为全交换容量，它是树脂的特征常数，不随实验条件变化。

工作交换容量：在一定操作条件下，实际测得的交换容量，称为工作交换容量，或有效交换容量，其大小与溶液中离子的浓度、树脂床的高度、流速、树脂粒度的大小以及交换基团的类型等因素有关。

交换容量应注明树脂的离子形态。如 R—SO_3H，交换容量为 5.2mmol/g（干树脂），转化成 Na 型即 R—SO_3Na，交换容量为 4.67mmol/g（干树脂）。

b. 交换容量的测定。强酸型与强碱型测定其解离盐的能力；弱酸型与弱碱型测定其中和酸碱的能力。

强酸型阳离子交换介质交换容量的测定方法：取一定量的离子交换介质，去离子水溶胀，漂洗干净用1mol/L的NaOH处理，去离子水洗至中性，1mol/L的HCl处理，去离子水洗至中性。然后用1mol/L的NaCl洗脱，收集洗脱液，再通过已标定的NaOH滴定洗脱液中的H^+浓度，计算出吸附H^+的毫摩尔数量，除以离子交换介质的质量，即可得到交换容量。计算公式如下：

$$交换容量（mmol/g）= \frac{测得的[H^+]（mmol）}{离子交换介质的质量（g）}$$

强碱型阴离子交换介质交换容量的测定方法：取一定量的离子交换介质，去离子水溶胀，漂洗干净，用1mol/L的HCl处理，去离子水洗至中性，用1mol/L的NaOH处理，去离子水洗至中性。然后用1mol/L的NaCl洗脱，收集洗脱液，再通过已标定的HCl滴定洗脱液中的OH^-浓度，计算出吸附OH^-的毫摩尔数量，除以离子交换介质的质量即可得到交换容量。计算公式如下：

$$交换容量（mmol/g）= \frac{测得的[OH^-]（mmol）}{离子交换介质的质量（g）}$$

胶或纤维类弱碱型阴离子或弱酸型阳离子交换介质交换容量的测定方法：取一定量的离子交换介质，漂洗干净，用1mol/L的NaCl处理，去离子水洗至中性，缓冲液平衡，用已知蛋白浓度的样品过柱吸附，直至柱内介质吸附的量达到饱和。用一定浓度的NaCl或其他洗脱剂洗脱，收集洗脱液，测定洗脱液中的蛋白质浓度，按如下计算公式交换容量。

$$交换容量（mmol/g）= \frac{测得的蛋白质质量（mg）}{离子交换介质的质量(g)或体积（mL）}$$

③粒度和形状：粒度是树脂颗粒溶胀后的大小，色谱用50~100目树脂，一般提取纯化用20~60目树脂。一般树脂为球形，这样可以减少流体阻力。

a. 有效粒径。指筛分树脂时，10%体积的树脂颗粒通过，而90%体积的树脂颗粒保留的筛孔直径。

b. 均一系数。指能通过60%体积树脂的筛孔直径与能通过10%体积树脂的筛孔直径之比。均一系数越接近1，表明树脂颗粒越均匀。在文献上常常见到用筛目数表示树脂粒度。

④滴定曲线：以每克干树脂所加的NaOH（或HCl）的毫摩尔数为横坐标，以平衡pH为纵坐标作图。滴定曲线比较全面地表征了离子交换树脂的性质。利用滴定曲线的转折点，可估算离子交换树脂的交换容量；转折点的数目，可推算不同离子交换基团的数目，同时，滴定曲线还表示交换容量随pH的变化。各种离子交换树脂的滴定曲线如图4-12所示。

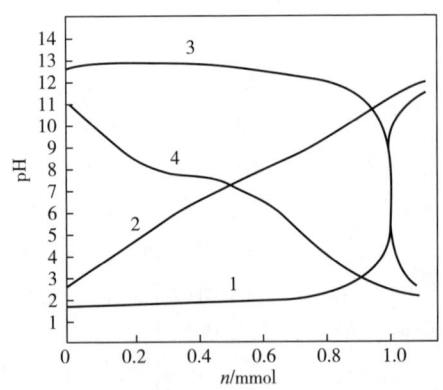

图4-12　各种离子交换树脂的滴定曲线

n—单位树脂交换容量所加入的盐酸或氢氧化钠的量，mmol
1—强酸型树脂Amberlite IR-120　2—弱酸型树脂Amberlite IRC-84
3—强碱型树脂Amberlite IRA-400　4—弱碱型树脂Amberlite IR-45

⑤稳定性：包括化学稳定性、热稳定性等，主要指耐化学试剂、耐氧化、耐辐射的性能。阳离子交换树脂一般比阴离子交换树脂稳定性好；交联度小的稳定性好。

⑥膨胀性（膨胀度）：即干树脂吸收水分或者有机溶剂后体积增大的性能。干燥的树脂接触溶剂后的体积变化称为绝对膨胀度；湿树脂从一种离子形态转变为另一种离子形态时的体积变化称为相对膨胀度。

3. 离子交换体系的选择

（1）离子交换树脂的选择　带正电荷（如生物碱盐或无机阳离子），选择阳离子交换树脂；若带负电荷（如有机酸或无机阴离子），则选择阴离子交换树脂。若被分离物质的解离能力强，酸碱性强，易与离子交换树脂进行可逆性交换，易被吸附，则选用弱酸型或弱碱型离子交换树脂，以免洗脱和再生困难；反之则选择强酸型或强碱型离子交换树脂。若被分离物质的分子质量大，选择低交联度的树脂；若分子质量小，则选择交联度大的树脂，以便使离子易于扩散与交换。

（2）流动相及其选择　离子交换色谱的流动相最常使用水作为缓冲溶液，有时也使用有机溶剂如甲醇或乙醇同水缓冲溶液混合使用，以提供特殊的选择性，并改善样品的溶解度。

离子交换色谱中流动相（缓冲液）的选择很重要。它们的选择取决于目的产物的 pI、离子交换剂的类型和是否需要挥发性缓冲液。如果纯化的样品将被冻干，特别是目的产物浓度很低时，那么，选择挥发性缓冲液是有利的。

一种好的缓冲液应该具有在工作 pH 条件下有高的缓冲能力、高的溶解性、高纯度及廉价等特点。缓冲液的盐也应该有高的缓冲能力，而且不应对电导率有很大干扰，不会与介质发生作用，缓冲液的浓度通常为 10~50 mmol/L；考虑到蛋白质在层析过程中的稳定性，依据等电点选择缓冲液的 pH 时，一般选用与蛋白质等电点相差一个单位的 pH，此时蛋白质与介质间的静电作用力大小适中，不仅可以实现蛋白质的有效吸附，而且洗脱条件也比较温和。

通过调节 pH 可以改变蛋白质的带电性质，从而影响蛋白质的离子交换层析行为。当 pH 低于蛋白质的 pI 时，蛋白质可被阳离子交换介质吸附；反之则能被阴离子交换介质吸附。

（二）离子交换色谱的操作

1. 树脂的预处理

由于新树脂在生产和运输途中会引入一些中间体和杂质，因此，使用前要进行处理。首先要去杂、过筛，粒度过大时可稍加粉碎，对于粉碎后或粒度不均匀的树脂应进行筛选和浮选处理，以保证树脂粒度均匀。固体离子交换剂先用水浸泡，待充分膨胀后即可进行处理。常规的处理步骤是，加过量的蒸馏水悬浮除去细颗粒，再用 8~10 倍树脂量的浓度约 1mol/L 的 NaOH 和 1mol/L 的 HCl 反复交替冲洗，各 3 次，以便除去杂质并使其带上需要的反离子（带 H^+ 或 OH^- 的交换剂型）。每次酸和碱处理转换时均应先用水洗涤至近中性，再用碱和酸处理。对于阳离子交换剂则用"酸-碱-酸"处理，使最终转为 H^+ 型或盐型交换剂，阴离子交换剂常用"碱-酸-碱"处理，使最终转为 OH^- 型或氯型交换剂。最后用水洗至中性，经缓冲液平衡后即可使用或装柱。

2. 装柱

（1）选择层析柱　离子交换层析要根据分离的样品量选择合适的层析柱，离子交换用的层析柱一般粗而短，不宜过长。直径和柱长比一般为（1∶10）～（1∶50），层析柱安装要垂直。装柱时要均匀平整，不能有气泡。

装柱先把柱内装满起始缓冲液，用玻璃棒挤压海绵，赶尽气泡并把柱子垂直固定；将交换剂用起始缓冲液调稀搅匀后加入，柱内的交换剂应非常均匀地分布，不应出现截面和气泡，不能干柱，床面要平整，床高距柱顶 2～3cm 为宜。

（2）平衡　平衡缓冲液是指装柱后及上样后用于平衡离子交换柱的缓冲液。平衡缓冲液的离子强度和 pH 的选择，首先要保证各个待分离物质如蛋白质的稳定。其次要使各个待分离物质与离子交换剂有适当的结合，并尽量使待分离样品和杂质与离子交换剂的结合有较大的差别。一般是使待分离样品与离子交换剂有较稳定的结合，而尽量使杂质不与离子交换剂结合或结合不稳定。用 5～10CV（柱体积）的平衡缓冲液平衡层析柱，至流出液电导率和 pH 不变（与平衡液一致）。

用 5～10CV 的平衡缓冲液（Buffer A，如 20～50mmol/L PB 或 Tris/HCl，pH 7.4～8.0，可加入 0.15mol/L NaCl 抑制非特异性吸附，具体的缓冲体系应根据目标蛋白质的稳定性和等电点、离子交换介质的种类进行筛选和优化）以 2～5mL/min 的流速平衡层析柱，至流出液电导率和 pH 不变（与平衡液一致）。

3. 上样

样品缓冲液应尽可能与平衡液一致。固体样品可用平衡液溶解配制；低浓度样品溶液可用平衡液透析或添加相应量的盐；高浓度样品溶液可用平衡液稀释。为了避免堵塞层析柱，样品应经离心或微滤（0.45μm）处理。离子交换层析上样时应注意样品液的离子强度和 pH，上样量根据介质的载量和料液中目标蛋白的含量计算，一般为柱床体积的 1%～5%（体积分数）为宜，以使样品能吸附在层析柱的上层，得到较好的分离效果。将柱中的缓冲液逐渐放出，使顶部液面达到近于柱床面时开始加样。用注射器或细长的玻璃管沿柱壁绕环加入样液，待样液达一定高度后再在柱中间小心加样。待样液刚好全部进入床内后用足够量的平衡缓冲液淋洗层析柱至基线，洗出未被吸附的物质。

4. 洗脱

（1）洗脱方式　在离子交换层析中一般常用梯度洗脱，可采用线性梯度洗脱或阶段洗脱。通常有改变离子强度和改变 pH 两种方式。改变离子强度通常是在洗脱过程中逐步增大离子强度，从而使与离子交换剂结合的各个组分被洗脱下来；而改变 pH 的洗脱，对于阳离子交换剂一般是 pH 从低到高洗脱，阴离子交换剂一般是 pH 从高到低洗脱。由于 pH 可能对蛋白质的稳定性有较大的影响，故一般通常采用改变离子强度的梯度洗脱。总体上，离子交换层析大致有三种洗脱方式。

①同步洗脱：洗脱剂是同一种物质，可采用稀的酸、碱或盐类溶液，也可选用适当的有机溶剂，其中以盐溶液为主，依据目标产物的性质及最终得到产物的剂型进行选择。由于被吸附的物质往往不是单一的品种，各种物质所带的电荷电量不同，与介质的结合强度不同，即使使用同一种洗脱剂，容易被替换的物质先脱离介质流出，结合力较强的物质后流出，只要通过分级收集，就可以把各种物质分离，得到较纯净的产物。这种方法多用于对目标产物性能了解很清楚时的分离，或用于分析类的分离。

②分步洗脱：即分别用不同浓度的盐溶液进行洗脱。分离介质在交换吸附过程中，会有多种蛋白质被吸附，如果采用一个恒定的洗脱条件，有时不能将所有的组分适当地分开，需要改变洗脱条件。可以是阶段式改变，即选用不同的洗脱剂或不同 pH 的洗脱剂分阶段进行洗脱，可以根据洗脱液不同的浓度、不同的酸度得到不同的洗脱峰。即一种盐浓度可以得到一种目标蛋白质，不同的盐浓度可以得到不同的目标蛋白质。这种分步洗脱的方式，适用于已知性质的蛋白质分离，尤其适用于规模生产中，操作方便，易于控制。

③连续梯度洗脱：即按一定的线性变化改变洗脱液的离子强度或 pH（一般只在特殊情况下使用改变 pH 的洗脱方式），在洗脱剂渐变的过程中，将不同的蛋白质逐一置换，可得到各种不同的蛋白质组分，同时，蛋白质一般不拖尾。连续梯度洗脱是离子交换层析中最常用的洗脱方式，也是洗脱能力相对最强的洗脱方式，适合于对电荷性质相近组分的洗脱。

在洗脱过程中，顺流洗脱或逆流洗脱均可采用，顺流洗脱也称为正向洗脱，即洗脱液的流动方向与工作液的流动方向相同，逆流洗脱也称为反向洗脱，即脱液的流动方向与工作液的流动方向相反。若料液是自上而下正向通过交换柱进行交换吸附的，则交换柱上层吸附物的浓度要比下层高，洗脱液自下而上反向解吸可以更高效地达到洗脱的目的，但由于逆向洗脱的操作要比正向洗脱复杂，故目前多以正向洗脱为主。

(2) 洗脱速度　洗脱液的流速也会影响离子交换层析分离效果，洗脱速度通常要保持恒定，常用 2~5mL/min 的流速洗脱，收集流出液。一般来说，洗脱速度慢的比快的分辨率要好，但洗脱速度过慢会造成分离时间长、样品扩散、谱峰变宽、分辨率降低等副作用，所以要根据实际情况选择合适的洗脱速度。如果洗脱峰相对集中于某个区域造成重叠，则应适当缩小梯度范围或降低洗脱速度来提高分辨率；如果分辨率较好，但洗脱峰过宽，则可适当提高洗脱速度。

5. 离子交换剂再生、转型和保存

(1) 再生　使用过的离子交换剂，可采用一定的方法令其恢复原来的性状，这一过程称为再生。再生方法：用氢氧化钠处理、浸泡（阴性树脂），或用盐酸处理、浸泡（阳性树脂），也可以用饱和盐水浸泡。动态再生方法比一般再生方法优越，被铁离子污染的阴离子交换树脂用亚硫酸钠去除较彻底。利用水代替酸碱作为再生剂再生失效离子交换树脂的体外电再生工艺，使离子交换树脂的水处理技术变为一种绿色环保水处理技术，但有时也可以借助转型处理完成。

（2）转型　所谓转型是指离子交换剂由一种反离子转到另一种反离子的过程，其目的是发挥树脂的交换性能，按照使用要求人为地赋予离子交换剂一定种类的离子或基团。对于弱酸或弱碱型树脂须用碱（NaOH）或酸（HCl）转型，对于强酸或强碱型树脂除使用酸碱外，还可以用相应的盐溶液转型。

（3）保存　清洗干净后的树脂于4~30℃下在20%乙醇中保存；层析柱中的介质可用20%的乙醇冲洗后保存于4~30℃。

（三）离子交换色谱的工艺问题及其处理

1. 树脂中毒

树脂中毒是指树脂失去交换性能后不能用一般的再生手段重获交换能力的现象。

中毒的原因可以归纳为以下几点：①主要是大分子有机物或沉淀物严重堵塞孔隙，中毒树脂往往颜色加深，甚至呈现棕色，乃至黑色。②树脂的活性基团脱落，带有与活性基团电荷相同的线形分子紧紧地吸附在交换位置上。③铜离子、铁离子等重金属离子存在时，使树脂氧化，改变树脂结构，使树脂丧失交换能力。④负载离子的交换势极高，一般的洗脱剂或再生剂难以使其从活性基团上交换下来，使其不能与其他离子交换而失效。⑤铜、铁、铝等离子在碱性环境下水解生成氢氧化物絮状沉淀，水中硅含量高时生成硅胶，这些物质堵塞树脂孔道，影响了树脂的孔道扩散。⑥微生物中毒，当树脂储存或长时间没有进行再生时，树脂吸附了水中的藻类和微生物，这些微生物以树脂内硝酸盐、胺等为营养物迅速繁殖，微生物不但污染水质，还可以破坏树脂结构，使树脂交换能力降低或者丧失。

当料液中存在明确的引起中毒的因素时，应该尽量净化料液，如除去固体颗粒或脱除料液中的溶解氧、二氧化碳等，再选择适当的树脂。对已中毒的树脂用常规方法处理后，再用酸、碱加热到40~50℃浸泡，溶出难溶杂质，然后用稀酸、碱或盐溶液淋洗，逐渐降低其浓度，最终过渡到纯水清洗。对于某些难溶于酸碱的沉淀物质，也可用有机溶剂加热浸泡处理。对于吸附的有机物很难洗脱或再生时，可以用氧化剂（如次氯酸钠、双氧水等）将其氧化，分解为小分子化合物除去。总之，对不同的毒化原因须采用不同的逆转措施，不是所有被毒化的树脂都能逆转而重新获得交换能力。因此，使用时要尽可能减少毒化现象的发生，以延长树脂的使用寿命。

2. 树脂层出现分层现象

树脂在使用过程中由于吸附了黏性物质，使树脂颗粒间相互粘连，容易引起树脂在反洗或反交换过程中出现分层现象。另外，当系统在操作中由于气密性较差，有气体进入床层也会引起床层分层。反洗或反交换等操作、工艺控制不合理、流速的突然增大也会造成分层现象。出现分层现象后，一旦各层树脂脱落，会使树脂的交换操作恶化，影响交换能力。因此，应设法避免出现分层现象。树脂在洗涤过程中，彻底洗涤，洗掉树脂所吸附的杂质，洗掉颗粒孔隙内与颗粒间残存的料液；对系统进行密闭性实验，消除漏气区域；对料液进行预处理，除去黏性很大的物质；规范操作，合理控制流速等几种方法可避免分层现象。出现分层现象后，可从容器下部放掉柱内液体，对床层进行正洗、反洗等操作，当床层稳定后再转入正常的交换操作。

（四）离子交换色谱技术的应用

1. 在水处理上的应用

（1）软水制备　普通的自来水、井水等都是含 Ca^{2+}、Mg^{2+} 的硬水，是锅炉结垢的主要成分，不能直接供给锅炉和制药生产用水，必须进行软化，除去 Ca^{2+}、Mg^{2+}。迄今为止，离子交换色谱法仍然是最主要、最先进和最经济的水处理技术。国内制备软水一般采用 001×7（732）树脂，其交换反应式如下。

$$2RSO_3Na + Ca^{2+} \longrightarrow (RSO_3)_2Ca^{2+} + 2Na^+$$
$$2RSO_3Na + Mg^{2+} \longrightarrow (RSO_3)_2Mg^{2+} + 2Na^+$$

失效后的树脂用 10%～15% 的工业盐水再生成钠型，反复使用。再生反应式为：

$$(RSO_3)_2Ca + 2Na^+ \longrightarrow 2RSO_3Na + Ca^{2+}$$
$$(RSO_3)_2Mg + 2Na^+ \longrightarrow 2RSO_3Na + Mg^{2+}$$

经过钠型离子交换树脂床的原水，残余硬度可降至 0.05mol/L 以下，甚至可以完全消除。

（2）无盐水制备　无盐水又称去离子水或纯化水，它是指不含任何盐类及可溶性阴离子和阳离子的水。其纯度比软水高得多，因此，用途十分广泛，如高压锅炉的补给水、实验室用的去离子水，制药、食品等各行业都需要无盐纯水。离子交换法制备无盐纯水是将原水通过氢型阳离子交换树脂和羟型阴离子交换树脂的组合，经过离子交换反应，将水中所有的阴、阳离子除去，从而制得纯度很高的无盐纯水。阳离子交换反应一般采用强酸型阳离子交换树脂为交换剂（氢型弱酸型树脂在水中不起交换作用），其反应式为：

$$RSO_3H + MeX \rightleftharpoons RSO_3Me + HX$$

式中，Me 代表金属阳离子，X 代表阴离子。

阴离子交换反应，可以采用强碱或弱碱型树脂作交换。其反应式为：

$$R'OH + HX \rightleftharpoons R'X + H_2O$$

当阴阳树脂需要再生时，可分别用 1mol/L 的 NaOH 和 HCl 进行处理，再生成氢型和羟基型即可重复使用，再生反应式为：

$$RSO_3Me + HCl \longrightarrow RSO_3H + MeCl$$
$$R'X + NaOH \longrightarrow R'OH + NaX$$

当原水中碳酸氢盐、碳酸盐含量较高时，可在阳离子交换床层和阴离子交换床层之间装一个 CO_2 脱气塔，以延长阴离子树脂的使用期限，此法制得的无盐水比电阻一般可达 $6×10^3 Ω·cm$ 以上。如果水质要求更高，可采用阴离子和阳离子树脂两次组合或采用混合床装置来制备。混合床是将阴离子和阳离子两种树脂混合而成，脱盐效果更好，但再生操作不便，故适于装在强酸强碱型树脂组合的后面以除去残余的少量盐分，提高水质。交换反应式如下：

$$RSO_3H + R'OH + MeX \longrightarrow RSO_3Me + R'X + H_2O$$

由上述交换反应可看出，混合床除盐的交换产物为水，故反应完全，所得水质更好，另外，也避免了复床中阳离子交换床层 pH 变化较大的问题。

2. 在制药工业上的应用

离子交换色谱广泛用于蛋白质、酶、多糖、核酸、质粒等的分离纯化。

（1）氨基酸的制备　氨基酸是一类两性化合物，在 pH 大于 pI 时带负电荷，在 pH 小于 pI 时带正电荷，在 pH 等于 pI 时以两性离子的形式存在，总电荷为零。因此，应用阳离子交换树脂和阴离子交换树脂均可富集分离氨基酸。例如，当 pH<5.96 时，缬氨酸在酸性介质中，呈阳离子状态，可利用 732 强酸型阳离子交换树脂对缬氨酸阳离子选择性吸附，以使发酵液中妨碍缬氨酸结晶的残糖及糖的聚合物等非离子型杂质得以分离，后经洗脱达到提取浓缩缬氨酸的目的。

（2）肝素的提取　肝素是临床使用最广泛的抗凝血药物之一，它属于黏多糖，在体内与蛋白质结合成复合体，这种复合体无抗凝血活性，只有去除蛋白质后，才有药效。肝素提取一般包括肝素蛋白质复合物的提取、肝素蛋白质复合物的分解和肝素的分级分离三步，其中分级分离采用离子交换色谱法。肝素生产工艺流程如图 4-13 所示。

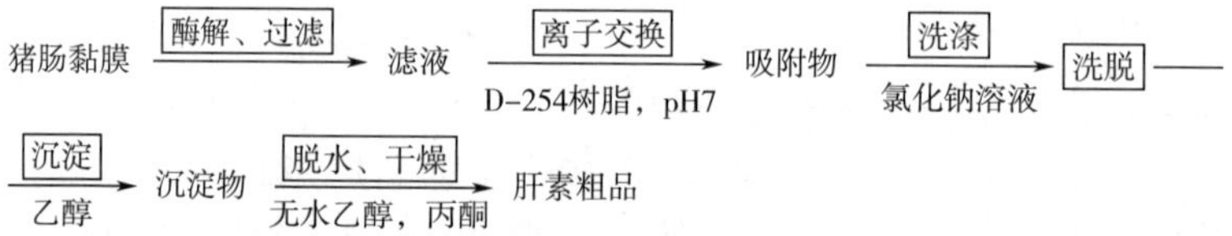

猪肠黏膜 —酶解、过滤→ 滤液 —离子交换 D-254树脂，pH7→ 吸附物 —洗涤 氯化钠溶液→ 洗脱 —乙醇 沉淀→ 沉淀物 —脱水、干燥 无水乙醇、丙酮→ 肝素粗品

图 4-13　肝素生产工艺流程

猪肠黏膜酶解、过滤后得到的滤液，含有其他黏多糖、蛋白质和核酸类等杂质，需用阴离子交换剂或长链季铵盐进行分级分离。其操作过程是将滤液冷却至 50℃ 以下，用 6mol/L 氢氧化钠溶液调至 pH7，加入 5kg D-254 强碱型阴离子交换树脂，搅拌 5h，完成交换，弃去液体。用自来水漂洗树脂至水清。用约与树脂体积等量的 2mol/L 氯化钠溶液搅拌洗涤 15min，弃去洗涤液，再加 2 倍量的 1.2mol/L 氯化钠溶液同法洗涤两次。用 1/2 量的 5mol/L 氯化钠溶液洗脱 1h，收集洗脱液，然后用树脂体积 1/3 量的 3mol/L 氯化钠溶液同法洗脱两次，合并洗脱液，得肝素的盐溶液，再经醇沉、干燥即得粗成品。按此工艺生产的肝素产品，最高效价可达

140U/mg以上，收率平均约2万U/kg肠黏膜。树脂经洗脱后浸泡于4mol/L氯化钠溶液中，下次使用前用水洗涤数遍，即可使用。

（3）抗生素的提取及转型　离子交换树脂对发展新一代的抗生素及对原有抗生素的质量改良具有重要作用。链霉素的开发成功即是突出的例子。

链霉素为强碱型生物活性药物，在pH4～5时稳定，它在中性溶液中电离成三价正离子，因此，可以在中性和酸性条件下用弱酸型钠型阳离子交换树脂提取。由于链霉素是三价离子，因此，料液的浓度应适当稀释，使之利于吸附链霉素这种高价离子，而不易吸附低价杂质离子。洗脱时，因弱酸型树脂对氢离子的亲和力很大，故用酸即可将链霉素完全洗脱，酸的浓度控制在1mol/L，洗脱液浓度较高，交换层较窄，洗脱高峰集中。

大量的氨基糖苷类抗生素，如红霉素、链霉素、卡那霉素等具有碱性，在中性或弱酸性条件下以阳离子形式存在，阳离子交换树脂适合于它们的提取与纯化。还有一些抗生素为两性物质，如四环素类的抗生素，在不同的pH条件下可形成正离子或负离子，因此，阳离子交换树脂或阴离子交换树脂都能用于这类抗生素的分离与纯化。

药物盐型转换的典型实例为青霉素钾盐转换为青霉素钠盐。将钾盐转化为钠盐的方法很多，较经济的转化方法为离子交换色谱法。将青霉素钾盐溶于70%含水丁醇中，通入强酸型钠型阳离子交换柱中，发生下列交换反应。

$$RSO_3Na+PenG\text{-}K \rightleftharpoons RSO_3K+PenG\text{-}Na$$

用离子交换色谱法转化的收率可达85%以上。

3. 其他工业上的应用

（1）食品工业　离子交换色谱可用于制糖、味精、酒的精制、生物制品等工业上。例如，高果糖浆的制造是由玉米中萃出淀粉后，再经水解反应，产生葡萄糖与果糖，而后经离子交换处理，可以生成高果糖浆。离子交换树脂在食品工业中的消耗量仅次于水处理。

（2）合成化学和石油化学工业　在有机合成中常用酸和碱作催化剂进行酯化、水解、酯交换、水合等反应。用离子交换树脂代替无机酸碱，同样可进行上述反应，且优点更多。如树脂可反复使用，产品容易分离，反应器不会被腐蚀，不污染环境，反应容易控制等。甲基叔丁基醚（MTBE）的制备，就是用大孔型离子交换树脂作催化剂，由异丁烯与甲醇反应而成，代替了原有的可对环境造成严重污染的四乙基铅。

（3）环境保护　离子交换色谱已应用在许多非常受关注的环境保护问题上。目前，许多水溶液或非水溶液中含有有毒离子或非离子物质，这些可用离子交换色谱进行回收使用，如去除电镀废液中的金属离子、回收电影制片废液里的有用物质等。

（4）湿法冶金及其他　离子交换色谱可以从贫铀矿里分离、浓缩、提纯铀及提取稀土元素和贵金属。离子交换色谱可起到提取、分离、浓缩和精制的作用。

任务三 凝胶过滤色谱技术

凝胶过滤层析

凝胶过滤色谱又称凝胶过滤层析（gel filtration chromatography, GFC）、凝胶色谱、分子筛层析、排阻层析、分子筛凝胶色谱，是以各种多孔凝胶为固定相，在样品通过一定孔径的凝胶固定相时，利用溶液中各组分的分子质量不同、流过的体积不同而使不同相对分子质量的组分得以分离的技术。

凝胶过滤色谱的突出优点是层析所用的凝胶属于惰性载体，不带电荷，吸附力弱，操作条件比较温和，可在相当广的温度范围下进行，不需要有机溶剂，并且对分离成分理化性质的保持有独到之处。对于高分子物质有很好的分离效果，广泛适用于生物大分子的初级分离，脱盐。

（一）凝胶过滤色谱简介

1. 凝胶过滤色谱原理

（1）基本原理　GFC 填料是由高分子交联而成、内部具有网状筛孔的固体颗粒，利用球状凝胶内筛孔的大小，不同大小的分子在通过填料时运行路径存在差异，利用该差异将不同大小的蛋白质进行分离。即含有不同大小分子的样品流过填充凝胶的管柱时，分子大小的差别使其进入凝胶内部的程度也不同，大分子由于空间的阻碍作用，无法进入凝胶内部筛孔，而只能流过凝胶颗粒间及管柱间的孔隙，因此总体运行路径较短，从层析柱入口到出口所需时间较短；较小的分子可以通过凝胶内部部分筛孔，运行路径较长，更小的分子可通过任意孔道扩散进入凝胶颗粒内部，流程更长，故在管柱内的停留时间也更长；因此，大小不同的分子按先后顺序流出色谱柱，达到分离的目的（图4-14）。基于此原理可以分离大小不同的分子，也可与已知大小的分子做比较而确定未知样品的分子质量。

（2）分配系数（K_d）　凝胶层析柱的总体积 V_t 实际上是三种体积的总和，即 V_o（外水体积）、V_g（凝胶颗粒基质）、V_i（内水体积）的总和，其中 V_i 和 V_g 之和也即是层析柱固定的总体积。

凝胶对溶质的排阻程度可用分配系数 K_d 表示，见式（4-1）。

$$K_d = \frac{V_e - V_o}{V_i} \tag{4-1}$$

式中　V_o——外水体积，层析柱内凝胶颗粒之间空隙的体积，mL；

V_i——内水体积，层析柱内凝胶颗粒内部各微孔体积的总和，mL；

V_e——某组分的洗脱体积，从加进层析柱到流出液中该组分出现高峰时的洗脱液体积，mL。

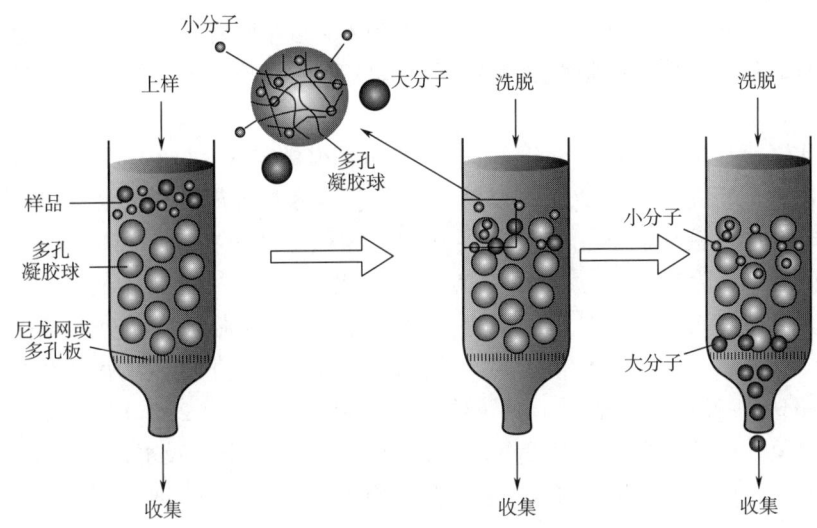

图 4-14 凝胶过滤色谱分离的原理

凝胶过滤柱色谱洗脱的三种典型峰如图 4-15 所示。

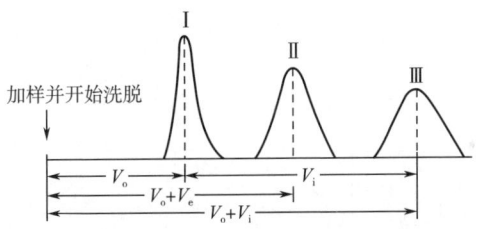

图 4-15 凝胶过滤色谱洗脱的三种典型峰

① $K_d=0$ 时，即 $V_e=V_o$，说明该组分分子质量足够大，不能进入凝胶颗粒内部微孔，只能从颗粒间隙通过，"全排阻"，其流过的体积最小，最先流出。

② $K_d=1$ 时，即 $V_e=V_o+V_i$，说明该组分能进入凝胶的全部颗粒内空隙，"全渗入"，其流过的体积最大，最后流出。

③ 其他组分，$0<K_d<1$，分子质量介于渗入限与排阻限，其分子能够部分地进入凝胶颗粒中。"部分排阻"或"部分渗入"，流过的体积 V 是全部外水体积加上内水体积的一部分，即 $V=V_o+K_d V_i$，并因分子大小而改变洗脱峰的位置。K_d 小的先流出，K_d 大的后流出。

分配系数 K_d 的意义如下所示。

① 可定量衡量各组分的流出顺序。

② 判断分离效果，K_d 差异大，分离效果好，K_d 差异小，分离效果差。

2. 凝胶过滤色谱介质

（1）凝胶过滤色谱介质的种类　常用凝胶过滤介质有葡聚糖凝胶、琼脂糖凝胶、聚丙烯酰胺凝胶、琼脂糖及葡聚糖组成的复合凝胶、疏水性凝胶、多孔玻璃珠等。

①葡聚糖凝胶：商品名 Sephadex，它是由葡聚糖与 3-氯-1，2-环氧丙烷（交联剂）以醚键相互交联而成；葡聚糖凝胶几乎不溶于溶剂中，亲水性强，能迅速在水和电解质溶液中膨胀，它具有良好的化学稳定性，在碱性环境中十分稳定，所以可以用碱去除凝胶上的污染物，是目前生化产品制备中最常用的凝胶。

Sephadex G-X 系列：X 表示葡聚糖的交联程度、膨胀程度和分离范围。数值越大则交联度越小，但吸水量越高，分离范围越广，X 值大致是吸水量的 10 倍。以 Sephadex G-25 为例，表示 1g 干燥的 G-25 凝胶可以吸水 2.5mL。Sephadex 的分离范围与填料粒径和交联度密切相关，G 后的数字 X 为凝胶吸水值的 10 倍，反映了凝胶的交联程度。葡聚糖凝胶层析介质的有关参数如表 4-7 所示。

表 4-7　　葡聚糖凝胶层析介质的有关参数

凝胶型号	颗粒大小/μm	溶胀体积/（mL/g）	分离范围（相对分子质量）
Sephadex G-10	4~120	2~3	$<7\times10^2$
Sephadex G-15	4~120	2.5~3.5	$<1.5\times10^3$
Sephadex G-25	50~150	4~6	$1.0\times10^3 \sim 5.0\times10^3$
Sephadex G-50	50~150	9~11	$1.5\times10^3 \sim 3.0\times10^4$
Sephadex G-75	40~120	12~15	$3.0\times10^3 \sim 8.0\times10^4$
Sephadex G-100	40~120	15~20	$4.0\times10^3 \sim 1.0\times10^5$
Sephadex G-150	40~120	20~30	$5.0\times10^3 \sim 3.0\times10^5$
Sephadex G-200	40~120	20~30	$5.0\times10^3 \sim 6.0\times10^5$

②琼脂糖凝胶：琼脂糖凝胶是由琼脂中分离出来的天然凝胶；稳定性远不如葡聚糖凝胶和生物凝胶 P；强酸强碱能引起结构破坏。最佳使用条件控制在 pH4~9，温度 0~40℃，超出此范围，可能被破坏。凝胶颗粒的强度很低，操作时柱压不能过高。

琼脂糖凝胶没有纯干胶，必须在溶胀状态下保存。

琼脂糖凝胶的商品名因生产厂家不同而异。

瑞典的商品名称为 Sepharose，有 3 种型号，即 Sepharose 2B、4B 和 6B（同中国相同），阿拉伯数字表示凝胶中干胶的百分含量。

美国的为 Bio-Gel A，有 6 个型号，即 Bio-Gel A 0.5m、1.5m、5m、15m、50m 和 150m，阿拉伯数字乘 10^6 表示排阻限度。

英国的称为 Sagavac，又分为 Sagavac 2F、4F、6F、8F、10F 和 2C、4C、6C、8C、10C。前面的阿拉伯数字表示凝胶中干胶的百分数，F 代表粉末状，C 代表颗粒状。

丹麦的称为 Gelarose，有 5 种类型，即 2%、4%、6%、8% 和 10%，见表 4-8。

表 4-8   Sepharose 及相对 Bio-Gel A 型号

型号		使用范围（相对分子质量）	琼脂糖含量/%
Sepharose	6B	$10^4 \sim 4\times10^6$	6
	4B	$6\times10^4 \sim 2\times10^7$	4
	2B	$7\times10^4 \sim 4\times10^7$	2
Sepharose CL	6B	$10^4 \sim 3\times10^6$	6
	4B	$10^5 \sim 3\times10^7$	4
	2B	$10^6 \sim 10^8$	2
Bio-Gel A	0.5m	$10^4 \sim 5\times10^5$	10
	1.5m	$10^4 \sim 1.5\times10^6$	8
	5m	$10^4 \sim 5\times10^6$	6
	15m	$4\times10^4 \sim 1.5\times10^7$	4
	50m	$10^5 \sim 5\times10^7$	2
	150m	$10^6 \sim 1.5\times10^8$	1

③聚丙烯酰胺凝胶：它是由丙烯酰胺单体以次甲基双丙烯酰胺为交联剂，经四甲基乙二胺催化，通过游离基引发（光引发、化学引发等）聚合而成的交联聚丙烯酰胺。它是一种化学合成的人工凝胶，为颗粒状干粉，在溶剂中能自动吸水溶胀成凝胶，全是由碳-碳骨架构成，稳定性较好，一般在 pH2~11 使用，其商品名为生物凝胶 P（Bio-Gel P）。根据聚丙烯酰胺凝胶的溶胀性质和分离范围的不同，可分成 10 种类型。各种类型均以英文字母 P 和阿拉伯数字表示，从 Bio-Gel P-2 至 Bio-Gel P-300。P 后面的阿拉伯数字乘以 1000 即相当于排阻限度（按球蛋白或肽计算），如 Bio-Gel P-4，其排阻极限是 4000 u。

④多孔玻璃珠：多孔玻璃珠的化学与物理稳定性好，机械强度高，不但有抵御酶及微生物的作用，还能够耐受高温灭菌和较强烈的反应条件，用葡聚糖包被的玻璃珠可改善其亲水性，并增加了化学活性基团。用抗原涂布的玻璃珠成功分离了免疫淋巴细胞，在连接 DNA 的玻璃珠上纯化了大肠杆菌的 DNA 和 RNA 聚合酶。

（2）凝胶过滤介质的选择依据　选择适宜的凝胶是取得良好分离效果的最根

本保证。选取何种凝胶及其型号、粒度，一方面要考虑凝胶的性质，另一方面还要注意到分离目的和样品的性质。

①凝胶的性质：包括凝胶的分离范围（渗入限与排阻限）及其理化稳定性、强度、非特异吸附性质等；可参照凝胶层析介质的有关参数进行选择。

②分离的目的

a. 类分离（分组分离）。目的是分开样品中分子质量悬殊的"较大分子组"和"较小分子组"两类物质，并不要求分离分子质量相近的组分。

选择凝胶时，应使样品中大分子组的分子质量大于其排阻限，而小分子组的分子质量小于渗入限。也就是说大分子的分配系数 $K_d=0$，小分子的 $K_d=1$，这样能取得最好的分离效果。

b. 分级分离。目的是分开分子质量不很悬殊的大分子物质。选择凝胶型号时必须使各种物质的 K_d 值尽可能相差大一些。

③分辨率——粒度的选择：粒径小，分辨率高，但是流动阻力大；粒径大，分辨率低，但是流动阻力小。凝胶颗粒大小一般分为粗、中、细和超细四类。颗粒越细，分离效果越好，因为它容易达到平衡，但流速慢。颗粒越粗，流速越快，会使区带扩散，使洗脱峰变平变宽。在一般柱层析中，使用干颗粒直径在 70μm 左右较合适，对于在水中保存的凝胶如琼脂粉凝胶颗粒直径应在 150μm 左右。凝胶颗粒大小要均匀，这样流速稳定，效果较好。

④稳定性：理化稳定性：pH、温度、有机溶剂。机械强度：不同基质稳定性不一样；相同基质，交联度不一样稳定性也不一样。可参考表4-9，用小试验测定。

表 4-9　　　　　　　　葡聚糖凝胶的物理特性

品名		干胶颗粒直径/μm	吸水值 W_f/(g/g)	床体积/(mL/g)	最适分段分离范围		溶胀所需时间/h		最大流体静力压/Pa (cmH₂O)
					蛋白质分子质量/u	葡聚糖分子质量/u	20℃	100℃	
Sephadex G-10		40~120	1.0±0.1	2~3	700	700	3	1	>9810（100）
Sephadex G-15		40~120	1.5±0.2	2.5~3.5	1500	1500	3	1	>9810（100）
Sephadex G-25	粗	100~300	2.5±0.2	4~6	1000~5000	100~5000	6	2	>9810（100）
	中粗	50~150							
	细	20~80							
	超细	10~40							
Sephadex G-50	粗	100~300	5.0±0.3	9~11	1500~30000	500~10000	6	2	>9810（100）
	中粗	50~150							
	细	20~80							
	超细	10~40							

续表

品名	干胶颗粒直径/μm	吸水值 W_f/(g/g)	床体积/(mL/g)	最适分段分离范围		溶胀所需时间/h		最大流体静力压/Pa (cmH$_2$O)
				蛋白质分子质量/u	葡聚糖分子质量/u	20℃	100℃	
Sephadex G-75	中粗 超细	40~120 10~40	7.5±0.5	12~15	3000~70000	1000~50000	24	3	4905（50）
Sephadex G-100	中粗 超细	40~120 10~40	10±1.0	15~20	4000~150000	1000~100000	48	5	3434（35）
Sephadex G-150	中粗 超细	40~120 10~40	15±1.5	20~30	5000~400000	1000~150000	72	5	1472（15）
Sephadex G-200	中粗 超细	40~120 10~40	20±2.0	30~40	5000~800000	1000~200000	72	5	981（10）

（二）凝胶过滤色谱的操作

1. 凝胶的选择和处理

（1）选择　根据相对分子质量范围选择相应型号的凝胶介质。

（2）估计用量　选择好凝胶的类型后，要根据选择的层析柱估算出凝胶的用量。由于市售的葡聚糖凝胶和丙烯酰胺凝胶通常是无水的干胶，所以要计算干胶用量。

干胶用量（g）＝柱床体积（mL）/凝胶的床体积（mL/g）

由于凝胶处理过程以及实验过程可能有一定损失，所以一般凝胶用量在计算的基础上再增加10%~20%（质量分数）。

（3）凝胶的预处理　琼脂糖凝胶不需要溶胀；葡聚糖凝胶和生物胶多以干粉形式保存，使用前需用水或洗脱缓冲液充分溶胀。方法：将干胶悬浮于5~10倍的蒸馏水中，充分溶胀（G-75以上1d，G-100以上>3d），真空抽气，用倾泻法去除（极细的粒子）。自然溶胀费时较长，加热可使溶胀加速，即在沸水浴中将湿凝胶浆逐渐升温至近沸，1~2h即可达到凝胶的充分溶胀。加热法既可节省时间又可消毒。

2. 装柱

（1）层析柱的选择　层析柱的内径要选择适当。内径过细，会发生"器壁效应"，即靠近管壁的流速要大于中心的流速，影响分离效果，所以层析柱的内径和高度应有一定的比例。对于类分离一般为1：（5~10）；分级分离一般为1：（25~100）。

（2）凝胶的装填（装柱）　将层析柱与地面垂直固定在架子上，下端流出口用夹子夹紧，柱顶可安装一个带有搅拌装置的较大容器，柱内充满洗脱液，将凝胶调成较稀的浆状液盛于柱顶的容器中，然后在微微搅拌下使凝胶下沉于柱内，这样凝胶颗粒水平上升，待沉集的胶面上升到离柱的顶端约5cm处时停止装柱，关闭出水口，拆除柱顶装置，用相应的滤纸片轻轻盖在凝胶床表面。稍放置一段时间，将洗脱剂与恒流泵相连，恒流泵出口端与层析柱相连，再开始流动平衡，流速应低于层析时所需的流速。在平衡过程中逐渐增加到层析的流速，注意不能超过最终流速。平衡凝胶床过夜，使用前要检查层析床是否均匀，有无"纹路"或气泡，或加一些有色高分子物质如蓝色葡聚糖-2000、细胞色素或血红蛋白等，配制成质量浓度为2mg/mL的溶液，过柱观察色带是否均匀下降。如色带狭窄、均匀、平整，说明层析柱的性能良好，色带出现歪曲、散乱、变宽时必须重新装柱；也可以对光检查，看其是否均匀或有无气泡存在。

（3）样品处理和加样（上柱）

①样品处理：样品在上样前要进行适当的处理，如通过离心、沉淀、抽提等方法以去除杂质，样液的组分不宜太多。样品浓度与分配系数无关，故样品浓度可以提高，但分子质量较大的物质，溶液的黏度将随浓度增加而增大，使分子运动受限，故一般要求样品黏度小于0.01Pa·s，样品与洗脱液的相对黏度不得超过1.5~2，样品较浑浊时，要过滤或离心去除颗粒后上柱。

②加样方式：样品的上柱是凝胶层析中的关键操作。理想的样品色带应是狭窄且平直的矩形色谱带。为了做到这一点应尽量减少加样时样品的稀释及样品的非平流流过层析凝胶床体。因此，凝胶床经过平衡后，在床顶部留下数毫升洗脱液，使凝胶床饱和，再进行加样，加样时尽量减少样品的稀释及凝胶床面的搅动。加样通常有两种方式，如下所示。

a. 直接将样品加到层析床表面。将已平衡的层析床表面多余的洗脱液用吸管或针筒吸掉，但不能完全吸干，吸至层析床表面2cm处为止。在平衡床表面常常会出现凹陷现象，因此，必须检查床表面是否均匀，如果不符合要求，可用细玻璃棒轻轻搅动表面，让凝胶自然沉降，使表面均匀。加样时不能用一般滴管，最好用带有一根适当粗细塑料管的针筒，或用下口较大的滴管，以免滴管头所产生的压力搅混表面。一切准备就绪后，将出口打开，使床表面的洗脱液流至表面仅剩1~2mm。关闭出口，将装有样品的滴管放于床表面1cm左右，再打开出口，使样品渗入凝胶内，样品加完后，用小体积的洗脱液洗表面1~2次，尽可能少稀释样品。当样品接近流干时，像加样品那样仔细地加入洗脱液，待洗脱液渗入床表面以内时，即可接上恒压洗脱瓶开始层析。图4-16所示为柱层析加样操作示意图。

b. 利用两种液体相对密度不同而分层。将相对密度高的样品加入床表面相对密度低的洗脱液中，样品就均匀慢慢地下沉于床表面，再打开出口，使样品渗入

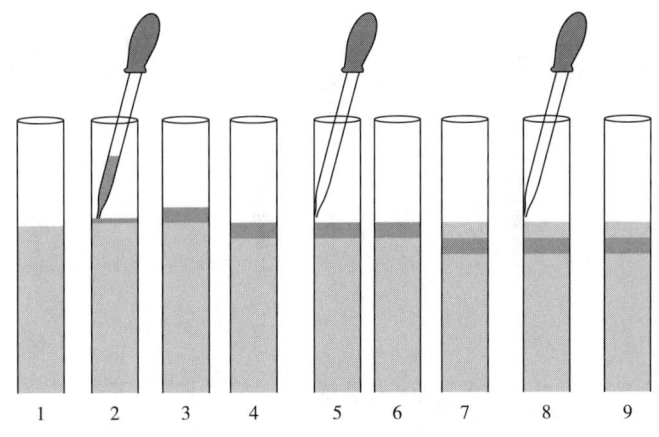

图 4-16　柱层析加样操作示意图

层析床。如果样品相对密度不够大，可在样品中加入 1% 的葡萄糖或蔗糖（糖不会干扰层析效果），当洗脱液流至床表面 1cm 左右时，关闭出口，然后将装有样品的滴管头插入洗脱液表层以下 2~3cm 处，慢慢滴入样品，使样品和洗脱液分层，然后上层再加适量洗脱液，并接上恒压洗脱瓶，开始层析。

③加样量：加样量与测定方法和层析柱大小有关。一般样品体积不大于凝胶床总体积的 5%~10%。对于类分离（脱盐），加样量应小于 30%；对于分级分离加样量一般控制在 1%~5%；如果检测方法灵敏度高或柱床体积小，加样量可减小；否则，加样量增大。通常样品液的加入量应掌握在凝胶床总体积的 5%~10%。样品体积过大，分离效果不好。

(4) 洗脱与收集

①洗脱：当样品全部进入凝胶床后，即可开始洗脱。凝胶柱色谱一般都以单一缓冲溶液或盐溶液作为洗脱液，有时甚至可用蒸馏水洗脱。洗脱液应与干燥凝胶溶胀时及装柱平衡时所使用的液体完全一致，否则会影响分离效果。洗脱过程中，洗脱液的成分不应改变，以防凝胶颗粒的胀缩引起柱床体积变化或流速改变。为了防止非特异吸附，避免一些蛋白质在纯水中难以溶解（析出沉淀），以及蛋白质不稳定性等问题的发生，常采用缓冲盐溶液进行洗脱，离子浓度至少 0.02mol/L。洗脱时，将层析床与洗脱液储瓶、检测仪、分步收集器及记录仪相连，洗速不可过快，保持恒速为 30~200mL/h。应根据被分离物质的性质，预先估计好一个适宜的流速进行恒速洗脱（市售的凝胶一般会提供一个建议流速，可供参考）。洗脱时用于流速控制的装置最好是恒流泵，若无此装置，可用控制操作压的办法进行，其操作压是通过两个液面之间的距离来控制，洗脱过程始终保持一定的操作压，并不超限，如图 4-17 所示。

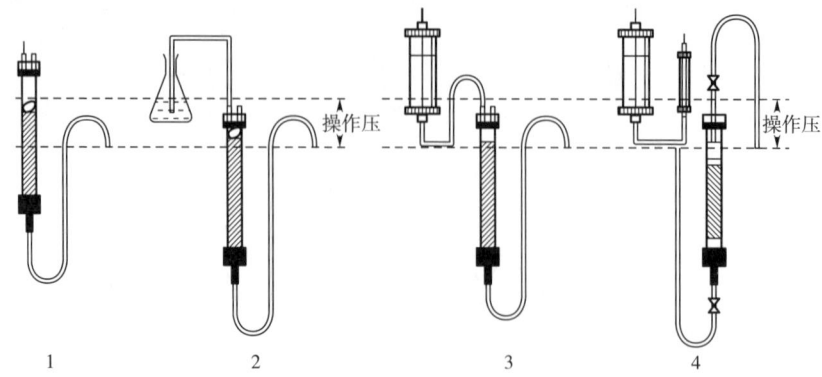

图 4-17 各种层析柱装置的操作压（或静水压）
1，2—操作压等于柱或贮液器内液面和出水接管末端的高度差
3，4—压力的大小是由恒温压瓶内空气入口管的底部至出口接管末端的高度计算，与向下（3）或向上（4）移动出水管无关

②收集与鉴定：洗脱过程中同步定量地分步收集流出液，每组分 1mL 至数毫升。各组分可用适当的方法进行定性或定量分析。

(5) 凝胶柱的重复使用、凝胶的保存

①凝胶柱的重复使用：凝胶层析的介质不会与被分离的物质发生任何作用，因此凝胶柱在层析分离后稍加平衡即可进行下一次分析操作，但使用多次后，由于床体积变小、流动速率降低或杂质污染等原因，使分离效果受到影响。此时对凝胶柱需进行再生处理，其方法是：先用水反复进行逆向冲洗，再用缓冲溶液平衡。为了防止凝胶染菌，可在一次层析后加入 0.02% 的叠氮钠，在下次层析前应将抑菌剂除去，以免干扰洗脱液的测定。

②凝胶的保存：如果不是马上使用，可将其回收后保存，保存的方法有以下几种。

a. 干燥保存。将凝胶用水冲洗干净，滤干，依次用 30%、50%、70%、90% 乙醇脱水收缩平衡至乙醇浓度达 90% 以上，滤干，再用乙醚洗去乙醇，滤干，用 60~80℃ 暖风吹干后室温保存，这是一种最好的保存方法。

b. 湿态保存。将凝胶用水冲洗干净，悬浮于蒸馏水或缓冲液中，加入一定量的抑菌剂或加热灭菌后于低温保存，这种方法只适于短时间保存。

c. 半缩法。水洗后滤干，逐步升高至加 70% 乙醇使胶收缩，再浸泡于 70% 乙醇中低温保存。

(三) 影响凝胶色谱分离效果的因素

1. 凝胶的特性

凝胶颗粒越小，洗脱峰越尖锐，分离效果越好，并且与大颗粒相比较，小颗粒可以用较高的洗脱速率，而不用担心拖尾，可以缩短洗脱时间。

各种凝胶在结构上是很相似的，都是三维空间网状交织的高分子聚合物。分离程度主要取决于凝胶颗粒内部微孔的孔径和混合物的相对分子质量这两个因素。移动缓慢的小分子物质，在低交联度的凝胶上不容易分离，大分子同小分子物质的分离也宜用高交联度的凝胶。

2. 洗脱液流速

根据具体实验情况决定洗脱液的流速，一般采用 30~200mL/h。流速过快，分辨率低，洗脱峰会过宽，这种现象对大分子尤其明显；流速过慢，对小分子影响较为明显，因为此时柱的轴向扩散作用不可忽略，影响分离效果。流速的调节可采用静液压装置。

3. 洗脱液的离子强度和 pH

非水溶性物质的洗脱采用有机溶剂。水溶性物质的洗脱一般采用水或具有不同离子强度（防止非特异性吸附）和 pH 的缓冲液。离子强度的变化，对于物质的分离有不同的影响。在洗脱碱性蛋白时，洗脱剂中必须含有一定浓度的无机盐，而且随着盐浓度的增加移动加快；pI 低于 pH7 的蛋白质的洗脱，很少受离子强度变化的影响，在酸性 pH 时，碱性物质易于洗脱；多糖类物质洗脱以水最佳。

4. 上样量和样品浓度（黏度）

在利用凝胶过滤层析（GFC）时，不同于离子交换色谱和其他吸附技术，在上样过程中，样品在柱中会有稀释现象，因此样品的体积对分辨率有较大的影响。不同的凝胶颗粒影响的大小也不同。一般来说，小颗粒介质对上样体积的增加更为敏感。对于分级分离来说，若为 10μm 的凝胶颗粒，一般用 0.5%柱体积样品量；若为 100pm 的凝胶颗粒，一般用 2%~5%柱体积样品量。样品中含有杂质太多时就有可能堵塞柱子。

由于样品的黏度比洗脱液要高，会使样品在柱中的分布变宽而且不均匀，因此，样品的高黏度往往是限制高浓度生物样品使用的主要因素。为了取得理想的效果，样品的浓度最好在 70mg/mL 以下。

5. 柱的选择

柱子越长，分离效果越好，凝胶层析法一般要求有较长的柱长。例如，用凝胶层析分离蛋白质，径高比通常为 1：（25~40）。柱若过长，柱压也会过高，因此，工业规模的凝胶过滤层析一般用叠积柱系统，这种系统把凝胶介质分别装入同样大小的短粗的层析柱，然后将这些柱子垂直地连成一套，柱子之间的连接距离控制到最小。这个系统的分离效果与只使用一根柱子一样，但凝胶所承受的压力要低得多。此外，如果这个系统中的一根柱子发生堵塞（通常是最上面的一根），可以很方便地拆下来更换另一根新柱子。

(四) 凝胶过滤色谱技术的应用

1. 脱盐

高分子溶液中的低分子质量杂质，可以用凝胶层析法除去，这一操作称为脱盐。适用的凝胶为 Sephadex G-10、15、25 或 Bio-Gel-p-2、4、6。柱长与直径之比为 [(5~15)∶1]，样品体积可达柱床体积的 25%~30%，为了防止蛋白质脱盐后溶解度降低会形成沉淀吸附于柱上，一般用醋酸铵等挥发性盐类缓冲液使层析柱平衡，然后加入样品，再用同样缓冲液洗脱，收集的洗脱液用冷冻干燥法除去挥发性盐类。

2. 测定高分子物质的相对分子质量（M）

用一系列已知相对分子质量的标准品放入同一凝胶柱内，在同一条件下层析，记录每一种成分的洗脱体积，并以洗脱体积对相对分子质量的对数作图，在一定分子质量范围内可得一直线，即相对分子质量的标准曲线。测定未知物质的相对分子质量时，可将此样品加在测定了标准曲线的凝胶柱内洗脱后，根据物质的洗脱体积，在标准曲线上查出它的相对分子质量。

高分子物质的相对分子质量（M）和洗脱体积（V_e）的关系式为：$\lg M = k_1 - k_2 V_e$（k_1，k_2 为常数），见图 4-18。

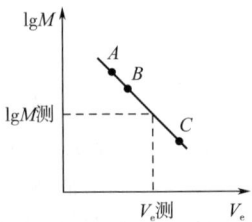

图 4-18　高分子物质（A、B、C）的相对分子质量和洗脱体积的关系

3. 高分子溶液的浓缩

通常将 Sephadex G-25 或 Sephadex G-50 干胶投入稀的高分子溶液中，这时水分和低分子质量的物质就会进入凝胶粒子内部的孔隙中，而高分子物质则排阻在凝胶颗粒之外，再经离心或过滤，将溶胀的凝胶分离出去，就得到了浓缩的高分子溶液。

4. 在生化制药中的应用

（1）去热原　热原是指某些能够致热的微生物菌体及其代谢产物，主要是细菌的一种内毒素。注射液中如含热原，可危及病人的生命安全，因此，除去热原是注射药物生产的一个重要环节。凝胶对热原有较强的吸附力，可用来去除无离子水中的致热原，制备注射用水。用凝胶过滤法有时比较便利，例如，用 Sephadex G-25 凝胶柱层析去除氨基酸中的热原性物质效果较好。

（2）分离提纯　凝胶层析法已广泛用于酶、蛋白质、氨基酸、多糖、激素、生物碱等物质的分离提纯。

①分离相对分子质量差别大的混合组分：当待分离组分相对分子质量差别很大时，若分离相对分子质量大于1500的多肽和相对分子质量小于1500的多糖，可选用葡聚糖凝胶G-15。

②纯化青霉素等生物药物：青霉素致敏原因据认为是由于产品中存在一些高分子杂质，如青霉素聚合物，或青霉素降解产物——青霉烯酸与蛋白质相结合而形成的青霉噻唑蛋白，这些高分子杂质是具有强烈致敏性的全抗原，可用凝胶色谱法进行分离。

③分离氨基酸：选择合适的凝胶层析介质，可以实现对混合氨基酸的分级分离。

岗位链接

中转罐（$0.8m^3$）的使用操作规程

文件编号			颁发部门	
SOP-PA-011-02		中转罐使用操作岗位		
总页数			执行日期	
编制者		审核者	批准者	
编制日期		审核日期	批准日期	

1. 目的

使中转罐标准操作规规范化、标准化，保证药液质量及设备的使用寿命。

2. 范围

适用于中转罐（$0.8m^3$）标准操作和维护保养岗位。

3. 责任

提取工序操作人员（负责实施）、设备技术人员（负责监督）。

4. 内容

（1）操作前准备

①检查设备的状态标志牌中的清洁栏是否已标明"√"，如有，且确认设备在清洁期有效期限内，同时维修栏中无"√"，说明机器处于正常状态；删去清洁栏中所标识的"√"，并在运行栏中标识"√"，同时在操作人栏中注明操作工的名字。

②检查罐子内外各部位紧固情况，是否有松动、脱接现象。
以上各环节准备完毕，方可进行盛装药液。

(2) 装药

①把中转罐底部管道开关合上。

②打开中转罐顶部盖子，把装药物初滤液罐子的管子放入罐内。

③把药物初滤液罐子的管道打开，放入药物初滤液，初滤液放入量不超过中转罐体积的 2/3（约 500L）。

④装好药物初滤液，盖上中转罐顶部盖子，拉到药物配制车间气闸室。

⑤把泵药机的管子接上中转罐底部管道。

⑥把中转罐底部管道开关打开，开泵药机把药液泵入配制罐。

(3) 停机

①切断泵药机电源开关。

②把中转罐底部管道开关合上。

③拔去中转罐底部泵药机的管子。

(4) 生产操作结束后清洁

①生产操作结束，删去设备状态标志牌运行栏中"√"，按"中转罐（0.8m^3）清洁准操作规程"进行清洁。

②经质检人员检查合格，在设备状态标志牌清洁栏中标识"√"并标明清洁日期。

(5) 维护保养

①要定期清洗罐子内部。

②车轮轴承及盖子活页等部件要定期加油，以保证拉罐子的车正常运转。

(6) 注意事项

①设备的停机顺序：先关闭电控电源，后关闭主电源。

②仪表显示：成套设备中仪表箱上文本显示仪和记录仪的温度设定、仪表的使用方法请参照仪表说明书或根据厂家指导意见。文本显示仪对温度设定控制，一般上下波动 1~3℃，用户应根据实际情况，自行调节到最佳位置。

③有机溶剂进行管道输送前，必须先以水代料检验管道接头出有无泄漏，以确保溶剂输送无泄漏。

④设备配件、管道密封件必须符合溶剂无腐蚀条件，以免密封件被溶剂腐蚀后出现泄漏。

5. 培训

(1) 培训对象　提取间提取操作岗位操作人员。

(2) 培训时间　1h。

工作过程二　膜分离技术

工作过程背景：

膜分离是提纯产物的关键技术，能对双组分或多组分体系进行分离、分级、提纯和富集。

知识目标：

1. 熟悉膜及膜组件的组成与分类。
2. 掌握各种膜分离技术的原理。
3. 掌握各种膜的分类和特性。
4. 掌握膜的污染与清洗方法。
5. 了解各种膜技术在工业上的应用。

能力目标：

1. 能针对不同的处理对象选择不同的膜分离方法。
2. 能判断各种膜污染的原因，并能掌握常见的膜清洗的方法。
3. 在理解膜分离基本原理的基础上，能正确操作各种膜分离过程。

素养目标：

1. 培养学生规范操作、爱护仪器的习惯。
2. 培养学生解决问题的能力和安全生产意识。

膜分离技术是利用天然或人工合成的、具有选择透过性的薄膜，以外界能量或化学位差为推动力，对双组分或多组分体系进行分离、分级、提纯或富集的过程。膜分离技术是生物大分子分离技术中一个重要的组成部分，尤其是在生物大分子的规模化制备中有其独特的作用。随着各种新型人工膜和膜分离装置的不断涌现，膜分离技术不但是生化分离、制备的有效手段，而且在废水处理、海水淡化、人工肾研究和医药生产等方面都发挥着越来越重要的作用。

膜分离技术与传统分离技术相比，具有以下优点。

（1）处理效率高，设备易于放大。
（2）化学机械强度小，有利于减少失活。
（3）选择性好，在分离浓缩的同时能达到部分纯化的目的。
（4）膜分离过程不发生相变化，与有相变化的分离法相比，能耗低。
（5）选择合适的膜与操作参数，可得到较高的回收率。
（6）膜分离系统可密闭循环，有利于防止外来污染。
（7）不外加化学物质，透过液（酸、碱或盐溶液）可循环使用，降低了成本和减少了对环境的污染。
（8）可在室温或低温下操作，适用于对热敏感的物质，如蛋白质、酶等的分离、浓缩和富集。

同时膜分离技术也存在一些问题，如下所示。

（1）在操作中膜面会发生污染使膜性能降低，应采用适合的清洗方法。

（2）膜本身的耐药性、耐热性和耐溶剂的能力使适用范围受限。

膜分离过程的实质近似于筛分、渗透等过程，是根据滤膜孔径的大小使物质透过或被膜截留，从而达到物质分离的目的。按分离粒子或分子大小可分为微滤（MF）、超滤（UF）、纳滤（NF）、反渗透（RO）、透析（DS）和电渗析（ED）6种，其分离粒子大小范围见图4-19。

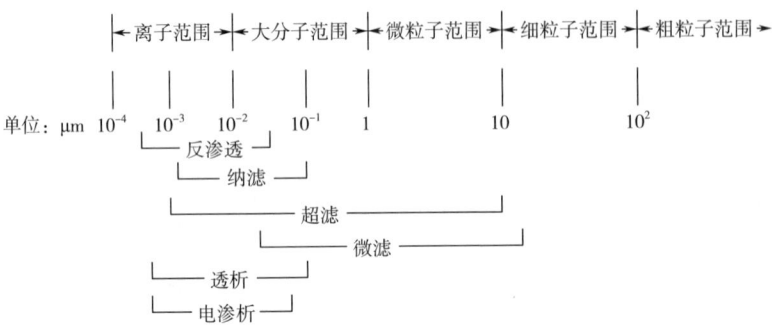

图4-19　膜分离过程中分离粒子大小范围

任务一　膜和膜组件

在一种流体相间有一种薄层凝聚相物质，把流体相分隔成为两部分，这一薄层物质称为膜。膜本身是均匀的一相或是由两相以上的凝聚物质所构成的复合体，被膜分隔开来的流体相物质是液体或气体。膜的厚度应为0.5mm以下，否则就不称为膜。同时不管膜本身薄到何等程度，至少要具有两个界面，通常它们分别与被膜分割的两侧的流体相物质接触。膜可以是完全可透过性的，也可以是半透过性的，但不应该是完全不透过性的；它的面积可以很大，独立存在于流体相间，也可以非常微小，而附着于支撑体或载体的微孔隙上；膜还必须具有高度的渗透选择性；作为一种有效的分离技术，膜传递某物质的速度必须比传递其他物质快。

（一）膜的分类、性能及材料

1. 膜的分类

可以按不同的方式对膜进行分类。

（1）按膜孔径大小　微滤膜（0.025~14μm）、超滤膜（0.001~0.02μm，即

1~20nm)、反渗透膜（0.0001~0.001μm，即 0.1~1nm）、纳米过滤膜（平均直径 2nm）。

（2）按材料　高分子合成聚合物膜、无机材料膜等。

（3）按膜结构　对称性膜、不对称性膜、复合膜等。

（4）按来源结构和形态　如图 4-20 所示。

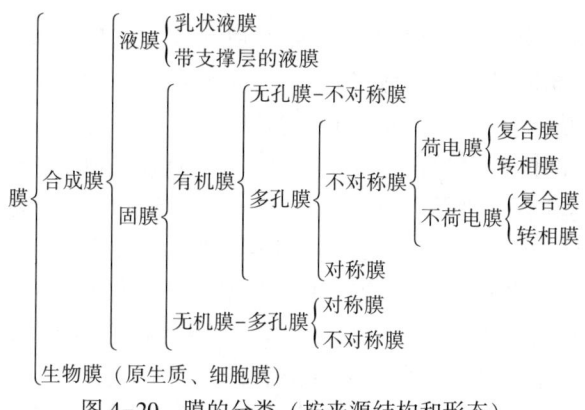

图 4-20　膜的分类（按来源结构和形态）

2. 膜的性能

在实际应用中，对于不同的分离对象必须采用相应的膜材料，但对膜的基本要求是共同的，主要有以下几点。

（1）耐温　分离与提纯的物质过程的温度为 0~82℃，清洗和蒸汽消毒系统的温度≥110℃。

（2）耐压　要达到有效的分离，各种功能分离膜的微孔是很小的，为提高各种膜的流量和渗透性，就必须施加压力，如反渗透膜可实现 5~15nm 的微粒分离，所需压差为 1380~1890kPa，这就要求膜在一定压力下不被压破或击穿。

（3）耐酸碱性　待处理液的偏酸、偏碱会严重影响膜的寿命，如醋酸纤维膜使用 pH2~8，偏碱纤维素会水解。

（4）化学相容性　要求膜材料能够耐各种化学物质的侵蚀而不致产生膜性能的改变。

（5）生物相容性　高分子材料对生物体来说是个异物，因此必须要求它不使蛋白质和酶发生变性，无抗原性等。

（6）低成本。

3. 膜的材料

用来制备膜的材料主要分为无机材料和有机高分子材料两大类。

（1）无机材料　无机膜的制备多以金属、金属氧化物、陶瓷和多孔玻璃为材料。以金属钯、银、镍等为材料可制得相应的金属膜和合金膜，如金属钯膜、金属银膜或钯-银合金膜。此类金属及合金膜具有透氧或透氢的功能，故常用于超纯氢的制备和氧化反应，缺点是清洗比较困难。

多孔陶瓷膜是最具有应用前景的一类无机膜，常用的有 Al_2O_3、SiO_2、ZrO_2 和 TiO_2 膜等，此类膜具有耐高温和耐酸腐蚀的优点。玻璃膜可以很容易地加工成空心纤维，并且在 H_2—CO 或 He—CH_4 的分离过程中具有较高选择性。

（2）有机高分子材料　目前，在工业中应用的有机高分子材料主要有碳酸纤维素类、聚砜类、聚酰胺类和聚丙烯腈等。

醋酸纤维素是由纤维素与醋酸反应而制成的，是应用最早和最多的膜材料，常用于反渗透膜、超滤膜和微滤膜的制备。醋酸纤维素的优点是价格便宜，分离和透过性能良好。缺点是使用的 pH 范围比较窄，一般仅为 4~8，容易被微生物分解，且在高温下长时间操作时容易被压密而引起膜通量下降。

聚砜类是一类具有高机械强度的工程塑料，具有耐酸、耐碱的优点，可用于制备超滤膜和微滤膜的材料。由于此类材料稳定、机械强度好，因而也可作为反渗透膜、气体分离膜等复合膜的支撑材料，缺点是耐有机溶剂的性能较差。

用聚酰胺类制备的膜，具有良好的分离与透过性能，且耐高压、耐高温、耐溶剂，是制备耐溶剂超滤膜和水溶液分离膜的首选材料，缺点是耐氯化性能差。聚丙烯腈也是制备超滤膜、微滤膜的常用材料，其亲水性能使膜的水通量比聚砜类膜的要大。

（二）膜组件

由膜、固定膜的支撑体、间隔物以及收纳这些部件的容器构成一个单元，称为膜组件或膜装置。膜组件的结构根据膜的形式不同而异，目前市场上出售的有 4 种形式：管式、中空纤维式、螺旋卷式和平板式。各种膜组件的优缺点见表 4-10，各种膜组件的特性和应用范围见表 4-11。

表 4-10　　　　　　　　　　各种膜组件的优缺点

膜组件	优点	缺点
管式	易清洗、无死角，适宜处理含固体较多的料液，单根管子可以调换	保留体积大，单位体积中所含过滤面积较大，压降大
中空纤维式	保留体积小，单位体积中所含过滤面积大，可逆流，操作压力较低（小于 0.25MPa），动力消耗较低	料液需要预处理，单根纤维损坏时，需调换整个膜件
螺旋卷式	单位体积中所含过滤面积大，换新膜容易	料液需要预处理，压降大、易污染、清洗困难
平板式	保留体积小，能量消耗介于管式和螺旋卷式膜组件	死体积较大

表 4-11　　　　　　　　　各种膜组件的特性和应用范围

膜组件形式	比表面积/（m²/m³）	设备费	操作费	膜面吸附层的控制	应用
管式	20~30	极高	高	很容易	UF、MF
平板式	400~600	高	低	容易	UF、MF、PV
螺旋卷式	800~1000	低	低	难	RO、UF、MF
毛细管式	600~1200	低	低	容易	UF、MF、PV
中空纤维式	约 10^4	很低	低	很难	RO、DS

1. 管式膜组件

将膜固定在内径为 10~25mm、长约 3m 的圆管状多孔支撑体上，10~20 根管式膜并联或用管线串联，收纳在筒状的容器内构成管式膜组件，具体结构如图 4-21（1）所示。

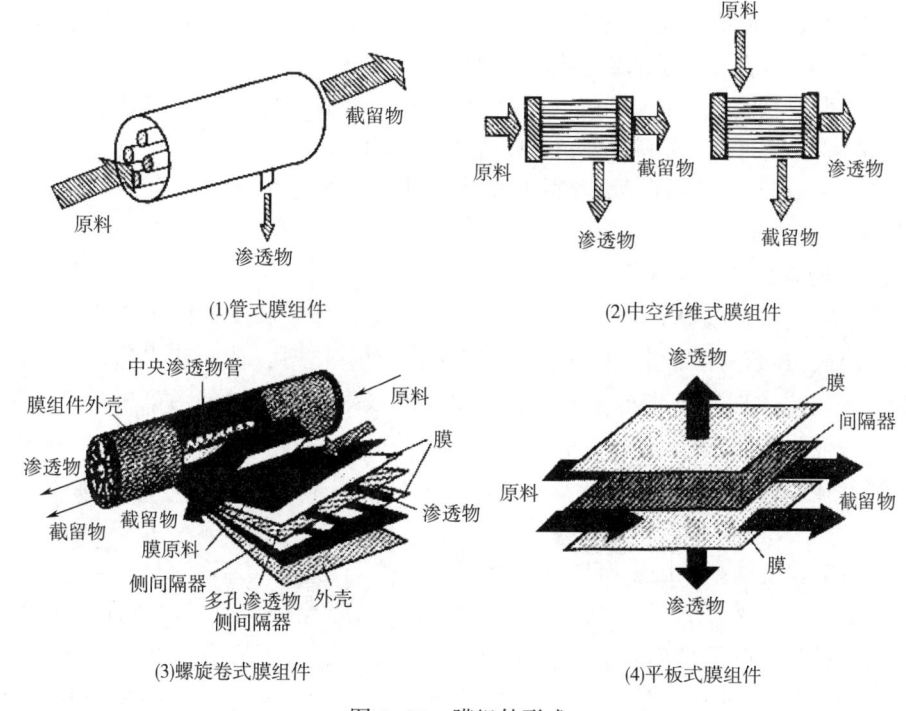

图 4-21　膜组件形式

2. 中空纤维式膜组件

中空纤维式膜组件有数百只数百万根中空纤维膜固定在圆筒形的容器内，具体结构如图 4-21（2）所示。

3. 螺旋卷式膜组件

两张平板膜固定在多孔性滤液隔离网上，隔离网为滤液流路，两端密封，具体结构如图4-21（3）所示。

4. 平板式膜组件

与板式换热器或加压液滤器相似，有多枚圆形或长方形平板膜以1mm左右的间隔重叠加工而成，膜间衬有多孔薄膜，供液料或滤液流动，具体结构如图4-21（4）所示。

（三）浓差极化与膜污染及其防治

1. 浓差极化

在膜分离过程中，水连同小分子透过膜，而大分子溶质则被膜所阻拦并不断积累在膜的表面上，使溶质在膜表面处的浓度高于溶质在主体溶液中的浓度，从而在膜附近边界层内形成浓度差，并促使溶质从膜表面向着主体溶液进行反向扩散，这种现象称为浓度极差。浓度极差是由于膜表面和膜孔内的选择透过性造成膜面的被截留组分浓度高于处理液浓度的现象。当膜面上溶质浓度增加到一定值时，在膜面上会形成一层称为凝胶层的非动层，凝胶层会对膜的透过通量有很大阻力，因而膜的透过通量急剧下降，从而导致以下严重问题。

（1）形成很高的膜面浓度，有效压差下降。凝胶层的存在又增加了流动的阻力，总的结果使得渗透速率大大下降，膜的效率下降。

（2）在凝胶层或膜面共聚物的高浓度区中，大分子之间的相互缠结使得分离过程与超滤膜的尺寸及分布无关。

2. 膜污染的影响因素

膜污染是指被处理物料中的胶体粒子、溶质大分子和微粒由于与膜存在物理化学作用或机械作用而引起膜表面或膜孔内吸附、堵塞，使膜产生透过通量减少的不可逆变化的现象。物料中的组分在膜表面吸附沉积形成的污染层将产生额外的阻力，该阻力可能远大于膜本身的阻力而使过滤通量与膜本身的渗透性能无关。组分在膜孔中沉积，将造成膜孔减小甚至堵塞，同时也减小了膜的有效面积。

膜污染程度的影响因素有以下几点。

（1）粒子或溶质尺寸　当粒子或溶质大小与膜孔相近时，由于压力的作用，溶剂透过膜时把粒子带向膜面，极易产生堵塞作用，而当膜孔径小于粒子或溶质的尺寸时，由于横切流作用，它们在膜表面很难停留聚集，因而不易堵孔。对于不同的分离对象，由于溶液中最小粒子及其特性不同，应当用实验来选择最佳孔径的膜。

（2）膜结构　对于微滤膜，对称结构显然比不对称结构更易被堵塞，这是因为对称结构微滤膜其弯曲孔的表面开口有时比内部孔径大，这样进入表面孔的粒子往往会被截留在膜中，而不对称结构微滤膜，粒子都被截留在表面，不会在膜内部堵塞，易被横切流带走，即使在膜表面孔上产生聚集、堵塞，也可以很容易地通过反冲洗洗走。

（3）膜与溶液间的相互作用力　对于亲水性膜，表面与水形成氢键，而疏水性膜不存在这一阻力，因此，疏水性膜较亲水性膜耐污染。此外，溶质浓度、pH和离子强度、接触时间、溶质分子大小与形状等会影响相互作用，从而影响膜污染过程。

（4）溶液温度　根据一般规律，溶液温度升高，其黏度下降，透水率提高。

（5）操作压力　操作压力越大，阻塞系数（K）越大，阻塞越明显。

综上所述，影响膜污染的因素不仅与膜本身的特性有关，如膜的亲水性、荷电性、孔径大小及其分布宽窄等，也与组件结构、操作条件有关，如温度、溶液pH、盐浓度、溶质特性、料液流速、压力等，对于具体的应用对象，要进行综合考虑。

3. 浓差极化和膜污染的控制措施

（1）预先过滤出料液中的大颗粒　原料液过滤前加入改性剂，以改变料液或溶质的性质或对料液进行絮凝、过滤，除去较大的悬浮粒子或胶状物质，或调整料液的pH，除去膜污染物，减轻膜的负荷和污染。

（2）增加流速、减小边界厚度、提高传质系数　提高料液或用湍流促进器或脉冲流技术等改善膜面料液的水力学条件，减小膜面流体边界层厚度，降低浓度极差，延缓凝胶层形成，减小膜污染。

（3）选择适当的操作压力　避免增加沉积层的厚度和密度。

（4）制膜过程中对膜进行改性，使其具有抗污染性　研制抗污染膜，包括新型膜材料的开发和在原有膜基础上的表面改性。滤膜表面的不同物化特性，诸如表面粗糙、表面亲水性及表面电荷是影响分离性能的主要因素。

（5）定期对膜进行反冲洗和清洗　有效适宜的清洗方法可将污染膜的污染物彻底清除，恢复膜的原有性能，延长膜的使用寿命。常用的清洗方式有：物理清洗、化学清洗、生物清洗和超声波清洗等。

任务二　微滤技术

微滤（MF）是世界上开发应用最早的膜过滤技术。早在19世纪中期，人们就已经开始利用天然或人工合成的高分子聚合物制备微滤膜。到了20世纪60年代，随着高分子材料的研究与开发，极大地促进了微滤膜的发展，形成了孔径为0.1~75μm的系列化产品，应用范围由实验室和微生物检测扩展到了医药、饮料、生物工程、超纯水、饮用水、石化和环保等领域。

微滤技术

(一) 微滤的基本原理

微滤又称微孔过滤，是利用微孔滤膜的筛分作用，在静压差推动下，将滤液中尺寸大于 0.1μm 的微生物和微粒子截留下来，以实现溶液的净化、分离和浓缩的技术。由于微滤所分离的粒子通常远大于用反渗透、纳滤和超滤所分离的溶液中的溶质及大分子，基本上属于固-液分离。微滤过程不必考虑溶液渗透压的影响，过程的操作压差为 0.01~0.2MPa，而膜的渗透量远大于反渗透、纳滤和超滤。

一般认为微滤的分离机理为筛分机理，微孔滤膜的物理结构起决定作用。通过电镜观察，微孔滤膜的截留作用大体可分为以下几种。

(1) 机械截留作用　指膜具有截留比它孔径大或与其孔径相当的微粒等杂质的作用，此为过筛作用。

(2) 物理作用或吸附截留作用　包括吸附和电性能的影响。

(3) 架桥作用　在孔的入孔处，微粒因为架桥作用也同样可被截留。

(4) 网络型膜的网络内部拦截作用　将微粒截留在膜的内部而不是在膜的表面。

由上可见，对滤膜的截留作用来说，机械作用固然重要，但微粒等杂质与孔径之间的相互作用有时较其孔径的大小更显得重要。

(二) 微孔滤膜

1. 微孔滤膜的分类

根据膜孔的结构，微孔滤膜可分为两大类：一类是具有毛细管状孔结构的筛网型微孔滤膜，它具有理想的圆柱形孔结构，对于大于其孔径的微粒具有绝对的过滤作用；另一类是具有曲孔的深度型微孔滤膜，其膜表面粗糙，分布着孔径小于分离粒子的微孔，即深度过滤型微孔滤膜不具有绝对过滤的作用，它可以去除小于其孔径的微粒。弯曲孔膜孔隙率一般为 35%~90%，柱状孔膜一般小于 10%。微孔滤膜的操作压力一般较低，一般小于 0.35MPa。

2. 微孔滤膜的特性

(1) 分离效率高　微孔滤膜的微孔十分均匀，分布很好，由于微孔滤膜的孔径尺寸能严格控制，故可绝对截留大于孔径的任何微粒，分离效率接近 100%。

(2) 渗透通量高　微孔滤膜的表面有无数微孔，孔隙率一般可高达 80%左右。膜的孔隙率越高，意味着过滤所需的时间越短，即渗透通量越大。一般来说，它比同等截留能力的滤纸至少快 40 倍。

(3) 滤材薄　与深层过滤介质相比，微孔滤膜的厚度只有它们的 1/10，甚至更小，在过滤某些或有高价值的目标产物悬浮液颗粒时，由于被过滤介质吸收而造成的损失也很小。其次，由于微孔滤膜很薄，所以很轻，易于贮藏。

（4）无介质脱落，不产生二次污染　微孔滤膜为连续的整体结构，没有一般深层过滤介质产生的卸载和滤材脱落现象。因此，可用于对渗透纯度要求较高的情况。

3. 微孔滤膜的材料

微孔滤膜材料是影响膜性能的基本因素，所以材料的选择很重要。一般来讲，材料的加工要求、耐污染能力和化学及热稳定性是主要考虑的因素。由于材质不同导致了膜的品种不同和膜体孔径也不同。简介如下所示。

（1）再生纤维素膜　该类膜能耐受热压灭菌的高温，也能经受各种有机溶剂的处理，但不能在水介质中使用。在必须处理少量含水过滤液时，为防止过度膨胀，应先将膜置于滤器中用酒精抽紧再用，可减少变形。

（2）纤维素酯膜　目前使用最多的一类微孔滤膜，性能优良、成本较低。该类膜能耐受热压灭菌、亲水性强、孔径均匀。其中最常见的是醋酸纤维素膜，它的最大特点是不吸附蛋白质、核酸等生物分子，滤速好，产品回收率高，膜的贮藏和使用安全。

（3）聚四氟乙烯膜　化学性质极为稳定，可耐受强酸、强碱、强氧化剂、各种腐蚀性液体和各种有机溶剂，工作温度范围也大，为 180~250℃，属于强憎水性膜。

（4）聚氯乙烯膜　物理、化学稳定性及憎水性均不及聚四氟乙烯膜，能耐受较强的酸和碱，但不耐高温，工作温度不能超过 65℃。消毒只能使用酒精、2%~3%甲醛、0.1%硫柳汞等。

（5）超细玻璃纤维滤膜　由玻璃纤维、玻璃粉经聚丙烯酸胶黏剂黏结而成，一般厚度在 0.25~1.0mm，实为深层型滤膜。因多用于处理气体介质，有时称作"空气超净过滤纸"。该类膜化学稳定性好，除氢氟酸及强碱外，能耐受各种化学试剂和有机溶剂，也不吸收空气中的水分，自身重量稳定性好，光学透过性亦佳，在许多有机溶剂中呈完全透明态。

（三）微滤的操作方法

微滤膜的孔径为 0.11~10μm，主要适合对悬浮液和乳液进行截留或浓缩以及低浊度液体除菌。微滤属于压力推动的膜工艺系列，一般来说，超滤操作的跨膜压差为 0.3~1.0MPa，而微滤操作的跨膜压差为 0.1~0.3MPa。微滤在应用中（实验室或工业上）遇到的最主要的问题是通量下降，这是由于浓差极化和膜污染引起的。很多情况下通量下降非常严重，以致实际通量只有纯水通量的 1%。

为了减少污染，应注意操作方式的选择，通常可分为并流操作和错流操作两种操作方式。

并流操作是指待澄清的流体在压差推动下透过膜,而微粒被膜截留,截留的微粒在膜表面上形成滤饼,并随时间增厚,滤饼增厚使微滤阻力增加,如图 4-22(1)所示。此操作类似粗过滤,通常为间歇式,需定期清除滤饼或更换滤膜。在错流操作中,进料流体的流动方向与膜平面的方向平行。由于流体在一定的流速下会产生湍流(所谓的二次流),因此会在膜表面产生剪切力,使部分沉积在微孔上的微粒重新返回流体。显然增大流速能提高湍流程度,降低边界层厚度,使污染程度减轻,如图 4-22(2)所示。实际操作中应考虑膜的耐剪切力和耐压能力,并结合能耗进行操作条件的优化。

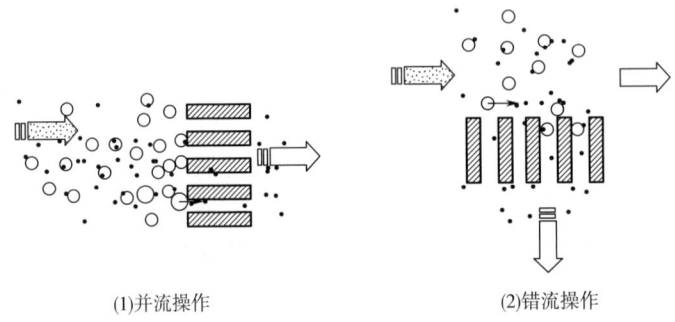

(1)并流操作　　　　　　(2)错流操作

图 4-22　微滤膜处理流体的两种方式

(四) 微滤膜的污染与防治

膜组件在运行过程中,经常遇到的一个重要问题是膜的污染。对于微滤膜而言,膜的污染与过滤阻力主要来自被截留的溶质或颗粒在膜表面形成的浓差极化和滤饼层的阻力及颗粒在膜微孔中的吸附和堵塞。

1. 污染的防治

因为微滤膜污染的主要原因是滤饼层的形成及膜孔的堵塞,所以其污染的防治应从滤饼层的消除或减小以及膜孔堵塞的防治方面入手。

采用亲水性而不是疏水性的膜可以减少含蛋白质的颗粒在膜表面的吸附,从而可以减少蛋白质对膜的污染。又因为待分离的料液中的颗粒多带有负电荷,所以使用带负电荷的微滤膜以减少颗粒在膜表面的沉积,也有利于降低膜的污染。

现在的微滤膜多为对称结构,料液中的颗粒很容易在膜孔中聚集而堵塞膜孔,制备具有不对称结构的微滤膜,则可以将颗粒在膜表面截流,避免颗粒进入膜孔内部被截留,从而减少膜孔的堵塞。

下面讨论其他一些减少膜污染的措施。

(1) 料液的预处理　预处理的方法包括絮凝沉淀、多介质机械过滤、热处理、调 pH、加配位剂(EDTA 等)、氯化、活性炭吸附、化学处理、精密过滤等。例如，对于蛋白质，pH 调节是很重要的。在这种情况下，当 pH 为蛋白质的等电点时，即蛋白质为电中性时，对膜的污染程度最轻。

（2）膜的运行方式　膜的运行方式通常有两种，即死端操作和错流操作。错流操作，进料流体的流动方向与膜平面的方向平行，该操作方式能减轻对膜的污染。

（3）膜器和系统的设计　污染现象随浓度极化减弱而减少。通过提高传质系数（如高流速等）和使用较低通量的膜可以减少浓差极化，采用不同形式的湍流强化器也可减少污染。尽管对于大规模应用，从经济的观点出发，流化床系统和转动膜器系统并不实用，但对小规模应用还是有吸引力的。

（4）电场作用　微滤膜分离的物料中的微粒多带有电荷（通常为负电荷），因此通过电场的作用促进膜表面聚集的带电微粒向料液主体的迁移，从而增加其传质系数 K，也是减少膜污染、增加膜通量的方法。

2. 膜的清洗

尽管可以采取各种措施来减少微滤膜的污染，但仍需采取适当的清洗方法，在膜发生污染后能恢复膜通量。膜的清洗方法有物理清洗和化学清洗两种。

（1）物理清洗　在微滤膜表面形成的滤饼层可以通过反冲的方法来消除。滤液是理想的反冲介质，也可以采用气体。

①水（滤液）力学反冲洗：水力学清洗方法主要是反冲洗（只适用于微滤膜和疏松的超滤膜），即以一定频率交替加压、减压和改变流向。

②气体反冲洗：气体反冲洗即用以空气为反冲介质的微滤错流系统来减轻微滤膜的污染。当系统运行至膜两侧的压差达到设定值时，停止过滤操作，高压空气由滤液侧反向通过膜，除去膜壁上沉积的污染物，然后由料液将污染物冲走。

（2）化学清洗　当膜的污染比较严重，采用物理方法效果不佳时，需用化学清洗剂清洗。常用清洗剂有以下几种：①酸液（较强的如磷酸，或较弱的如乳酸）。②碱液（如 NaOH）。③表面活性剂（离子型或非离子型）。④酶（蛋白酶、淀粉酶、葡萄糖酶）。⑤消毒剂（H_2O_2 和 NaClO）。⑥配合剂（EDTA、聚丙烯酸酯、六偏磷酸钠）。这些清洗剂既可以单独使用，也可以以组合形式使用。

（五）微滤技术的特点及应用

1. 微滤技术的特点

微孔膜过滤又称"精密过滤"，是新型薄膜过滤技术，主要用于分离亚微米级颗粒，是目前应用最广泛的一种分离分析微细颗粒和超净除菌的手段。微孔膜过滤的优点如下所示。

（1）设备简单，只需要微孔膜和一般过滤装置便可进行工作。

（2）操作简便、快速，适于同时处理多个样品。

（3）分离效率高、重现性好　因其膜孔径比超滤膜大，流速大大加快，且可在同一微孔膜上进行分离、洗涤、干燥、测定等操作，所以不会因样品转移而导致损失。

（4）一些微孔滤膜具有结合生物大分子的特殊能力，根据这种选择结合作用建立相应的结合测度分析的方法，已经应用于基因工程等许多领域。

2. 微滤技术的应用

微滤是膜分离中应用最为普遍的一项技术，该技术已在污水处理、饮用水处理、医药电子工业、食品等行业达到了广泛的应用。

（1）医药卫生　医药行业所用的药剂、溶剂、注射用水必须是灭菌的。采用微滤技术可经济、方便地去除水中的细菌微生物和悬浮物，制备无菌液体。微滤技术也可以应用于抗生素的无菌检验。

（2）电子工业　微滤技术一直用于从生产半导体的液体中去除粒子。微滤在电子工业纯水制备中主要有两方面的作用：第一，用反渗透或电渗析作为过滤器，以去除细小的悬浮物。第二，在阴、阳或混合交换柱后，作为最后一级终端过滤手段，滤除树脂碎片或细菌等杂质。

（3）水处理　使用膜技术进行城市污水和工业废水处理，可生产出不同用途的再生水，如在工业冷却处理技术中开始得到快速发展。由于水资源严重匮乏，许多国家和城市特别是沿海城市开始利用膜技术进行海水淡化。一方面获取了淡水资源，另一方面可对海水进行有效的综合利用。微滤用于海水的深度处理，去除海水中的悬浮物、颗粒以及大分子有机物，为反渗透提供原料水。

（4）食品、饮料工业　食品、酿酒业及软饮料工业的生产过程需要大量水并产生大量的废水，经厌氧生物处理后的水再经过连续微滤处理和消毒即可回用，可有效地脱除酿造行业产品（如啤酒、白酒和酱油等）中的酵母、霉菌以及其他微生物，得到的滤液透明、保质期长，这是一种经济有效的解决方案，可实现零排放。

■ 岗位链接

储液罐及其输送管道的使用操作规程

文件编号		颁发部门	
SOP-PA-017-01	储液罐及其运输管道的使用操作规程		
总页数		执行日期	
编制者	审核者		批准者
编制日期	审核日期		批准日期

1. 目的

明确储液罐及其运输管道的使用标准操作规程。

2. 范围

提取工序储液罐及其输送管道。

3. 责任

提取工序操作人员。

4. 内容

(1) 储液罐及其输送管道是用来储存和输送过滤后药液的容器及管道。

(2) 打开提取罐出液阀门，开启过滤器阀门，开启过滤器所对应的出液管阀门（1号），打开出液泵将药汁输送到所对应储液罐中。

(3) 若储液罐已满，关闭出液管阀门（1号），打开调料管阀门（2号），同时打开需调入储液罐的调料管阀门及出液阀门。

(4) 如调料管阀门发生堵塞或临时检修，则使用备用输液管保持通路。

(5) 储液罐药汁输送完毕，将所有开启的阀门全部关闭。

(6) 待储液罐内药汁出液完毕，按储液罐清洁标准操作规程进行清洁。

(7) 储液罐进不同品种、不同批次药液前必须清洁。

(8) 用水枪冲洗储液罐内、外部，打开储液罐底部阀门放废水，直到水无黑渣、无色，关闭底部阀门，开启相通管道阀门，直至流出的水无色、无黑渣。

(9) 储液罐侧位液位计要经常清洁，以有利于观察液位。

(10) 报质检科质检员检查合格后，挂"已清洁"牌。

(11) 如清洁后一周内未用，应当重复清洁干净，检查后方可生产。

(12) 注意：储液罐的出液泵要经常加油保养。

5. 培训

(1) 培训对象　提取工序操作人员。

(2) 培训时间　2h。

任务三　超滤技术

超滤（ultrafiltration，UF）自20世纪20年代问世后，直至60年代以来发展迅速，很快由实验室规模的分离手段发展成重要的工业单元操作技术。超滤技术是综合了过滤和透析技术的优点而发展起来的高效分离技术，是脱盐、浓缩及生物大分子分级分离常用的方法，在生物制品、食品、制药工业生产中占有重要的地位。

(一) 超滤的基本原理

超滤是最常用的膜分离技术，其工作原理见图4-23。利用有选择通透性的微孔膜，在液压作用下，小分子溶质随溶剂透过膜转移到膜的另一侧，而大分子溶质（酶）则被截留下来，因此大、小溶质分子得以分离。也就是说，超滤是借助超滤膜对溶质在分子水平上进行物理筛分的分离技术。超滤时的操作压力一般控制在0.1~1MPa，压力可由压缩气体或压力泵来维持。

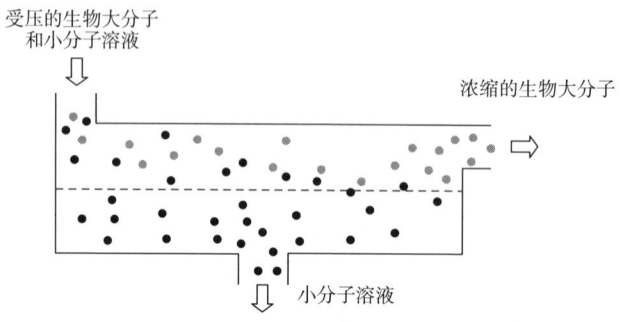

图4-23 超滤工作原理示意图

（二）超滤膜

1. 超滤膜的构造

早期的膜是所谓"各向同性膜"，膜的厚度较大，孔隙为一定直径的圆柱形。这种膜流速低、易堵塞，为了解决透过速度和机械强度的矛盾，最好的办法是制备在厚度方向上物质结构和性质不同的膜，即所谓的"各向异性膜"。该类膜正反两面的结构不一致，又称各向异性扩散膜，膜质分为两层，其功能层是具有一定孔径的多孔"皮肤层"，厚度为0.1~1μm；另一层是孔隙大得多的"海绵层"，或称"支持层"，厚度约为0.1mm。"皮肤层"决定了膜的选择透过性，而"海绵层"增大了它的机械强度。这种膜不易堵塞，流速要比各向同性膜快数十倍。目前超滤所用的膜基本上都是各向异性扩散膜。

2. 超滤膜的制造

可用来制造超滤膜的材料很多，有纤维素硝酸酯（或醋酸酯）、芳香酰胺纤维（尼龙）、芳香聚砜、丙烯腈-氯乙烯共聚物等，这些材料制成的膜都应用于水溶性物质的分离。

制造膜的方法除常用的入水凝冻法外，还有喷涂法，以及以无电极辉光放电法在微孔基膜上将膜材料聚合成一层超薄滤膜而制备复合膜等。若膜质为无机材料，则用烧结或黏结法与多孔膜基结合成复合膜。

3. 超滤膜的特性

超滤膜的基本性能指标主要有：孔道特征、水通量 [$m^3/(m^2·s)$]、截留率和截断分子质量、抗压能力、pH适用范围、对热和溶剂的稳定性等。

（1）孔道特征　包括孔径、孔径分布和孔隙率，是膜的重要性质。膜的孔径有最大孔径和平均孔径，它们都在一定程度上反映了孔的大小，但各有其局限性。孔径分布是指膜中一定大小的孔的体积占整个孔体积的百分数。由此可以判断膜的好坏，即孔径分布窄的膜比孔径分布宽的膜要好。孔隙率是指整个膜中孔所占的体积百分数。

超滤膜的孔径、孔径分布和孔隙率可通过电子显微镜直接观察测定。

（2）水通量　水通量为单位时间内通过单位膜面积的水体积流量，也称透水率，即水透过膜的速率。对于一个特定的膜来说，水通量的大小取决于膜的物理特性（如厚度、化学成分、孔隙率）和系统的条件（如温度、膜两侧的压力差、接触溶液的盐浓度及料液平行通过膜表面的速度）。在实际使用中，如处理的为蛋白质溶液，则由于膜面污染，水通量会很快下降。污染程度和膜材料有关，所以膜的选择应通过实验决定。

（3）截留率和截断分子质量　截留率（用 R 表示）是指膜对一定分子质量的物质截流的程度，计算公式见式（4-2）：

$$R = 1 - c_p/c_b \tag{4-2}$$

式中　c_p，c_b——在某一瞬间，透过液和截留液的浓度。

如 $R=1$，则 $c_p=0$，表示溶质全部被截留；如 $R=0$，则 $c_p=c_b$，表示溶质能自由透过膜。

4. 超滤膜的材料

目前，已经商品化的超滤膜材料有几十种，而处于实验室研究阶段的膜材料更是种类繁多。从大的方面来分，超滤膜材料可分为有机高分子材料和无机材料两大类。

（1）有机高分子材料

①纤维素衍生物：最常用的纤维素衍生物有醋酸纤维素、三醋酸纤维素等，此类材料具有亲水性强、成孔性好、来源广泛、价格低廉等优点。醋酸纤维素超滤膜的孔径分布和孔隙率大小可通过改变铸膜液组成、凝固条件以及膜的后处理加以控制。

②乙烯类聚合物：用于超滤膜的材料主要有聚丙烯腈、聚氯乙烯等。其中，聚丙烯腈作为超滤膜材料，仅次于醋酸纤维素和聚砜。

③聚砜类：聚砜是在醋酸纤维素之后发展较快的一类超滤膜材料，分子主链中含有砜基结构，结构中的硫原子处于最高价态，醚键改善了聚砜的韧性，苯环结构提高了聚合物的机械强度，因此聚合物具有良好的抗氧化性、化学稳定性和机械性能，不易水解，可耐酸、碱的腐蚀。应用于超滤膜的主要有双酚 A 型聚砜（PSF）及其磺化产物（SPSF），聚芳醚砜（PES）和聚砜酰胺（PAS）等。

④含氟类聚合物：含氟材料是指由含有氟原子的单体经过共聚或均聚得到的有机高分子材料，用于膜材料的主要是聚偏氟乙烯（PVDF）和聚四氟乙烯（PTFE），其中聚偏氟乙烯由于氟原子的分布不对称使其可溶于多种溶剂，有利于制备非对称多孔超滤膜。

（2）无机材料　主要分为致密材料和微孔材料两类。致密材料包括致密金属材料和氧化物电解质材料，其分离机理是通过溶解扩散或离子传递机理进行，所以致密材料的特点是对某种气体具有较高的选择性。微孔材料主要包括多孔陶瓷、多孔金属和分子筛等材料。

①多孔陶瓷：常用的多孔陶瓷材料主要有氧化铝、二氧化硅、二氧化锆、二氧化钛等，它们的突出优点是耐高温、耐腐蚀。

②多孔金属：多孔金属膜主要采用Ag、Ni、Ti及不锈钢等材料，其孔径一般为200~500nm，厚度为50~70nm，孔隙率达60%。

③分子筛：分子筛具有与分子大小相当且分布均匀的孔径、高温稳定性、优良的择优催化性，是理想的膜分离和膜催化材料。

5. 超滤膜的选用

实施超滤膜的技术与超滤膜的性能关系极大，商品膜的规格型号甚多，在选择时必须注意以下几点。

（1）截留分子质量　超滤膜的孔径一般在10~100Å，但超滤膜通常不以其孔径大小而截留的分子质量作为指标。分子质量截留值是指阻留率达90%以上的最小被截留物质的分子质量，它表示了每种超滤膜所额定的截留溶质分子质量的范围。大于这个范围的溶质分子绝大多数不能通过该超滤膜。

（2）流动速率　又称流率，是超滤技术效率的重要参数。通常用在一定压力下每分钟通过单位面积膜的液体量来表示。膜流速不仅和它的孔径大小有关，而且和膜的结构类别有关。

（3）其他　在使用超滤技术时除考虑分子质量截留值和流率外，还需了解各种超滤膜的性质和使用条件。

①操作温度：不同的膜基材料对温度的耐受能力差异很大，如UM、XM、HM、OM型膜使用温度不超过50℃，而PM、HP膜则能耐受高温灭菌（120℃）。

②化学耐受性：不同型号的超滤膜与各种溶剂或药物的作用也存在很大差异。使用前必须查明膜的化学组成，了解其化学耐受性。如DM型膜禁用强碱、氨水、肼、二甲基甲酰胺、二甲基亚砜、二甲基乙酰胺等；XM、HX型超滤膜禁用丙酮、乙腈、糠醛、硝基乙烷、硝基甲烷、环酮、胺类等。

③膜的吸附性质：由于各种膜的化学组成不同，对各种溶质分子的吸附情况也不相同。使用超滤膜时，希望它对溶质的吸附尽可能少些。此外，某些介质也会影响膜的吸附能力，例如，磷酸缓冲液常会增加膜的吸附作用。有些膜（如聚砜材质膜）对某些蛋白质或酶吸附达到20%，需注意范围回收。

④膜的无菌处理：许多生化物质及生物药物需要在无菌条件下进行处理，所以需要对过滤器及膜实行无菌化处理。除了有的过滤器及膜可以进行高热灭菌外，不少膜及过滤器不耐受高温，因此通常采用化学灭菌法。常用的试剂有70%乙醇、5%甲醛、20%的环氧乙烷等。许多超滤设备制造公司还供应相应配套的清洁剂和消毒剂。

(三) 超滤的操作

1. 超滤前的准备

超滤前应根据产品的特性，确定使用目的，并根据溶液的成分、浓度、黏度、pH 及工作温度等指标，选用技术规格合适的超滤装置，通过预实验确定超滤压力、切向流速等技术参数，确保超滤技术在实际使用中达到最佳效果。

(1) 充分了解超滤膜的性能　不同材质的超滤膜其化学稳定性不同，对溶液的吸附量也不同。不同类型的超滤装置其耐压性能不同，截留分子质量不同，超滤膜的使用范围也不同。避免选择能与超滤液体中的成分发生化学反应的超滤膜材质。

(2) 正确安装超滤装置　输液管道和进、出口压力表及阀门连接牢固无渗漏，安装后可通过完整性试验进行验证。

(3) 超滤膜清洗消毒处理后的检测　超滤膜清洗消毒处理后应根据生产工艺要求，进行必要的检测，如 pH、蛋白质残留试验及热原检测等。为避免目标成分失活，有些具有特殊活性的产品在料液超滤前，必须用相应的工艺处理缓冲液进行循环平衡后才能使用。

(4) 对加工溶液的要求　生产工艺中需进行超滤的溶液必须经澄清过滤去除大颗粒杂质，以避免堵塞超滤膜孔而降低超滤效率。生产中使用超滤操作时间较长时，为避免对最终产品带来不利影响，可预先进行除菌过滤，然后进行超滤加工。

(5) 洗滤　生产中若以洗滤为使用目的时，使用前可先将原始溶液预先浓缩至适当体积，然后根据生产的需要和实际情况用等量稀释法或连续稀释法进行透析。等量稀释法即先将原始溶液超滤浓缩至半量后，再加入水或缓冲液至原始液量，如此反复几次，直至洗滤达到最终目的。等量稀释法稀释用水或缓冲液的用量较多，由于溶液量不断变化，产品截留物质的浓度（或含量）也在不断变化，以致洗滤时滤速也不断变化。连续稀释法（又称恒滤）即在洗滤过程中不断补充水或缓冲液，将超滤溶液量始终保持在同一液量不变，因此产品中截留物质的浓度（或含量）不变，而透过物质的浓度（或含量）则随洗滤逐渐下降，但洗滤滤速基本保持不变，使用液体量较少。目前在常规生产中大多采用此方法进行洗滤。

(6) 超滤操作参数的优化　当选择了合适的膜和系统后，为了充分发挥膜的性能，节省时间，还需要对超滤的操作参数进行适当优化。其主要工作是确定合适的 Δp（压力梯度）和 TMP。当液流横跨过膜表面时，低分子质量物质在压力驱动下透过膜面随水分或其他溶剂流出超滤膜，此压力称为通透膜压力梯度（TMP）。

切向流速很小起不到切向过滤的作用，如果太大又浪费能源，产生的剪切力对生物分子不利。超滤膜厂商一般提供滤膜的最佳切向流范围。

(7) 超滤膜的清洗和储存　用户收到新膜时，膜被保存在含有微量保湿剂和灭菌剂的环境中，而使用过的膜则被保存在以 NaOH 等为保护剂的稀释溶液中，在以上两种情况中必须在生物溶液流经前将膜冲洗干净。清洗用水最好为干净的去离子水或注射用水。

在正式超滤前为了保证整个系统（包括膜、管道、泵等）均处于合适的状态，将该系统充满配制超滤原液的缓冲溶液或生理溶液是非常重要的。通过处理可以达到pH与离子强度的稳定与一致、温度的稳定和去除空气及气泡的目的。

2. 超滤的操作方式

生物分离中常用的超滤系统均可采用间歇操作或连续操作的方法。

在间歇操作中，又可分为浓缩模式和透析过滤模式两种（图4-24）。在浓缩模式中，料液一次加入贮槽中，以泵进行循环，同时有透过液流出，料液逐渐浓缩，但由于浓差极化或膜污染等原因，通量随着浓缩进行而降低，故欲使小分子达到一定程度的分离所需时间较长。透析过滤是在过程中不断加入水或缓冲液，其加入速度和通量相等，这样可保持较高的通量，但处理的量较大，影响操作所需时间。

在实际操作中，常常将两种模式结合起来，即开始时采用浓缩模式，当料液达到一定浓度时转变为透析过滤模式，可使整个膜分离过程所需时间较短。间歇操作的优点是平均通量较高，所需膜面积较小、装置简单、成本也较低。主要缺点是需要较大的贮槽，适用于规模较小、分批生产的制药和生物制品生产过程，见图4-24。

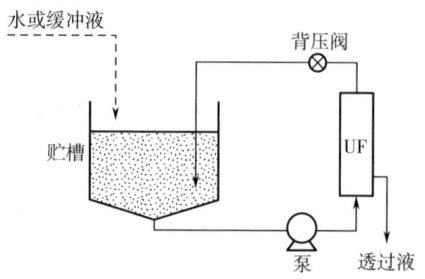

图4-24 浓缩模式和透析过滤模式

在连续操作中，又可分为单级和多级操作。图4-25为三级连续超滤操作，料液由料液泵送入系统中，在每一级中各有一个循环泵将液体进行循环，各级都有一定量的透过液流出，进入下一级的循环液浓度不同于料液浓度。由于第一级处理量大，所以膜面积也大，以后各级依次减小。在连续操作中，最后一级的循环液即为成品，故浓度较高，通量较低。

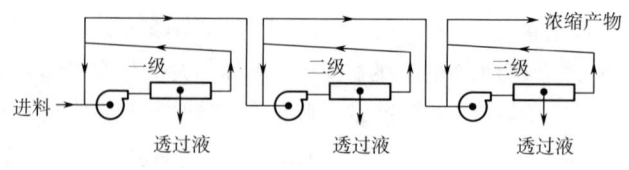

图4-25 三级连续超滤操作

连续操作的优点是产品在系统中停留时间较短，这对热或剪切力敏感的产品是有利的；它的主要缺点是在较高的浓度下操作，故通量较低。连续操作主要用于大规模连续生产，如奶制品工业生产中。

3. 超滤的影响因素

（1）溶质的分子性状　主要包括分子质量大小，分子形状、带电性等。

（2）溶质的浓度　浓度越高，流速越慢，不利于超滤，这种情况下，可先稀释，再超滤。

（3）压力　一般情况下，压力越大，流速越高。压力适当低一些，以防止过早出现浓差极化现象。样液浓度低时，压力应适当高一些。

（4）温度　温度升高，可以降低溶液黏度，有利于超滤，但对于生物活性物质来说，一般都要求在低温下（4℃）超滤。因此，生物活性物质不能通过升温来提高超滤速度。

（四）超滤膜的污染与清洗

超滤器的使用性能除了与其工艺参数有关外，还与膜的污染程度有关。膜在使用过程中，尽管操作条件保持不变，但通量仍逐渐降低的现象称为污染。广义的膜污染不仅包括不可逆的吸附、堵塞引起的膜污染，而且包括因可逆浓差极化导致的凝胶层污染。膜污染被认为是膜分离技术的主要障碍。

1. 浓差极化（可逆污染）

在膜分离操作中，所有溶质均被透过液传送到膜表面上，不能完全透过膜的溶质受到膜的截留作用，在膜表面附近浓度升高，见图4-26。这种在膜表面附近浓度高于主体浓度的现象称为浓度极化或浓差极化。膜表面附近浓度升高，增大了膜两侧的渗透压差，使有效压差减小，透过通量降低。当膜表面附近的浓度超过溶质的溶解度时，溶质会析出，形成凝胶层。当分离含有菌体、细胞或其他固形成分的料液时，也会在膜表面形成凝胶层，这种现象为凝胶极化。

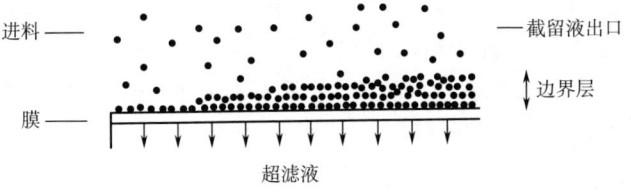

图4-26　浓差极化示意图

要克服浓差极化，通常可加大液体流量，加强湍流和搅拌。此外，提高液体的温度（受溶质耐热性的影响）也可减轻浓差极化。

2. 膜污染（不可逆污染）

膜污染是指处理物料中的微粒、大分子、胶体粒子或其他溶质分子，由于与膜存在物理化学作用或机械作用而引起的在膜表面或膜孔内的吸附、沉积，造成膜孔径变小或堵塞，使膜产生透过流量与分离特性不可逆变化的现象。悬浮物或水溶性大分子在膜孔中受到空间位阻，蛋白质等水溶性大分子吸附在膜孔表面，以及难溶性物质在膜孔中的析出都可能产生膜孔堵塞。

浓差极化和膜污染均能造成运行过程中膜通量的减少，但二者又有区别。浓差极化是可逆的，即变更操作条件可以使浓差极化消除；膜污染是不可逆的，必须通过清洗的办法才能消除。

3. 减轻膜污染的方法

（1）预处理　将料液经过滤器进行预过滤，以除去较大的粒子，特别是对中空纤维和螺旋卷绕式超滤器尤为重要。蛋白质吸附在膜表面上常是形成污染的原因，调节料液的 pH，远离等电点可使吸附作用减弱，但如果吸附是由于静电引力引起，则应调节至等电点。另外，盐类对污染也有很大影响，pH 高时，盐类易沉淀；pH 低时，盐类沉淀较少。加入络合剂如 EDTA 等可防止 Ca^{2+} 等沉淀。

（2）改变膜的表面性质　在膜制备时，改变膜的表面极性和电荷，常可减轻污染。也可以将膜先用吸附力较强的溶质吸附，则膜就不会再吸附蛋白质，如聚砜膜可用大豆卵磷脂的酒精溶液预先处理，醋酸纤维膜用阳离子表面活性剂处理，可防止污染。

（3）开发抗污染的膜　开发耐老化或难以引起吸附污垢的膜组件，是减轻膜污染最根本的办法。

4. 膜的清洗方法

超滤膜运转一段时间以后，会出现透水量降低，膜分离装置进出口压力降增大等问题。多数情况下，压力降超过初始值 0.05MPa 时，说明流体阻力已经明显增大，日常管理中必须对膜进行清洗，除去膜表面聚集物，以恢复其透过性。对膜清洗可用物理方法或化学方法，或两者结合起来使用。

（1）物理方法（机械方法）　借助于液体流动所产生的机械力将膜面上的污染物冲刷掉。通过加海绵球、增大流速、逆流（对中空纤维超滤器）、脉冲流动和使用超声波等方法，可以使膜得以清洗。

（2）化学方法　物理清洗往往不能把膜面彻底清洗，这时可根据体系的情况适当加一些化学试剂进行化学清洗。

①使用起溶解作用的物质，如酸、碱、酶（蛋白质）、螯合剂和表面活性剂等。

②使用起氧化作用的物质，如过氧化氢、次氯酸盐等。

③使用起渗透作用的物质，如磷酸盐、聚磷酸盐等。

超滤过程完毕后，要及时并反复清洗干净，否则，会影响超滤仪器的使用寿命与今后的超滤效果。一般先用无菌水清洗，再用1%氢氧化钠或1%次氯酸钠清洗，最后用无菌水进行清洗。

判断清洗成功与否的标准之一是清洗后加纯水，通量达到或接近原来水平，则认为污染已消除。膜清洗后，如暂时不用，应储存在清水中，并加些甲醛以防止细菌生长。

（五）超滤装置

1. 搅拌式超滤器

搅拌式超滤器内装磁力搅拌棒（图4-27），加速膜面大分子的扩散作用，保持流速。单位时间内透过液体量与有效膜面积成正比，工作压力为303.9~5065kPa，它适用于实验室处理少量浓度小的酶液，见图4-27。

2. 小棒超滤器

棒心为多孔高聚物支持物，外裹各种规格的超滤膜，使用时将其插入待分离液中，开动连接的真空系统即可进行超滤，它适合于处理少量浓度小的大分子样液，一次可以同时处理多个样品。小棒超滤器装置见图4-28。

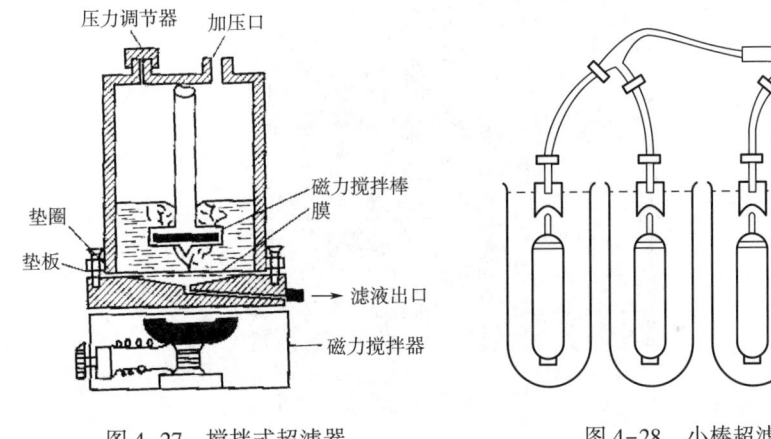

图4-27 搅拌式超滤器　　图4-28 小棒超滤器

3. 浅道系统超滤装置

这类超滤器使液体通过螺旋形浅道，向与膜平行的方向流动，浅道底部有膜，由于液体在超滤膜表面高速流动，浓差极化不显著，而且液体与膜的接触面积也大于一般搅拌型装置，故有很好的滤速。浅道系统超滤装置见图4-29，超滤后被截留的大分子溶液从浅道末端流出，通过蠕动泵再循环，最后浓度达40%。该装置适合于酶等大分子混合物的分离以及细菌、病毒、热原的滤除，也用于酶液的浓缩、脱盐。

4. 中空纤维式超滤器

该超滤器的过滤介质是具有与超滤膜类似结构的中空纤维丝，每根纤维丝即为一个微型管状超滤器。中空纤维丝很细，它能承受很高压力而不需任何支撑物，使得设备结构大大简化。中空纤维的内径一般为0.2mm，表面积与体积的比率极大，所以滤速很高，适用于大规模生产操作（图4-30）。中空纤维式超滤器分外流型和内流型两种（图4-31）。

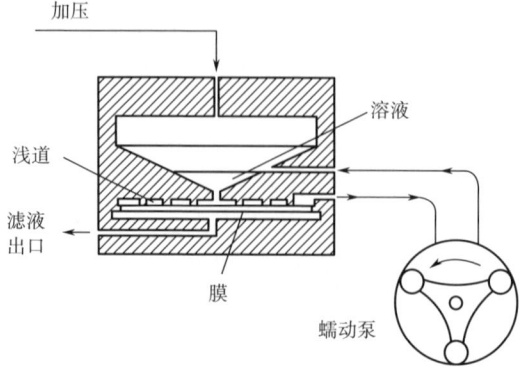

图4-29　浅道系统超滤装置

图4-30　中空纤维式超滤器（工业用）

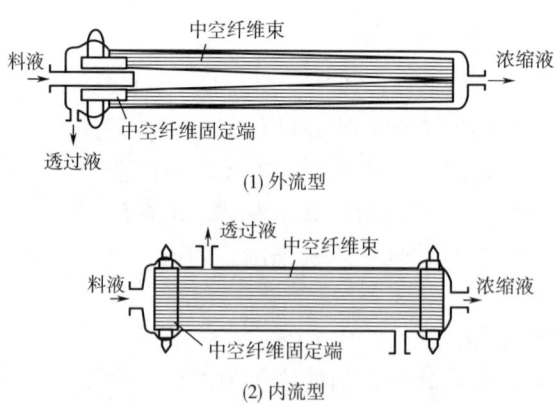

图4-31　中空纤维式超滤器

(六) 超滤技术的特点及应用

1. 超滤技术的特点

(1) 膜材料本身无毒性,对所滤溶液及产品无害。

(2) 除醋酸纤维素膜外,许多高分子合成膜均有较好的耐酸碱、耐溶剂性能。

(3) 设备简单经济,安装操作方便,不易出故障,不需经常维修,可调节处理量,在浓缩、精制及透析中可替代蒸馏、冷冻干燥、连续离心、区带离心方法,而超滤工艺的可重复性更佳。

(4) 一次处理可完成浓缩及精制工作。

(5) 操作过程无相的改变,无需加热及加入化学药品,减少了操作程序,降低了成本,收集最后产品方便,可提高产品的收率。

(6) 超滤装置整体为密闭系统,可减少污染机会,清洗、消毒方便,可重复使用。

(7) 操作中不需要改变溶液的pH及离子强度。

(8) 低压操作,不引起截留物的切变损害,不形成气溶胶,不引起产品变性或失活。

超滤技术在很多工艺流程中可以利用,并能取得客观的效益,但也存在自身固有的局限性。由于滤膜制造技术的限制,膜的分离能力还不够强。针对溶液中一种成分较多而各成分的分子质量较接近的情况,仅采用超滤技术难以达到分离的目的。在实际工作中超滤方法总是与其他分离技术手段配套使用,相互补充各自的不足,达到更好的分离效果。在使用超滤技术分离某种溶液前需了解其成分、浓度及黏度等,以便选用适当分子质量的滤膜和确定适当的工作压力、切向流速等工作条件。

2. 超滤技术的应用

超滤技术的应用可分为三种类型:浓缩、小分子溶质的分离和大分子溶质的分离。绝大部分的工业应用属于浓缩这个方面,也可以采用与大分子结合或复合的办法分离小分子溶质。超滤常用于反渗透、离子交换等装置的前处理设备,以改善后续设备的运行状况。主要应用的领域有:纺织印染废水处理、制造工业废水处理、电泳涂漆废水处理、含油废水的处理、食品工业中的应用和生物制药领域的应用。

任务四 反渗透技术

反渗透膜(reverse osmosis, RO)是具有半透性能的薄膜,它能够在外加压力的作用下使水溶液中的某些组分选择性透过,从而达到水体淡化和净化的目的。目前反渗透成为海水和苦咸水淡

纳滤与反渗透技术

化最经济的技术,已成为超纯水和纯水制备的优选技术。另外,在各种料液的分离、纯化和浓缩,锅炉水的软化,废液的再生回收以及对细菌和病毒进行分离控制等方面都发挥着应有的作用。

(一) 反渗透的基本原理

反渗透基本原理是利用反渗透膜选择性的透过作用,以膜两侧静压差为推动力,克服溶剂的渗透压,使溶剂通过反渗透膜而实现对液体混合物进行分离的膜过程(图4-32)。用半透膜将纯溶剂(通常是水)与溶液隔开,溶剂分子会从纯溶剂侧经半透膜渗透到溶液侧,这种现象称为渗透[图4-32(1)]。由于溶质分子不能通过半透膜向溶剂侧渗透,故溶液侧的压强上升。渗透一直进行到溶液侧的压强高到足以使溶剂分子不再渗透为止,此时即达平衡[图4-32(2)]。平衡时膜两侧的压差称为渗透压($\Delta \pi$),如果在溶液两侧施加大于渗透压的压强(Δp),则溶剂分子将从溶液侧向溶剂侧渗透,这一过程与渗透方向相反,故称为反渗透[图4-32(3)]。

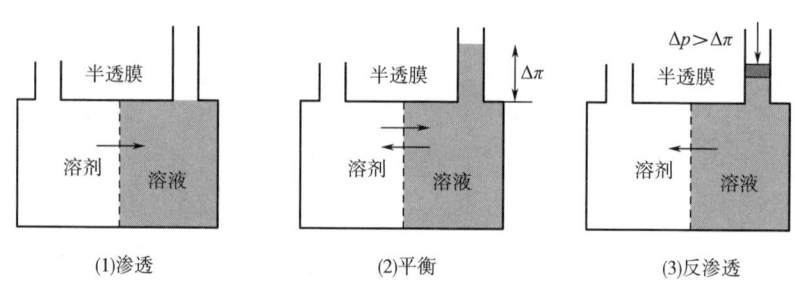

图 4-32 反渗透的基本原理

反渗透过程必须满足两个条件:一是有一种高选择性和高透过率(一般是透水)的选择性透过膜;二是操作压力必须高于溶液的渗透压。反渗透同微滤、超滤一样均属于压力驱动型膜分离技术,其操作压差一般为 1~10MPa,截留组分为相对分子质量小于 500 的小分子。

(二) 反渗透膜

1. 反渗透膜的分类

反渗透膜即用于反渗透过程的半透膜。从某种意义上讲,它是反渗透器的心脏部分,因为评价一种反渗透装置质量的优劣关键在于半透膜性能的好坏。

关于反渗透膜的分类,如果从物理结构上来分,可分为不对称性膜、均质膜、复合膜及动态膜。若从膜的材质分类,大致可分为醋酸纤维素膜、芳香聚酰胺膜、高分子电解质膜、无机质膜及其他。

2. 反渗透膜的主要特性参数

(1) 透水率　指单位时间内通过单位膜面积的水体积流量，用 F_w 表示。透水率也称为水通量，即水透过膜的速率。对于一个特定的膜来说，水通量的大小取决于膜的物理特性（如厚度、化学成分、孔隙度）和系统的条件（如温度、膜两侧的压力差、接触膜的溶液的浓度及料液平行通过膜表面的速率）。

对于一定的系统而言，由于膜和溶液的性质都相对恒定，所以透水率就变成一个简单的压力函数，如式（4-3）所示。

$$F_w = A(\Delta p - \Delta \pi) \tag{4-3}$$

式中　A——膜的水渗透系数（体积），表示特定膜中水的渗透能力，$m^3/(m^2 \cdot s \cdot Pa)$；

Δp——膜两侧的压力差，Pa；

$\Delta \pi$——膜两侧溶液的渗透压差，Pa。

(2) 透盐率　指盐通过膜的速率，用 F_s 表示，其值是膜的透盐系数 B 与膜两侧溶质浓度差的函数，见式（4-4）。

$$F_s = B(c_2 - c_1) \tag{4-4}$$

式中　c_2——膜高压侧界面上水溶液的溶质浓度，kg/m^3；

c_1——膜低压侧界面上水溶液的溶质浓度，kg/m^3。

由公式可见，盐的通过主要是由于膜两侧存在溶质浓度差的缘故，和透水率不同的是正常的透盐率几乎与压力无关，一般 F_s 以小为好，F_s 小说明脱盐效率高。

(3) 压密系数　操作压力与温度所引起的压密、压实作用会促使膜材质发生物理变化，从而造成透水率不断下降，这种情况下透水率下降的快慢一般用压密系数 m（或称压实斜率）表示。m 一般可采用专门装置测定出来，它应该是越小越好，因为小的 m 意味着膜的寿命较长。对普通的反渗透膜而言，m 以不大于 0.03 为宜。根据有关资料得知，当 $m = 0.1$ 时，即一年后，膜的平均透水率只相当于原来的 55%。

（三）反渗透的操作方法

反渗透装置的基本单元为反渗透组件，将反渗透膜组件与泵、过滤器、阀、仪表及管路等按一定的技术要求组装在一起即成为反渗透装置。根据处理对象和生产规模的不同，反渗透装置主要有连续式、部分循环式和全循环式三种流程，介绍几种常见的工艺流程。

1. 一级一段连续式

工作时，泵将材料连续输入反渗透装置，分离所得的透过水和浓缩液由装置连续排出。图 4-33 为典型的一级一段连续式工艺流程示意图，该流程的缺点是水的回收率不高，因而在实际生产中的应用较少。

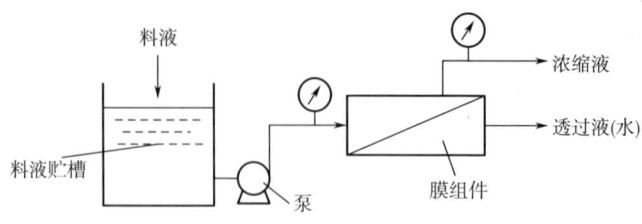

图 4-33　一级一段连续式工艺流程

当采用一级一段连续式工艺流程达不到分离要求时，可采用一级多段连续式工艺流程，图 4-34 为一级多段连续式工艺流程示意图。操作时，第一段渗透装置的浓缩液即为第二段的进料液，第二段的浓缩液即为第三段的进料液，以此类推，而各段的透过液（水）经收集后连续排出。此种操作方式的优点是水的回收率及浓缩液中的溶质浓度均较高，而浓缩液的量较少。一级多段连续式工艺流程适用于处理量大而且回收率要求较高的场合，如苦咸水的淡化以及低浓度盐水或自来水的净化等均采用该流程。

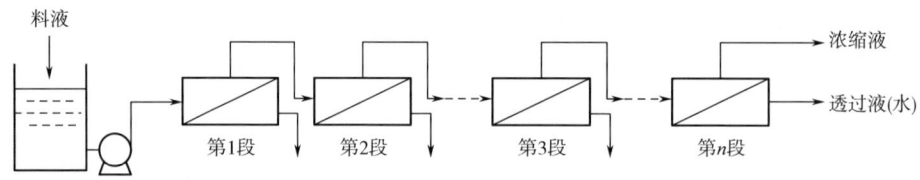

图 4-34　一级多段连续式工艺流程

2. 一级一段循环式

在反渗透操作中，将连续加入的原材料与部分浓缩液混合后作为进料液，而其余的浓缩液和透过液则连续排出，该流程即为一级一段循环式工艺流程，如图 4-35 所示。采用一级一段循环式工艺流程可提高水的回收率，但由于浓缩液中的溶质浓度要比原进料液中高，因此透过水的水质有可能下降。一级一段循环式工艺流程可连续去除料液中的溶剂水，常用于废液等的浓缩处理。

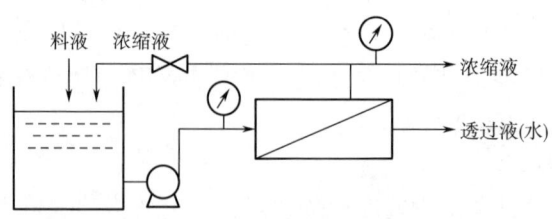

图 4-35　一级一段循环式工艺流程

（四）反渗透膜的污染及清洗

1. 反渗透膜污染特征及处理方法

具体方法如表 4-12 所示。

表 4-12　　　　　　　反渗透膜污染特征及处理方法

污染物	一般特征	处理方法
钙类沉积物（碳酸钙及磷酸钙类，一般发生于系统二阶段）	脱盐率明显下降 系统压降增加 系统产水量稍降	用清洗液 1 清洗
氧化物（铁、镍、铜等）	脱盐率明显下降 系统压降明显升高 系统产水量明显降低	用清洗液 1 清洗
各种胶体（铁、有机物及硅胶体）	脱盐率稍有降低 系统压降逐渐上升 系统产水量逐渐减少	用清洗液 2 清洗
有机物沉积	脱盐率可能降低 系统压降逐渐升高 系统产水量逐渐降低	用清洗液 2 清洗，污染严重时用清洗液 3 清洗
硫酸钙（一般发生于系统二阶段）	脱盐率明显下降 系统压降稍有或适量降低 系统产水量稍有降低	用清洗液 2 清洗，污染严重时用清洗液 3 清洗
细菌污染	脱盐率可能降低 系统压降逐渐升高 系统产水量逐渐降低	依据可能的污染种类选择三种清洗液中的一种清洗

2. 清洗液及其选择

清洗反渗透膜元件时一般采用表 4-13 所列的清洗液。

表 4-13　　　　　　　建议使用的常见清洗液

清洗液	成分	配制 1000L 溶液时的加入量	pH 调节
1	柠檬酸 反渗透产品水（无游离氯） 三聚磷酸钠	20.3kg 1000L 20.3kg	用氨水调节 pH 至 3.0
2	EDTA 四钠盐 反渗透产品水（无游离氯） 三聚磷酸钠	8.39kg 1000L 20.3kg	用硫酸调节 pH 至 10.0

续表

清洗液	成分	配制1000L溶液时的加入量	pH调节
3	十二烷基苯磺酸钠 反渗透产品水（无游离钠）	2.08kg 1000L	用硫酸调节pH至10.0

（1）对于无机污染物，建议使用清洗液1。

（2）对于硫酸钙及有机物，建议使用清洗液2。

（3）对于严重有机物污染，建议使用清洗液3。

所有清洗液可以在最高温度为40℃下清洗60min，所需用品量以每1000L加入量计，配制清洗液时按比例加入药品及清洗用水，应采用不含游离氯的反渗透产品来配制溶液并混合均匀。

3. 清洗反渗透膜元件的一般步骤

（1）用泵将干净、无游离氯的反渗透产品水从清洗箱（或相应水源）打入压力容器中并排放几分钟。

（2）用干净的产品水在清洗箱中配制清洗液。

（3）清洗液在压力容器中循环1h或预先设定的时间。

（4）清洗完成以后，排净清洗箱并进行冲洗，然后向清洗箱中充满干净的产品水用于准备下一步冲洗。

（5）用泵将干净、无游离氯的产品水从清洗箱（或相应水源）打入压力容器中并排放几分钟。

（6）在冲洗反渗透系统后，在产品水排放阀打开的状态下运行反渗透系统，直到产品水清洁、无泡沫，或无清洗剂（通常需15~30min）。

（五）反渗透技术的特点及应用

反渗透法比其他的分离方法，如蒸发、冷冻等方法有显著的优点：整个操作过程相态不变，可以避免由于相的变化而造成的许多有害效应，无需加热，设备简单、效率高、占地小、操作方便、能量消耗少等。目前，反渗透法已在许多领域中得到应用。例如，从海水、苦咸水的脱盐开始，发展到了利用反渗透的分离作用，进行食品、医药有效成分的浓缩，纯水的制造，锅炉水的软化，化工废液中有用物质的回收，城市污水的处理以及对微生物、细菌和病毒进行分离控制等方面。

任务五　透析技术

当把一张半透膜置于两种溶液之间并使其与之接触时，将会出现双方溶液中的大分子溶质原地不动，小分子溶质以及溶剂透过膜而交换的现象，即为透析

(dialysis, DS)。透析为一种物理现象,液体中的大分子物质因不能通过半透膜,故不能相互交换;液体中的小分子物质可以穿过半透膜相互渗透,其移动规律是:水分子从渗透压低侧向渗透压高侧移动,而电解质及其他分子物质则从浓度高侧向浓度低侧移动,经过一段时间后,两侧液体中的小分子物质和水达到动态平衡,这种平衡称为唐南平衡。

透析现象首先由 Thomas Graham 于 1954 年发现,它是应用最早的膜分离技术,长期以来一直用于清除混入蛋白质溶液中的盐类等小分子物质。20 世纪 90 年代以来,人们把半透膜的平衡原理用于医学上,以消除患者体内过多的水分和代谢废物,成为现代血液净化的基础。

(一)透析的基本原理

利用具有一定孔径大小、高分子溶质不能透过的亲水膜(袋),将含有的高分子溶质和其他小分子溶质的溶液(左侧)与纯水或缓冲液(右侧)分隔,由于膜两侧的溶质浓度不同,在浓度差的作用下,左侧高分子溶液中的小分子溶质(例如无机盐)透向右侧,右侧中的水透向左侧,这就是透析。图 4-36 所示的操作中,通常将右侧纯水或缓冲液称为透析液,所用亲水膜称为透析膜。由于透析过程是以浓度差为传质推动力,因此,在透析过程中,必须经常更换透析液才能使扩散不断进行,直至符合要求。

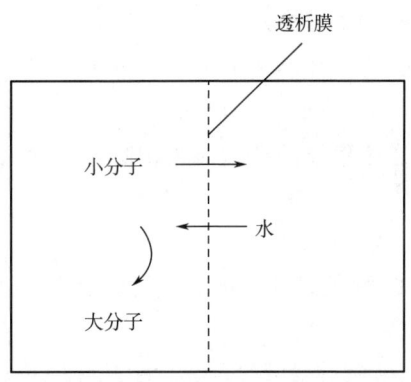

图 4-36 透析基本原理示意图

(二)透析膜

1. 透析膜材料

可以充当透析膜的材料很多,如禽类嗉囊、兽类的膀胱、羊皮纸、玻璃纸、硝化纤维薄膜等。人工制作透析膜多以纤维素的衍生物作为材料。目前最常用的是玻璃纸透析膜,有平膜和管状膜两种,后者使用十分方便。

透析时,一般将半透膜制成透析袋、透析管、透析槽等形式。透析时,欲分离的混合液装在透析膜内侧，外侧是水或缓冲液。在一定的温度下，透析一段时间，使小分子物质从膜的内侧透出到膜的外侧。必要时，膜外侧的水或缓冲液可以多次或连续更换。

2. 制作透析膜高聚物的特点

（1）在使用的溶剂介质中能形成具有一定孔径的分子筛样薄膜　由于介质一般为水，所以膜材料应具有亲水性，它只允许小分子溶质通过而阻止大分子溶质通过。

（2）在化学上呈惰性　不具有与溶质、溶剂起作用的基团，在分离介质中能抵抗盐、稀酸、稀碱或某些有机溶剂，而不发生化学变化或溶解现象。

（3）有良好的物理性能　包括一定的强度和柔韧性，不易破裂，有良好的再生性能，便于多次重复使用。

日常使用的透析膜可以从市售的玻璃纸中进行筛选，也可以用硝酸纤维或醋酸纤维自制。

（三）透析的操作

1. 透析膜的处理

（1）新购的透析膜处理及保存　新购的透析膜因含有增塑剂（也是防干裂剂）、甘油、硫化物以及重金属离子，使用前必须除去。方法是：分别用蒸馏水、0.01mol/L 乙酸或稀 EDTA 溶液浸泡，洗后再用。要求高时则应进行严格处理：先将玻璃纸放在50%的乙醇溶液中用水浴煮 1h，再依次换50%的乙醇溶液、10mmol/L 碳酸氢钠溶液、1mmol/L EDTA 溶液、蒸馏水各泡洗 2 次，最后在 4℃蒸馏水中保存备用。存放时间长的要放在 0.02% 叠氮化钠溶液或加适量氯仿的蒸馏水中防腐保存。

（2）改变透析袋孔径大小的方法

①用 640g/L 氯化锌溶液处理 15min，可使膜孔径增大，使大分子也能通过膜孔。

②纤维素膜用 27% 乙酸吡啶溶液处理，会使孔径减小。

③将透析袋内盛满水，在两端进行拉伸，会使透析袋变薄，加快透析速率；如果不向袋内注入水而充满空气再两端拉伸，膜的孔径会变小，使有些溶质不能透过膜。

用过或用溶液处理过的透析膜一定要湿保存，否则一经干燥便会开裂，不能再使用。

2. 透析膜的使用

（1）检查膜有无小孔　将透析膜一端扎紧，装入蒸馏水，轻轻挤压，检查膜有无水渗出。若有水渗出，说明有小孔，不能使用。

（2）加样、排气　若无孔，即倒掉水，灌入待透析液但不能灌满，处理液含盐分越多，吸入的水分越多，袋胀得越大，越易胀破，应留出的空袋越长。空袋中的空气要排除再扎紧袋口。

（3）透析　将透析袋置透析液面下数毫米处进行透析，用磁力搅拌器将由袋中透出的盐及小分子及时驱散，保持袋内外的浓度差，使小分子由高浓度向低浓度的扩散作用继续进行。

（4）及时更换袋外透析液　当袋内外盐及小分子浓度相等或相近时，即袋内外浓度差很小或为零时，就要换上新的透析液，透析液可以是蒸馏水、去离子水或低浓度的盐及低浓度的缓冲液，根据需要选择。一般隔 5~6h 或过夜换一次透析液，透析液的体积要尽量大些，一般是被透析液的 20 倍以上。

（5）透析结束的判断　可用电导仪检查，开始透析时，透析液的电导率会越来越大，当更换了几次透析液后，电导率变得越来越小。当新加透析液，透析几小时后，电导率几乎未变，表示袋内几乎无盐或无小分子出来时，透析可结束。若无电导仪可以凭经验判断，更换 4~5 次透析液基本就可以了。如果被透析的目的物是对温度敏感的物质，在室温下易失活，整个装置就要放在低温（1~3℃）下进行。如果待透析的液体体积大、含盐量又高时，除选用直径最大的透析袋外，还可先用流动的自来水透析（细菌、病毒等细胞和大分子不能进入袋内）一段时间，将大部分盐去掉后再改用去离子水、蒸馏水透析，可节省能源。

3. 透析的操作方式

透析操作时，透析袋一端用橡皮筋或线绳扎紧，也可以使用特制的透析袋夹夹紧，由另一端灌满水，用手指稍加压，检查是否漏液，方可装入待透析液［图 4-37（1）］。通常要留 1/3~1/2 的空间，以防止透析的小分子质量较大时，袋外的水和缓冲液过量进入袋内将袋涨破。透析的容器要大一些，可以使用大烧杯、塑料桶等。小量体积溶液的透析，可在袋内放一截两头烧圆的玻璃棒或两端封口的玻璃管，以使透析袋沉入液面以下。为了加快透析速度，除多次更换透析液外，还可以使用各种透析装置，见图 4-37 中的（2）、（3）、（4）、（5）。

搅拌透析是在透析容器下面安装一个电磁搅拌器，透析容器内的蒸馏水在电磁搅拌的作用下，形成一个漩涡流，自由扩散出来的小分子很快被分散到整个容器中，使透析袋外周始终保持低渗状态，克服了无搅拌形成的溶液梯度，自由扩散达到的平衡时间长等不足，节省透析时间，提高透析效率。

连续流透析是将需要透析的样液装入透析袋内，悬挂在空中，利用重力差，透析袋内的小分子挤出透析膜外，然后通过蠕动泵将蒸馏水输送到透析袋的顶端，蒸馏水沿透析袋的四周往下淋洗，并将渗出的小分子带走。这种透析方式不但能使透析袋外周始终处于低渗状态，而且还能有效地防止溶剂分子进入透析袋内，起到浓缩作用。

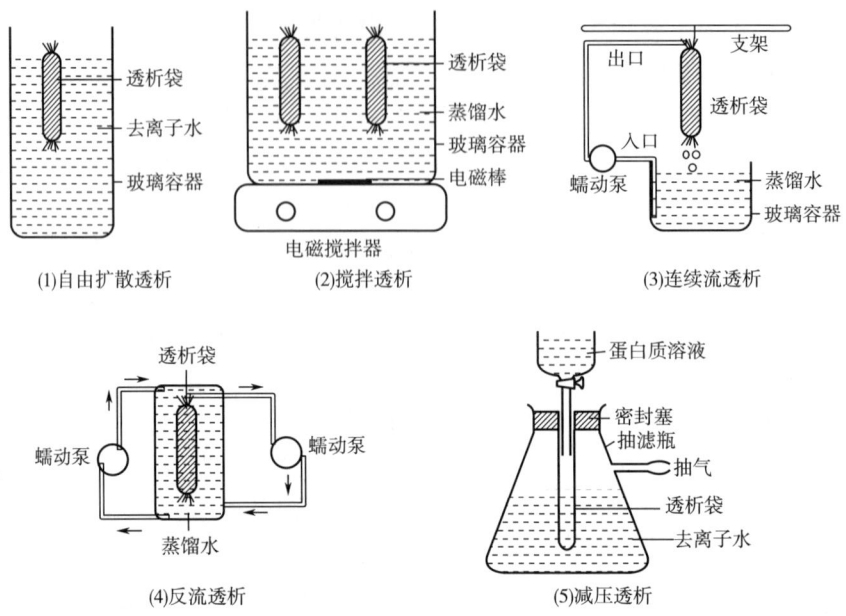

图 4-37 几种简易透析装置

反流透析是使样液和蒸馏水在半透膜的两侧缓缓流动，两相溶液都处于动态透析状态，既有较大的透析面积，又能使膜内外的浓度差达到最大限度，提高了透析的效率。这种装置是将需要透析的样液由输液泵从膜内的底部注入，流向向上，蒸馏水从膜外的顶部注入，流向向下。使膜两侧分别形成不同流向的、不等渗的溶液，克服了透析袋内外两相溶液所形成的浓度差，极大地提高了透析的效率，但是这种透析装置操作比较麻烦。

减压透析是将溶胀好的透析袋上口与一个漏斗相连，透析袋的下端穿过抽滤瓶的橡皮塞孔，袋与漏斗的接口位于橡皮塞孔内，挤紧，袋的下端用绳线扎紧。然后用橡皮塞将抽滤瓶口塞紧，透析袋位于抽滤瓶中，把需要透析的样液装入漏斗中，抽真空，透析袋内的样液受负压的影响加速往外渗透，提高透析的效率。这种透析装置不但能够透析，而且还能进行浓缩。尤其适用于体积大浓度稀的样液。

对透析结果的判断，可采用物理或化学方法直接检测半透膜外小分子的浓度。如被透析的小分子是硫酸铵，可用氯化钡检测；若是氯化钠，可用硝酸银检测；氢离子或氢氧根离子用酸度计检测；肽类物质可以用紫外分光光度计检测等。

(四) 透析技术的特点及应用

透析技术设备简单、操作方便，能彻底脱盐，但透析时间较长，若不更换透析水或缓冲液时，只扩散到膜内外平衡为止；透析结束时，透析袋内的保留液体积较大，浓度较低；由于透析过程以浓度差为传质推动力，膜的透过通量很小，不适用于大规模生物分离过程，而在实验室中应用较多。

透析技术主要应用于血液透析与净化、酒精饮料脱纯、压榨（碱）液的回收和利用，以及某些食品、化妆品行业以及分子生物学、生物化学等实验室中。

■ 岗位链接

真空系统的使用操作规程

文件编号		颁发部门	
SOP-PA-012-01	真空系统的使用		
总页数		执行日期	
编制者		审核者		批准者	
编制日期		审核日期		批准日期	

1. 目的
明确真空系统使用的标准操作规程。

2. 范围
提取工序真空系统。

3. 责任
车间主任及提取工序操作人员。

4. 内容

（1）真空系统是提供本工序设备正常运转所需真空的必备系统。

（2）使用前应检查系统的各阀门、管路有无泄漏，电器开关、仪表等是否正常。

（3）检查储水池水位应在50%以上，若水量不足应加水，打开进水阀向冷却水罐内注水，同时打开抽水泵，待水位达到50%以上而略低于挡板时，关闭上述开启阀门及水泵开关，停止加水。

（4）打开相应真空泵阀门、喷射泵阀门及大冷却塔阀门。

真空抽滤操作

（5）开启真空泵开关，待真空度达到总表 0.07MPa 以上，即可使用真空系统。

（6）生产结束后，应关闭真空泵开关、喷射泵开关、冷却塔开关及所有阀门。

（7）注意事项

①注意真空泵与三效节能蒸发器的对应使用，即 1~2 号三效使用 1、2 号真空泵；3~4 号三效使用 3~5 号真空泵。

②如真空度低，首先查看真空管内是否有水，若有水，关闭真空泵，打开真空管放水阀放水后，重新启动。

③如储水池内水温过高，则打开大冷却塔风机、循环水泵及风机，进行循环冷却。

④经常巡视管路、设备及轴承润滑状况，发现异常及时联系检修。

⑤冬季应卸下水泵堵头放水防冻。

5. 培训

（1）培训对象　提取工序操作人员。

（2）培训时间　2h。

知识拓展

纳滤技术

1. 纳滤的分离机理

纳滤是介于反渗透与超滤的一种以压力驱动的新型膜分离过程。纳滤膜也具有建立在离子电荷密度基础上的选择性，因为膜的离子选择性，对于含有不同自由离子的溶液，透过膜的离子分布是不相同的，透过率随离子的变化而变化，这就是唐南效应。例如，在溶液中含有 Na_2SO_4 和 NaCl，膜优先截留 SO_4^{2-}，Cl^- 的截留随着 Na_2SO_4 浓度的增加而减少。同时为了保持电中性，Na^+ 也会透过膜，在 SO_4^{2-} 浓度高时，截留甚至会被破坏。

由于大多数纳滤膜含有固定在疏水性的 UF 支持膜上的负电荷亲水性基团，因此纳滤膜比反渗透膜有较高的水通量，这是水偶极子定向的结果。由于存在着表面活性基团，它们也能改善以疏水性胶体、油脂、蛋白质和其他有机物为背景的抗污染能力。这一点使纳滤膜用于高污染源，如在染料浓缩和造纸废水处理上优于反渗透膜。

但是，如果溶质所带电荷相反，它与膜相互配合会导致污染。纳滤膜最好应用于不带电荷分子的截留，可完全看作筛分作用；或组分的电荷采用静电相互作用消除。

2. 特点及应用

大多数的纳滤膜是由多层聚合物薄膜组成的，具有良好的热稳定性、pH 稳定性和对有机溶剂的稳定性。膜的活性层通常带负电，一般认为纳滤膜是多孔性的，其平均孔径为2nm。纳米过滤膜的截留分子质量大于200u或100u。这种膜截留分子质量范围比反渗透膜大而比超滤膜小，因为纳米过滤膜可以截留能通过超滤膜的溶质而让不能通过反渗透膜的溶质通过。根据这一原理，可用纳米过滤来填补由超滤和反渗透所留下的空白部分。纳滤作为一种膜分离技术，具有其独特的特点。

(1) 可分离纳米级粒径。

(2) 集浓缩与透析为一体　因为纳滤膜是介于反渗透膜和超滤膜的一种膜，它能截留小分子的有机物，并可同时透析出盐。

(3) 操作压力小　因为无机物能通过纳米膜而透析，使用纳滤的透析压力远比反渗透压低，一般低于1MPa，故也有"低压反渗透"之称。在保证一定膜通量的前提下，纳滤的操作压力低，其对系统动力设备的耐力要求也低，降低了整个分离系统的设备投资和能耗。

(4) 纳滤膜污染因素复杂　纳滤膜介于有孔膜和无孔膜之间，浓差极化、膜面吸附和粒子沉积作用均是使用中被污染的主要因素，此外，纳滤膜通常是荷电膜，溶质与膜面之间的静电效应也会对纳滤过程中的污染产生影响。

纳滤在生产上也有许多应用，下面介绍纳滤在抗生素回收与精制中的应用。

在抗生素的生产过程中，常用溶剂萃取法进行分离提取，其中抗生素如赤霉素、青霉素常被萃取到有机溶剂中去，如被乙酸乙酯或乙酸丁酯所萃取，后续工序常用真空蒸馏或共沸蒸馏进行浓缩，若用膜过滤法进行浓缩，则要求用于分离的膜必须具有良好的耐有机溶剂的性能，同时还应具有良好的疏水性能，以便排斥抗生素，提高其选择性。现MPW公司生产的MPF-50和MPF-60膜，可以用于上述过程，其中用该膜纯化的有机溶剂，可继续作为萃取剂循环使用，而浓缩液中为高密度的抗生素。此外，在抗生素的萃取过程中，一般在水相残液中还含有0.1%~1%的抗生素和溶解的较多量的有机溶剂，如果用亲水并稳定的膜MPF-42，则同样能回收抗生素与溶剂。

技能提升

技能提升八　离子交换色谱分离混合氨基酸制备实例

[目的要求]

学习用阳离子交换树脂柱分离氨基酸的操作方法和基本原理。

[实验原理]

有些高分子物质含有一些可以解离的基团，因此可以和溶液中的离子产生交换反应。这类高分子物质统称为离子交换剂,其中使用得最普遍的是离子交换树脂。由于一定离子交换剂对于不同离子的静电引力不同,因此在洗脱过程中,不同的离子在离子交换柱上的迁移速度也不同,最后完全分离。

本实验采用磺酸型阳离子交换树脂分离酸性氨基酸天冬氨酸(Asp,pI=2.97,相对分子质量为133.1)和碱性氨基酸赖氨酸(Lys,pI=9.74,相对分子质量为146.2)的混合液。在pH5.3条件下,因为pH低于赖氨酸的pI,赖氨酸可解离成阳离子结合在树脂上;天冬氨酸可解离成阴离子,不被树脂吸附而流出层析柱。在pH12条件下,因pH高于赖氨酸的pI,赖氨酸可解离成阴离子从树脂上被交换下来。这样,通过改变洗脱液的pH可使它们被分别洗脱而达到分离的目的。

[实验用品]

1. 材料

磺酸型阳离子交换树脂(732型)。

2. 器具

离子交换色谱柱、量筒、吸管、收集器、试管、恒流泵。

[实验过程]

实验过程见表4-14。

表4-14　　　　　　　　　　实验过程

步骤	实际操作及现象
①新树脂的处理和转型:干树脂用蒸馏水充分浸泡膨胀后,倾去细小颗粒,然后用4倍体积的2mol/L HCl和2mol/L NaOH依次浸洗搅拌30min,并分别用蒸馏水洗至中性(最后应处理至溶液无黄色);再用1mol/L NaOH浸泡5~10 min,使树脂转为钠型。以蒸馏水洗去NaOH至树脂pH呈中性(洗2~3次)。	
②装柱前准备:用蒸馏水冲洗层析柱,将层析柱垂直装好,在柱流水出口处装上乳胶管,关闭柱底出口(或使用调控阀),在柱内加入2~3cm高的柠檬酸缓冲液,排出乳胶管内气泡,抬高乳胶管出口,防止柱内缓冲液排空。	
③装柱:将处理好的树脂放入烧杯中,加入1~2倍体积的柠檬酸缓冲液并搅拌成悬浮状,沿柱内壁缓慢流入,装柱,待树脂自然下沉在柱底部,逐渐沉积2~3cm高时,慢慢打开柱底出口,再继续加入树脂悬液直至树脂沉积高度为16~18cm时为止。装柱要求连续、均匀、无分层、无气泡等现象产生,必须防止液面低于树脂平面,否则要重新装柱。	

续表

步骤	实际操作及现象

④平衡:层析柱装好后,再缓慢沿管壁加满柠檬酸缓冲液,接上恒流泵,用柠檬酸缓冲液以5滴/min流速平衡40min左右,直至用pH试纸测得流出液的pH与缓冲液的pH相等为止。

⑤加样与洗脱:移去层析柱上连接泵的橡胶管,打开柱底出口,小心使柱内缓冲液的液面与树脂平面几乎相平时关闭(注意:不要使树脂露出液面)。马上用加样器吸取氨基酸混合样品0.5mL,沿靠近树脂表面的管壁慢慢加入(注意不要破坏树脂平面),然后缓慢打开柱底管夹,使液面再与树脂面相齐时关闭。然后加少量柠檬酸缓冲液清洗内壁2~3次,使样品进入柱内。当样品完全进入树脂床内,即可接上恒流泵,调流速0.5mL/min,开始洗脱。

⑥收集:柱洗脱液可用自动分步收集器或以刻度试管人工收集,按每管3mL,先收集5管。

⑦改用pH12 NaOH缓冲液洗脱收集:关闭恒流泵和柱底夹,将洗脱液更换为pH12 NaOH缓冲液,然后按上面同样方法继续收集第6管到第10管。

⑧测定:将收集的洗脱液各管编好号后,分别取0.5mL收集于一洁净的试管中,加入柠檬酸缓冲液(pH5.3)1mL,茚三酮显色液0.5mL,混合后置沸水浴加热15min,取出,用冷水冷却。

[注意事项]

1. 为使分离色带整齐,装柱时层析柱一定要无裂缝和气泡。

2. 分离洗脱过程中,要连续不断加入洗脱液,并保持一定高度的液面,在整个操作中绝不能使树脂表面的液体流干。

3. 一直保持流速10~12滴/min,并注意勿使树脂表面干燥。

[结论]

[思考题]

1. 离子交换树脂用缓冲液平衡,为什么又用缓冲液冲洗?

2. 何谓氨基酸的离子交换?本实验采用的离子交换剂属于哪一种?

技能提升九　透析法脱盐制备实例

[目的要求]
1. 学习透析的原理。
2. 掌握透析技术的操作。

[实验原理]
透析是利用蛋白质分子不能通过半透膜的性质，使蛋白质和其他小分子物质如无机盐、单糖等分开。常用的半透膜是玻璃纸、火棉纸和其他改性的纤维素材料。透析时把待纯化的蛋白质溶液装在半透膜的透析袋里，放入透析液（蒸馏水或缓冲液）中进行，透析液可以更换，直至透析袋内无机盐等小分子物质降低到最小值为止。

[实验用品]
1. 材料
蛋白质的氯化钠溶液：三个除去卵黄的鸡蛋清与700mL水及300mL饱和NaCl溶液混合后，用数层纱布过滤。
2. 试剂
10%硝酸溶液、1%硝酸银溶液、10%氢氧化钠溶液、1%硫酸铜溶液。
3. 器具
透析管或玻璃纸、烧杯、玻璃棒、电磁搅拌器、试管及试管架。

[实验过程]
实验过程见表4-15。

表4-15　　　　　　　　实验过程

步骤	实际操作及现象
①卵清蛋白溶液加10%$CuSO_4$和10%NaOH，进行双缩脲反应。	
②在透析管（或玻璃纸装入蛋白质的氯化钠溶液后扎成袋形，系于一横放在烧杯中的玻璃棒上）中装入10~15mL蛋白质的NaCl溶液并放在盛有蒸馏水的烧杯中。	
③1h后，自烧杯中取水1~2mL，加10%HNO_3溶液数滴使成酸性，再加入1%$AgNO_3$ 1~2滴，检验氯离子的存在。	
④从烧杯中取水1~2mL水，进行双缩脲反应，检验是否有蛋白质的存在。	
⑤不断更换烧杯中的蒸馏水（并用电磁搅拌器不断搅动蒸馏水），加速透析过程。	

续表

步骤	实际操作及现象
⑥数小时后，从烧杯中的水中不能再检出氯离子。此时停止透析并检查透析袋内容物是否有蛋白质或氯离子存在（此次应观察到透析袋中球蛋白沉淀的出现，这是因为球蛋白不溶于纯水的缘故）。	

[注意事项]

1. 透析袋使用前应检查是否破裂并进行预处理。
2. 将样品放入透析袋内，两端要封闭（注意袋内不要留气泡）。
3. 透析过程中，注意更换透析袋外水的次数，加快透析速度和效率。

[结论]

[思考题]

1. 如何检查透析袋内容物是否有蛋白质或氯离子存在？
2. 检验氯离子的存在时为什么要加 10%HNO_3 数滴？
3. 常用的半透膜材质有哪些？

科学引领

中国离子交换树脂之父——何炳林

南开大学何炳林教授是我国著名化学家、教育家、中国科学院院士，他是中国离子交换树脂的奠基人，被誉为"中国离子交换树脂之父"。

1956—1960 年期间，何炳林发明了多孔树脂，这一发明导致了许多新型大孔离子交换树脂和一类新型吸附分离材料——吸附树脂的诞生。他所研制的 201 树脂用于核燃料铀的提取，为我国第一颗原子弹的爆炸成功做出了贡献。

1980 年，何炳林当选为中国科学院院士，开创并发展了我国的离子交换树脂和吸附工业，发明了大孔离子交换树脂，系统研究了新型离子交换树脂和大孔新型吸附树脂的合成、结构、性质及应用。

大孔树脂的发现，增加了离子交换树脂新品种，如水处理必需的弱酸性离子交换树脂，占领了 80% 以上的国内市场。氨基磷酸型螯合树脂用于离子交换膜法制碱，引发了我国氯碱工业的一场革命。弱碱性离子交换树脂用于电镀废水的处理，解决了我国电镀行业对环境严重危害的难题。随后，何炳林带领的团队又将离子交换树脂的应用扩展到有机工业领域。针对链霉素的提纯研制的弱碱树脂、D390 树脂，使我国链霉素的产品质量达到了国际先进水平，并使我国成为世界上最主要的链霉素出口国，创造了上亿元的经济效益。脱色树脂技术使我国成为世界最大的甜菊糖生产国和出口国。

至今已有 60 多种离子交换树脂和吸附树脂投入生产，并在许多领域获得应用。

项目总结

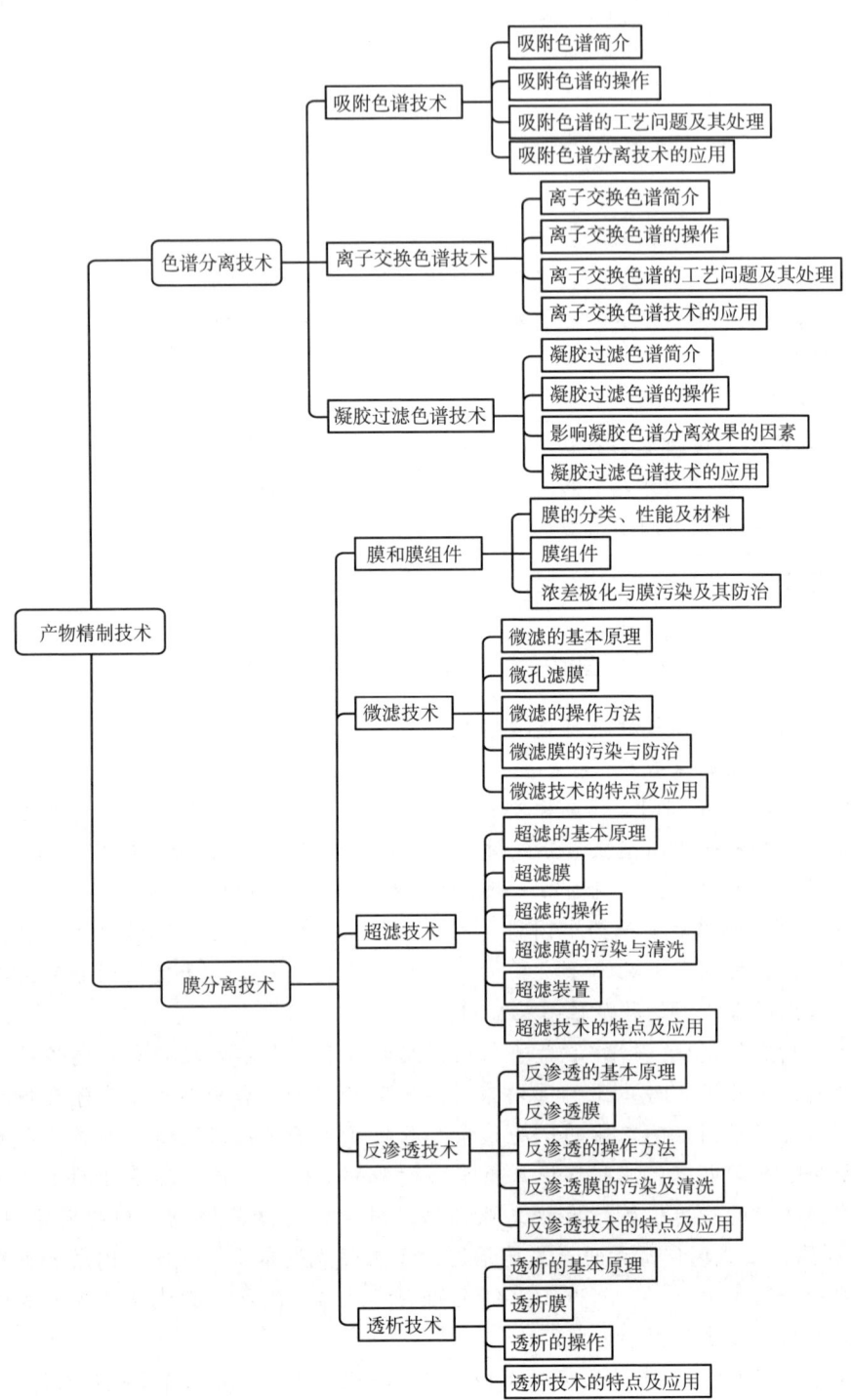

岗课赛证融通

一、名词解释题

1. 反渗透 2. 膜分离 3. 膜的浓差极化 4. 超滤

二、单项选择题

1. 以硅胶为吸附剂的柱色谱，分离极性较弱的物质时，宜选用（   ）。
   A. 极性较强的流动相
   B. 活性较高的吸附剂和极性较弱的流动相
   C. 活性较低的吸附剂和极性较弱的流动相
   D. 活性较高的吸附剂和极性较高的流动相
2. 离子交换树脂的交联度越大则（   ）。
   A. 形成网状结构紧密、网眼大、选择性好
   B. 形成网状结构紧密、网眼小、选择性好
   C. 交换容量越小
   D. 组分保留时间越短
3. 样品中各组分流出柱的顺序与流动相性质无关的是（   ）。
   A. 离子交换色谱   B. 聚酰胺色谱   C. 吸附色谱   D. 凝胶色谱
4. 凝胶色谱中，分子质量较大的组分比分子质量较小的组分（   ）。
   A. 先流出色谱柱   B. 后流出色谱柱
   C. 几乎同时流出   D. 停留在色谱柱中
5. 色谱所用的氧化铝有（   ）。
   A. 碱性和酸性两种，其中碱性使用最多
   B. 碱性和酸性两种，其中酸性使用最多
   C. 碱性、中性和酸性三种，而中性氧化铝使用最多
   D. 碱性、中性和酸性三种，而酸性、碱性氧化铝都常使用
6. 凝胶色谱分离的依据是（   ）。
   A. 固定相对各物质的吸附力不同
   B. 各物质分子大小不同
   C. 各物质在流动相和固定相中的分配系数不同
   D. 各物质与专一分子的亲和力不同
7. 阴离子交换剂可交换的为（   ）。
   A. 阴、阳离子   B. 蛋白质   C. 阴离子   D. 阳离子
8. 基因工程药物分离纯化过程中，细胞收集常采用的方法有（   ）。
   A. 盐析   B. 超声波   C. 膜过滤   D. 层析

9. 非对称膜的支撑层（　　）。
A. 与分离层材料不同　　　　　　　B. 影响膜的分离性能
C. 只起支撑作用　　　　　　　　　D. 与分离层孔径相同
10. 乳化液膜的制备中强烈搅拌（　　）。
A. 是为了让浓缩分离充分　　　　　B. 应用在被萃取相与 W/O 的混合中
C. 使内相的尺寸变小　　　　　　　D. 应用在膜相与萃取相的乳化中
11. 在液膜分离的操作过程中，（　　）主要起到稳定液膜的作用。
A. 载体　　　　　B. 表面活性剂　　　　C. 增强剂　　　　D. 膜溶剂

三、判断题

1. 阳离子交换剂一般是 pH 从低到高洗脱，阴离子交换剂一般是 pH 从高到低洗脱。（　　）
2. 树脂使用后不可再回收。（　　）
3. 采用凝胶过滤色谱法分离蛋白质主要取决于蛋白质分子的大小，先将蛋白质混合物上柱然后进行洗脱，小分子的蛋白质由于所受排阻力较小首先被洗脱出来。（　　）
4. 每克干燥的离子交换树脂或每毫升完全溶胀的离子交换树脂所能吸附的 1 价离子的毫摩尔数称为离子交换树脂的交换容量。（　　）
5. 进料的温度和 pH 会影响膜的寿命。（　　）
6. 液膜能把两个互溶但组成不同的溶液隔开。（　　）

四、填空题

1. 按引入电荷基团的性质（活性基团），可将离子交换树脂分为＿＿＿＿和＿＿＿＿两种类型。
2. 离子交换树脂的全名称由＿＿＿＿、＿＿＿＿和＿＿＿＿组成。
3. 根据分离的目的，可将凝胶色谱分为两类，即＿＿＿＿和＿＿＿＿。
4. 膜分离过程中所使用的膜，依据其膜特性（孔径）不同可分为＿＿＿＿、＿＿＿＿、＿＿＿＿和＿＿＿＿。
5. 工业上常用的超滤装置有＿＿＿＿、＿＿＿＿、＿＿＿＿和＿＿＿＿。
6. 根据膜结构的不同，常用的膜可分为＿＿＿＿、＿＿＿＿和＿＿＿＿三类。

五、简答题

1. 简述吸附色谱分离技术的应用。
2. 试述离子交换色谱分离技术的原理及操作。
3. 凝胶过滤色谱的分离原理是什么？
4. 怎样进行微滤？影响因素有哪些？
5. 膜分离过程中，有哪些原因会造成膜污染？如何处理？

项目五 成品加工技术

项目目标

知识目标：
1. 理解浓缩的目的、基本原理和基本过程。
2. 熟悉生物分离过程中液体物料常用的浓缩方法、浓缩设备及适用范围。
3. 理解干燥的基本原理、生物产品干燥的特点和基本过程。
4. 熟悉生物工业中常用的干燥方法和设备。

能力目标：
1. 能针对不同的生物活性物质和产品质量要求选择合适的浓缩方法。
2. 能针对不同的生物活性物质和产品质量要求选择合适的干燥方法。
3. 能熟练使用常见的浓缩和干燥设备。

素养目标：
1. 树立科学严谨的态度和安全生产的意识。
2. 养成规范和安全操作的习惯。

项目引例

双锥真空干燥青霉素钾工业盐湿晶体操作规程

一、双锥真空干燥器生产操作规程

1. 进烤前把双锥一端的盖拆下,另一端盖拧紧,口向上,停放好,把下料袋管放入双锥内,开始进烤,每台双锥装量要均匀。双锥操作参见《双锥干燥器标准操作规程》。

2. 进烤完毕,取出下料袋将其挂在双锥上方的下料斗上,上好双锥盖,拧紧8个卡子,开启双锥干燥系统真空泵,然后慢慢打开双锥真空阀门,启动双锥进行运转。

3. 冷抽15min后,打开双锥的蒸汽进、出阀门,然后打开蒸汽总控制阀门,把压力先调整到 0.02MPa,30min 后调整至 0.03MPa,再过 30min 后调整到 0.05MPa,使其平稳升温。

4. 干燥3h左右,待旋风分离器气相温度降至40℃以下,干燥结束。先停蒸汽总控制阀门,然后停双锥上的蒸汽进出阀门,打开压缩空气冷吹45min,待温度降下后停止压缩空气,停稳双锥,关闭真空管路阀门,通知真空泵岗位停泵后,开排气阀。干燥终点无溶剂味,药粉冷却至30~35℃分装。

5. 干燥完毕后要把各个双锥旋风分离器内的残料放干净,便于下一批料的干燥。

6. 提前搞好现场卫生,做到地面无积水。穿洁净服,根据整粒机的高度把双锥停在一个便于出烤的位置,开盖时留下上下两个螺丝,先打开下面的,最后打开上面的,防止药粉完全倒出。

7. 巡检:干燥过程中随时检查真空度、蒸汽压力、双锥运转情况、收集罐液位等。

二、双锥真空干燥操作规程解读

冷抽15min是为了排除系统内的不凝气体。干燥终点若有溶剂味,说明干燥不彻底,需要继续干燥。

三、双锥真空干燥标准操作 SOP 及解读

(一)双锥真空干燥标准操作 SOP

1. 作业前安全检查

(1)检查开关、电机接地及真空管道上静电连接是否牢固,若有松动或脱落,

要立即接牢。

(2) 看真空表是否在零位，同时看校验日期是否到期，若不在零位则要及时向组长汇报并换新表，表的校验要在到期一周前通知大组长，交仪表组校验。

(3) 检查各阀门都处于关闭状态。

(4) 检查双锥回转半径内不能有杂物。

(5) 检查双锥一端盖应上紧，另一端打开。

(6) 点动将双锥调到与地面垂直且开口端向上。若双锥不转，立即找电工修复。

(7) 进烤前双锥上不可有任何杂物，以防运转过程中掉落出现事故。

2. 作业中的安全操作

(1) 进料准备 进烤前，要先将双锥内的小帽及小布袋装好，放下下料袋。

(2) 进料操作 装量要求符合规定，750L 双锥装量小于 370L，1600L 双锥装量小于 800L。

①双锥进完料上盖时，必须两个人在现场，站在双锥上的人一定要站稳、抓牢，上、下双锥时一定要注意安全，双锥盖上所有的螺丝都要拧紧。

②上好盖后，缓慢打开真空阀门，若双锥端处有漏气现象，则立即上紧。待真空达到-0.095MPa 后，启动双锥。

(3) 干燥操作

①缓慢打开蒸汽阀，开始加热。蒸汽压力不得大于 0.05MPa。

②双锥运转过程中，要每 30min 巡查一次，注意双锥蒸汽压力，真空度是否正常，双锥的声音是否正常，如有异常情况，立即停车检修，不准"带病"运转。

③巡检中注意远离双锥顶端旋转区域，以防被撞伤。

④确定干燥好后，关蒸汽阀，冷抽 30~50min 后。按下双锥的停车键，等双锥停稳后，再点动到适当位置停好。

⑤关闭真空阀，缓慢打开排汽阀，泄压。通知真空泵人员停真空。

(4) 出料操作 出烤时，拧开盖的螺钉，最后剩上、下两个，先开下面的，最后开上面的，防止药粉漏出或双锥盖猛然掉下砸伤人。

3. 注意事项

(1) 干燥过程中要注意巡检，发现双锥停车要立即停蒸汽及真空，迅速找机修工或电工修。

(2) 干燥中要注意检查真空表情况，如漏真空，要立即停真空进行检修。

(3) 双锥不用时，应水平放置。

(二) 双锥真空干燥标准操作 SOP 解读

(1) 检查双锥回转半径内不能有杂物，以防止出现碰伤等安全事故。

(2) 进烤前，要先将双锥内的小帽及小布袋装好，放下下料袋。双锥内的小布袋是套在小帽上的过滤装置,以防止干燥的药粉进入真空系统。

(3)点动将双锥调到与地面垂直且开口端向上。此时方可进料操作,若双锥重心不垂直,则加完料后,双锥自动转动,湿粉会落到地面上,造成生产事故。

(4)待真空达到-0.095MPa后,启动双锥。若真空度达不到,干燥时间将延长,严重时会出现把粉子烤黄的生产事故。

项目实施

工作过程一　浓缩技术

工作过程背景:
浓缩是从溶液中除去部分溶剂的操作过程,是生物物质进行分离提纯的重要方法。

知识目标:
1. 理解浓缩的目的、基本原理和基本过程。
2. 理解蒸发浓缩的基本理论和常见蒸发器的工作原理。
3. 了解冷冻浓缩的基本原理和基本过程。
4. 熟悉生物分离过程中液体物料常用的浓缩方法、浓缩设备及适用范围。

能力目标:
1. 能针对不同的生物活性物质和产品质量要求选择合适的浓缩方法。
2. 能熟练使用常见的浓缩设备。

素养目标:
1. 树立科学严谨的态度和安全生产的意识。
2. 养成规范和安全操作的习惯。

浓缩技术

浓缩是从溶液中除去部分溶剂的单元操作。生化物质制备中往往在提取后和结晶前进行浓缩。浓缩是对液体状态而言,液体体系除含可溶性的溶质外,还含有不可溶性的物质,如番茄汁含纤维(悬浮液)、牛乳含脂肪(乳浊液)等。可溶性物质与不溶性物质称为总固形物。浓缩是指总固形物与溶剂(一般为水分)部分分离的过程,使生物制品原料中水浓度降低到符合工艺要求的过程,此过程常在低温低压下进行,营养成分一般不发生相变。例如,热浓缩过程是使体系中的水分在其沸点时蒸发汽化,并将汽化产生的二次蒸汽不断排除,从而使制品的浓度不断提高,直至达到产品浓度要求。

生物物料一般具有热敏性、结构性、黏滞性、起泡性和挥发性等特点。理想的浓缩过程,应当是选择性地去除部分水分而不影响营养成分的质量,在用水稀释浓缩液后能够恢复原来的制品,称为复原性。采用恰当的浓缩方法与操作条件,可以接近这种理想的浓缩过程,但同时要考虑操作费用。因此,工业生产上在选择浓缩方法和浓缩条件时,必须权衡浓缩液质量与浓缩过程费用这两个问题。

任务一 浓缩基础知识

生物制品原料中一般含有70%~90%的水分,但其中的营养成分如蛋白质、糖类、维生素等只占5%~10%,为了避免微生物的生长和繁殖、延长制品的货架期、减少运输成本,其中的大部分水分是必须去除的。例如,食品类原料的牛乳、番茄汁;发酵液中代谢产物如蛋白质、有机酸;生物原料的血液、疫苗等都需要进行浓缩干燥的操作,以得到低成本、易于保存和运输的生物制品,并最大限度地保留原料中的营养成分。

(一) 浓缩的主要目的

浓缩的主要目的是使得生物制品体积减小,但不影响其营养成分。浓缩的具体目的有以下几点。

(1) 用于结晶、干燥及其他分离单元操作的预处理 通过浓缩,可以增加溶液浓度,减小溶液体积,从而获得满足干燥工艺要求的浓缩液,这样可以节约能源,降低产品的生产成本。例如,在制作乳粉时,需要使鲜乳汁的含水量由88%降低到3%。若用真空浓缩,每蒸发1kg水分,需要消耗1.1kg的蒸汽,而若用喷雾干燥,每蒸发1kg水分则需要消耗3~4kg的蒸汽,故先浓缩后干燥就可以节约热能。

(2) 减少产品的体积和重量,可以缩小包装,便于贮藏和运输 以生产果汁为例,可以就地制成浓缩果汁后运往消费地,再经过稀释加工出售,从而降低生产成本。

(3) 提高产品质量 以鲜乳生产为例,经过浓缩后再喷雾干燥的鲜乳相对于直接干燥来说,所得乳粉颗粒大、密度高,复原性、冲调性和分散性均较好。

(4) 延长产品的贮藏时间 浓缩能有效地降低生物原料中自由水的含量,利于生物制品的保存。

(二) 影响浓缩的因素

液体在任何温度下都可以通过蒸发进行浓缩,而且蒸发现象只发生于液体表面。影响蒸发浓缩的主要因素有以下几个方面。

1. 液体蒸发面的面积

在一定温度下,单位时间内一定量蒸汽蒸发速度与蒸发面的大小成正比,即蒸发的表面积越大,蒸发速度越快。

2. 加热温度与液体温度的温度差

根据热传导与分子动力学理论,汽化是由于分子受热后振动能力超过分子间内聚力而产生的。因此,要加速蒸发浓缩过程,必须使加热温度与液体温度间有一定的温度差,以使溶媒分子获得足够能量而不断汽化。

3. 液体表面的压力

液体表面压力越大,蒸发浓缩速度越慢。所以,在生产中,可以采用减压浓缩,即可加速浓缩过程,又可避免药物受高温而破坏。

4. 液面外蒸汽的温度

蒸发浓缩的速度可随着温度的增加而加快,温度越高,在单位体积的空气内可能含有的水蒸气越多;反之,如将较高的温度下降或使已饱和的蒸汽重新冷却,则一部分蒸汽又将重新冷凝为液体。因此,工业生产中,为了促进蒸发浓缩,可以在蒸发液的上部通入热风。例如,在片剂包糖衣时可以鼓入热风,从而可加速水分的蒸发。

5. 液面外蒸汽的浓度

在温度、液面压力、蒸发面积等因素不变的前提下,蒸发浓缩的速度与浓缩时液面上大气中的蒸汽浓度成反比。蒸汽浓度越大,分子越不易逸出,浓缩速度就越慢。因此,在蒸发浓缩的车间里应使用电扇、排风扇等通风设备,及时排除液面的蒸汽,以加速浓缩的进行。

6. 搅拌

液体在蒸发浓缩过程中,由于热量的损失,液体的温度下降较快,加之液体的挥发,浓度的增加也较快。液体温度的下降和浓度的升高会造成液面黏滞度增加,因而液面往往产生结膜现象。结膜后不利于传热及蒸发浓缩,而通过经常搅拌可以克服结膜现象,从而提高蒸发浓缩的速度。

任务二 常用浓缩技术

生物活性物质提取液在进一步分离、提纯前,常常需要通过浓缩提高其活性物浓度,以利于后一工序的操作。由于各种料液特性不同,生物制品浓缩需要采用不同的浓缩方法来实现。生物制品浓缩技术对其工艺流程的设计、设备的选型和具体操作提出了相应的要求,随着生产发展的需要,应不断改进和更新。浓缩技术已趋向于低温、快速、连续的方向发展。生产中经常采用的是冷冻浓缩技术和蒸发浓缩技术,此外,一些分离提纯方法也能起到浓缩作用。例如,用亲水凝胶很容易吸收稀溶液中的水分而得到浓溶液。超滤法利用半透膜能够截留大分子的性质,适用于浓缩生物大分子。离子交换法与吸附法使稀溶液通过离子交换柱或吸附柱,溶质被吸附后,再用少量液体洗脱、分步收集,能使所需物质的浓度提高几倍乃至几十倍。除此之外，冷冻融化、加沉淀剂、亲和色谱等方法也能达到浓缩的目的。表5-1列出了常用浓缩技术的原理和特点。

表 5-1　　　　　　　　　　　　常用浓缩技术

浓缩技术	基本原理	技术特点
冷冻浓缩	常压或低压下将水体系冷冻而将纯的冰结晶直接升华而去除水分	由结晶器和分离器组成，适用于浓缩挥发性芳香物质和热敏物质
蒸发浓缩	温度提高到溶剂的沸点使之蒸发，有常压和减压蒸发之分；有单效和多效的区别	传统蒸发浓缩法，用于对热稳定的体系
膜浓缩法	分超滤和透析方法：前者在压力差的作用下，小于膜孔的分子（$0.05\sim1000\mu m$）透过膜介质；后者利用膜的选择透过性，在压力差的作用下，水分由浓向稀的方向移动	前者适合于分离、提纯、浓缩含有机酸、氨基态氮等物质的溶液；后者适用于蛋白质溶液的浓缩及纯化
凝胶浓缩	浓缩胶是高分子网状结构的有机聚合物，具有很强的吸水性能，加入蛋白质溶液中，凝胶粒子吸水后，离心除去	适用于浓缩相对分子质量10000以上的生物大分子物质

下面介绍几种工业生产中常用的浓缩技术。

（一）冷冻浓缩

冷冻浓缩是将溶液中的部分水分以冰的形式析出，然后将生成的冰从液相中分离出来而液体得到浓缩的脱水操作技术。冷冻浓缩不是用加热蒸发的方法来排除水分，不会导致溶液沸点上升和黏度增大，而是靠从溶液到冰晶的相间传递来排除水分，一般是在$-7\sim-3℃$的操作温度下进行，所以可以避免因加热或化学反应而导致的目的物分解或挥发损失，因而特别适宜含挥发性芳香物的热敏性液体生物物料的浓缩。实践证明，对于含芳香物的液体食品，采用冷冻浓缩方法所得到的浓缩物产品质量优于蒸发浓缩与膜过滤浓缩；对于蛋白质溶液的浓缩，冷冻浓缩方法可以使蛋白质不易变性，从而保持蛋白质中固有的成分；对于果汁浓缩，冷冻浓缩方法能够很好地保持其中的色泽、风味、香气和营养成分，从而得到质量好的产品。

1. 冷冻浓缩的原理及特点

冷冻浓缩是利用冰与水溶液之间的固-液相平衡的浓缩方法，将稀溶液中的水形成冰晶，然后固-液分离，使溶液增浓。当溶液溶质浓度升高到一定浓度时，水和溶质会同时结晶析出，形成冰晶和溶质晶体的混合物，致使浓缩不能再继续进行，此时溶质的浓度称为低共熔浓度，此点称为低共熔点。理论上，冷冻浓缩过程溶质能达到的最高浓度为低共熔浓度。当溶液中溶质浓度超过低共熔浓度时，过饱和溶液冷却的结果表现为溶质转化成固体析出,此为结晶操作的原理。当溶液中所含溶质浓度低于低共熔浓度时,冷却结果则表现为水分变成冰晶析出,此为冷冻浓缩的基本原理,但实际上多数液体生物料液没有明显的低共熔点,而且在远未达到此点之前,浓溶液的黏度已经很高,此时晶核形成、晶体成长及冰晶浓缩液的分离已经很困难,甚至已不可能,所以冷冻浓缩在实践上其浓缩是很受限制的。一般对某料液进行冷冻浓缩时,需要首先绘制其溶质浓度随温度变化的冷冻曲线,再根据冷冻曲线确定冷冻浓缩操作条件和最终浓缩终点。

冷冻浓缩的操作包括两个步骤:首先是部分水分从清液中结晶析出,而后将冰晶与浓缩液加以分离。用于溶液冷冻浓缩的系统主要由结晶器和分离器两部分组成,结晶器产生冰结晶,分离器分离冰晶和液体。操作时为了使形成的冰晶不混有溶质而造成过多的溶质损失,要尽量避免局部过冷,分离操作要很好地加以控制。

冷冻浓缩技术具有以下优点:

(1) 适用于热敏性物质的浓缩。

(2) 可以避免挥发性芳香物质因加热而导致的挥发损失。

(3) 在低温操作下,气-液界面小,微生物增殖、溶质的劣化可控制在极低的水平。

(4) 由冷冻浓缩引起的液态物质物理性状的改变基本同蒸发浓缩,但对色泽的影响要小一些。

冷冻浓缩具有以下缺点:

(1) 浓缩溶液的浓度是受到限制的,冰晶与浓缩液的分离技术要求高,溶液越浓,黏度越大,分离越困难。

(2) 冷冻浓缩过程中,细菌和酶都不会受热失活,所以产品加工后还必须再经热处理以除菌或加以冷冻保藏,以保持酶的活性。

(3) 冰晶浓缩液分离时,部分浓缩液(溶质)会因冰晶夹带而造成溶质损失。

(4) 设备投资费用高,能量消耗比膜过滤浓缩高,成本比较高。

(5) 产量低,冷冻浓缩液的最终浓度一般不超过40%~50%,很少达到工业化规模程度。

2. 冷冻浓缩的设备与操作

冷冻浓缩装置系统主要由结晶设备和分离设备两部分构成。结晶设备包括管式、板式、搅拌夹套式、刮板式等热交换器,以及真空结晶器、内冷转鼓式结晶器、带式冷却结晶器等设备;分离设备有压滤机、过滤式离心机、洗涤塔,以及由这些设备组成的分离装置等。在实际应用中,根据不同的物料性质及生产要求采用不同的装置系统。下面介绍几种工业上常用的结晶设备和分离设备。

(1) 冷冻浓缩的结晶设备　冷冻浓缩用的结晶器有直接冷却式和间接冷却式两种。直接冷却式可利用部分蒸发的水分,也可利用辅助冷媒蒸发的方法。间接冷却式是利用间壁将冷媒与被加工料液隔开的方法。工业上所用的间接冷却式设备又可分为内冷式和外冷式两种。

①直接冷却式真空结晶器：图5-1为具有芳香物质回收功能的直接冷却式真空结晶装置。料液进入真空结晶器后，在267Pa的绝对压力下沸腾，部分蒸发，液体温度为-3℃，部分水分成为冰晶。从结晶器出来的冰晶悬浮液经分离器分离后，冰晶排出，浓缩液从顶部进入吸收器。而从真空结晶器出来的带芳香物质的蒸气先经冷凝器除去水分后，从底部进入吸收器。在吸收器内，浓缩液与芳香物质的惰性气体逆流流动，芳香物质被浓缩液吸收，然后惰性气体由吸收器顶部排出，而芳香物质的浓缩液从吸收器底部排出。如果冷凝器温度不是太低，并且离开吸收器的惰性气体部分通过冷凝器再循环，芳香物质将不会在冷凝器中冷凝，而是在吸收器中被浓缩液吸收。

直接冷却法的优点是不必设置冷却面，但缺点是蒸发掉的部分芳香物质将同蒸气或惰性气体一起逸出而损失。

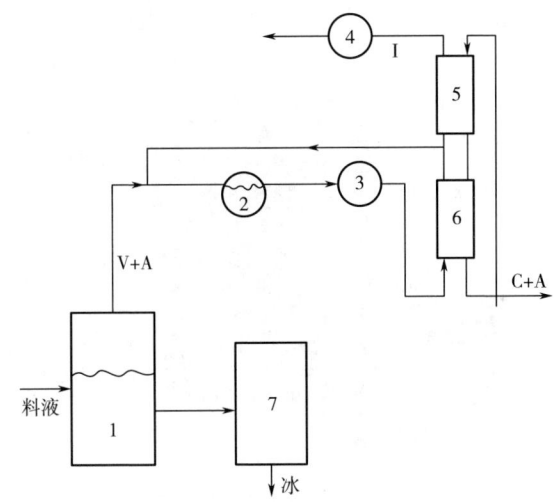

图5-1　具有芳香物质回收功能的直接冷却式真空结晶装置
V—水蒸气　A—芳香物质　C—浓缩液　I—惰性气体
1—真空结晶器　2—冷凝器　3—干式真空泵
4—湿式真空泵　5—吸收器Ⅱ　6—吸收器Ⅰ　7—冰晶分离器

②内冷式结晶器：内冷式结晶器可分为两种：第一种是产生同化悬浮液的结晶器，第二种为浆液的结晶器。冷冻浓缩所采用的大多数内冷式结晶器多属于第二种结晶器，能产生可以泵送的悬浮液。图5-2所示的旋转刮板式结晶器是典型的内冷式结晶器。

③外冷式结晶器：图5-3所示的冷却式连续结晶器是一种外冷式结晶器。结晶罐为密闭式，其上装有加料管。罐底为碟形，出口管供冰晶和浓缩液排出。由

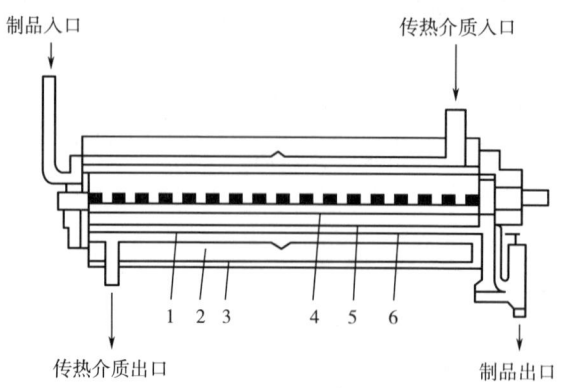

图 5-2 旋转刮板式结晶器
1—传热介质 2—绝热层 3—钢板盖 4—刮板 5—制品通道 6—传热管

于循环泵吸入管末端位于结晶罐顶部，而又恰好在加料管入口的位置，所以循环泵所抽吸的是一部分罐内溶液和一部分加料液，并将它们均匀混合。混合液经冷却器冷却后被送至结晶罐，从伸入器底附近的出口管流出。

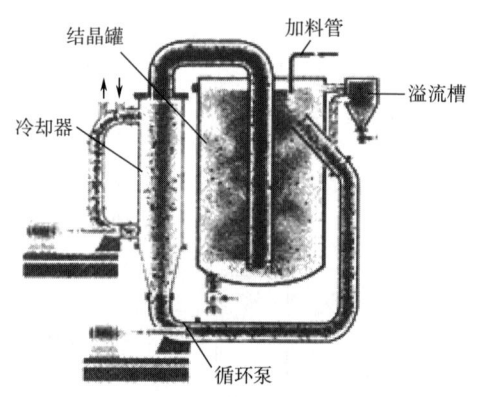

图 5-3 冷却式连续结晶器

（2）冷冻浓缩的分离设备　有压榨机、过滤式离心机和洗涤塔等。

通常采用的压榨机有水力活塞压榨机和螺旋压榨机。压榨机只适用于浓缩比接近于 1∶1 的场合。采用离心机的方法，可以用洗涤水或将冰融化后洗涤冰饼，因此分离效果比用压榨法好，但洗涤水将稀释浓缩液。溶质损失率决定于晶体的大小和液体的黏度。此外，采用离心机有一个严重的缺点，就是挥发性芳香物质的损失。

分离操作也可以在洗涤塔内进行。在洗涤塔内，分离比较完全，而且没有稀释现象。因为操作时完全密闭，故可完全避免芳香物质的损失。洗涤液分离的方法可用连续法或间歇法。间歇法只用于管内或板间生成的晶体进行原地洗涤。在连续式洗涤塔中，晶体相和液相逆向移动，进行密切接触。按推动力的不同，洗涤塔可分为浮床式、螺旋推送式和活塞推送式三种形式。图5-4为螺旋洗涤塔。

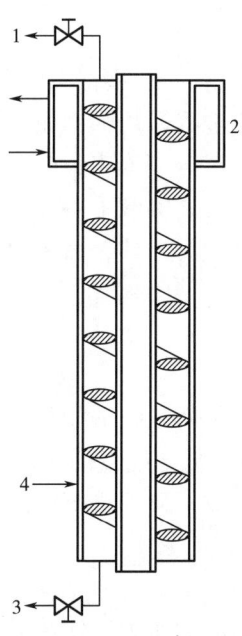

图5-4 螺旋洗涤塔
1—融化水 2—融冰器 3—浓缩液 4—晶体浆料

3. 影响冷冻浓缩效果的主要因素

通常情况下，生成的冰晶越大，结晶操作成本越高，而冰晶的分离操作成本和因冰晶夹带所引起的溶质损失则随之减少。与结晶操作相比，分离操作和溶质夹带损失是影响冷冻浓缩经济性的关键因素。因此，需要确定一个合理的晶体大小，使结晶与分离的成本降低，溶质损失减少，此合理的冰晶大小称为最优冰晶大小。最优冰晶大小取决于结晶过程、结晶形式、结晶条件、分离器类型和浓缩液价值等因素。浓缩液价值越高，要求溶质损失越少，就要求有较大的晶体。

（二）常压浓缩

蒸发浓缩是指通过加热的方法使溶剂汽化而使溶质增浓的操作过程。蒸发所需的时间和设备可由物质性质和所需要的最终浓度决定。根据物料的特性和工艺要求，蒸发过程可以采用不同的操作条件和方法，如常压蒸发、减压蒸发、单效蒸发和多效蒸发等。

常压浓缩即为常压加热使溶剂蒸发，最后溶液被浓缩。水汽化后直接排入大气，蒸发面上为常压。常压浓缩设备结构简单、维修方便，但蒸发速率低。由于蒸发温度高，仅适用于浓缩耐热物质及溶剂的回收，对于含热敏性物质的溶液则不适用。

常压浓缩设备一般由加热器、蒸发器、冷凝器和溶剂接收器组成。蒸发器主要由加热室和分离室两部分组成。加热室的作用是利用水蒸气为热源来加热被浓缩的料液，加热室的形式最初采用的是夹套式和管式，其后有卧式短管加热室和竖式短管加热室，为了强化传热过程采用强制循环代替自然循环。蒸发器分离室的作用是将二次蒸汽中夹带的雾沫分离出来，分离室必须具有足够大的直径和高度以降低蒸汽流速，并有充分机会使雾滴下落回到液体中。分离室的形式，最初是将其置于加热室之上并与后者成为一体，后来出现了外加热型加热室，分离室也就独立成为分离器。

（三）减压浓缩

溶液在减压下加热使溶剂气化而浓缩的操作方法，称为减压浓缩，即通常所指的真空浓缩。减压浓缩是通过降低浓缩液的液面压力，从而使溶液的沸点降低，加快蒸发。减压浓缩通常在常温或低温下进行，因此适用于浓缩受热易变性的物质，例如抗生素溶液、果汁等。

1. 减压浓缩的原理及特点

减压浓缩的基本原理是降低液面压力，使液体沸点相应降低，真空度越高沸点也就降得越低，所需浓缩的时间比常压浓缩要短，加热时温度也相应降低，且有利于使浓缩溶液中的有效成分不受破坏，加快了浓缩过程。

与常压浓缩相比较，减压浓缩具有以下优点。

（1）由于溶液沸点降低，在加热蒸汽温度一定的条件下，蒸发器传热的平均温度差大，所需的传热面积减小。

（2）由于溶液沸点降低，可以用温度较低的低压蒸汽或废热蒸汽作为加热蒸汽。

（3）由于溶液沸点降低，可防止热敏性物料在高温下分解和变性。

（4）蒸发器的操作温度低，系统的热损失小。

减压浓缩的缺点如下所示。

（1）溶液温度低，蒸发器的传热系数小。

（2）蒸发器和冷凝器内的压强低于大气压，完成液和冷凝水需用泵排出。

（3）减压浓缩需要保持一定的真空度，因而需要增加设备和动力。

2. 减压浓缩的设备与操作

（1）实验室减压浓缩设备　实验室常用的减压浓缩设备是真空旋转蒸发仪（图5-5），其操作步骤如下：先将样品加入蒸馏瓶中，瓶口部位接到真空管上，瓶身置于水浴锅中加热；然后接通冷却水，打开真空泵，再打开电源使蒸馏瓶以一定速度旋转，样品即在瓶壁上形成一层液膜。开始时，减压要缓慢，加热到一定温度后,溶剂就会大量蒸发。如果气泡过多,应立即打开阀门,降低真空度。

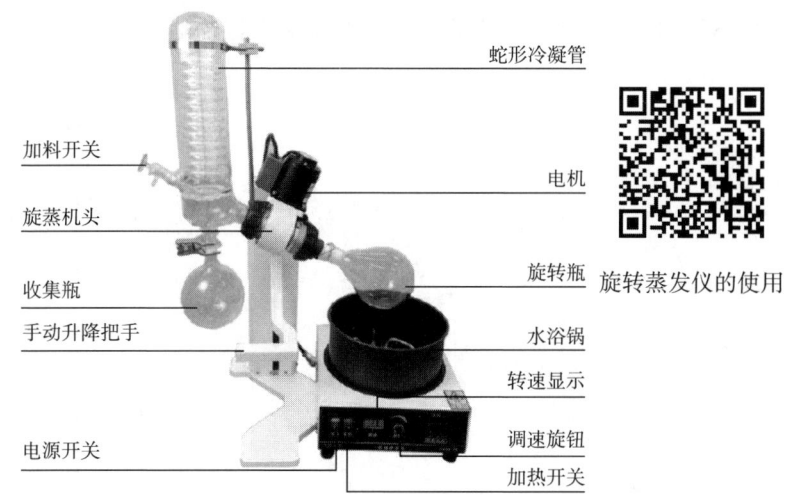

图 5-5 真空旋转蒸发仪

(2) 工业上减压浓缩设备 工业上所用的设备原理与实验室装置相同,特点为容量大,附属设备多,结构较复杂。下面介绍几种工业上常用的减压浓缩设备。

①膜式蒸发器:膜式蒸发器中料液在加热面呈膜状流动,传热效率高,料液一般经一次加热蒸发即可浓缩至所需的浓度,因此,料液在蒸发器中不循环流动,故膜式蒸发器也称为单程型蒸发器。溶液在这类蒸发器内的停留时间短,器内存液量少,适用于热敏性物质溶液的蒸发浓缩。根据蒸发器内液体流动方向及成膜原因的不同,膜式蒸发器主要有以下三种类型。

a. 升膜式蒸发器。如图 5-6 所示,加热室由垂直的长管组成,管长 3~15m,直径 25~50mm。料液经预热后由蒸发器的底部进入,在加热管内受热沸腾后迅速汽化,生成的二次蒸汽在加热管内高速上升,带动溶液沿管壁呈膜状向上流动,溶液在上流的过程中不断蒸发,进入分离室后,完成液与二次蒸汽分离,由分离室底部排出,二次蒸汽则在顶部导出。升膜式蒸发器适用于热敏性、易生泡沫、黏度小和较稀溶液的浓缩,不适用于高黏度、易结晶或易结垢的溶液。升膜式蒸发器的缺点是在管内下部区域尚积存较多的料液,延长了接触时间,因此,通常还不能通过严格的单程蒸发达到所需浓度,而需要再循环浓缩,而降膜式蒸发器可克服这个缺点。

b. 降膜式蒸发器。如图 5-7 所示,它与升膜式蒸发器的区别在于料液是从加热室的顶部加入的,在重力作用下沿管壁呈膜状向下流动,并在此过程中被蒸发而浓缩。气-液混合物从管下端流出,进入分离室,气-液分离后,完成液由分离室底部排出。这类蒸发器操作良好的关键是使溶液呈均匀的膜状沿各管内壁向下流，为此，在每根加热管的顶部必须设置液体分布器。降膜式蒸发器可蒸发浓度高、黏度较大的溶液，但不适用于蒸发易结晶或易结垢的溶液。由于液膜在管内分布不易均匀，故降膜式蒸发器比升膜式蒸发器传热系数小。

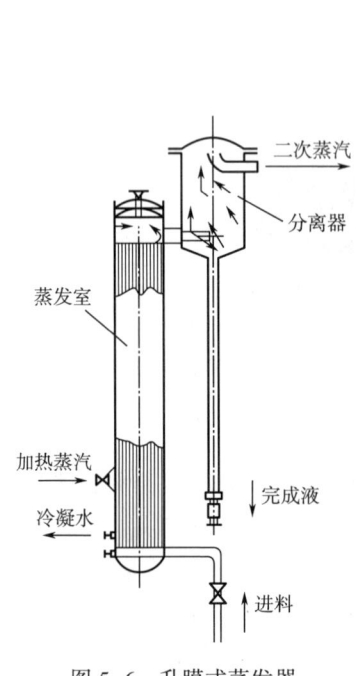

图 5-6　升膜式蒸发器

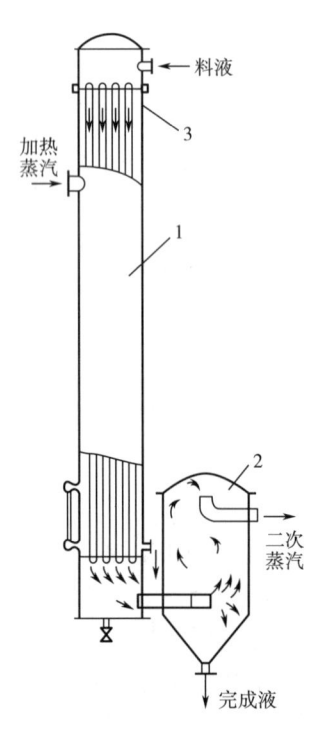

图 5-7　降膜式蒸发器
1—蒸发器　2—分离器　3—液体分布器

c. 升-降膜式蒸发器。其是升膜蒸发器和降膜蒸发器相结合的蒸发器，如图 5-8 所示。在蒸发器前面加一个预热器，料液经预热器加热至达到或接近沸点后，引入升膜蒸发器底部，经升膜蒸发器上升至顶部，然后又转入降膜蒸发器下降，气-液混合物进入蒸发器下部的分离室完成气-液分离。升-降膜蒸发器一般用于浓缩过程中黏度变化较大的溶液，或者多用于溶液中水分蒸发量不大和厂房高度有一定限制的场合。

②旋转刮板式蒸发器：依靠旋转刮板的拨刮作用使液体分布在加热管壁上，如图 5-9 所示。中下部外侧为加热蒸汽夹套，内部装有可旋转的搅拌刮板，料液由蒸发器上部沿切线方向进入器内，被刮板带动旋转，在加热管内壁上形成旋转下降的液膜而被蒸发浓缩，浓缩液由底部排出，二次蒸汽上升至顶部经分离器后进入冷凝器。

旋转刮板式蒸发器适用于处理高黏度、易结晶、易结垢的溶液，在某些情况下可将溶液蒸干而由底部直接获得固体产物。其缺点是结构较复杂，制造安装要

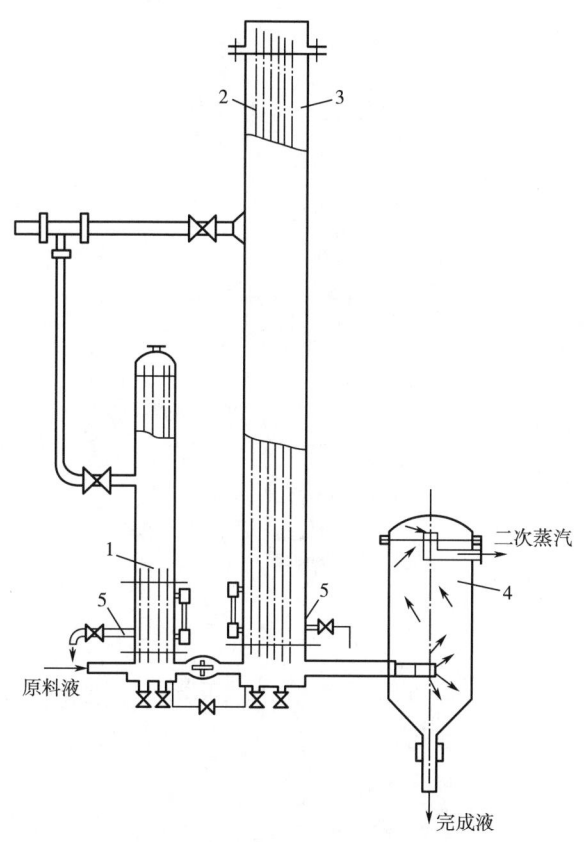

图 5-8 升-降膜式蒸发器
1—预热器 2—升膜加热室 3—降膜加热室 4—分离器 5—冷凝液排出口

求高，动力消耗较大，处理量较小。

③离心式薄膜蒸发器：离心式薄膜蒸发器是综合了薄膜蒸发与离心分离两种工程原理的一种新型蒸发设备，如图 5-10 所示。蒸发器的外壳、进料管、二次蒸汽管、冷凝管、加热蒸汽管都是静止的。蒸发器主体是由若干个中空锥形盘叠制而成并置于内壳体上，内壳体固定于回转的空心轴上，蒸发器主体是同转的。工作时，料液经泵加压后从料液管进入小喷嘴，再循着锥形盘旋转方向喷洒于锥形盘的下表面（加热面），由于料液的流速与加热面旋转速度相等，因此，可防止产生液滴和飞溅。在锥形盘离心力作用下，料液迅速呈膜状。离心转鼓的夹层内通入加热蒸汽，料液此时受热迅速气化，浓缩液排至锥形盘下缘周边轴向孔，然后流至上部，由浓缩液泵引至蒸发器外。锥形盘之间产生的二次蒸汽经冷凝器冷凝后由真空泵排出。

离心式薄膜蒸发器中超短的热接触时间确保了产品特性（颜色、风味、成分）的保留达到了接近原料液的程度，因而特别适合于生物、医药、食品等热敏性物料。

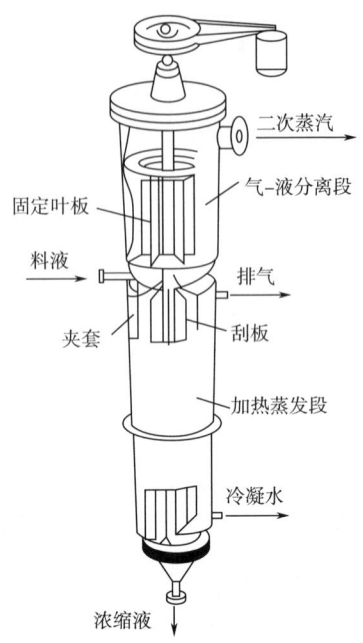

图 5-9 旋转刮板式蒸发器

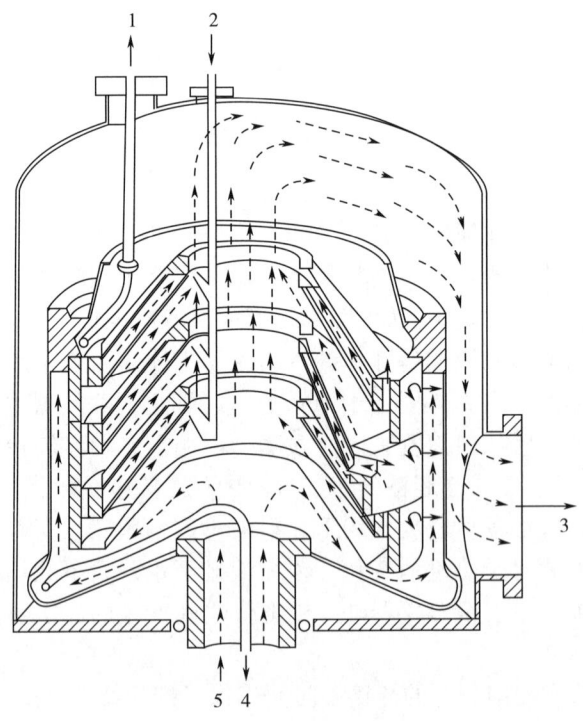

图 5-10 离心式薄膜蒸发器
1—浓缩液 2—进料 3—二次蒸汽 4—冷凝液 5—加热蒸汽

此类设备虽然复杂，但由于是组装的，所以安装方便，还可拆洗，设备的启动与停车快速，配件就地清洗，使用周期长。

(四) 多效浓缩

根据二次蒸汽是否用来作为另一蒸发器的加热蒸汽，蒸发过程可分为单效蒸发浓缩和多效蒸发浓缩。蒸发过程汽化所产生的水蒸气称为二次蒸汽。蒸发过程中将二次蒸汽直接冷凝不再利用者，称为单效蒸发浓缩。而将二次蒸汽引入另一个蒸发器作为热源进行串联蒸发者，称为多效蒸发浓缩，其蒸发器可称为多效蒸发器。

多效蒸发浓缩中，第一个蒸发器（称为第一效）中蒸出的二次蒸汽用作第二个蒸发器（称为第二效）的加热蒸汽，第二个蒸发器蒸出的二次蒸汽用作第三个蒸发器（称为第三效）的加热蒸汽，依次类推。二次蒸汽利用次数可根据具体情况而定，系统中串联的蒸发器的数目称为效数。

图5-11为三效蒸发的流程图。多效蒸发的优点是可以节省加热蒸汽的消耗量。因为蒸发器中，是依靠加热蒸汽冷凝供给汽化热使溶液中的水汽化的，所以，粗略估算，在单效蒸发中，1kg加热蒸汽冷凝可以蒸发1kg水，或者说从溶液中蒸发出1kg水需要消耗约1kg加热蒸汽。如果按1kg蒸汽冷凝可以从溶液中蒸发出1kg水估算，二效蒸发中1 kg加热蒸汽可以从溶液中蒸出2kg水，即蒸出1kg水需消耗0.5kg加热蒸汽，n效蒸发中，1kg加热蒸汽可以蒸出n kg水，即表示蒸出1kg水，需要$1/n$ kg加热蒸汽。可见效数越多，每蒸出1kg水所需的加热蒸汽量越少，但是，实际上由于低温下水的汽化潜热较高，所以要蒸发1kg水需要1kg以上的蒸汽。再者，由于沸点升高，使得多效蒸发的总有效传热温差低于单效蒸发。效数越多，有效传热温差就越小。最后，多效蒸发增加了设备投资，却不能增加整个蒸发系统的生产能力。因此，多效蒸发的效数是有限的，不能无限增加。工业上常见的多效蒸发以5~6效为限。

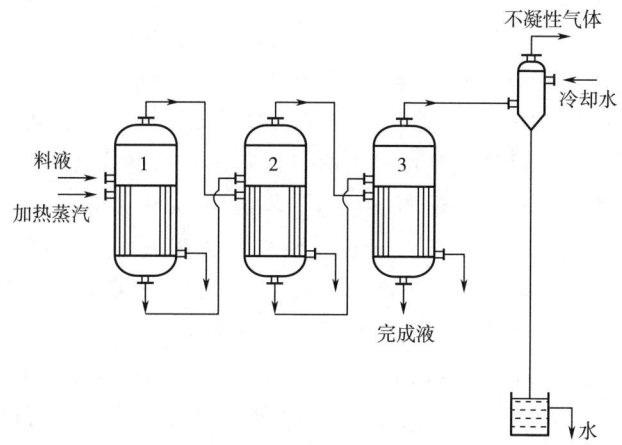

图5-11 三效蒸发流程图

1—第一效蒸发器　2—第二效蒸发器　3—第三效蒸发器

岗位链接

三效节能蒸发器的使用操作规程

文件编号		颁发部门	
SOP-PA-015-01	三效节能蒸发器的使用		
总页数		执行日期	
编制者		审核者		批准者	
编制日期		审核日期		批准日期	

1. 目的

明确三效节能蒸发器使用标准操作规程。

2. 范围

提取工序三效节能蒸发器。

3. 责任

提取工序操作人员。

4. 内容

（1）三效节能蒸发器是用来浓缩药液的设备。

（2）使用前检查机器清洁状态及设备标识情况。

（3）按真空系统的使用标准操作规程检查真空系统是否正常。

（4）打开真空泵、真空阀总阀门及三效阀门、冷却水阀门，关闭泄真空阀门及排水阀门（1~3效冷凝器）使真空度达到 0.02~0.06MPa。

（5）依次打开 1~3 效加热器进液阀门，相对应储液罐出液阀门，加药液至第二视镜 2/3 处关闭进液阀门。开启蒸汽阀门使蒸汽压力不大于 0.1MPa，进行蒸发浓缩。蒸发过程保持真空度一效 0.02MPa，二效 0.04MPa，三效 0.06MPa。

（6）当一效蒸发至视镜以下时，进行调料，关闭三效真空阀门，打开三效快速消泡阀门，打开一效与三效相关联的阀门；待一效达到视镜 2/3 处关闭阀门，打开三效真空阀门，并打开三效进料阀门补充药液待调。

（7）三效药液调完后，二效倒一效，关闭一效、二效真空阀门，泄二效真空，打开二效调料阀门，打开一效、二效之间的管道阀门。待一效药汁达到 2/3 处视镜，关闭调料阀门、管道阀门，打开一效、二效真空阀门，打开二效真空阀门。

（8）三效节能蒸发浓缩过程中，应随时观察回水罐的水位，及时开启放水阀放水。

（9）蒸发到工艺要求的浓度后，关闭蒸汽阀门，关闭真空泵，按工艺要求出膏完毕，按清洁标准操作规程进行清洁仪器。

5. 培训

（1）培训对象　提取工序操作人员。

（2）培训时间　2h。

工作过程二　干燥技术

工作过程背景：

干燥是指从湿物料中除去水分或其他湿分的单元操作。通常是生物产品分离纯化的最后一步。

知识目标：

1. 掌握干燥的原理。
2. 熟悉真空干燥、喷雾干燥和冷冻干燥等典型干燥技术的工艺流程。
3. 了解其他干燥技术。

能力目标：

1. 能针对不同的处理对象选择不同的干燥技术。
2. 学会典型的浓缩与干燥技术的基本操作。

素养目标：

1. 具有高度的社会责任感、良好的职业道德和诚信品质。
2. 具有正确运用所掌握的知识技能在物料干燥过程中发现问题、分析问题、解决问题的能力。
3. 具有创新能力、竞争与承受的能力。
4. 具有良好的组织协调与沟通能力。

任务一　干燥基础知识

（一）干燥的含义及目的

1. 干燥的含义

干燥是从目标产物浓缩悬浮液或结晶或沉淀中除去水分和溶剂而获得相对或绝对干燥制品的工艺过程，包括原料药的干燥和制成的临床制剂的干燥。

2. 干燥的目的

（1）提高制品的稳定性　通过干燥，控制水分在限度以内，在很大程度上防止制品水解、霉变等。

（2）便于制备各种制剂　通过干燥，获得含水量在限度以内的合格原料药，便于制备各种制剂。

（3）延长贮藏期　经干燥的产品，其水分活性较低，有利于在室温条件下长期保藏，以延长市场供给，平衡产销高峰。

（4）用于某些产品加工过程以改善加工品质　如大豆、花生经过适当干燥脱水，有利于脱壳（去外衣），便于后加工，提高制品品质；促使尚未完全成熟的原料在干燥过程中进一步成熟。

（5）便于商品流通　干制产品重量减轻、体积缩小，可以显著地节省包装、储藏和运输费用，并且便于携带和储运。

（二）物料中所含水分的种类

在含水的物料中，水分与固体物料的性质及其相互作用的关系对脱水过程有着重大的影响。关于水分与物料的结合状态有着不同的分类方法，一般可以分为以下几种。

1. 化合水分（即结晶水）

这种水分是与物质按一定质量的比值直接化合的水分。例如 $CuSO_4 \cdot 5H_2O$ 中的水分，它是物质的一个组成部分，这种水与物质牢固地结合在一起，只有加热到一定的温度时，物质的结晶体被破坏，才能使这种结晶水释放出来。在干燥过程中，这种水分是不能靠蒸发除去的，所以在干燥过程的计算中不考虑化合水分。

2. 吸取水分（即分子水分）

由于吸附作用的结果，在固体物料周围空间中的水蒸气分子会被吸附到其表面上，结果在固体的表面形成一层薄膜水分，其厚度为一个或数个分子，通常用肉眼是看不见的。此外，水分子还会钻入（扩散）到固体内部，又称为吸收。所以物料经吸附作用与吸收作用而结合的水分统称为吸取水分。吸取水分和物料的结合也是比较牢固的，一般脱水方法不能除去，干燥方法也只能除去一部分。如果再放置在湿度较大的空气中，又会重新吸附周围的水分子，直到湿度平衡为止。

3. 毛细管水分

由于松散物料之间存在着许多孔隙，有时固体颗粒内部也存在着空穴或裂隙，这许许多多的孔隙如同很多的毛细管一样，水分在毛细管吸力的作用下能保持在孔隙之中。毛细管吸力作用所能保持的水柱高度 h 可由式（5-1）表示。

$$h = \frac{2\sigma\cos\theta}{r\rho g} \tag{5-1}$$

式中　h——水柱高度；

　　　σ——水的表面张力；

　　　θ——水与物料间的接触角；

　　　r——毛细管的直径；

　　　ρ——水的密度；

g——重力加速度。

由以上公式可知：

（1）物料间的孔隙越小（即 r 小），要除去其间的水分越难。这就是为什么细粒物料的脱水很困难的原因，有时只能用干燥（汽化）方法脱除。

（2）亲水物料与水接触角小，即 $\cos\theta$ 大，脱水也困难。

例如，物料中含有亲水性大的黏土、矿泥时，则会明显降低脱水的效果。反之，如果设法增加物料的疏水性，可使脱水容易。试验证明，在煤中加入适量的油类，由于增加了煤的疏水性，使煤的脱水效果有所提高。

物料的含水量与粒度的大小有很大关系。细粒物料较粗粒物料含水量大，一方面因为表面水分的含量与表面积大小有关，物料粒度越细，其表面积越大，吸附的水分越多，所以表面水分含量越高。另一方面是因为细粒物料有大量细小的毛细孔隙，毛细管作用显著，因此较细料含有较多的水分。

4. 重力水分物料

除了含有吸取水分和毛细管水分之外（化合水分不作脱水考虑），还可以含有大量的水，这些水和物料之间没有什么相互作用力，在重力作用下就可以脱除，这部分水称为重力水分。毛细管水和重力水统称为自由水，因为它们和固体物料之间没有牢固的结合力，比较容易脱除。

（三）影响干燥速率的因素

干燥速度是指单位时间内被干燥物料所能汽化的水分量，而干燥速率则是指单位时间内于单位干燥面积上所能汽化的水分量。干燥速率受内部条件和外部条件的控制，内部条件主要有物料的结构、性质、形状、湿度和温度等，外部条件主要有干燥操作条件、干燥器的结构形式等。

1. 内部条件控制

（1）物料的性质与结构　物料的性质和结构不同，物料与水分的结合方式以及结合水与非结合水的界线也不同，因此其干燥速率也不同。

（2）物料的形状、大小以及堆置方式　物料的形状、大小以及堆置方式不仅影响干燥面积，而且影响干燥速率。

（3）物料的湿度和温度　物料中水分的活度与湿度有关，因而影响干燥速率。而物料温度与物料中水分的蒸气压有关，并且也与水分的扩散系数有关，一般温度越高，则干燥速率越大。

2. 外部条件的控制

（1）干燥操作条件

①干燥介质的温度和湿度：干燥介质的温度越高，干燥速率越大，但干燥介质的温度过高，最初干燥速率过快，不仅会损坏物料，还会造成临界含水量的增加，反而会使后期的干燥速率降低。干燥介质的湿度越低，干燥速率越大。但由于影

响干燥的因素很多，所以物料的干燥速率与湿度的关系必须通过具体的实验来测定。

②干燥介质与物料的接触方式、相对运动方向和流动状况：介质的流动速度影响干燥过程的对流传热和对流传质，一般介质流动速度越大，干燥速率越大，特别是在干燥初期。介质与物料的接触状况，主要是指流动方向。流动方向与物料汽化表面垂直时，干燥速率最大，平行时最差。凡是对介质流动造成较强烈的湍动，使气-固边界层变薄的因素，均可提高干燥速率。例如块状或粒状物料堆成一层一层的，或在半悬浮或悬浮状态下干燥时，均可提高干燥速率。

（2）干燥器的结构形式　烘箱、烘房等因为物料处于静态，物料暴露面小，水蒸气散失慢，干燥效率差，干燥速率慢。沸腾干燥器、喷雾干燥器属流化操作，被干燥物料在动态情况下，粉粒彼此分开，不停跳动，与干燥介质接触面大，干燥效率高，干燥的速率大。

任务二　常用干燥技术

干燥的质量直接影响产品的质量和价值，干燥技术和方法的选择对于保证产品的质量至关重要。常用的干燥技术和方法有真空干燥、喷雾干燥和冷冻干燥等。

（一）真空干燥

真空干燥，又名解析干燥，是一种将物料置于真空负压条件下，使水的沸点降低，水在一个大气压下的沸点是100℃，在真空负压条件下可使水的沸点降到80℃、60℃、40℃时开始蒸发，使物料在较低温度下得到干燥。

在真空干燥过程中，干燥室内的压力始终低于大气压力，气体分子数少，密度低、含氧量低，因而能干燥容易氧化变质的物料、易燃易爆的危险品等。对药品、食品和生物制品能起到一定的消毒灭菌作用，可以减少物料染菌的机会或者抑制某些细菌的生长，同时使物料能更好地保持原有的特性，减少品质的损失。

1. 真空干燥原理

真空干燥就是将被干燥的物料放置在密闭的干燥室内，用真空系统抽真空的同时，对被干燥物料不断适当加热，使物料内部的水分通过压力差或浓度差扩散到表面，水分子在物料表面获得足够的动能，在克服分子间的吸引力后，逃逸到真空室的低压空气中，从而被真空泵抽走除去。

因为水在汽化过程中其温度与蒸汽压是成正比的，所以真空干燥时物料中的水分在低温下就能汽化，可以实现低温干燥。这对某些药品、食品和农副产品中热敏性物料的干燥是有利的。

2. 真空干燥的主要特点

（1）真空干燥适用于热敏性物料，或高温下易氧化的物料，或排出的气体有价值或有毒性、有燃烧性的物料。

（2）干燥时所采用的真空度和加热温度范围较大，通用性较好。

（3）干燥的温度低，无过热现象，水分易于蒸发，干燥时间短。

（4）减少物料与空气的接触机会，能避免污染或氧化变质。

（5）干燥产品可形成多孔结构，呈松脆的海绵状，易于粉碎，有较好的溶解性、复水性，有较好的色泽和口感。

（6）挥发性液体可以回收利用，但生产能力小，需间歇操作，干燥速度快。

（7）设备投资和动力消耗高于常压热风干燥。

3. 真空干燥工艺过程

将湿物料置浅盘内，放到干燥柜的搁板上，加热蒸气由蒸气入口引入，通入夹层搁板内，冷凝水从干燥箱下部出口流出，经冷凝管至冷凝液收集器中；冷凝系统通过管道和阀门与真空泵紧密相连，组成一个完整的密闭系统，使干燥操作连续进行。干燥过程中，液体水分汽化有蒸发和沸腾两种方式。水在沸腾时的汽化速度比在蒸发时的汽化速度快得多，水分蒸发变成蒸汽可以在任何温度下进行。水分沸腾变成蒸汽，只能在特定温度下进行，但是当降低压强时，水的沸点也降低。例如，在19.6kPa气压下，水的沸点即可降到60℃。真空干燥机就是在真空状态下，提供热源，通过热传导、热辐射等传热方式供给物料中水分足够的热量，使蒸发和沸腾同时进行，加快汽化速度。同时，抽真空又快速抽出汽化的蒸汽，并在物料周围形成负压状态，物料的内外层之间及表面与周围介质之间形成较大的湿度梯度，加快了汽化速度，达到快速干燥的目的。

4. 真空干燥设备

目前，真空干燥设备也随着现代机械制造技术以及电气技术的发展而不断更新，出现了真空盘式连续干燥机、双锥回转真空干燥机、真空耙式干燥机、板式真空干燥机、低温带式连续真空干燥机、连续式真空干燥机等多种形式的真空干燥设备。

真空干燥设备的主要组件，包括真空室、供热系统、真空系统及水蒸气收集装置。

（1）真空室　真空室是物料干燥场所，真空室的高度和体积是物料干燥量的限制因素。

（2）供热系统　真空室通常装有放物料用的隔板或其他支撑物，这些隔板用电热或循环液体加热，但对上下层重叠的加热板来说，上层可以用加热板，同时还会向下层加热板上的物料辐射热量。此外，也可以用红外线、微波以辐射方式将热量传送给物料（真空微波干燥）。

（3）真空系统　真空系统是获得真空并维持的装置，包括泵和管道，安装在真空室的外面。有的用真空泵，有的则用蒸气喷射泵。

（4）水蒸气收集装置　冷凝器是水蒸气收集装置，可装在真空室外，并且必须装在真空泵前，以免水蒸气进入泵内造成污损，用蒸汽喷射泵抽真空时，它不但从真空室内抽出空气，而且还同时将带出的水蒸气冷凝，因而一般不再需要装冷凝器。

5. 影响真空干燥的因素

（1）浓缩液的相对密度　对于天然物料的提取，浓缩液的相对密度宜控制为 1.30~1.35（60℃热测）。

（2）真空干燥温度　真空干燥温度一般不高于 70℃，常控制在 60℃左右。

（3）真空干燥真空度　真空度太低干燥速度会很慢，真空度太高物料易暴溅，因此，真空干燥真空度一般控制在 -0.08MPa 左右。

（4）真空干燥时间　一般以完全干燥为度，或以水分含量进行控制，不同物料干燥时间相差很大。

此外，浸膏等黏稠物料干燥时，装盘量不宜太多，以免起泡溢出盘外，污染干燥器，浪费物料，影响干燥效果；操作时真空管路上的阀门应缓慢打开，否则也易发生泡溢现象。

6. 真空干燥的应用

真空干燥广泛应用于生物化学、化工制药、医疗卫生、农业科研、环境保护等领域，作为粉末干燥、烘焙以及各类玻璃容器的消毒和灭菌用。特别适合于对干燥有热敏性、易分解、易氧化物质和杂乱成分物品进行快速高效的干燥处理。

（二）喷雾干燥

1. 喷雾干燥原理

喷雾干燥是流化技术用于液态物料干燥的一种较好的技术。它是利用不同的喷雾器，将悬浮液或黏滞的液体喷成雾状，与热空气之间发生热量和质量传递而进行干燥的技术。

2. 喷雾干燥的特点

（1）干燥过程非常迅速，由于瞬间蒸发，设备材料选择要求不严格。

（2）可省去蒸发、粉碎等工序，直接干燥成粉末。

（3）易改变干燥条件，调整产品质量标准。

（4）干燥室有一定负压，保证了生产中的卫生条件，可在无菌条件下操作，避免粉尘在车间内飞扬，提高产品纯度。

（5）生产效率高，操作人员少。生产能力大，产品质量高。每小时喷雾量可达几百吨，是干燥器处理量较大者之一。

（6）喷雾干燥机调节方便，可以在较大范围内改变操作条件以控制产品的质量指标，如粒度分布、湿含量、生物活性、溶解性等。

（7）设备较复杂，价格较高，占地面积大，一次投资大。

（8）热效率不高，热消耗大。

3. 喷雾干燥的工艺过程

喷雾干燥过程可分为四个阶段：料液雾化、雾滴与空气接触、雾滴干燥、干燥产品与空气分离。

(1) 料液雾化　料液（溶液、乳浊液、悬浮液或膏糊液）经过滤器由泵或者压缩空气送至干燥塔顶的雾化器，雾化成平均直径为 $20\sim60\mu m$ 的雾滴，这些雾滴具有很大的总表面积，当其与热干燥介质（通常为热空气）接触时，雾滴中的水分可以迅速汽化，在极短的时间内物料干燥为粉末或颗粒产品。雾滴的大小和均匀度对产品质量和技术经济指标影响很大，特别是对热敏性物料的干燥尤其重要。如果雾滴大小不均匀，就会出现干燥不均匀的现象：大颗粒还未达到干燥要求，小颗粒却已干燥过度而变质，因此，雾化器是喷雾干燥的关键部件。目前常用的雾化器有气流式喷嘴、压力式喷嘴和离心式喷嘴。

(2) 雾滴与空气接触　空气通过过滤器和加热器，进入干燥塔顶部的空气分配器，通过热风分布器的热空气呈螺旋状均匀地进入干燥室。在干燥室内，雾滴与空气的接触有并流式、逆流式和混流式三种。雾滴和空气接触方式的不同，对干燥室内的温度分布、液滴和颗粒的运动轨迹、物料在干燥室中的停留时间以及产品的质量都有较大的影响。

①并流式接触：在并流系统中，最热的干燥空气与水分最大的雾滴接触，因而水分迅速蒸发。雾滴表面的温度接近于空气的湿球温度，同时空气温度也显著降低，因此从雾滴到干燥成品的整个过程中，物料温度不高，这对热敏性物料的干燥是十分有利的。这时，由于迅速蒸发，液滴膨胀甚至胀裂，因此并流操作时所获得的产品常为非球形的多孔颗粒。

②逆流式接触：在逆流系统，在塔顶喷出的雾滴与塔底上来的较湿空气接触，因此干燥推动力较小，水分蒸发速度比并流式慢。在塔底，最热的干燥空气与最干的物料接触。因此，此方法适合于能耐受高温、含水量低、较高松密度的非热敏性物料的处理。

③混流式接触：在混流式系统中，干燥室底的喷雾嘴向上喷雾，热空气从室顶进入，于是雾滴先向上行，然后随空气向下流动，因此混流系统实际上是并流与逆流的混合，其性能也二者兼有。

(3) 雾滴干燥　雾滴干燥包括恒速干燥和降速干燥两个阶段。雾滴与干燥空气接触时，热量即由空气经过雾滴表面的饱和蒸汽膜传递给雾滴，于是雾滴中的水分蒸发。只要雾滴内部的水分扩散到雾滴表面的量足以补充表面的水分损失，蒸发就以恒速进行，这时雾滴表面温度相当于热空气的湿球温度，这就是恒速干燥阶段。当雾滴内部水分向表面扩散不足以保持表面的润湿状态，雾滴表面逐渐形成干壳，干壳随时间增厚，水分从液滴内部通过干壳向外扩散的速率也会随之降低，这一阶段就是降速干燥阶段。由此可见，干燥过程是传热和传质同时进行的过程。

(4) 干燥产品与空气分离　由干燥塔底部和旋风分离器排出，废气经滤袋过滤器收集细粉后由风机排出。

干燥的粉末或颗粒成品落到干燥室的锥体四壁并滑落到锥底，通过星形阀之类的排灰阀排出，收集瓶回收，少量的细粉则随空气进入旋风分离器进一步分离。然后将这两处成品输送到别处，混合后根据生产需要制成粉体、颗粒、空心球、团粒或直接包装。

4. 喷雾干燥的应用

（1）生物制品干燥　对于干燥生物制品而言，喷雾干燥的主要优点不仅可以保证"温和"的干燥条件，而且使干燥过程在无菌条件下进行，得到的产品不容易被外来微生物污染。主要用来生产各种抗生素、维生素、酶、无菌人血清、糊精、肝素以及其他医用制剂的干燥。

（2）食品干燥　对于干燥食品而言，可以在干燥的同时，通过一定的温度去除毒性，以大豆为例，其浓缩过程需要一定的温度，以去除一种称作胰蛋白酶抑制剂的物质（这种物质会阻碍消化和分解蛋白质）。

喷雾干燥法通常被用于去除原料中水分。除此之外，它还有着其他多种用途，例如：改变物质的大小、外形或密度，它能在生产过程中协助添加其他成分，有助于生产质量标准最严格的产品。

（三）冷冻干燥

冷冻干燥技术简介

1. 冷冻干燥原理

冷冻干燥是利用升华的原理进行干燥的一种技术，它是将含有大量水分的物质在低温下快速冻结到三相点温度以下，然后在适当的真空环境下，使冻结的固态水分子直接升华成为水蒸气逸出并从物品中排除，从而使物品干燥的过程。冷冻干燥得到的产物称为冻干物，该过程称为冻干。

在升华时冻结产品内的冰或其他溶剂要吸收热量，引起产品本身温度的下降而减慢升华速度，为了增加升华速度，缩短干燥时间，必须要对产品进行适当加热。整个干燥是在较低的温度下进行的。

2. 冷冻干燥的特点

（1）冷冻干燥在低温和真空下进行，可避免干燥过程热和氧化的损害，因此对于许多热敏性物质和易被氧化的物质特别适用，如蛋白质、微生物之类不会发生变性或失去生物活力。

（2）在冷冻干燥过程中，物质中的一些挥发性成分损失很小，微生物的生长和酶的作用无法进行，因此，能在很大程度上防止干燥物质的理化和生物学方面的变性，且其形状、营养成分等保留较好，干燥质量可与原生态新鲜物料的质量相媲美。

（3）由于冻结状态下，冰晶是均匀分布于物质中的，因而，升华过程不会因脱水而发生浓缩现象，避免了由水蒸气产生的泡沫、氧化等副作用。

（4）干燥后的物质疏松多孔，呈海绵状，加水后溶解迅速而完全，几乎立即恢复原来的性状。

（5）干燥能排除95%~99%的水分，使干燥后产品能长期保存而不会变质。例如瘦肉、禽类、果汁的冷冻干燥制品贮藏期为8~24个月。

（6）冷冻干燥设备投资和运转费用都比较昂贵，特别适宜用于高值产品。

3. 冷冻设备

产品的冷冻干燥需要在一定装置中进行，这个装置称为真空冷冻干燥机或冷冻干燥装置，简称冻干机。它按系统分，由制冷系统、真空系统、加热系统和电器仪表控制系统四个主要部分组成。按结构分，由冻干箱（或称干燥箱）、冷凝器（或称水汽凝结器）、制冷压缩机（或称冷冻机）、真空泵和阀门、电气控制元件等组成。图5-12是冻干机组成示意图。

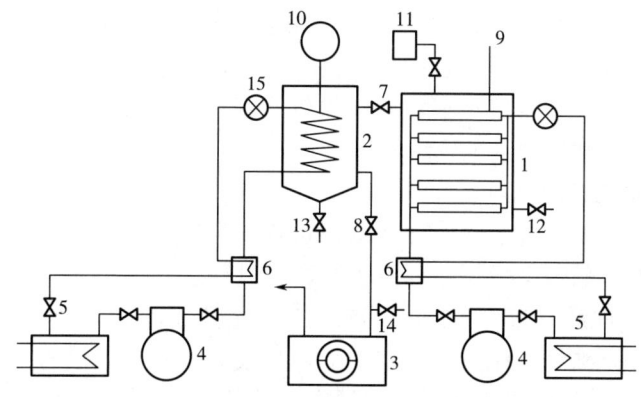

图5-12　冻干机组成示意图

1—冻干箱　2—冷凝器　3—真空泵　4—制冷压缩机　5—水冷却器　6—热交换器　7—冻干箱冷凝器阀门　8—冷凝器真空泵阀门　9—板温指示　10—冷凝温度指示　11—真空计　12—冻干箱放气阀门　13—冷凝器放气口　14—真空泵放气口　15—膨胀阀

（1）冻干箱　冻干箱为高低温箱，是一个集抽真空与加热干燥功能为一体的密闭容器，它是冻干机的主要部分，物料的升华干燥过程在冻干箱内完成，其温度控制一般为-55~80℃，冷却速率一般要求为0.1~1.5℃/min，加热速率为0.1~1.2℃/min；需要冻干的产品就放在箱内分层的金属板层上，通过降温，对产品进行冷冻，然后在真空下加温，使产品内的水分升华而获得干燥制品。

（2）冷凝器　冷凝器是凝结升华水蒸气的密闭装置，它也是一个真空密闭容器，在它的内部有一个较大表面积的金属吸附面，从冻干箱物料中升华出来的水蒸气可凝结吸附在其金属表面上，吸附面的温度能降到-70~-40℃，并且能维持这个低温范围。冷凝器的功用是把冻干箱内产品升华出来的水蒸气冻结吸附在其金属表面上。

冻干箱、冷凝器、真空管道、阀门、真空泵等构成冻干机的真空系统。真空系统要求没有漏气现象，真空泵是真空系统建立真空的重要部件，真空系统对于产品的迅速升华干燥是必不可少的。

（3）制冷系统　由制冷机与冻干箱、冷凝器内部的管道等组成。制冷机可以是互相独立的两套或以上，也可以合用一套。制冷机的功用是对冻干箱和冷凝器进行制冷，以产生和维持它们工作时所需要的低温。其制冷过程为：液体制冷剂在蒸发器中吸收被冷却物质的热量后，汽化成低压低温的蒸汽，被压缩机吸入，压缩成高温高压的蒸汽后排入冷凝器，在冷凝器中向冷却介质（水或空气）放热，冷凝为高压液体，经节流装置节流为低压低温的液体，再次进入蒸发器吸热汽化。

（4）加热系统　加热系统的作用是对冻干箱内的产品进行加热，以使产品内的水分不断升华，并达到规定的残余含水量要求。对于不同的冻干机有不同的加热方式，有的是利用直接电加热法；有的则利用中间介质来进行加热，由一台泵（或加一台备用泵）使中间介质不断循环。

（5）控制系统　控制系统的功用是对冻干机进行手动或自动控制，操纵机器正常运转，以使冻干机生产出合乎要求的产品。控制系统由各种控制开关、指示调节仪表及一些自动装置等组成，它可以较为简单，也可以很复杂。一般自动化程度较高的冻干机则控制系统较为复杂。

4. 冷冻干燥工艺流程

冷冻干燥工艺流程包括预冻（冻结）过程、升华干燥（第一阶段干燥）过程、解吸干燥（第二阶段干燥）过程。

冷冻干燥实验操作

（1）预冻（冻结）过程　预冻是冻干工艺过程的第一步，它使待处理样品完全冻结。在这个过程中，样品成为冰晶和分散的溶质。预冻温度必须低于制品的共晶点温度，根据预冻的方法不同而略有差异，一般来说，搁板温度应低于制品共晶点5~10℃。具体过程如下所示。

①在预冻之前，选择关键的工艺参数

a. 预冻的速率。快速冷冻（每分钟降温10~50℃），会形成小冰晶，晶格间的空隙也小，在升华时水蒸气就不容易排除，也就不利于升华；反之，慢冻（每分钟降温1℃）形成的冰晶大，晶格间隙比较大，这样就有利于水蒸气的排除，也有利于升华速率的提高，但冻干后样品的复原性较差，溶解速度也较慢。为了兼顾冻干效率与产品质量，常将干燥箱搁板降温至-40℃左右，再将制品放入，这种降温速率介于速冻与慢冻之间。

b. 预冻的最低温度。最低温度应适当低于制品的共熔点10~15℃即可（一般生物制品的预冻温度控制在-35~-30℃即可）。

c. 预冻时间。通常情况下2~3h就可以完成预冻过程。如果冻干设备性能较差，应该待制品温度达到设定温度要求后适当延长1~2h，使箱内所有制品都均匀达到所需温度，冷冻结实后再抽真空进入干燥程序。

②前处理

a. 在冻干之前，把需要冻干的产品分装在合适的容器内，一般是玻璃模子瓶、玻璃管子瓶或安瓿，装量要均匀；为了提高干燥效率，应尽可能提高制品升华的表面积，以加快冻干的速度，因此，蒸发表面尽量大而厚度尽量薄一些，生物制品尤其是药品在容器中成型，一般制品分装厚度不宜超过15mm，并应有恰当的表面积和厚度之比，表面积要大且厚度应薄；需要冻干产品的溶质浓度应控制在4%~25%，以10%~15%最佳，以保证干燥后有一定的形状。

b. 将装有样品的容器放入与冻干箱板层尺寸相适应的金属盘内。对于瓶装一般采用脱底盘，有利于热量的有效传递。

③样品装箱之前，先将冻干箱进行空箱降温，然后将产品放入冻干箱内进行预冻；或者将产品放入冻干箱内板层上同时进行预冻；冻结温度应控制恰当。首先要保证样品冻结结实，但冻结温度过低不仅会造成能源浪费，有时出现制品温度虽然达到溶液的共晶点，但溶质仍不结晶，即出现过冷现象，为了避免这种现象的发生，制品冻结的温度应低于共熔点以下的一个范围，并保持一定的时间，使其完全冻结。

④抽真空之前要根据冷凝器制冷剂的降温速度提前使冷凝器工作，抽真空时冷凝器至少应达到-40℃。

⑤待真空度达到一定数值后（通常应达到13~26Pa的真空度），或者冻干工艺所要求的真空度后继续抽真空1~2h以上，则制品完全冻结。

(2) 升华干燥（第一阶段干燥）过程　升华干燥又称一级干燥或一次干燥。这个过程是将物料中的冰全部汽化移走。升华的两个基本条件：一是保证冰不融化；二是冰周围的水蒸气必须低于物料冻结点的饱和蒸汽压。

在升华干燥阶段必须时刻为制品提供恰当的热量。如果升华过程中不供给热量，制品便降低内能来补偿升华热，直至其温度与冻结器温度平衡，升华停止。因此，待制品完全冻结，即可对箱内产品进行加热。加温应不使产品的温度超过共熔点或称为共晶点的温度，以实现升华干燥，干燥从外表面开始逐步向内推移，冰晶升华后残留下的空隙变成后续升华水蒸气的逸出通道。已干燥层和冻结部分的分界面（实际上是一薄层）称为升华界面。在生物制品干燥中，升华界面约以1mm/h的速度向内推进。当全部冰晶去除时，升华干燥就完成了，此时可除去90%左右的水分。制品中冰的升华是在升华界面处进行的。升华时所需要的热量是由加热设备（通过搁板）提供，从搁板传来的热量由以下几种途径传至产品的升华界面：传导、辐射、对流。

(3) 解吸干燥（第二阶段干燥）过程　把残余的未冻结水分（以结合水和玻璃态形式存在）除去，最终得到干燥物料。

一旦产品内的冰升华完毕，产品的干燥便进入了第二阶段，即解吸干燥阶段，也称为二次干燥阶段。在该阶段虽然产品内不存在冻结冰（游离态），但产品内还存在10%左右的水分，是结合态的水，包括化学结合水与物理结合水，如化合物的结晶水、蛋白质通过氢键结合的水以及固体表面或毛细管中的吸附水等，主要由范德华力、氢键等弱分子键吸附在物料上。由于残留水分受到溶质分子多种作用力的束缚,其饱和蒸汽压力被不同程度地降低,使其干燥速率明显下降,需要更多能量;另一方面,残留水分对冻干的生物产品的质量影响很大,残留水分过多,生物产品容易失活,稳定性差。因此,为控制冻干物料中残留水分,二次干燥时可以使干燥的温度迅速上升到该产品的最高允许温度,并将该温度一直维持到冻干结束为止。同时,为了使解吸出来的水蒸气有足够的推动力逸出产品,必须使产品内外形成较大的蒸汽压差,因此,这一阶段箱体内要保持高真空。一般这一过程需 4~6h。第二阶段干燥后,产品残余水分的含量一般可以控制在 0.5%~4%,通常冻干药品的水分含量低于或接近于 2%较好,原则上最高不应超过 3%。自动化较高的冻干机可采取压力升高试验对残留水分进行控制。

冻干过程结束点的判断如下所示。

①产品温度已达到最高许可温度,并在这个温度保持 2h 以上。

②关闭冻干箱和冷凝器之间的阀门,注意观察冻干箱的压力升高情况(这时关闭的时间应长些,30~60s),如果冻干箱内的压力没有明显升高,则说明干燥已基本完成,可以结束冻干。如果压力有明显升高,则说明还有水分逸出,要延长时间继续进行干燥,直到关闭冻干箱冷凝器之间的阀门后无明显上升为止。

整个升华干燥的时间为 12~24h,有的甚至更长,与产品在每瓶内的装量、总装量、玻璃容器的形状、规格、产品的种类、冻干曲线及机器的性能等有关。

冻干结束后,要充入干燥无菌的空气进入干燥箱,然后尽快进行加塞封口,以防重新吸收空气中的水分。

5. 加快冻干产品升华速率的措施

(1) 提高冻干箱内产品的温度 提高冻干箱内产品的温度能增加冻干箱内的水蒸气压力,加速水蒸气流向冷凝器,加快质的传递,增加干燥速率。但是提高产品的温度是有一定限度的,不能使产品温度超过共熔点的温度。

(2) 降低冷凝器的温度 同时也降低了冷凝器内水蒸气的压力,也能加速水蒸气从冻干箱流向冷凝器的速率。同样能加快质的传递,提高干燥速率,但是更多地降低冷凝器的温度需增加投资和运行费用。

(3) 减少水蒸气的流动阻力 减少水蒸气的流动阻力也能加快质的传递,提高干燥速率。降低水蒸气流动阻力的办法有如下几条。

①减小产品的分装厚度和增加冻结产品的升华面积。

②合理设计瓶、塞,减少瓶口阻力。

③合理设计冻干机,减少机器的管道阻力。

④选择合适的浓度和保护剂,使干燥产品的结构呈疏松多孔,减少干燥层的阻力。

⑤试验最优的预冻方法,造成有利于升华的冰晶结构等,这些方法均能促进质的传递。

6. 冷冻干燥的应用

（1）在生物制药方面的应用　药品冷冻干燥的目的是药品不变质、易长期储存，容易实现药剂定量准确，容易复水再生，容易进行无菌化操作，可大批量无菌化生产，能保持疫苗等活菌活毒的活性，能实现角膜等组织的复活再植。因此，冷冻干燥在热稳定性差的生物制品、生化类制品、血液制品、基因工程类制品等药物冻干上有着重要的应用。

（2）在中药方面的应用　据有关统计，鲜品中药药效是干品中药的数倍至数十倍。同时，中药饮片还易受运输、仓储、保存等因素的影响，不仅降低了中药的临床疗效，而且也使以饮片为原材料的中成药的质量受到制约。对中药鲜品进行冷冻干燥，可以更大程度上保证了中药的有效成分及其活性，冷冻的中药几乎可以和鲜品中药药效媲美。

（3）在食品工业上的应用　由于冻干食品能保持色、香、味和营养成分，并能迅速复水，因此，它的价格是普通干燥食品价格的5~10倍，且有巨大的市场需求。冻干技术广泛应用于果蔬加工、水产品加工、食用菌加工、方便食品、营养食品、保健食品和航天、航海、军队、登山、探险等野外作业所用食品以及咖啡、茶和各种香料、调味料的生产中。真空冻干农产品市场缺口很大。

（4）其他方面的应用　冷冻干燥在生物材料的制备，如生物工程材料的制备、生物大分子功能材料的制备，新材料的制备如光导纤维、超导材料、微波介质材料、磁粉、催化剂等超微细粉末功能材料等。

（四）其他干燥技术

1. 气流干燥

气流干燥器是连续常压干燥器的一种。这种干燥设备将细粉或颗粒状的湿物料用空气、烟道气或惰性气体将其分散于悬浮气流中，载热体以对流方式与湿物料颗粒（或液滴）直接接触，向湿物料进行对流传热，故气流干燥又称直接加热干燥。

电热恒温鼓风干燥箱的使用

由于气体相对于物料颗粒的高速流动，以及气-固相间接触面积很大，体积传热系数相当大，比常用的转筒式干燥器大20~30倍。气流干燥适合于处理粒径小、干燥过程主要由表面汽化控制的物料，不适合黏性大的物料干燥。对于粒径在0.5~0.7mm的物料，不论初始含水量如何，一般都能将含水量降为0.3%~0.5%。但由于物料在气流干燥器内的停留时间很短（一般只有几秒），不易得到含水量更低的干燥产品。如果有必要，则需有后续其他低气速运行的干燥器。

气流干燥在我国是一种应用最广泛、最久远的干燥方法，常与通风、加热结合起来。随着不同新型气流干燥器的开发成功，气流干燥在干燥领域方兴未艾。该法成本较低、处理量大，但时间稍长、容易污染。阿司匹林、四环素、扑热息痛、胃酶、胃黏膜素等常用气流干燥的方法进行干燥。

2. 微波干燥

微波是一种高频电磁波,频率为 $300\sim3\times10^5$ MHz,其波长为1mm至1m。微波具备电场所特有的振荡周期短、穿透能力强、与物质相互作用可产生特定效应等特点。

微波干燥实质上是一种微波介质加热干燥,是一种内部加热的方法。湿物料处于振荡周期极短的微波高频电场内,其内部的水分子会发生极化并沿着微波电场的方向整齐排列,而后迅速随高频交变电场方向的交互变化而转动,并产生剧烈的碰撞和摩擦(每秒钟可达上亿次),结果一部分微波能转化为分子运动能,并以热量的形式表现出来,使水的温度升高而离开物料,从而使物料得到干燥。因此,微波干燥是利用电磁波作为加热源、被干燥物料本身为发热体的一种干燥方式。

微波干燥不同于传统干燥方式,其热传导方向与水分扩散方向相同。与传统干燥方式相比,具有干燥速率大、节能、生产效率高、干燥均匀、清洁生产、易实现自动化控制和提高产品质量等优点,因而在干燥的各个领域越来越受到重视。

3. 红外干燥

红外辐射习惯上称为红外线或红外,也有称为热辐射。其原理为构成物质的基本质点:电子、原子或分子,都在不停地运动着——振动或转动,物质的基本质点不仅发生转动能级的跃迁,也扩大了以平衡位置为中心的各种运动幅度,质点的内部能量加大。当物质(同种双原子分子构成的物质除外)遇到具有某个振动数的红外线辐照时,如果红外线的振动数与基本质点的固有频率相等,则会发生与振动学中共振运动相似的情况。物料内部发生分子之间的碰撞,产生自热效应,部分分子挣脱了原来物质对其的束缚,水分或有机溶剂脱离原来的物质,从而快速有效地加热并干燥物质。

■ 岗位链接

烘干室的管理操作规程

文件编号			颁发部门	
SOP-PA-009-01		烘干室的管理操作规程		
总页数			执行日期	
编制者		审核者		批准者
编制日期		审核日期		批准日期

1. 目的

明确烘干室的管理操作规程

2. 范围

烘干室

3. 责任

粉碎工序人员

4. 内容

（1）烘干室是用来烘干粉碎工序使用的药粉盛放袋的区域，不得用作他用。

（2）使用前，检查设备的标识状态，检查烘箱的各部件是否完好。

（3）确认总电源已处于开启状态，开启控制板上电源开关，确认仪表正常。确认开关至"开"位，"气电"开关至"电"位。

（4）按工艺要求设定干燥温度 ①拨"测量-设定"开关至设定位；②调节设定钮，使仪表显示温度值达到所需要的数值；③将"测量-设定"开关拨至测量位。

（5）开启风机扭动绿钮，启动风机，确认风机运转正常。确认排风口、百叶窗处于合适的位置，关闭箱门。

（6）开启蒸汽总阀，同时打开旁通阀门，待冷却水排出后有蒸汽排出，开始加热，加热至设定温度，关闭旁通阀门，打开保温蒸汽开关至干燥完成。

（7）关闭铃开关至"关"位。

（8）先关闭保温蒸汽开关，再关闭蒸汽总阀门，再关闭风机开关，最后关闭总电源。

（9）烘干室每天进行卫生清洁，保持室内洁净。

（10）按清场管理规程进行清场，填写清场记录，上报质检员，检查合格后，设备挂"已清洁"牌，发放清场合格证。

5. 培训

（1）培训对象 粉碎工序烘干室操作人员。

（2）培训时间 2h。

知识拓展

干燥造粒技术

药物干燥造粒的目的在于提高产品的稳定性，使药物具有一定的规格，便于进一步加工。如将粉状药物经湿法制粒和干燥，制成各种颗粒，便于配料、混合、定量包装和服用等。医药制剂一般有粉剂、颗粒剂、丸剂、片剂等，这些制剂一般应用挤压、滴制、转盘、流化床、喷雾等方法制得。有些干燥和造粒可在同一设备内同时进行，如喷雾干燥造粒、流化床干燥造粒等设备；有些干燥和造粒需分别进行，如挤压造粒、压缩造粒、滚动造粒等设备只能进行造粒过程。

干燥造粒技术是药品生产中传统的单元操作之一。干燥造粒的物料主要有粉粒物料、膏状物料、悬浮液、溶液及熔融液等，其造粒过程主要依据固桥连接、液桥连接、颗粒间吸引力、机械连锁力、胶黏剂作用、熔融液冷却固化等机理来完成。

在药品生产中，干燥造粒的方法很多。滚动造粒法是将粉体、胶黏剂等物料加入旋转的设备内，利用滚动运动，使粉体凝聚，形成球形颗粒，此法主要用于丸剂的生产。挤压造粒法首先将粉体与润湿剂或胶黏剂混合均匀制成软材，然后利用机械挤压装置，将制备好的软材从膜孔中排出，形成团粒，再将湿颗粒干燥，最后经过整粒而制得产品，此法一般用于颗粒剂的生产。流化喷雾制粒法，又称"一步制粒法"，它可以将混合、制粒、干燥等过程在一个设备内同时完成；操作时首先使制粒原料的粉末在流化室内处于流化状态，然后将胶黏剂溶液喷成小雾滴，粉末被润湿而聚结成颗粒，最后经干燥制得产品，此法制成的颗粒粒径分布较窄、外形圆整、流动性好，压出的片剂质量较好。

随着人们对干燥造粒技术的深入研究，许多新型干燥造粒技术和设备应用于药品生产中，如冷冻喷雾干燥造粒技术、超临界干燥技术等。

技能提升

技能提升十　蛋白质的冷冻干燥制备实例

[目的要求]

1. 学习冷冻干燥的原理。
2. 掌握蛋白质的冷冻干燥操作。

[实验原理]

冷冻干燥是利用升华的原理进行干燥的一种技术，它是将含有大量水分的物质在低温下快速冻结到三相点温度以下，然后在适当的真空环境下，使冻结的固态水分子直接升华成为水蒸气逸出，从而从物品中排除，使物品干燥的过程。冷冻干燥得到的产物称为冻干物，该过程称为冻干。

在升华时冻结产品内的冰或其他溶剂要吸收热量，引起产品本身温度的下降而减慢升华速度，为了增加升华速度，缩短干燥时间，必须要对产品进行适当加热。整个干燥是在较低的温度下进行的。

冷冻干燥在医药工业、食品工业、生物材料的制备和其他领域得到广泛应用。

[实验用品]

1. 样品

大豆蛋白质溶液。

2. 实验设备

速冻设备（-38℃以下）、真空冷冻干燥机、冷冻浓缩机、天平等。

[实验过程]

实验过程见表5-2。

表 5-2　　实验过程

步骤	实际操作及现象
①前处理：采用冷冻浓缩的方法将蛋白质溶液进行浓缩，并把样品分装在玻璃模子瓶、玻璃管子瓶或安瓿中，装量要均匀，蒸发表面尽量大而厚度要尽量薄些，产品厚度不要超过10mm。	
②速冻：将装好的蛋白质溶液速冻，温度在-35℃左右，时间约2.0h。冻结结束温度约在-30℃，使物料的中心温度在共晶点以下（溶质和水都冻结的状态称为共晶体，冻结温度称为共晶点）。	
③升华干燥：首先，将冷凝器预冷至-35℃，开动真空机组进行抽真空，当真空度达到30~60Pa时，进行加热，这时冻结好的物料开始升华干燥，但加热不能太快或过量，否则温度过高，超过共熔点，冰晶融化，会影响质量，所以，料温应控制在-20~25℃，时间为3~5h。	
④解吸干燥：升华干燥后，样品中仍含有少部分的结合水，较牢固。所以必须提高温度，才能达到产品所要求的水分含量。将料温由-20℃升高到45℃左右，当料温与板层温度趋于一致时，干燥过程即可结束（真空干燥时间为8~9h，此时含水量减至3%左右，停止加热，解除抽真空，出仓）。	
⑤后处理：当仓内真空度恢复，接近大气压时打开仓门，开始出仓，将已干燥的样品立即进行检查、称重、包装等。	
⑥以温度为纵坐标，时间为横坐标作出冻干曲线（把产品和板层的温度、冷凝器温度和真空度对照时间画成的曲线称为冻干曲线）。	
⑦产品评价 a. 感官指标：外观形状饱满（不塌陷）；断面呈多孔海绵样疏松状；保持了原有的色泽；具有浓郁的芳香味；复水较快，复水后芳香气味更浓。 b. 卫生指标：应符合国家标准。	

[注意事项]

1. 在预冻之前，应先选择好关键的工艺参数。

2. 前处理中，样品装量要均匀，蒸发表面尽量大而厚度要尽量薄些，产品厚度不超过10mm。

3. 升华干燥阶段，加热不能太快或过量，不能超过共熔点，料温应控制在-20~25℃。

4. 解吸干燥阶段，料温应控制在产品能承受的最高温度。

5. 当仓内真空度恢复至接近大气压时打开仓门，开始出仓。

[结论]

[思考题]

1. 冻干大豆蛋白质溶液时，为什么要进行预冻？

2. 解吸干燥大豆蛋白质样品时，应怎样控制温度？

科学引领

打造世界一流"细胞培养基"王国的罗顺

在疫苗、抗体、重组蛋白、细胞治疗及基因治疗等产品的研发和工业化生产过程中,大规模、高密度动物细胞培养技术是当今国际生物医药产业发展的基石,而其中细胞培养基是生物制药产业必不可少的核心原材料。细胞培养基配制技术是生物制药的关键原材料和核心技术,一直以来受制于美国三家大公司,国内的细胞培养基市场也几乎被国外企业所垄断,各大药企使用的细胞培养基大多来自进口,国内能与进口大品牌相竞争的细胞培养基生产商寥寥无几,制约了我国生物制药产业的发展。

2011年,中国细胞培养基行业处于起步阶段,罗顺为改变细胞培养基被国外公司垄断的局面,创办了甘肃健顺生物科技有限公司,致力于为生物制药行业和人、兽用疫苗企业提供高质高效的细胞培养基产品。罗顺不仅将全球一流的细胞培养技术带回国内,还引进了十多位在欧美生物药企研发、生产等方面具有丰富经验的高层次专家,建立了公司强有力的科研和管理团队,打造了中国"无血清细胞培养基"产业技术人才的"黄埔军校",打破了国外三大细胞培养基供应商市场垄断地位,与国内外近百家生物药企和科研院所建立了长期稳定合作关系,对提高中国生物制药和疫苗企业市场综合竞争力起到积极的作用。

项目总结

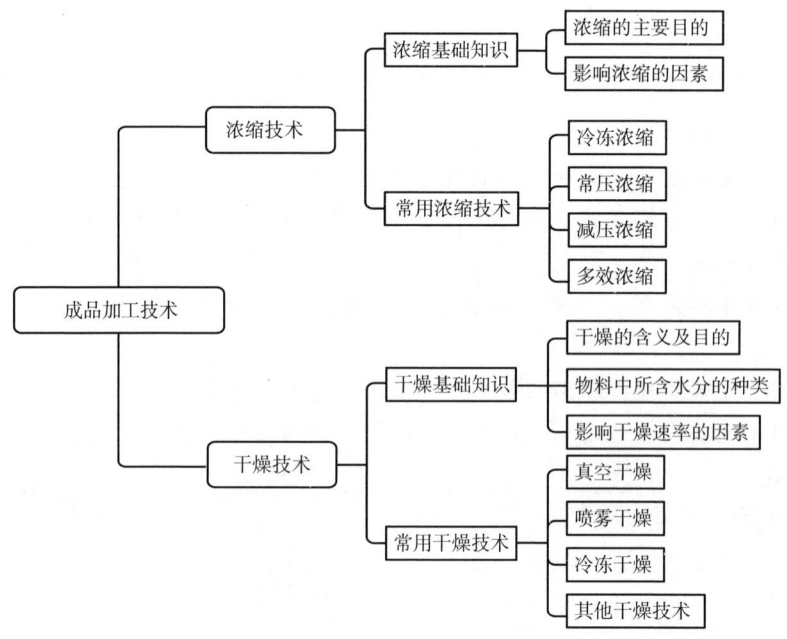

岗课赛证融通

一、名词解释题

1. 冷冻浓缩 2. 减压浓缩 3. 多效浓缩

二、单项选择题

1. 下列不属于薄膜蒸发器的是（　　）。
   A. 刮板式薄膜蒸发器　　　　B. 升降膜式蒸发器
   C. 离心式薄膜蒸发器　　　　D. 循环式蒸发器
2. 下列不属于冷冻浓缩分离设备的是（　　）。
   A. 冷却式连续结晶器　　　　B. 水力活塞压榨机
   C. 活塞床洗涤塔　　　　　　D. 过滤式离心机
3. 不需要提供真空条件进行干燥的技术是（　　）。
   A. 冷冻干燥　　B. 真空干燥　　C. 喷雾干燥　　D. 以上三种都是
4. （　　）是利用升华的原理进行干燥的一种技术。
   A. 真空干燥　　　　　　　　B. 喷雾干燥
   C. 冷冻干燥　　　　　　　　D. 微波干燥
5. 喷雾干燥，料液一般被雾化成平均直径为（　　）的雾滴。
   A. $5\sim20\mu m$　　B. $20\sim60\mu m$　　C. $60\sim100\mu m$　　D. $100\sim140\mu m$
6. 干燥介质的湿度越低，干燥速率（　　）。
   A. 越高　　　　B. 越低　　　　C. 没有影响

三、判断题

1. 减压浓缩适用于浓缩受热易变性的物质。（　　）
2. 使用真空旋转蒸发仪进行浓缩时，如气泡过多，应立即打开阀门，降低真空度。（　　）
3. 干燥通常是指从湿物料中除去水分或其他湿分的单元操作。（　　）
4. 在干燥室内，雾滴与空气的接触有并流式、逆流式和混流式三种。（　　）
5. 加热升华时温度越低越好。（　　）
6. 预冻的最低温度应适当低于制品的共熔点 $5\sim10℃$。（　　）
7. 喷雾干燥过程可分为三个阶段：料液雾化、雾滴干燥、干燥产品与空气分离。（　　）

四、填空题

1. 用于溶液冷冻浓缩的系统主要由_____和_____两部分组成。

2. 实验室常用的减压浓缩设备为_____。
3. 根据蒸发器内液体流动方向及成膜原因的不同，膜式蒸发器主要有_____、_____和_____三种类型。

五、简答题

简述减压浓缩的优缺点。

六、比较题

试比较真空干燥技术、冷冻干燥技术和喷雾干燥技术。

岗课赛证融通参考答案

项目一

一、名词解释题

1. 生物物质：生物物质是来源于动物、植物或微生物中天然的或者是利用现代生物技术手段，以生物材料为载体合成的一些氨基酸、多肽等小分子化合物到病毒、微生物菌体制剂等具有复杂结构和成分的一类物质。
2. 生物活性物质：存在于生物机体内，直接参与生物体的新陈代谢，并能与生物各种机能产生生物活化效应的生物物质，称之为生物活性物质。
3. 工艺验证：是指以最终书面文件形式证明某一生产工艺加工制造的制品符合既定标准的一系列活动。
4. 生物分离纯化技术：利用专门的设备和技术手段将生物活性物质从生物原料中分离纯化出来，使其保持活性。

二、填空题

1. 初步分离、高度纯化。
2. 动物器官与组织、植物器官与组织、微生物及其代谢产物、细胞培养产物。
3. 来源、目标产物的含量、杂质的种类、价格、材料的种属。
4. 低温保存、制成干粉或结晶保存、添加保护剂。
5. 物料配料比、物料浓度、操作温度、pH。

三、工艺路线题

生物分离纯化技术的基本过程如下所示：

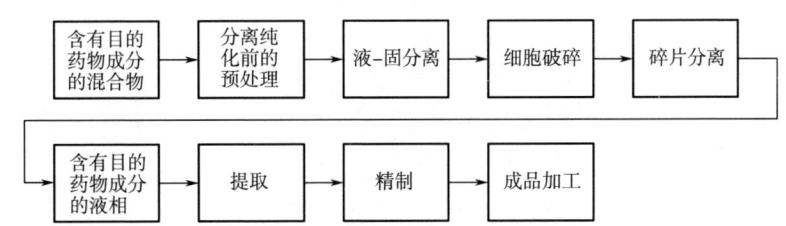

四、简答题

1. ①生物活性物质不稳定，操作不当容易失活。②目标产物浓度低，纯化难度大。③目标产物最终的质量要求很高。④环境复杂，分离纯化困难。⑤生物材料容易变质，保存困难。

2. ①查找与待分离组分相关的基础性研究资料，建立相应的分析鉴定方法。②开展制备物理化性质稳定性的预备试验。③开展材料处理及抽提方法的选择试验。④进行分离纯化方法、程序的摸索及其分离效果的评价。⑤进行产物均一性的测定。⑥进行中试试验和工业生产应用的放大设计，确定最佳的分离方法。

3. ①了解混合物的特性，明确分离纯化要求及分离过程的特性。②分析所选分离方法是否能适应所处理的物料，能否达到所需纯度或分离要求。③分析分离与纯化过程所需的能量，选择低能耗的分离方法。④根据产品的纯度要求，验证所选择的分离与纯化方法。⑤分离与纯化设备的分离效率测评。⑥根据生产规模，评估其经济性。

项目二

一、名词解释题

1.~4. 答案（略）

5. 凝聚：是向胶体悬浮液中加入某种电解质，在电解质中异电离子作用下，胶粒的双电层电位降低，使胶体体系不稳定，胶体粒子间因热运动而相互碰撞产生凝集（1mm左右）的现象。

6. 絮凝：是利用带有许多活性官能团的高分子线状化合物可吸附多个微粒的能力，产生桥架连接作用，将许多微粒聚集在一起，形成较大的松散絮团（10mm）的过程。

二、单项选择题

1. C   2. C   3. A   4. D   5. A   6. C   7. A   8. D   9. D   10. C   11. C   12. D   13. C   14. D   15. C   16. B

三、判断题

1. √   2. ×   3. √   4. ×   5. √   6. ×   7. √   8. ×   9. ×   10. √   11. ×   12. ×

四、填空题

1. 生物活性物质存在方式与特点、后续操作的要求、目标产物稳定性。

2. 离子交换法、沉淀法。

3. 机械法、物理法、化学法、生物法；干燥法、反复冻融法、渗透压冲击法；酶解法、组织自溶法。

4. 过滤、离心分离。

5. 无机盐的种类、浓度、温度、pH。

五、图表归纳题

（1）珠磨法。剪切、撞击作用。适用于绝大多数微生物细胞破碎，特别是对于有大量菌丝体的微生物、质地坚硬的亚细胞器或含有包涵体的工程菌有较好的破碎效果。

（2）超声破碎法、化学渗透法、酶溶法。

六、简答题

1. 错流过滤的优点及其原因：①过滤收率高，由于过滤过程中，洗涤充分、合理，少量多次，故在滤液稀释量不大的情况下，获得高达97%~98%的收率。②滤液质量好，凡体积大于膜孔的固体，包括菌体、培养基、杂蛋白等均不能通过膜进入滤液，大部分杂质被排除掉，给后续分离及最终产品质量均带来好处。③减少处理步骤，鼓式真空过滤器一般需涂助滤剂，板框过滤器则需清洗、拆装费时、费力，而错流过滤只需在18~20h连续操作之后，用清水沿原管流洗4~6h。④对染菌罐易于批处理，也容易进行扩大生产。

2. 影响固-液分离的因素：①微生物种类对固-液分离的影响。②发酵液的黏度。③发酵液的pH、温度和加热时间。

3. 离心分离法的优缺点：速度快、效率高，操作时卫生条件好，占地面积小，能自动化、连续化和程序控制，适合于大规模的分离过程，但是设备投资费用高、耗能也较高。

4. 细胞及蛋白质的预处理方式：①加入凝聚剂。②加入絮凝剂。③变性沉淀。④吸附。⑤等电点沉淀。⑥加各种沉淀剂沉淀。

项目三

一、名词解释题

1. 盐析技术：是利用各种生物分子在浓盐溶液中溶解度的差异，通过向溶液中引入一定数量的中性盐，使目的物或杂蛋白以沉淀析出，达到纯化目的的方法。

2. 等电点沉淀法：利用蛋白质在等电点时溶解度最低的特性，向含有目的药物成分的混合液中加入酸或碱，调整其pH，使蛋白质沉淀析出的方法，称为等电点沉淀法。

二、不定项选择题

1. B 2. A 3. B 4. A 5. D 6. ABCD 7. ABD 8. B 9. A 10. C 11. A 12. D 13. A 14. D 15. A 16. B 17. B 18. A 19. A

三、填空题

1. 混合、分离、回收。

2. 高聚物-高聚物双水相、高聚物-盐双水相。

3. 单级萃取流程、多级错流萃取流程、多级逆流萃取流程。

4. pH、温度、无机盐。

5. 等温法、等压法、吸附法。

6. 溶质种类、溶质浓度、pH、温度。

7. 盐析作用强、溶解度大、生物学惰性、来源丰富经济。

8. 温度、pH、样品浓度、中性盐浓度、金属离子。

9. 结晶、无定形。

10. 晶核形成、浓度差。

11. 温度、过饱和度、搅拌、杂质。

12. 过饱和溶液的形成、晶核的生成、晶体的生长。

13. 饱和溶液冷却法、部分溶剂蒸发法、化学反应结晶法、解析法。

14. 晶体大小、晶体形状、晶体纯度。

四、判断题

1. × 2. × 3. √ 4. × 5. √ 6. √ 7. √ 8. × 9. √ 10. × 11. × 12. √ 13. √

五、简答题

1. 常用的萃取剂大致有以下四类：①中性配合萃取剂，如醇、酮、醚、酯、醛及烃类。②酸性萃取剂，如羧酸、磺酸、酸性磷酸酯等。③整合萃取剂，如羟肟类化合物。④叔胺和季铵盐。

2. 双水相萃取的特点是：①操作条件温和，在常温常压下进行。②平衡时间短、含水量高、表面张力小，两相易分散，特别适合于生物活性物质的分离纯化。③两相的相比随操作条件而变化。④上下两相密度差小，一般在 10g/L，因此两相分离较困难，目前这方面的研究较多。⑤操作简便，易于放大。⑥易于连续操作，处理量大，适合工业应用。

3. 超临界流体的特点有：①使用 SFE 是最干净的提取方法，由于全过程不用有机溶剂，因此萃取物绝无残留的溶剂物质，从而防止了提取过程中对人体有害物的存在和对环境的污染，保证了100%的纯天然性。②萃取和分离合二为一，当饱和了溶解物的CO_2流体进入分离器时，由于压力的下降或温度的变化，使得CO_2与萃取物迅速成为两相（气液分离）而立即分开，不仅萃取的效率高而且能耗较少，提高了生产效率也降低了费用成本。③超临界萃取可以在接近室温（35~40℃）及CO_2气体笼罩下进行提取，有效地防止了热敏性物质的氧化和逸散。④CO_2是一种不活泼的气体，萃取过程中不发生化学反应，且属于不燃性气体，无味、无臭、无毒、安全性非常好。⑤CO_2气体价格便宜，纯度高，容易制取，且在生产中可以重复循环使用，从而有效地降低了成本。⑥压力和温度都可以成为调节萃取过程的参数，通过改变温度和压力达到萃取的目的，压力固定通过改变温度也同样可以将物质分离；反之，将温度固定，通过降低压力使萃取物分离，因此工艺简单容易掌握，而且萃取的速度快。

4. 萃取操作中有机溶剂的选择原则

选择与目标产物极性相近的有机溶剂为萃取剂，可以得到较大分配系数。此外，有机溶剂还应满足以下要求：①价廉易得。②与水相不互溶。③与水相有较大的密度差，并且黏度小、表面张力适中，相分散和相分离较容易。④容易回收和再利用。⑤毒性低、腐蚀性小、闪点低、使用安全。⑥不与目标产物发生反应。

5. 超临界流体萃取的工艺流程

超临界流体萃取的过程是由萃取和分离两个阶段组合而成的。根据分离方法的不同，可以把超临界萃取流程分为：等温法、等压法和吸附法。

（1）等温变压萃取流程 等温条件下，萃取相减压、膨胀、溶质分离，溶剂CO_2经压缩机加压后再回到萃取槽，溶质经分离器分离从底部取出，如此循环，从而得到被分离的萃取物。该过程易于操作，应用较为广泛，但能耗高一些。

（2）等压变温萃取流程 等压条件下，萃取相加热升温，溶质分离，溶剂CO_2经冷却后回到萃取槽，过程只需用循环泵操作即可，压缩功率较少，但需要使用加热蒸汽和冷却水。

（3）吸附萃取流程 萃取相中的溶质由分离槽中的吸附剂吸附，溶剂CO_2再回到萃取槽中，吸附萃取流程适用于萃取除去杂质的情况，萃取器中留下的剩余物则为提纯产品。

以上三种流程中，前两种流程主要用于萃取相中的溶质为需要的精制产品，第三种流程则常用于萃取产物中杂质或有害成分的去除。

6. 中性盐沉淀蛋白质的原理

蛋白质在水溶液中的溶解度是由蛋白质周围亲水基团与水形成水化膜的程度，以及蛋白质分子带有电荷的情况决定的。当用中性盐加入蛋白质溶液，中性盐对水分子的亲和力大于蛋白质，于是蛋白质分子周围的水化膜层减弱乃至消失。同时，中性盐加入蛋白质溶液后，由于离子强度发生改变，蛋白质表面电荷大量被中和，更加导致蛋白质溶解度降低，使蛋白质分子之间聚集而沉淀。

7. 蛋白质在等电点下的溶解度最低，同时在溶液中加入一定比例的有机溶剂，破坏蛋白质表面的水化层和双电子层，降低分子间斥力，加强了蛋白质分子间的疏水相互作用，使得蛋白质分子得以聚集成团沉淀下来。

8. 有机溶剂沉淀的原理主要有两点：①有机溶剂降低水溶液的介电常数，使溶质分子之间的静电引力增加，互相吸引聚集，形成沉淀。②有机溶剂的亲水性比溶质分子的亲水性强，它会抢夺本来与亲水溶质结合的自由水，破坏其表面的水化膜，导致溶质分子之间的相互作用增大而发生聚集，从而沉淀析出。不同溶质沉淀要求不同浓度的有机溶剂，是有机溶剂分级沉淀的理论基础。

9. ①蛋白质浓度。②离子强度和类型。③pH。④温度。

10. 蛋白质和酶均易溶于水，因为其分子中的—COOH、—NH_2 和—OH 都是亲水基团，这些基团与极性水分子相互作用形成水化层，包围于蛋白质分子周围形成 1~100nm 的亲水胶体颗粒，削弱了蛋白质分子之间的作用力，蛋白质分子表面极性基团越多，水化层越厚，蛋白质分子与溶剂分子之间的亲和力越大，因而溶解度也越大。亲水胶体在水中的稳定因素有两个，即电荷和水膜。因为中性盐的亲水性大于蛋白质和酶分子的亲水性，所以加入大量中性盐后，夺走了水分子，破坏水膜，暴露出疏水区域，同时又中和了电荷，破坏了亲水胶体，蛋白质分子即形成沉淀。

11. 原理：①降低了溶质的介电常数，使溶质之间的静电引力增加，从而出现聚集现象，导致沉淀。②由于有机溶剂的水合作用，降低了自由水的量，降低了亲水溶质表面水化层的厚度，降低了亲水性，导致脱水凝聚。

12. 过饱和溶液形成方法：①饱和溶液冷却法。②部分溶剂蒸发法。③化学反应结晶法。④解析法。

13. 影响晶体形成的因素主要有：①溶液浓度。②样品纯度。③溶剂。④pH。⑤温度。⑥搅拌与混合。

项目四

一、名词解释题

1. 反渗透：利用反渗透膜选择性的透过作用，以膜两侧静压差为推动力，克服溶剂的渗透压，使溶剂通过反渗透膜而实现对液体混合物进行分离的膜过程。

2. 膜分离：利用天然或人工合成的、具有选择透过性的薄膜，以外界能量或化学位差为推动力，对双组分或多组分体系进行分离、分级、提纯或富集的过程。

3. 膜的浓差极化：在膜分离过程中，水连同小分子透过膜，而大分子溶质则被膜阻拦并不断积累在膜的表面上，使溶质在膜表面处的浓度高于溶质在主体溶液中的浓度，从而在膜附近边界层内形成浓度差，并促使溶质从膜表面向主体溶液进行反向扩散,这种现象称为浓度极化。

4. 超滤:是借助超滤膜对溶质在分子水平上进行物理筛分的分离技术。

二、单项选择题

1. B   2. B   3. D   4. A   5. C   6. B   7. C   8. C   9. C   10. C   11. B

三、判断题

1. √   2. √   3. ×   4. √   5. √   6. √

四、填空题

1. 阳离子交换树脂、阴离子交换树脂。
2. 分类名称、骨架(或基团)名称、基本名称。
3. 类分离、分级分离。
4. 微滤膜(0.025~14μm)、超滤膜(0.001~0.02μm,即1~20nm)、反渗透膜(0.0001~0.001μm,即0.1~1nm)、纳米过滤膜(平均直径2nm)。
5. 搅拌式超滤器、小棒超滤器、浅道系统超滤装置、中空纤维式超滤器。
6. 对称性膜、不对称性膜、复合膜。

五、简答题(略)

项目五

一、名词解释题

1. 冷冻浓缩:是将溶液中的部分水分以冰的形式析出,然后将生成的冰从液相中分离出来,而液体得到浓缩的脱水操作技术。

2. 减压浓缩:溶液在减压下加热使溶剂气化而浓缩的操作方法,即通常所指的是真空浓缩。

3. 多效浓缩:将二次蒸汽引入另一个蒸发器作为热源进行串联蒸发,称为多效蒸发浓缩。

二、单项选择题

1. D   2. A   3. C   4. C   5. B   6. A

三、判断题

1. √   2. √   3. ×   4. √   5. ×   6. √   7. ×

四、填空题

1. 结晶设备、分离设备。
2. 真空旋转蒸发仪。
3. 升膜式蒸发器、降膜式蒸发器、升-降膜式蒸发器。

五、简答题

减压浓缩的优缺点如下：

（1）优点　①由于溶液沸点降低，在加热蒸汽温度一定的条件下，蒸发器传热的平均温差大，所需的传热面积减小。②由于溶液沸点降低，可以用温度较低的低压蒸汽或废热蒸汽作为加热蒸汽。③由于溶液沸点降低，可防止热敏性物料在高温下分解或变性。④蒸发器的操作温度低，系统的热损失小。

（2）缺点　①溶液温度低，蒸发器的传热系数小。②蒸发器和冷凝器内的压强低于大气压，完成液和冷凝水需用泵排出。③减压浓缩需要保持一定的真空度，因而需要增加设备和动力。

六、比较题

答案：（略）

参考文献

[1] 徐瑞东，曾青兰．生物分离与纯化技术（第一版）[M]．北京：中国轻工业出版社，2021．

[2] 张雪荣．药物分离与纯化技术（第四版）[M]．北京：化学工业出版社．2022．

[3] 陈芬，胡莉娟．生物分离与纯化技术（第三版）[M]．武汉：华中科技大学出版社，2023．

[4] 屈锋，吕雪飞．生物分离分析教程[M]．北京：化学工业出版社．2020．

[5] 张媛．生物制药分离纯化技术[M]．北京：化学工业出版社．2024．

[6] 张爱华，王云庆．生化分离技术（第二版）[M]．北京：中国农业出版社．2020．

[7] 宋航，李华．制药分离工程[M]．北京：科学出版社．2020．

[8] 邱玉华．生物分离与纯化技术（第二版）[M]．北京：化学工业出版社．2022．

[9] 周佳儒，等．天然药物中有效成分的提取、分离技术研究进展[J]．内蒙古民族大学学报，2018，33（1）：14-18．

[10] 李云龙，等．青霉素生产工艺优化及代谢分析提高产量[J]．中国抗生素杂志，2019，44（06）：679-686．

[11] 李雪莲．化工分离技术（第三版）[M]．北京：化学工业出版社．2024．

[12] 罗合春．生物制药工程技术与设备（第二版）[M]．北京：化学工业出版社．2023．

[13] 高向东．生物制药工艺学（第五版）[M]．北京：中国医药科技出版社．2019．

[14] 欧阳平凯，胡永红，姚忠．生物分离原理及技术（第三版）[M]．北京：化学工业出版社．2023．

[15] 谭天伟．生物分离技术[M]．北京：化学工业出版社．2024．

[16] 于文国．生化分离技术（第三版）[M]．北京：化学工业出版社，2021．

[17] 辛秀兰．生物分离与纯化技术（第三版）[M]．北京：科学出版社，2024．

[18] 药厂SOP汇总．2021．

[19] 中国药典委员会．中华人民共和国药典（2020年版）[M]．北京：中国医药科技出版社，2020．

[20] 国家市场监督管理总局．药品生产监督管理办法．2020．

生物分离与纯化技术（第二版）
工作手册

徐瑞东　主编

中国轻工业出版社

目 录

模块一　单元操作实训 ··· 1
 实训一　腈水解酶基因工程菌的细胞破碎 ····························· 1
 实训二　维生素 C 发酵液的预处理 ·· 2
 实训三　差速离心法分离叶绿体和线粒体 ····························· 4
 实训四　用溶剂萃取法提取与精制红霉素 ····························· 6
 实训五　乙醇沉析法提取柑橘皮中的果胶 ····························· 7
 实训六　等电点沉析法分离牛乳中的酪蛋白 ························· 9
 实训七　结晶法提纯胃蛋白酶 ·· 11
 实训八　活性炭吸附分离色素实验 ······································· 13
 实训九　胡萝卜素的柱层析分离 ·· 15
 实训十　超滤法浓缩明胶蛋白水溶液 ···································· 17
 实训十一　凝胶柱层析分离蛋白质 ······································· 20
 实训十二　蛋白质的真空浓缩 ·· 22

模块二　综合操作实训 ··· 25
 实训一　胱氨酸的制备 ·· 25
 实训二　树脂柱纯化法制备谷胱甘肽 ···································· 27
 实训三　细胞色素 c 的制备 ··· 29
 实训四　甘露醇的制备及鉴定 ·· 32
 实训五　锌盐沉析法提取胰岛素 ·· 34
 实训六　DNA 制备 ··· 36
 实训七　卵磷脂的制备及鉴定 ·· 38
 实训八　银耳多糖制备及鉴定和含量测定 ····························· 39
 实训九　溶菌酶的提取分离 ··· 42
 实训十　维生素 B_2 的提取分离 ·· 44
 实训十一　头孢霉素的提取分离 ·· 46

模块一　单元操作实训

实训一　腈水解酶基因工程菌的细胞破碎

一、实训目标

1. 理解超声波破碎的基本原理。
2. 熟悉超声波破碎仪的基本构造。
3. 能熟练使用超声波破碎仪破碎细菌。

二、实训原理

腈水解酶基因工程菌为大肠杆菌,革兰氏阴性菌。革兰氏阴性菌细胞壁肽聚糖层薄而疏松,只有30%的肽聚糖亚单位彼此交联,可用一定功率的超声波将其破碎,释放细胞质。

声频15~25kHz的超声波在液体中会形成许多小气泡,气泡会被压缩直至破裂,释放出猛烈的冲击波,将大量声能转化为机械能,引起强烈的剪切力,从而使细胞破碎。

三、实训用品

（1）材料　冷冻保存的腈水解酶基因工程菌体。
（2）试剂　LB培养基（含100μg/mL氨苄青霉素）、0.01mol/L pH8.0 PBS 等。
（3）器具　高压灭菌锅、超声波细胞破碎仪、恒温振荡器、高速冷冻离心机及离心管、制冰机、电子天平、锥形瓶等。

四、实训过程

实训过程

步骤	实际操作及现象
1. 细胞培养和收集 　　将LB液体培养基25mL置于锥形瓶中,121℃灭菌30min。当温度降到约40℃时,在无菌条件下,加入氨苄青霉素母液至终浓度为100μg/mL,接入活化的腈水解酶基因工程菌,于37℃,250r/min培养至对数生长中期（吸光度 A_{600} = 0.5~0.6）,向培养液中加入异丙基-β-D-硫代半乳糖苷（IPTG）至终浓度1mmol/L,在28℃下诱导20h后于4℃、12000r/min离心5min,收集菌体,并用0.01mol/L pH 8.0 PBS洗涤两次。	

续表

步骤	实际操作及现象
2. 仪器检查、组装 　按照说明书检查超声波细胞粉碎机，连接破碎机和超声探头，接通电源，用75%乙醇擦拭超声探头，将超声探头置入隔音箱固定好。	
3. 细胞破碎 　称取700~800mg湿细胞，悬浮于10mL 0.01mol/L pH8.0 PBS中，置冰浴中，将冰浴条件下的悬浮液放置在隔音箱中，调整支架使超声探头深入液面下至少1cm左右，距离盛放悬浮液容器底部大于1cm。设置参数：超声功率400W，工作4s，间隔4s，时间10min，点击启动超声进行细胞破碎。	
4. 细胞液分离 　将超声后的悬浮液于4℃、12000r/min离心15min，除去未破碎的细胞及细胞碎片，收集上清液得粗酶液。	

五、注意事项

1. 严禁在超声探头未插入液体内（空载）时开机，否则会损坏换能器或超声波发生器。

2. 在超声破碎时，由于超声波在液体中产生空化效应，产生较大的热量，使液体温度升高，为防止活性物质失活，可采用短时间多次破碎，同时外加冰浴冷却。

3. 超声破碎过程中，会产生泡沫，属正常现象，若没有泡沫产生或声音较大，则应调整破碎探头，确保其在液面以下，不要贴近容器壁。

六、实训结论：＿＿＿＿＿＿＿＿＿＿

七、实训探究

1. 影响超声破碎的主要因素有哪些？
2. 为什么要在冰浴中超声破碎细胞？

实训二　维生素 C 发酵液的预处理

一、实训目标

1. 理解"两步发酵法"生产维生素C的基本原理。
2. 熟悉离心机的操作流程。
3. 能熟练使用加热沉淀和絮凝两种方法除去菌体蛋白。

二、实训原理

维生素C为白色粉末，无臭、味酸，易溶于水，略溶于乙醇，不溶于石油醚、乙醚和三氯甲烷等有机溶剂。根据目前生产技术条件，主要采用"两步发酵法"生产维生素C。第一步发酵是以葡萄糖为原料，通过催化加氢制备D-山梨醇，再利用黑醋酸杆菌将D-山梨醇氧化为L-山梨糖。第二步发酵是利用葡萄糖酸杆菌和巨大芽孢杆菌（或蜡状芽孢杆菌等伴生菌）的混合菌系，将L-山梨糖进一步氧化成2-酮基-L-古龙酸（2-KLG），即维生素C的前体。最后再通过精制过程将2-KLG经内酯化、烯醇化等反应转化为维生素C。

在发酵终点，发酵液中仅含8%的2-酮基-L-古龙酸，另外还含有一定量的2-酮基-L-古龙酸钠（调pH至7.0时加入碳酸钠所致）、大量的菌丝体、菌体蛋白和培养基成分等，使2-KLG分离提纯较为困难，因此，将2-KIG从发酵液中分离提取出来，必须先去除菌体蛋白。

本次实训采用加热沉淀和絮凝两种方法分别除去发酵液中的菌体蛋白。

三、实训用品

（1）材料　维生素C发酵液。

（2）试剂　0.1mol/L盐酸、YB系絮凝剂中的主凝剂A（聚丙烯酰胺）和助凝剂B（碱式聚合氧化铝）等。

（3）器具　离心机、移液管、水浴恒温振荡器、分液漏斗等。

四、实训过程

实训过程

步骤	实际操作及现象
1. 絮凝除蛋白 （1）加入絮凝剂　另取维生素C发酵液500mL，于1000mL分液漏斗中，通过计算，加入主凝剂A使其在发酵液中的浓度为500mg/kg，加入一定量的助凝剂B使其在发酵液中的浓度为12.5mg/kg。 （2）调等电点　调溶液pH为6.3~6.6。 （3）静置　室温下搅拌15min，然后静置1h。 （4）收集上清液　放出下层沉淀，沉淀物用清水洗2~3次，合并上清液及洗液为预处理后的维生素C的发酵液。	
2. 加热沉淀除蛋白 （1）调等电点　取一定量的维生素C发酵液，在室温下用0.1mol/L盐酸酸化，调至维生素C菌体蛋白等电点，pH 6.3~6.6。 （2）加热静置　将已产生沉淀的发酵液加热至70℃，保温20min后，冷却至室温，静置1h，使菌体蛋白充分沉淀。 （3）离心　将已沉淀的发酵液离心（3000r/min, 20min）。 （4）收集上清液　沉淀物用清水洗涤，合并上清液及洗液为预处理后的维生素C发酵液。	

五、注意事项

1. 使用 pH 计时，应先用蒸馏水清洗电极，再用被测溶液清洗一次，以防影响测量结果的准确性。

2. 离心机的旋转部件在运行时，不得用手触碰，以免手部受伤。放置的多个容器应确保对角线位置的质量相等，以避免离心不平衡造成离心机异常振动和损坏。

3. 离心结束后，应先停止离心机转动，必须等其停稳后再打开离心机盖，以防止意外伤害，也可避免离心机运转时样品喷溅或离心机内产生压力造成伤害。

六、实训结论：_____

七、实训探究

1. 加热沉淀除蛋白与絮凝除蛋白各有何优缺点？
2. 如何检验维生素 C 发酵液预处理的效果？

实训三　差速离心法分离叶绿体和线粒体

一、实训目标

1. 掌握差速离心分离技术的原理和应用。
2. 能熟练完成差速离心法分离叶绿体和线粒体的操作过程。
3. 掌握低速离心机和高速冷冻离心机的使用和维护。

二、实训原理

细胞内含有不同大小和结构的各种组分，这些组分在同一离心场内因为大小和形状不同，沉降速度也不同。根据这一原理，可以运用差速离心的方法将细胞内不同组分分离出来。本实验先将组织进行研磨，然后将得到的混合物悬浮在等渗溶液中（一般采用 0.35mol/L 氯化钠或 0.4mol/L 蔗糖溶液），先用低速离心分离出组织残渣和未破碎的细胞，再加大离心速度得到细胞核和叶绿体沉淀，最后用高速离心得到线粒体沉淀。

三、实训用品

（1）材料　新鲜菠菜叶片。
（2）试剂　0.35mol/L 氯化钠溶液、詹纳斯绿 B 染液。
（3）器具　纱布、三角漏斗、低速离心机、高速冷冻离心机、电子天平、研钵、光学显微镜、胶头滴管、载玻片和盖玻片。

四、实训过程

实训过程

步骤	实际操作及现象
1. 试剂配制和准备 （1）配制 0.35mol/L 氯化钠溶液。 （2）选取新鲜的菠菜叶片，洗干净后去除表面水分，去除叶梗和粗脉，撕成小块。	
2. 植物细胞破碎 （1）称取 30g 处理过的菠菜叶片和 150mL 0.35mol/L 氯化钠溶液一起置于研钵中，研磨成匀浆。 （2）将匀浆液用 6 层纱布过滤，滤液收集于烧杯中。 （3）取 20mL 滤液，1000r/min，室温离心 2min，弃去沉淀，沉淀为组织残渣和未破碎的细胞。	
3. 分离叶绿体 将上述步骤得到的上清液转移到离心管中，3000r/min、室温离心 5min，收集沉淀即为叶绿体（含有部分细胞核）。上清液收集后置于烧杯中，用于线粒体的分离；取一滴叶绿体悬浮液滴在载玻片上，加盖玻片后即可在显微镜下观察叶绿体形态，并记录。	
4. 分离线粒体 将上述步骤得到的上清液转移到离心管中，4℃、10000r/min 离心 10min，弃上清液，得到的沉淀即为线粒体；取一滴线粒体悬浮液滴在载玻片上，再加入一滴 1% 詹纳斯绿 B 染液，染色时间为 5~10min，染色结束后可在显微镜下观察线粒体形态，并记录。	

五、注意事项

1. 离心前用天平保证离心管的绝对平衡，并对处理样品进行配对。
2. 装载离心管后，拧好转头盖，按下离心机门盖。
3. 离心过程中若发现异常现象，应立即关闭电源，报请有关技术人员检修。

六、实训结论：_____

七、实训探究

1. 差速离心分离技术的原理是什么？
2. 差速离心分离技术有何优缺点？

实训四 用溶剂萃取法提取与精制红霉素

一、实训目标

1. 掌握溶剂萃取法提取微生物药物的原理和方法。
2. 掌握溶剂萃取法提取微生物药物的步骤和操作要求。

二、实训原理

红霉素可在碱性条件下溶于乙酸乙酯有机溶剂中,在酸性条件下溶于水中,在乙酸乙酯相中可成钾盐沉淀析出。

三、实训用品

(1) 材料 2g红霉素软膏。

(2) 试剂 乙酸、乙酸乙酯(BA)、饱和食盐水、异丙醇、乙醇-乙酸钾溶液(配制方法:取醋酸钾10g溶于100mL无水乙醇中,配成饱和溶液,现用现配)。

(3) 器具 量杯、烧杯、布氏漏斗及配套抽滤瓶、培养皿、分液漏斗、铁架及铁圈、玻璃棒、镊子、剪刀、不锈钢扁匙、pH试纸、滤纸及纺绸布、真空烘箱。

四、实训过程

实训过程

步骤	实际操作及现象
1. 试剂配制与准备 取2g红霉素软膏,放入烧杯中,加6mL乙酸丁酯,用乙酸或乙酸丁酯调pH为7.2~8.0,抽滤,得澄清滤液,供下一步萃取用。	
2. 酸化 将澄清滤液放入搪瓷缸中,用乙酸酸化至pH为3.5~6.0,加乙酸丁酯分两次(每次加10~20mL)进行萃取,每次加入后,要在搪瓷缸内上下翻动,使滤液和乙酸丁酯能充分混合接触,然后静置30min使之分层,用100mL烧杯收集上层萃取液。	
3. 萃取 取上述下相液,加入一定体积的饱和食盐水,加入乙酸乙酯分两次萃取,充分混合接触,待静置分层后,将上层萃取液(BA液)倾倒出或吸出,转入另一只烧杯中。	
4. 结晶与干燥 量取乙醇-醋酸钾溶液,缓慢加入上述BA液中,待有沉淀产生时,搅拌后静置30min后过滤,得红霉素晶体,将湿晶体放入烧杯中,加异丙醇30~50mL,搅拌成糨糊状,然后过滤抽提,将湿品平铺培养皿,可置于真空干燥箱中干燥得干品。	

五、注意事项

1. 通过调节溶液的 pH 使红霉素转入有机溶剂相或水相，应注意控制溶液的 pH。

2. 注意萃取时避免乳化现象。

六、实训结论：_____

七、实训探究

1. 常用的萃取溶剂有哪些？

2. 为何选用饱和食盐水？

实训五　乙醇沉析法提取柑橘皮中的果胶

一、实训目标

1. 熟悉乙醇沉析法提取柑橘皮中果胶的基本原理。

2. 掌握有机溶剂沉析法的基本操作技术。

二、实训原理

果胶是植物胶，属于多糖类，存在于高等植物的叶、茎、根的细胞壁内，与细胞彼此黏合在一起，尤其是果实及叶中的含量较多；果胶也是一种亲水的植物胶，能溶于 20 倍水中生成黏稠溶液，不溶于乙醇及一般有机溶剂，在酸性条件下稳定。由于其水溶液在适当的条件下可以形成凝胶，具有良好的胶凝化和乳化作用，因此可用于制造果酱、果冻或胶状食物，也可用于食品添加剂、微生物培养基及保护剂等。

果胶因其酯化度不同，可分为高酯果胶和低酯果胶，采用的原料和提取方法不同可得到不同酯化度的果胶。以柑橘皮为原料生产的为高酯果胶（向日葵果胶酯化度为 30%，是低酯果胶）。柑橘皮中果胶含量很高，一般为 5%~15%，大部分以果胶质形式存在，果胶质不溶于水，但用稀酸可将其水解为可溶性果胶，利用多糖类物质在乙醇中的溶解度不同，加入一定量乙醇使其沉析，就可使果胶从溶液中析出，经分离、干燥即得果胶纯品。

三、实训用品

（1）材料　新鲜柑橘皮 50g。

（2）试剂　磷酸、0.2mol/L 盐酸、焦磷酸钠（磷酸四钠）、80% 乙醇、95% 乙醇、硅藻土粉末。

（3）器具　组织捣碎机、大烧杯（≥500mL）、磁力搅拌器、恒温水浴锅、搪瓷桶、酸度计、不锈钢锅、板框压滤机。

四、实训过程

实训过程

步骤	实际操作及现象
1. 预处理 将柑橘皮在组织捣碎机中捣碎,置于不锈钢锅中,加入 4~5 倍的清水搅拌,加热到 50~60℃浸泡 10min,加热至沸水中浸 5~8min,以达到灭酶的目的。灭酶后的柑橘皮在不断搅动下用流动水冲洗至洗液接近无色为止。	
2. 提取 取处理好的柑橘皮置于搪瓷桶中,加入 15 倍量的自来水,再加入水量 0.5%的焦磷酸钠。在不断搅拌的条件下,用盐酸和 0.5%磷酸的混合酸调节提取液的 pH,温度控制在 75~82℃,调节提取液 pH 至 1.5~2.0 时继续搅拌提取 20min,然后调节 pH 至 2.5,继续再提取 20min。	
3. 分离 将提取液加入 1%的硅藻土作为助滤剂,然后送入板框压滤机。过滤后得无色透明的果胶稀溶液,滤渣弃去。	
4. 浓缩 将过滤收集的滤液置于真空浓缩装置中,于 75℃下浓缩,直至浓缩到果胶浓度为 4%左右。	
5. 沉析 将浓缩液置于搪瓷桶中,并冷却至室温,然后乙醇以喷淋方式加至已浓缩好的果胶溶液中,乙醇含量控制在 40%~50%,不断搅动,这时,果胶凝聚成海绵状析出。	
6. 分离 将果胶-乙醇混合物经 1~2h 静置后,送入板框压滤机过滤,收集滤饼(果胶),然后用 80%乙醇溶液洗涤滤饼 1~2 次,再用 95%的乙醇洗涤 1~2 次,洗完后压干。	
7. 干燥 将以上滤好的果胶置于真空干燥器中,于 55℃左右干燥,即得果胶纯品。	

五、注意事项

1. 温度过高容易引起果胶解聚,降低果胶胶凝能力。温度过低,则会延长萃取时间,造成果胶过分脱脂,一般以 75~82℃为宜。

2. 时间短,提取不完全;时间过长,则会引起果胶降解,难以得到高质量的果胶，提取时间以 40~60min 为宜。

3. pH 高，获得果胶的胶凝能力强，但果胶收率低，当 pH 大于 3.5 时，就很难得到果胶。pH 低，果胶收率提高，但质量下降。在提取过程中，体系的 pH 会发生变化，要经常用试纸检测溶液的 pH，使之保持稳定，以保证提取正常进行。

4. 灭酶后的柑橘皮水洗脱色及进行分离操作时，助滤剂的使用都有一定的脱色作用。脱色处理要彻底，最后的高浓度乙醇洗涤果胶滤饼时要充分，否则影响所得果胶纯品色泽及含量。

六、实训结论：_____

七、实训探究

1. 柑橘皮预处理时为何要加热至沸而灭酶？
2. 如何提高果胶的收率和质量？
3. 提取时加入焦磷酸钠的作用？

实训六　等电点沉析法分离牛乳中的酪蛋白

一、实训目标

1. 学习从牛乳中制备酪蛋白的原理和方法。
2. 掌握等电点沉析分离的基本操作技术。

二、实训原理

蛋白质、酶、氨基酸、核酸等都是两性电解质，当其溶液在某一 pH 时，这些生物大分子所带的正负电荷数目相等而呈电中性，此时溶液的 pH 称为该物质的等电点。生物大分子在其等电点的溶液中，溶解度最低，易发生沉淀，一般疏水性较强的蛋白质可用此法分离。

三、实训用品

(1) 材料　鲜牛乳。

(2) 试剂　醋酸钠、优级纯醋酸、95%乙醇、乙醚、蒸馏水。0.2mol/L pH 4.7 的乙酸-乙酸钠缓冲液，其配制方法如下。

①配 A 液（0.2mol/L 乙酸钠溶液）：称 $NaAc \cdot H_2O$ 5.44g 溶至 200mL。

②配 B 液（0.2mol/L 乙酸溶液）：称优级纯乙酸 2.4g 溶至 200mL。

③取 A 液约 17.7mL，B 液约 12.3mL 混合，用酸度计调 pH 为 4.7，制成乙酸-乙酸钠缓冲液 30mL。

(3) 器具　烧杯（100 mL）、玻璃棒、滴管、量筒、离心机、水浴锅、布氏漏斗、精密 pH 试纸或酸度计、表面皿、电子天平、抽滤瓶。

四、实训过程

实训过程

步骤	实际操作及现象
1. 预处理 将鲜牛乳 30mL 及乙酸-乙酸钠缓冲液 30mL 分别水浴加热 40℃左右,并用 8 层纱布过滤牛乳。	
2. 调 pH 量取加热后的牛乳 20mL,在搅拌下慢慢加入加热后的醋酸-醋酸钠缓冲液 20mL,用酸度计调 pH 至 4.7。	
3. 冷却 将上述混合液冷至室温,离心(3500r/min)15min,弃去上清液,得酪蛋白粗品。	
4. 沉淀 用水洗沉淀 3 次,离心(3500r/min)10min,弃去上清液。	
5. 抽滤 在沉淀中加入 20mL 乙醇,搅拌片刻,将全部的悬浊液转移至布氏漏斗中抽滤,用乙醇-乙醚混合液洗沉淀 2 次,最后用乙醚洗沉淀 2 次,抽干。	
6. 风干 将沉淀摊开在表面皿上,风干得酪蛋白纯品。	
7. 准确称量,计算含量和收率 酪蛋白含量=酪蛋白质量(g)/100mL 牛乳 $$酪蛋白收率 = \frac{测得的酪蛋白含量}{理论酪蛋白含量} \times 100\%$$ 式中理论酪蛋白含量为 3.5 g/100mL 牛乳。	

五、注意事项

1. 乙酸-乙酸钠缓冲液的配制应规范,pH 应用酸度计测试,以准确达到酪蛋白的等电点。

2. 加入乙酸-乙酸钠缓冲液时,动作要缓慢,并慢慢加入,不可操之过急而大量一次性加入。

3. 离心前温度一定要降至室温。

六、实训结论:_____

七、实训探究

1. 为何用乙酸-乙酸钠缓冲液来调酪蛋白的等电点,可否改用酸或碱来代替?

2. 如何提高酪蛋白的收率？

实训七　结晶法提纯胃蛋白酶

一、实训目标

1. 理解结晶法提纯胃蛋白酶的基本原理。
2. 熟悉旋转蒸发仪的操作流程。
3. 能熟练使用可见分光光度计。

二、实训原理

胃蛋白酶广泛存在于哺乳类动物的胃液中，可以从羊、牛、猪等家畜的胃黏膜中提取。胃蛋白酶为大分子生物活性物质，能水解大多数天然蛋白质底物，尤其对芳香族氨基酸构成的肽键最为敏感，产物为胨、肽和氨基酸的混合物。但其活性很容易受到有机溶剂的破坏，易溶于水，水溶液呈酸性，可溶于70%乙醇和pH 4 的20%乙醇中，难溶于乙醚、氯仿等有机溶剂。结晶胃蛋白酶呈针状或板状，pI 为 1.0。干燥的胃蛋白酶粉稳定，100℃加热 10min 不破坏。在水中，胃蛋白酶于70℃以上或 pH6.2 以上开始失活，pH8.0 以上呈不可逆失活，在酸性溶液中较稳定，但在 2mol/L 以上的盐酸中也会慢慢失活，最适 pH1.0~2.0。

所以本实训采用结晶法提纯胃蛋白酶，可以大大提高胃蛋白酶的活性。

三、实训用品

（1）材料　猪胃黏膜。

（2）试剂　6mol/L 盐酸、盐酸试液（取 1mol/L 盐酸溶液 65mL，加水至 1000mL）、6mol/L 硫酸、纯化水、氯仿、5% 三氯乙酸、血红蛋白试液、硫酸镁、无水乙醇、L-酪氨酸标准品、1mol/L 血红蛋白试液等。

（3）器具　烧杯、玻璃棒、试管、水浴锅、旋转蒸发仪、真空干燥箱、分光光度计、研钵、移液管等。

四、实训过程

实训过程

步骤	实际操作及现象
1. 酸解、过滤 将 500mL 加入烧杯，加 6mol/L 盐酸，调 pH1.0~2.0，加热至 50℃，边搅拌边加入 1kg 猪胃黏膜，快速搅拌使酸度均匀，水浴 45~48℃，消化 3~4h。用纱布过滤除去未消化的组织，收集滤液。	

续表

步骤	实际操作及现象
2. 脱脂，去杂质 将滤液降温至30℃以下，用氯仿提取脂肪，水层静置24~48h。待杂质沉淀，分出弃去，得脱脂酶液。	
3. 结晶，干燥 将脱脂酶液加入乙醇中，使用乙醇体积为脱脂酶液体积的20%，加6mol/L硫酸调pH3.0，5℃静置20h后过滤。加硫酸镁至饱和，进行盐析。用pH3.8~4.0的乙醇溶解盐析物，过滤，滤液用硫酸调pH1.8~2.0，即析出针状胃蛋白酶。沉淀再溶于pH4.0的20%乙醇中，过滤，滤液用硫酸调pH1.8，在20℃放置，可得板状或针状结晶。真空干燥，球磨，即得胃蛋白酶粉。	
4. 活性测定 取试管6支，其中3支各加入1mL对照品溶液（准确量取L-酪氨酸，用盐酸试液制成0.5mg/mL溶液），另3支各加入1mL供试品溶液（准确量取胃蛋白酶，用盐酸试液制成0.2mg/mL溶液），摇匀，在37℃水浴中保温5min，加入5mL预热至37℃的1%血红蛋白试液，摇匀，在37℃水浴中反应10min，立即加入5mL 5%三氯乙酸溶液，摇匀，过滤，弃去初滤液，取滤液备用。 另取试管2支，各加入5mL血红蛋白试液，置37℃水浴中保温10min，再加入5mL 5%三氯乙酸溶液，其中1支加1mL盐供试品溶液，另一支加1mL酸溶液，摇匀，过滤，弃去初滤液，取续滤液，加入5mL 1%血红蛋白试液，置37℃水浴中10min，加入5mL 5%三氯乙酸溶液、1mL盐酸试液，作为空白组。 利用分光光度计测其在波长275nm处的吸光度，计算平均值A_s和A： $$每克胃蛋白酶活性 = \frac{A \times W_s \times n}{A_s \times W \times 10 \times 181.19}$$ 式中　A——供试品的平均吸收值； 　　　A_s——对照品的平均吸收值； 　　　W——供试品取样量，g； 　　　W_s——对照品溶液中含酪氨酸的量，μg/mL； 　　　n——供试品稀释倍数； 　　　181.19——酪氨酸的相对分子质量。	

五、注意事项

1. 旋转蒸发仪加热槽通电前必须加水，不允许无水干烧，如真空度太低应检查各接头、真空管及玻璃瓶的气密性。

2. 旋转蒸发仪停止使用时，应先停旋转，手扶蒸馏烧瓶，通气，待真空度降到一定指数再停真空泵，以防蒸馏瓶脱落及倒吸。

3. 分光光度计使用过程中，手指只能捏住比色皿的毛玻璃面，不要碰比色皿的透光面，以免沾污。

4. 分光光度计使用完毕，清洗比色皿时，一般先用水冲洗，再用蒸馏水洗净。不能用毛刷清洗比色皿，以免损伤它的透光面。比色皿外壁的水用擦镜纸或细软的吸水纸吸干，以保护透光面。

六、实训结论：＿＿＿＿＿＿＿＿＿＿＿＿＿＿＿＿＿＿＿＿＿＿＿＿＿＿＿＿

七、实训探究

1. 结晶过程中调节 pH 的目的是什么？
2. 影响胃蛋白酶纯化的因素有哪些？

实训八　活性炭吸附分离色素实验

一、实训目标

1. 了解吸附基本原理。
2. 掌握活性炭和木炭简单的静态及动态吸附的基本操作。

二、实训原理

活性炭具有较大的比表面积，在水溶液中比一般固态物质吸附能力强得多，故可以吸附许多物质的分子及离子。本实验用活性炭、木炭静态和动态吸附溶液中的色素及气体。

三、实训用品

（1）材料　红心萝卜（或胡萝卜）8kg、活性炭粉（或木炭粉）8kg、脱脂棉 1 包。

（2）试剂　石蕊试剂 500mL、浓硝酸 500mL、铜屑 400g、高锰酸钾 400g。

（3）器具　组织捣碎机、大烧杯、小烧杯、U 形管、漏斗、直通管、导管、漏斗架、滤纸、玻璃棒、锥形瓶、胶塞、导管、玻璃管、橡皮圈、小试管等。

四、实训过程

实训过程

步骤	实际操作及现象
1. 活性炭静态吸附石蕊 　将石蕊稀释液放在小烧杯中,加活性炭粉两匙然后搅拌片刻,放入过滤器中过滤,用另一烧杯或试管收集液体,观察滤液颜色。	
2. 活性炭动态吸附胡萝卜色素 　选深红色、质地紧密、色素含量高的红心胡萝卜切碎打浆,过滤得含胡萝卜色素的溶液。然后将直通管中段全部用活性炭装满,两端堵上纱布棉团,上面单孔塞装上漏斗,下面单孔塞加一个短导管作为滤液出口,实验前将这套装置固定于铁架台上,把含有胡萝卜色素的溶液放入漏斗中,观察下面接收器中收集到的溶液颜色。	
3. 木炭吸附高锰酸钾 　U 形管中放入约 1/3 容积的小块木炭,两管口同时加脱脂棉一团,实验时从左管口加入稀高锰酸钾溶液,不久右管上层液面渐渐升高,观察右管上层液面颜色。	
4. 制二氧化氮气体 　取两只带塞锥形瓶,以细线拴牢一只小试管,小试管中有一两片铜屑,滴加浓硝酸后立即吊入锥形瓶中,待瓶中气体的棕红色明显时即将小试管转移到另一锥形瓶中,同时给第一只瓶加塞,第二瓶也待同样浓度后,取出加塞,并立即把小试管连同其中废液一起浸入大水杯中,此废液若量少可弃去,但可以把洗净的铜屑晾干回收。	
5. 活性炭吸附气体 　将两匙处理过的木炭粉或活性炭粉倒入瓶中并立即加塞塞紧摇动锥形瓶,摇瓶时力求炭上部在转动的中轴处,只让炭粉在瓶底部转动,观察到瓶内二氧化氮的颜色变化。	

五、注意事项

1. 所用木炭或活性炭一定要处理过,增强了它的吸附活性,实验前应将木炭或活性炭放在坩埚里烘烤,充分进行解吸。

2. 选用有色液体的颜色不可太浓,否则吸附不净可能会出现滤液带色,得不到无色清液。

3. 榨取的胡萝卜汁在活性炭脱色前,应进行过滤前处理,避免汁液过黏影响活性炭吸附效果。

4. 所用锥形瓶在实验前应当是完全干燥的。

六、实训结论: _____

七、实训探究

1. 实验中操作第 1 步和第 2 步用同样的胡萝卜色素和活性炭，哪步吸附效果显著？

2. 木炭、活性炭哪种吸附剂的吸附效果好？

实训九　胡萝卜素的柱层析分离

一、实训目标

1. 了解柱层析的基本原理。

2. 掌握胡萝卜素分离的操作方法。

二、实训原理

本实验采用氧化铝为固定相的吸附层析。各种物质具有不同的吸附力，几种吸附力不同的物质流经层析柱时，被吸附剂吸附的程度和在溶剂中的溶解度存在差异，因此解吸作用的程度也不相同。由于流动相的洗脱作用，使吸附-解吸过程反复进行，吸附力弱、易溶于洗脱剂的物质首先流动，次弱的物质随后移动，从而使混合的几种物质彼此分开。

胡萝卜素存在于胡萝卜、辣椒等黄绿色植物中，由于在动物体内可将胡萝卜素转变为维生素 A，故又称维生素 A 原。胡萝卜素（属多烯色素类，又可分为 α、β、γ 等几种类型）可用乙醇、石油醚和丙酮等有机溶剂从食物中提取出来，并能被氧化铝所吸附。由于胡萝卜素与其他植物色素的化学结构不同，它们在有机溶剂中的溶解度以及被氧化铝吸附的强度也不相同，故将抽提液进行氧化铝柱层析，再用石油醚等冲洗层析柱，即可将植物提取液中混合的胡萝卜素分离成不同的色带。同植物其他色素相比较，胡萝卜素的极性最小，吸附最差，用石油醚洗脱速度最快，故最先被洗脱下来，使胡萝卜素与其他色素分开。同时也可将胡萝卜素层析带洗脱下来进行比色定量。

三、实训用品

（1）材料　新鲜红辣椒、氧化铝（Al_2O_3，高温烘烤除去水分，提高其吸附力）。

（2）试剂　95%乙醇、无水硫酸钠、石油醚（沸点 60~90℃）、1%丙酮-石油醚（丙酮∶石油醚=1∶1，体积比）、三氯化锑氯仿溶液（称取三氯化锑 22g，加 100mL 氯仿溶解后，贮于棕色瓶中）。

（3）器具　剪刀、研钵、层析柱（1cm×16cm）、100mL 分液漏斗、100mL 量筒、铁架台及蝶形夹、蒸发皿、恒温水浴、天平、烧杯、软木塞、棉花、胶头滴管、滤纸、试管。

四、实训过程

实训过程

步骤	实际操作及现象
1. 提取 称取新鲜去籽红辣椒12g（或去籽干红辣椒2~3g），剪碎后放入研钵中，加入4mL 95%乙醇，研磨，此匀浆液呈深红色，再加入6mL石油醚，继续研磨3~5min，匀浆提取液颜色的深浅与胡萝卜素的含量成正比。将匀浆提取液倒入100mL分液漏斗中，用20mL蒸馏水洗涤匀浆液数次，直至水层透明为止，借此除去提取液中的乙醇。将红色石油醚提取液倒入干燥试管中，加少量无水硫酸钠除去水分，用软木塞塞紧，以免石油醚挥发。	
2. 制备层析柱 取直径为1cm、高度约16cm的玻璃层析柱，在柱的最底部放入少量棉花，将石油醚-氧化铝悬液（石油醚：Al_2O_3 = 1∶1，体积比），边搅边倒入层析柱，使氧化铝均匀沉积于柱内，高度约10cm，在其上部铺一张圆形小滤纸，并将层析柱垂直固定在铁架台上，柱下方加一调控阀，备用。	
3. 层析 打开层析柱下端调控阀，加石油醚让其缓慢流下，当石油醚浸入与氧化铝表面相平时，即用吸管吸取胡萝卜素石油醚提取液1mL，沿管壁加入层析柱上端。待提取液全部进入层析柱时，立即用1%丙酮-石油醚液洗脱液冲洗，此时应控制流量在30滴/min左右，使附在柱上端的物质逐渐展开成为颜色不同的数条色带。仔细观察色带的位置、宽度与颜色的深浅。自下而上的橘黄色带分别为α-胡萝卜素、β-胡萝卜素、γ-胡萝卜素（通常含量分别为15%、85%、0.1%）。	
4. 鉴定 接收此橘黄色液体于蒸发皿内，在80℃水浴上使石油醚、丙酮挥发，滴入三氯化锑氯仿溶液数滴，可见蓝色反应，借此鉴定胡萝卜素（同时，也可直接将洗脱下来的液体蒸干，用石油醚溶解残渣于5mL带塞试管中，用力振摇，使胡萝卜素完全溶解，用1cm比色杯，在450nm波长处，以石油醚做空白液调零点，读取石油醚溶解液及标准液的光密度值，计算胡萝卜素含量）。	

五、注意事项

1. 实验中一定要将新鲜红辣椒研细，以彻底破坏植物细胞，使胡萝卜素释放更完全。丙酮可增强分离效果，有利于对胡萝卜素的提取，若分离条件控制得好，可依次提取、分离得到 α-胡萝卜素、β-胡萝卜素、γ-胡萝卜素，紧随其后的是辣椒红素、番茄红素及叶黄素等植物色素。

2. 为使分离色带整齐，装柱时层析柱一定要无裂缝和气泡，氧化铝的高度一般为玻璃柱高度的 3/4，装好柱后柱上面覆一层滤纸，以保持柱上端顶部平整，若上端不平，影响分离效果而产生不规则的条带。

3. 分离洗脱过程中，要连续不断地加入洗脱液，并保持一定高度的液面，在整个操作中绝不能使氧化铝表面的液体流干。吸附柱层析方法最适合非极性与极性不强的有机物（如 β-胡萝卜素、甘油酯、磷脂、胆固醇等物质）的分离。

4. 三氯化锑腐蚀性较强，在实验过程中切勿触及皮肤。三氯化锑遇水生成碱式盐，再转变成氯氧化锑，此化合物与胡萝卜素不发生颜色反应，而出现浑浊。

5. 石油醚提取液中的乙醇必须洗净，否则吸附不好，层析中色带也弥散不清。

6. 层析柱底部棉花的用量不宜过多，松紧要适宜，否则将影响流速。

六、实训结论：＿＿＿＿＿＿＿＿＿＿＿＿＿＿＿＿＿＿＿＿＿＿

七、实训探究

1. 吸附层析法的基本原理是什么？
2. 简述植物色素的极性大小与洗脱速度的关系。

实训十　超滤法浓缩明胶蛋白水溶液

一、实训目标

1. 理解超滤法的基本原理。
2. 熟悉超滤膜的选择标准及超滤装置的基本工作流程。
3. 能熟练使用超滤法浓缩明胶蛋白水溶液。

二、实训原理

明胶是一种蛋白质，利用动物皮、骨和筋腱等经复杂的理化处理制得的，其平均分子质量为 7k~9ku，具有冻力高、黏度高、易凝冻等特点，在医药行业主要用作止血海绵、片剂糖衣及软硬胶囊等的原材料。目前工业上普遍采用蒸发浓缩除去明胶溶液中大部分水分，此法耗能大、设备投资大，且明胶受热易变性。

本实训采用超滤法浓缩明胶蛋白水溶液，寻求攻克技术壁垒的途径。

三、实训用品

(1) 材料　明胶蛋白、市售固体颗粒、5%的水溶液（冷水溶胀、温水溶解）。

(2) 试剂　水合茚三酮（分析纯）、三甲胺水溶液（化学纯）、0.1mol/L NaOH 溶液。

（3）器具　烧杯、玻璃棒、试管、容量瓶、超滤膜、超滤装置、分光光度计、移液管等。

四、实训过程

实训过程

步骤	实际操作及现象
1. 明胶水溶液浓度的测定及截留率计算 　　分别取5%的明胶水溶液稀释成不同浓度，各加入10滴茚三酮、5滴三甲胺水溶液，然后加热至沸腾状态，保持数分钟，直至颜色变紫为止。冷却至室温，稀释至刻度，分光光度计测其在570nm处吸光度，作标准曲线，然后按类似方法确定超滤液和原料液中明胶的浓度，将结果填入表1中，按$R=(C_f-C_p)/C_f$计算截留率。 　　表1　　　　　　实验数据记录	

料液	操作序号	进口压力/MPa	出口压力/MPa	平均压力/MPa	纯水通量/[L/(m²·h)]	明胶超滤液通量/[L/(m²·h)]	超滤液明胶浓度/%	截流液明胶浓度/%
纯水溶液	1							
	2							
	3							
	4							
明胶水溶液	1							
	2							
	3							
	4							

步骤	实际操作及现象
2. 超滤膜的选择 　　目前，超滤膜的孔径以截留分子质量为衡量标准，常用的有1ku、2ku、4ku、6ku、8ku、10ku、30ku、50ku、100ku、150ku、200ku。在超滤前需要根据被分离的对象选择适宜的膜孔径。由于超滤膜孔径不均匀，为了保证目标产物分子截留率达90%以上，根据实践经验，最小孔径应为目标产物分子质量的2/3。最大孔径应比目标产物分子质量大3倍。本操作建议采用截留分子质量为50ku的膜。超滤装置工作流程示意图见图1。	

续表

步骤	实际操作及现象
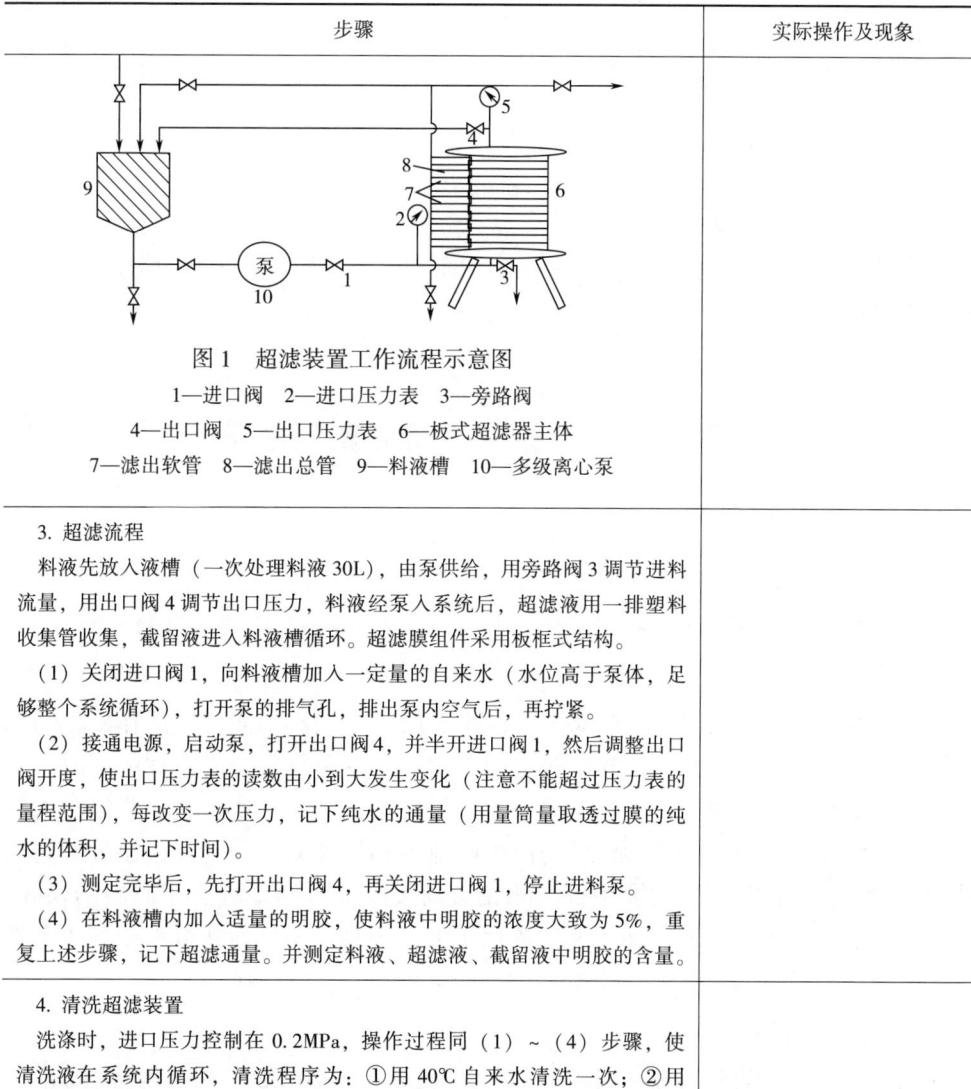 图1 超滤装置工作流程示意图 1—进口阀 2—进口压力表 3—旁路阀 4—出口阀 5—出口压力表 6—板式超滤器主体 7—滤出软管 8—滤出总管 9—料液槽 10—多级离心泵	
3. 超滤流程 料液先放入液槽（一次处理料液 30L），由泵供给，用旁路阀 3 调节进料流量，用出口阀 4 调节出口压力，料液经泵入系统后，超滤液用一排塑料收集管收集，截留液进入料液槽循环。超滤膜组件采用板框式结构。 （1）关闭进口阀 1，向料液槽加入一定量的自来水（水位高于泵体，足够整个系统循环），打开泵的排气孔，排出泵内空气后，再拧紧。 （2）接通电源，启动泵，打开出口阀 4，并半开进口阀 1，然后调整出口阀开度，使出口压力表的读数由小到大发生变化（注意不能超过压力表的量程范围），每改变一次压力，记下纯水的通量（用量筒量取透过膜的纯水的体积，并记下时间）。 （3）测定完毕后，先打开出口阀 4，再关闭进口阀 1，停止进料泵。 （4）在料液槽内加入适量的明胶，使料液中明胶的浓度大致为 5%，重复上述步骤，记下超滤通量。并测定料液、超滤液、截留液中明胶的含量。	
4. 清洗超滤装置 洗涤时，进口压力控制在 0.2MPa，操作过程同（1）~（4）步骤，使清洗液在系统内循环，清洗程序为：①用 40℃ 自来水清洗一次；②用 0.1mol/L NaOH 溶液清洗一次；③用 40℃ 自来水再清洗一次；④最后用室温下自来水清洗一次（每换一次洗液，都要重复 ①~④ 步骤）。	

五、注意事项

1. 新的超滤膜在使用前，必须清洗，以去除其中的异物和杂质，但注意不要过度用力，以免损坏超滤膜。

2. 严格遵守超滤装置的操作流程，包括开机、关机、清洗等各项操作步骤，确保操作流程的正确性，确保超滤装置及操作人员安全。

3. 注意超滤装置的压力控制，避免因操作不当或设备故障导致压力超载或压力不足的情况发生，随时监控设备的运行状态，及时发现和处理异常情况。

六、实训结论：＿＿＿＿＿＿＿＿＿＿＿＿＿＿＿＿＿＿＿＿＿＿＿＿＿＿

七、实训探究

1. 为什么超滤液与原料液的成分差别较大，而截留液与原料液的组分差别较小？

2. 纯水通量与压力有什么关系？

3. 为什么对于纯水来说，无论压力增加多大，通量均随着压力的增加而增加。而对于明胶蛋白水溶液来说，在初始压力增加时，通量随着压力呈正比增加，而当压力增加到一定程度后，通量不再随压力增大而增大？

实训十一　凝胶柱层析分离蛋白质

一、实训目标

1. 熟悉凝胶柱层析分离的基本原理。
2. 掌握凝胶柱层析填充物的装柱、平衡、加样、洗脱等基本操作技术。

二、实训原理

凝胶柱层析是利用某些凝胶对于不同组分因分子大小不同而阻滞作用不同的性质进行分离的技术。当溶液在层析柱内流过时，各种物质分子在柱内同时进行向下的移动和不定向的分子扩散运动。大分子物质由于分子直径大，难以进入凝胶颗粒的微孔，只能在凝胶颗粒的间隙中随流动相快速向下移动；而小分子物质能够扩散进入凝胶颗粒的微孔中，因此在流动过程中不断地进出于胶粒的微孔，这样就使小分子物质向下移动的速度落后于大分子物质，从而使溶液中各组分按分子质量从大到小的顺序先后流出层析柱，达到分离纯化的目的。

三、实训用品

（1）材料　葡聚糖凝胶 Sephadex G-50、蓝色葡聚糖 2000、牛血清蛋白。

（2）试剂

①蓝色葡聚糖-2000（2mg/mL）和牛血清蛋白（6mg/mL）组成的混合液。

②0.1mol/L pH7.0 的磷酸盐缓冲液。

缓冲液的配制方法：先称取一定量的磷酸氢二钠和磷酸二氢钾，用去离子水分别溶解，配制成 3L 浓度为 0.1mol/L 的溶液，然后将这两种溶液按一定比例混合，同时用酸度计检测，调配成 pH7.0 的磷酸盐缓冲液。

（3）器具　酸度计、层析柱、铁架台、试管、紫外分光光度计或紫外检测仪、电炉、容量瓶、烧杯、三角瓶、滴管、移液管、电子天平、玻璃棒、塑料壶。

四、实训过程

实训过程

步骤	实际操作及现象
1. 凝胶柱的制备 （1）溶胀　根据预计的总床体积和所用干胶的床体积，称出所需干凝胶放入大三角瓶或烧杯中，加入过量的缓冲溶液或去离子水，浸泡24h以上或沸水浴中煮沸溶胀2~3h，冷却至室温，用倾泻法将不易沉下的较细颗粒倾去。 （2）装柱　升高或关闭层析柱的出水口，在柱内先注入约1/3柱高的缓冲液。轻轻搅动三角瓶中的凝胶（切勿搅动太快，以免空气进入），使之形成均一的凝胶浆，立即缓慢并连续不断地沿玻璃棒倒入柱中，让其沉降约1~2cm高时，降低或打开柱的出水口，让缓冲液慢慢地流出。随着下面水的流出，上面陆续不断地添加凝胶，直至凝胶完全沉降至所需的柱高（近30cm）为止，然后在凝胶表面放一片滤纸，以防将来在加样时凝胶被冲起。柱要一次装完，不能间歇，并始终保持凝胶上端有一段液体。	
2. 平衡 用0.1mol/L的pH7.0的磷酸盐缓冲溶液流动平衡凝胶层析柱。开始时，流速控制在低于0.5mL/min，在平衡过程中逐渐增加到层析时的速度即3~4mL/5min，一般用2~3倍总床体积的缓冲溶液流过柱即可平衡。	
3. 加样 吸去柱床表面以上的溶液，表面上留下一些液体，从柱的出口流出。等到凝胶床表面上的液体正好流干时，小心地用滴管将3mL蓝色葡聚糖和牛血清蛋白的混合液加到凝胶床面上。先使滴管尖端接触离柱床表面约1cm高处的内壁，随加随沿柱内壁转动一周，然后迅速移至中央，使样品尽可能快地覆盖住全胶面，打开下口，以便使样品均匀地渗入柱内，当样品液下降至与胶面相平（胶面必须覆盖一层薄薄的溶液）时，关闭下口。待其正好流干时再加少量缓冲溶液，这样滴入洗脱液时不会冲动凝胶床面。加样前，如果胶面不平整，可用玻璃棒将胶表层轻轻搅起，待其自然沉降至平整后，方可加样，加样过程中注意不要破坏胶面的平整。	
4. 洗脱 用0.1mol/L磷酸盐缓冲液进行洗脱，流速控制在3~4mL/5min，每管收集3mL，然后用紫外分光光度计于280nm处测定每管吸光度（A_{280}）。洗脱过程中要注意观察蓝色区带向下移动的情况，如前沿平齐、区带均匀，说明柱是均匀的，可以使用。如不均一，必须重新装柱。	

注：以管号（或洗脱体积）为横坐标，吸光度为纵坐标绘制洗脱曲线，并分辨蓝色葡聚糖-2000和牛血清蛋白的洗脱峰或洗脱位置。

五、注意事项

1. 层析柱大小可根据实际需要选择，一般来说，细长的柱分离效果较好。若样品量多，最好选用内径较粗的柱，但此时分离效果稍差。柱管内径太小时，会发生管壁效应，即柱管中心部分的组分移动慢，而管壁周围的移动快。柱越长，分离效果越好，但柱过长，实验时间长，样品稀释度大，分离效果反而不好。

2. 装好的层析柱凝胶要均匀，不能有断层、纹路或气泡，将柱管对着光照方向观察，若层析柱床不均匀，必须重新装柱。

3. 各接头不能漏气，连接用的小乳胶管不要有破损，否则造成漏气、漏液。操作过程中，层析柱内液面不断下降，则表示整个系统有漏气之处，应仔细检查并加以纠正。

4. 始终保持柱内液面高于凝胶表面，否则水分挥发，凝胶变干。也要防止液体流干，使凝胶混入大量气泡，影响液体在柱内的流动，导致分离效果变差，不得不重新装柱。

5. 洗脱用的液体应与凝胶溶胀所用液体相同，否则，由于更换溶剂引起凝胶容积变化，从而影响分离效果。

六、实训结论：_____

七、实训探究

1. 凝胶层析分离有何特点和主要用途？
2. 做好本实训的关键事项主要有哪些？
3. 本实训中出现几个洗脱峰？哪个是牛血清蛋白的洗脱峰？

实训十二　蛋白质的真空浓缩

一、实训目标

1. 了解各种物质的浓缩原理。
2. 学会使用真空旋转蒸发仪进行真空浓缩操作。

二、实训原理

蒸发浓缩是生产中使用最广泛的浓缩方法，采用浓缩设备把物料加热，使物料的易挥发部分在其沸点温度时不断地由液态变为气态，并将汽化时所产生的二次蒸汽不断排出，从而使制品的浓度不断提高，直至达到浓度要求。

真空浓缩设备是利用真空蒸发或机械分离等方法来达到物料浓缩的目的。目前，为了提高浓缩产品的质量，广泛采用真空浓缩。即一般在 8~18kPa 低压状态下，以蒸汽间接加热方式，对料液加热，使其在低温下沸腾蒸发，这样物料温度低，且加热所用蒸汽与沸腾料液的温度差增大，在相同传热条件下，比常压蒸发时的蒸发速率高，可减少料液营养的损失，并可利用低压蒸汽作为蒸发热源。一般热敏性高的物质都采用此方法进行浓缩。

真空蒸发浓缩是浓缩蛋白质的一种较好的办法，它既使蛋白质不易变性，又可保持蛋白质中固有的成分。

三、实训用品

（1）材料　低变性脱脂大豆粕。

（2）试剂　盐酸、焦亚硫酸钠漂白剂、消泡剂、氢氧化钠溶液。

（3）器具　锤片式粉碎机、100目筛、玻璃缸、水浴锅、泥浆泵、卧式螺旋卸料离心机、解碎机、大烧杯。

四、实训过程

实训过程

步骤	实际操作及现象
1. 预处理 取一定量低变性脱脂大豆粕，先经锤片式粉碎机粉碎，然后过100目筛，将过筛的豆粉装入酸洗罐（玻璃缸）中，按1∶8（质量体积比）加入8倍用水浴锅加热到40℃的热水，搅拌均匀后加入盐酸调节pH为1.2~1.6，同时加入原料重2%的焦亚硫酸钠漂白剂和适量消泡剂，酸洗60min。洗涤完毕后，用泥浆泵将酸洗罐内的物料泵入卧式螺旋卸料离心机进行离心分离。	
2. 加热 将水浴锅加水，设定温度（40℃），然后打开电源加热，加热好的热水备用。	
3. 离心 分离后弃去上清液，收集凝乳状的沉淀，将分离出的酸洗凝乳装入水洗罐（玻璃缸），加入温度40℃的热水搅拌。调节pH至4.2~4.6，水洗60min，洗涤完毕，用泥浆泵将水洗罐内的物料泵入卧式螺旋沉降分离机进行离心分离。	
4. 解碎 将分离出的凝乳在解碎机中解碎，然后送入中和罐（大烧杯）中，罐的夹套内通入冷却水（大烧杯放入冰水中），使物料温度降至28℃，加入氢氧化钠溶液，调节物料的pH至7.2，中和浆液。	
5. 浓缩 将中和蛋白浆浆液从入料口放入真空旋转蒸发仪进行浓缩；	

续表

步骤	实际操作及现象
①首先在加热盆中加入加热介质（蛋白质），接通冷却水； ②接通电源，将需浓缩物料加入蒸发瓶中，旋紧蒸发瓶； ③打开自动升降开关，使蒸发瓶进入加热盆中； ④打开真空泵开关，使蒸发瓶进入加热盆中； ⑤打开加热盆开关，缓慢升温至物料沸腾，直至浓缩完成； ⑥如在蒸发过程中需要补料，可通过自动进料管直接进料； ⑦蒸发完毕后，提起升降台，关闭真空泵、冷却水、加热盆开关，切断电源； ⑧破坏真空后，方可取下蒸发瓶，倒出浓缩好的物料； ⑨最后倒出加热介质，对仪器及玻璃容器进行清洗。	

五、注意事项

1. 玻璃容器只能用洗涤剂清洗，不能用去污粉和洗衣粉，防止划伤瓶壁。
2. 当突然停电而又要提起升降台时，可用手动升降按钮。
3. 升温速度一定要慢，尤其在浓缩易挥发物料时。

六、实训结论：＿＿＿＿＿＿＿＿＿＿＿＿＿＿＿＿＿＿＿＿＿＿＿＿

七、实训探究

1. 在旋转蒸发结束后，是先停止加热旋转，还是先关闭真空泵？为什么？
2. 挥发性物质是否能用此法进行浓缩？

模块二 综合操作实训

实训一 胱氨酸的制备

一、实训目标

1. 学习胱氨酸的提取分离原理和方法。
2. 学会吸附分离技术的原理。

二、实训原理

胱氨酸是由两个 β-巯基-α-氨基丙氨酸组成的含硫氨基酸。胱氨酸呈六角形片状白色结晶或结晶粉末,无味,微溶于水,不溶于乙醇及其他有机溶剂,易溶于稀酸和碱液中,在热碱液中易分解。胱氨酸的等电点(pI)为4.6,熔点为260~261℃。胱氨酸比半胱氨酸稳定,在体内转变成半胱氨酸后参与蛋白质合成和各种代谢过程,有促进毛发生长和防止皮肤老化等作用。

胱氨酸存在于人毛发、猪毛、羊毛、马毛、羽毛及动物角等的蛋白质中,其中人发含量最高,达17.6%。胱氨酸是氨基酸中最难溶于水的一种,因此可利用这种特性,通过酸水解,从废杂猪毛、人发、鸡毛、羊毛等角蛋白中,分离提取胱氨酸。

三、实训用品

(1) 材料 废杂毛(人发或猪毛)。
(2) 试剂 盐酸、氢氧化钠、乙酸、乙酸钠、氨水、硫酸铜、硝酸、硝酸银、硫化氢、硫氰酸铵、亚硫酸钠、碘化钾、活性炭、骨炭粉、硫酸甲醛溶液、溴液。
(3) 器具 玻璃钢水解罐、耐酸锅、搪瓷缸、不锈钢桶、搪瓷桶、离心机、玻璃布、白纱布、温度计、酸度剂、布氏漏斗、3号垂熔漏斗、2号砂心漏斗、恒温水浴、碘量瓶、滴管、试管、移液管、量筒、烧杯、pH试纸、酸度剂。

四、实训过程

实训过程

步骤	实际操作及现象
1. 清洗 用60℃左右的热水,加少量洗涤剂,搅拌洗涤4~6min,洗去吸附在毛发上的油脂,然后捞出,再用清水冲洗干净,滤干,放在通风处晒干或烘干备用。	

续表

步骤	实际操作及现象
2. 水解 按毛发的量，量取 2 倍 30%的工业盐酸，加入玻璃钢或搪瓷水解罐中，通蒸汽加热到 70~80℃，立即投入清洗晒干的毛发，继续加热，间歇搅拌，使温度均匀，升温到 100℃开始计温，每隔 0.5h 计温一次，在 1~1.5h 升温至 110℃左右（即罐温），以后继续维持罐压 14.6kPa，水解 13h 左右，水解期间要有回流装置，保证水解酸度，使水解完全，水解时间可从水解罐内溶液温度达 100℃时开始计算。 水解完全后，停止回流，立即趁热过滤，先用玻璃布抽滤除去大的黑腐质，然后用双层纱布抽滤，将滤液移到中和锅内，滤液用 1∶10 盐酸冲洗 2~3 次，准备中和。	
3. 中和 将过滤好的滤液趁热在搅拌下加入浓度为 30%~40%的氢氧化钠溶液，当中和到 pH4.0 时，停止加碱液，然后改用乙酸钠饱和溶液中和到 pH 为 4.8 左右，停止搅拌，静置 10~12h。用涤纶布过滤沉淀物，甩干或吊干，即得粗品。中和时温度应保持在 50℃左右，而且要在 0.5h 内完成。	
4. 提纯 称取适量的胱氨酸粗品，加入粗品量 13%~14%的工业盐酸，搅拌 30min 左右，等粗品全部溶解后，再加入糖用活性炭，加热到 90~98℃，在此温度下恒温搅拌 2~3h，然后过滤脱色液，滤液加热到 80~85℃，在搅拌下加入 30%氢氧化钠溶液，调节 pH 至 4.8 时，静置，使结晶沉淀完全。	
5. 精致、干燥 称取适量胱氨酸提纯后的粗品，加入 5 倍量的 1∶12 的盐酸，加热到 40℃时，加入 5%骨炭粉，升温到 60℃，保温搅拌 1h，然后用布氏漏斗过滤，滤液经过 3 号垂熔漏斗过滤，应无色透明。 将溶液移入搪瓷缸中，搅拌下加入 10%氨水调节溶液 pH 至 4.8，静置 5~6d，即有胱氨酸精品析出，过滤出结晶，用去离子水洗至无氯离子，干燥即得成品。	

五、注意事项

1. 用硫酸调节 pH 时，应用酸度计边测边调，保证其准确性。

2. 水解终点的判定：加入10%氢氧化钠溶液2mL，再滴加硫酸铜溶液几滴，摇匀后，如仍有明显的天蓝色表明水解完全。

六、实训结论：_____

七、实训探究

1. 胱氨酸的物化性质是什么？通常提取胱氨酸选用什么原料？
2. 提取胱氨酸时应注意什么条件变化？

实训二　树脂柱纯化法制备谷胱甘肽

一、实训目标

1. 了解树脂柱纯化法制备谷胱甘肽的基本原理。
2. 熟悉树脂柱具体应用技术。
3. 掌握多肽类生化物质提取纯化的基本操作技术。

二、实训原理

谷胱甘肽是由谷氨酸、半胱氨酸和甘氨酸构成的三肽。自然界中谷胱甘肽主要存在于酵母、谷物种子胚芽，人体和动物的心脏、肝脏、肾、肌肉、血液的红细胞和眼球中。动物组织中含量较高，而植物组织中的含量较低。正常人体内还原性谷胱甘肽（GSH）和氧化性谷胱甘肽（GSHG）的比例为100∶1，还原性谷胱甘肽（GSH）分子小，是机体内重要的活性物质，它具有清除自由基、减毒、促进铁质吸收及维持红细胞膜的完整性、维持DNA的生物合成、细胞的正常生长及细胞免疫等多种生理功能。在医学、食品行业及运动保健上具有广泛应用。

制备谷胱甘肽（GSH）的方法，国内主要为酵母菌生物合成，每克酵母菌干细胞含GSH 18mg。所采用的分离提纯GSH的方法主要有两种：铜盐法和离子交换树脂法。本次实训采用市售或经发酵法制得的干酵母为原料，经加热提取，离心除杂质、阳离子树脂交换、有机溶剂沉析等分离纯化得GSH湿品，经真空干燥后即得GSH成品。

三、实训用品

（1）材料　干酵母100g，市售732阳离子交换树脂（60~80目）。
（2）试剂　5mol/L 30mL、1mol/L 3000mL的硫酸溶液，2mol/L、1mol/L盐酸溶液、丙酮、硅藻土、2mol/L氢氧化钠、2%偏磷酸溶液、5%碘化钾溶液、淀粉指示剂、0.001mol/L的碘酸钾溶液。
（3）器具　低温冰柜、冷冻离心机、不锈钢锅、搪瓷桶、冷冻干燥机、温度计、酸度计、层析柱、布氏漏斗、电磁炉。

四、实训过程

实训过程

步骤	实际操作及现象
1. 提取 将干酵母置于不锈钢锅中,在搅拌的条件下加入3倍体积的蒸馏水,再加入6倍体积沸腾的蒸馏水,升温至90~100℃,保持10min,然后速冷至2~10℃。	
2. 粗提液 用5mol/L硫酸调节pH至2.8~3.0,冷冻离心(3000 r/min,5~10℃)15min,收集离心液。在离心液中加0.5%硅藻土助滤,抽滤得到黄色抽提液待用。	
3. 粗提液层析 抽提液上732阳离子交换树脂柱(装置见图1),流速6mL/min,然后用1mol/L硫酸洗脱,洗脱流速2mL/min,25min左右开始收集5mL流出液,进行快速含量测定,当流出液滴定值超过0.2mL/mL(碘酸钾溶液/待测样品)时,开始收集,滴定值低于0.2mL/mL时停止洗脱。 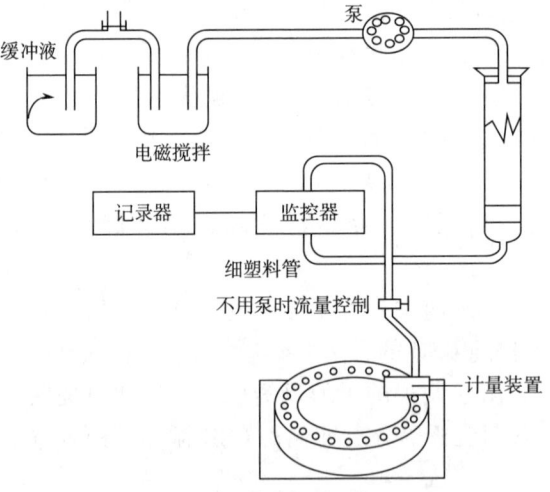 图1 柱层析整套装置 (1)732阳离子交换树脂装柱 将市售732阳离子交换树脂磨碎,筛选出60~80目。物理方法处理后,先以4倍树脂体积的2mol/L盐酸搅拌浸泡2h,反复用水洗至近中性后,再用4倍体积的2mol/L氢氧化钠溶液搅拌浸泡2h,反复用水洗至近中性后,再用4倍树脂体积的2mol/L盐酸搅拌浸泡2h,最后水洗至中性。按要求装柱后用1mol/L硫酸平衡备用。	

续表

步骤	实际操作及现象
（2）GSH 含量快速测定（碘量法） ①取 5mL 待测样品，置于 250mL 锥形瓶内，加入 5mL 2%偏磷酸溶液，1mL 5%碘化钾溶液和 2 滴淀粉指示剂，用 0.001mol/L 的碘酸钾溶液滴定至溶液由无色变为蓝色。 ②计算滴定值（碘酸钾溶液/待测样品,%）。 计算公式如下： $$GSH（\%）=\frac{V}{2.445}\times100\%$$ 式中　V——消耗 0.001mol/L 碘化钾的体积，mL； 　　　2.445——100%含量应消耗的体积，mL。	
4. 沉析 将洗脱液倾入搪瓷桶中，在搅拌的条件下加入溶液体积 10 倍的冷丙酮（2~8℃），然后静置沉淀过夜，过滤收集沉淀。	
5. 干燥 将沉淀置于真空干燥器中干燥，即得成品。	

五、注意事项

1. 用硫酸调节 pH 时，应用酸度计边测边调，保证其准确性。

2. 离子交换树脂柱层析时应根据滴定值来确定收集洗脱液的间隔时间，随着洗脱时间的增加，收集洗脱液的间隔时间应逐渐缩短。

六、实训结论：＿＿＿＿＿＿＿＿＿＿＿＿＿＿＿＿＿

七、实训探究

1. 绘制出 GSH 标准曲线，能否快速确定滴定值的大小？如何绘制出 GSH 标准曲线？

2. 提取时为何加热后又要速冷？

实训三　细胞色素 c 的制备

一、实训目标

1. 熟悉细胞色素 c 的理化性质及其生物学功能。

2. 掌握动物材料预处理技术。

二、实训原理

细胞色素 c 是细胞色素的一种，主要存在于线粒体中，需氧更多的组织，如心肌中含量高，除此以外，酵母细胞中含量也很高，在线粒体呼吸链上位于细胞色素 b 和细胞色素氧化酶之间,是呼吸链的一个重要组成部分,其主要作用是在生物氧化过程中传递电子。

细胞色素 c 为含铁卟啉的结合蛋白质,赖氨酸含量较高,所以等电点偏碱,pI 为 10.7,分子质量为 12000~13000u。它易溶于水及酸性溶液,稳定且不易变性,组织破碎后常用酸性水溶液提取。利用人造沸石容易吸附细胞色素 c,吸附后能被 25% 的硫酸铵洗脱下来,可利用此特性纯化细胞色素 c。

三、实训用品

(1) 材料 新鲜或冰冻猪心。

(2) 试剂 2mol/L 硫酸、1mol/L 氨水、1mol/L 氢氧化钠等。

(3) 器具 绞肉机、高速冷冻离心机、电子天平、电磁搅拌器、烧杯、玻璃漏斗、纱布等。

四、实训过程

实训过程

步骤	实际操作及现象
1. 材料处理 取新鲜或冰冻猪心,除去脂肪和韧带,用水洗去积血,将猪心切成小块,放入绞肉机中绞碎。	
2. 提取 称取绞碎猪心肌肉 500g,放入 2000mL 烧杯中,加纯化水 1000mL,在电磁搅拌器上用 2mol/L H_2SO_4 调 pH 至 4.0(此时溶液呈暗紫色),在室温下搅拌提取 2h。在提取过程中,使抽提液的 pH 保持在 4.0 左右。在即将提取完毕,停止搅拌之前,以 1mol/L NH_4OH 调 pH 至 6.0,停止搅拌。用 8 层普通纱布挤压过滤,收集滤液。滤渣加入 750mL 纯化水,再按上述条件提取 1h,合并两次提取液。	
3. 中和 用 1mol/L NH_4OH 调 pH 至 7.2(此时,等电点接近 7.2 的一些杂蛋白溶解度变小,从溶液中沉淀下来),静置 30~40min 后过滤,所得滤液用人造沸石吸附。	
4. 吸附与洗脱 (1) 人造沸石的预处理 称取人造沸石 11g,放入 500mL 烧杯中,加水搅拌,用倾泻法除去 12s 内不下沉的过细颗粒。 (2) 装柱 选择一个底部带有滤膜的干净的玻璃柱,柱下端连接一乳胶管,用夹子夹住,柱中加入纯化水至 2/3 体积,保持柱垂直,然后将已处理好的人造沸石带水填入柱,注意一次装完,避免柱内出现气泡。	

续表

步骤	实际操作及现象
（3）上样　柱装好后，打开夹子放水（柱内沸石上面应保留一薄层水），将准备好的提取液装入下口瓶，使其通过人造沸石柱进行吸附。柱下端流出液的速度为 1.0mL/min。随着细胞色素 c 被吸附，柱内人造沸石逐渐由白色变为红色，流出液应为黄色或微红色。 （4）洗脱　吸附完毕，将红色人造沸石从柱内取出，放入 500mL 烧杯中，先后用自来水、纯化水搅拌洗涤至水清。再用 100mL 0.2%NaCl 溶液分三次洗涤沸石，再用纯化水洗至水清，按第一次装柱方法将人造沸石重新装入柱内，用 25%硫酸铵溶液洗脱，流速大约 2.0mL/min，收集含有细胞色素 c 的红色洗脱液。当洗脱液红色开始消失时，洗脱完毕。 （5）人造沸石再生　先用自来水洗去硫酸铵，再用 0.25mol/L NaOH 和 1mol/L NaCl 混合液洗涤至沸石成白色，最后用纯化水反复洗至 pH7~8，即可重复使用。	
5. 盐析 向洗脱液中加入固体硫酸铵粉末（按每 100mL 洗脱液加入 20g 固体硫酸铵的比例，使溶液硫酸铵的饱和度为 45%），边加边搅拌，放置 30min 后，杂蛋白沉淀析出，过滤或离心除去杂蛋白，得到红色透亮的细胞色素 c 溶液。	
6. 三氯乙酸沉淀 在搅拌下向所得透亮溶液中加入 20%三氯乙酸（每 100mL 细胞色素 c 溶液加入 2.5mL 三氯乙酸溶液），细胞色素 c 立即沉淀出来，3000rpm 离心 15min，收集沉淀。加入少许纯化水，用玻璃棒搅拌，使沉淀溶解，装入透析袋，电磁搅拌下除盐，用乙酸钡检查透析袋外液无铵离子或硫酸根离子为止。	
7. 精制 采用离子交换柱层析法进一步提纯细胞色素 c。	

五、注意事项

1. 尽量除尽猪心的非心肌组织，包括脂肪、血管、韧带和积血。
2. 提取及中和过程要注意调节 pH。
3. 吸附及洗脱过程应严格控制流速。
4. 盐析时，加入固体硫酸铵要边加边搅拌，不要一次性快速加入。
5. 逐滴加入三氯乙酸溶液，搅匀，加完后，尽快离心处理。
6. 透析袋检漏。

六、实训结论：_____

七、实训探究

1. 盐析时，为什么要加入固体硫酸铵？
2. 动物原材料如何处理？
3. 细胞色素 c 制备原理是什么？

实训四　甘露醇的制备及鉴定

一、实训目标

1. 了解甘露醇的理化性质。
2. 掌握从海带中分离提纯甘露醇的原理和基本操作技术。

二、实训原理

甘露醇（己六醇）为白色针状或斜方柱状晶体或结晶性粉末，无臭，略有甜味，不潮解。易溶于水，溶于热乙醇，微溶于低级醇类和低级胺类，微溶于吡啶，不溶于有机溶剂，具有多元醇的化学性质，可以被酯化、醚化、氧化、脱水。在无菌溶液中较稳定，不易被空气所氧化，熔点 165~168℃。

甘露醇在海藻、海带中含量较高。海藻洗涤液和海带洗涤液中甘露醇的含量分别为 2% 与 1.5%，是提取甘露醇的重要资源。

本实验以海带为原料，用自来水浸泡提取甘露醇，通过调节酸度，沉淀除杂质，煮沸浓缩后用乙醇沉淀甘露醇，最后通过回流、重结晶、活性炭脱色等工艺精制甘露醇。

三、实训用品

（1）材料　海藻或海带、粉末活性炭。
（2）试剂　30%NaOH、硫酸-水混合液（1∶1）、95%乙醇、1mol/L 三氯化铁溶液、1mol/L NaOH 溶液。
（3）器具　电磁炉、不锈钢锅、布式漏斗、抽滤瓶、回流装置、pH 试纸

四、实训过程

实训过程

步骤	实际操作及现象
1. 浸泡提取 将海藻或海带加 20 倍量自来水，室温浸泡 2~3h，用手搓洗将藻体或海带上的甘露醇洗入水中，收集的浸泡液用于第二批原料的提取溶液，一般浸泡 4 批后浸泡液中的甘露醇含量已较大。	

续表

步骤	实际操作及现象
2. 碱化、酸化 将浸泡液倒入不锈钢锅中，边搅拌边用30%NaOH调pH10~11，静置6h，凝集沉淀多糖类黏性物质，待黏性物质充分凝聚沉淀后，虹吸上清液，用1∶1 H_2SO_4-H_2O 中和至pH6~7，过滤进一步除去胶状物，得中性提取液。	
3. 浓缩 将中性提取液倒入不锈钢锅中，加热至沸腾蒸发，温度110~150℃，大量氯化钠沉淀，不断将盐类与胶状物捞出，直至呈浓缩液，取小样倒于玻璃板上，稍冷凝固。将浓缩液冷却至60~70℃，趁热加入2倍量95%乙醇，不断搅拌，渐渐冷却至室温后，离心甩干除去胶质，得灰白色松散物。	
4. 回流提取 取松散物，加入8倍量的95%乙醇加热回流30min，冷却过滤，离心（2500r/min）15min，得白色松散甘露醇粗品，同上操作，乙醇重结晶1次。	
5. 精制 甘露醇粗品加适量蒸馏水，加热溶解，再按6%质量加入粉末活性炭，不断搅拌，加热至沸腾，趁热（80℃）过滤（或压滤），少许水洗活性炭2次，合并洗滤液（如有浑浊重新过滤），高温浓缩至浓缩液相对密度为1.2左右时，在搅拌下冷却至室温，低温结晶，抽滤至干，得到结晶甘露醇，烘干（105~110℃）得甘露醇纯品。	
6. 鉴别 取所制得的甘露醇纯品饱和溶液1mL，加1mol/L三氯化铁溶液与1mol/L NaOH溶液各0.5mL，即生成棕黄色沉淀，振摇不消失，滴加过量的1mol/L NaOH溶液，即溶解成棕色溶液。符合此现象，可初步断定为甘露醇。	

五、注意事项

1. 精制时浓缩液相对密度对结晶效果有影响，应控制好。

2. 浓缩时捞出胶状物容易，但捞出盐类稍难，可采用多次倾倒或过滤等方法。

六、实训结论：_____

七、实训探究

1. 本次实验中所得甘露醇的收率是多少？

2. 如何提高甘露醇的收率？

实训五 锌盐沉析法提取胰岛素

一、实训目标

1. 了解胰岛素锌盐沉析法制备的基本原理。
2. 掌握多肽及蛋白质类生化物质提取纯化的基本操作技术。

二、实训原理

胰岛素是迄今为止治疗胰岛素依赖型糖尿病的特效药物。胰岛素广泛存在于人和动物的胰脏中,其等电点为 5.30~5.35,在 pH4.5~6.5 几乎不溶于水,易溶于稀酸或稀碱溶液;在 80% 以下乙醇或丙酮中溶解;在 90% 以上乙醇或 80% 以上丙酮中难溶;在乙醚中不溶;在弱酸性水溶液或混悬在中性缓冲液中较为稳定。胰岛素具有蛋白质的各种特殊反应,以猪(或牛)的胰脏为原料,根据胰岛素易与锌离子结合的性质,用氯化锌作沉析剂,可使胰岛素直接从初步除去碱性和酸性杂蛋白的提取液中沉淀析出。为减少含锌量,进行两次氯化钠盐析。

三、实训用品

(1) 材料 冻胰脏 [新鲜的牛(或猪)的胰脏在保持其腺体组织情况下用液氮或干冰速冻]。

(2) 试剂 16%、27% 氯化钠溶液,2%、10% 柠檬酸溶液,12mol/L 硫酸及浓硫酸、6mol/L 盐酸及浓盐酸,65%、82% 乙醇(质量分数),4mol/L 氨水、浓氨水、氯化锌、丙酮、硅藻土、五氧化二磷、20% 醋酸锌、尼龙布(或纱布)。

(3) 器具 离心机、烧杯、布氏漏斗(8cm)、抽滤瓶(500mL)、分液漏斗、量筒、酸度计、水浴锅、滤纸、搅拌机、不锈钢锅、搪瓷桶。

四、实训过程

实训过程

步骤	实际操作及现象
1. 预处理 将冻胰脏块用刨胰机刨碎成片,备用。	
2. 提取 将冻胰片 100g 置于不锈钢锅中,加入 300mL 82% 乙醇(质量分数),在 10~13℃ 加入 12mol/L 硫酸,调节 pH2.8~3.0,搅拌提取 40min。加入 6mol/L 盐酸调 pH 至 2.0,继续搅拌提取 2.5h,离心(3000r/min)15min,残渣加入 65% 乙醇 150mL,用 6mol/L 盐酸调 pH 至 2.0,10~13℃搅拌提取 2h,离心(3000r/min)15min 分离残渣,合并两次提取液。	

续表

步骤	实际操作及现象
3. 碱化 　　将提取液置于搪瓷桶中,然后冷至0~5℃,用浓氨水调pH 7.8~8.0,加入硅藻土(每100g胰脏加6g),抽滤,滤液随即用混合酸(盐酸4mL、硫酸1mL、水4mL)酸化至pH2.5,待沉淀完全后虹吸清液,用尼龙布(或纱布)过滤,弃去沉淀,温度控制在0~3℃。	
4. 锌沉析 　　将碱化液置于不锈钢锅中,然后在搅拌的条件下加入氯化锌溶液(每100g胰脏加3g氯化锌,先配成30%~50%溶液,用6mol/L盐酸调至pH2.5后加入),温度2~4℃,待沉淀完全后,虹吸上清液,用尼龙布(或纱布)过滤除去沉淀,清液用液氨水调pH至6.8~7.0,于5℃过夜。	
5. 脱脂 　　虹吸除去清液,沉淀过滤收集,溶于5倍量蒸馏水,用6mol/L盐酸调pH2.7~2.8,12~15℃放置。次日放出下层清液(上层脂肪再用5倍量蒸馏水洗涤,回收下层清液,作为下批锌沉淀溶解用)。	
6. 盐析 　　将清液置于搪瓷桶中,在搅拌的条件下用6mol/L盐酸调pH至2.5,在温度25℃加27%氯化钠盐析。所得第一次盐析物溶于20倍量蒸馏水中,用6mol/L盐酸调pH至2.5,再加入16%氯化钠盐析,过滤,收集第二次盐析物。	
7. 丙酮、锌沉析 　　将盐析物置于搪瓷桶中,然后在搅拌的条件下加入7倍量水、3倍量丙酮,用4mol/L氨水调pH至4.5,冷于0~5℃过夜,除去沉淀(沉淀另行回收),清液用4mol/L氨水调pH至6.0,加入20%醋酸锌(按每100g投料加入0.03mL),析出白色沉淀。	
8. 结晶干燥 　　过滤收集沉淀,按下列配方结晶(按每100g投料所得沉淀物计):2%柠檬酸0.5mL,20%醋酸锌0.0065mL,丙酮0.16mL,蒸馏水稀释至1mL。结晶液冷至0~5℃,用4mol/L氨水碱化至pH8.0,过滤除去沉淀。用10%柠檬酸调至pH6.0,搅拌结晶两天,虹吸除去清液,离心,收集结晶,用蒸馏水洗2次,丙酮洗2次,以五氧化二磷真空干燥,得成品。	

五、注意事项

1. 采摘胰脏要注意保持腺体组织的完整，避免摘断。要立即深冻，-15℃保存备用。如用液氮或干冰速冻，效果更好。在胰脏中，胰尾部分胰岛素含量较高，如单独使用可提高收率10%。

2. 胰岛素对高能辐射非常敏感，容易失活：紫外线能破坏胱氨酸和酪氨酸基团。光氧化作用能导致分子中组氨酸被破坏，超声波能引起其非专一性降解。

3. 还原剂如硫化氢、甲酸、醛、醋酐、硫代硫酸钠、维生素C及多数重金属（除锌、铬、钴、镍、银、金外）都能使胰岛素失活。

六、实训结论：_____

七、实训探究

1. 为何在胰岛素的制备中溶液的pH不能超过8.0？
2. 碱化过滤时为何加硅藻土？

实训六　DNA制备

一、实训目标

1. 了解密度梯度离心分离原理，了解DNA粗提方法。
2. 掌握密度梯度离心制作过程及方法。

二、实训原理

在较大的离心力作用下，不同的DNA由于其大小、形状和密度不同，而悬浮在不同密度的位置上，从而达到分离。

核酸分子中的碱基含有共轭双键，具有一定的紫外吸收特性，其最大吸收峰波长为260nm。在波长为260nm，光程为1cm，$A_{260}=1$时，相当于双链DNA浓度为50μg/mL，单链DNA为40μg/mL。紫外分光光度法可用于测定浓度大于0.25μg/mL的核酸浓度。

DNA浓度计算公式如下：

$$c(\mu g/mL) = 40\mu g/mL \times 1/光程 \times A_{260} \times 稀释倍数$$

三、实训用品

（1）材料　新鲜的鸡肝。

（2）试剂　生理盐水（冷）、5%十二烷基磺酸钠溶液、45%乙醇、95%乙醇（冷）、乙醇（冷）、丙酮（冷）、氯化钠粉末、5%、10%、20%、30%蔗糖溶液（5%蔗糖溶液配制：称取蔗糖5g溶于100mL蒸馏水中，加5g活性炭，于沸水浴中加热25min，过滤取清液）。

（3）器具　离心机、灭菌离心管（10mL）、烧杯（1L）、大三角瓶、天平、量筒、匀浆机、1.0mL注射器、超速离心机、No.22针头、紫外分光光度计等。

四、实训过程

实训过程

步骤	实际操作及现象
1. 蔗糖密度梯度溶液的制备 将5%、10%、20%、30%蔗糖溶液各10mL，按浓度依次减小的顺序逐个铺入离心管中，制成不连续阶梯密度梯度。此离心管于20~25℃静置2~3h，通过重力作用即成接近线性的连续密度梯度液。若用细铁丝轻敲离心管，静置时间可以缩短至0.5~1h。温度低时所需静置时间较长，温度高时则较短。为减少对流，静置后应将离心管置冰浴中备用。	
2. DNA样品制备 （1）组织破碎　取一定量的新鲜鸡肝，加4倍量生理盐水，经组织捣碎机捣碎1min，匀浆，2500r/min离心30min，沉淀用同样体积生理盐水洗涤3次，每次洗涤后离心，将沉淀物悬浮于20倍量的冷生理盐水中，再捣碎3min。 （2）除杂蛋白　上述组织液中加入2倍量5%的十二烷基磺酸钠，用45%乙醇为溶剂，搅拌20~30min，在0℃，2500r/min离心，收集上清液并加入等体积的冷95%乙醇，离心即可得到纤维状DNA。 （3）精制　将粗品DNA溶于适量蒸馏水，加入5%的十二烷基磺酸钠，用1/10体积45%乙醇作溶剂，搅拌0.5h，经5000r/min离心15min，上清液中加入NaCl至终浓度1mol/L，再缓慢加入冷95%乙醇，DNA析出。 （4）样品制备　取上述DNA溶于适量蒸馏水中，用紫外分光光度计测其含量，备用。	
3. 梯度离心 （1）在每个离心管内的梯度溶液表面，分别加入1.0mL DNA样品溶液。加样时，用注射器吸入样品，在梯度溶液表面上方0.5mm左右，沿管壁慢慢加入。不允许自由滴落，也不允许针头接触梯度液面。 （2）装好样品后，小心拧紧离心管帽，装好套筒、转头，按使用程序启动超速离心机，在0℃以25000r/min离心分离1~3h。	
4. 梯度溶液的分步收集 离心后，取出离心管，置于冷室中。用No.22针头将聚乙烯离心管底部正中位置穿刺，梯度溶液慢慢流出。用小试管将流出的梯度溶液分步收集，每管25滴。	

续表

步骤	实际操作及现象
5. DNA 浓度测定 用适量双蒸水稀释收集的样品，用紫外分光光度计测定各管 DNA 样品的 A_{260}，根据公式计算 DNA 浓度。 $c\ (\mu g/mL) = 40\mu g/mL \times 1/光程 \times A_{260} \times 稀释倍数$	

五、注意事项

1. 注意操作温度。

2. 组织捣碎机捣碎的时间不可过长。

六、实训结论：_____

七、实训探究

1. 为什么所用离心管等器皿必须灭菌？

2. 蔗糖密度梯度在离心中起什么作用？

实训七 卵磷脂的制备及鉴定

一、实训目标

1. 熟悉从蛋黄中制备卵磷脂的原理。

2. 掌握卵磷脂制备的基本操作及鉴定技术。

二、实训原理

利用卵磷脂可溶于乙醇的性质，将蛋黄溶于乙醇，卵磷脂从蛋黄中转移到乙醇中，可分离提取出来，而蛋白质等某些杂质从沉淀物中除去。但由于乙醇溶剂抽提时，其他脂质也一起被抽提，如甘油三酯、类固醇等。利用卵磷脂不溶于丙酮的性质，用丙酮从粗卵磷脂溶液中沉淀卵磷脂，能使卵磷脂与其他脂质和胆固醇分离。无机盐和卵磷脂可生成络合物沉淀，因此可利用金属盐沉淀剂将卵磷脂从溶液中分离出来，由此除去蛋白质、脂肪等杂质，再用适当溶剂萃取出无机盐和其他磷脂杂质，这样可大大提高卵磷脂纯度。

三、实训用品

（1）材料 新鲜鸡蛋、卵磷脂对照品、GF254 硅胶板。

（2）试剂 10%氯化锌溶液、2%氯仿溶液、无水乙醇、95%乙醇、0.1%乙醇、丙酮（冰）、甲醇和碘。

（3）器具 离心机、旋转蒸发仪、布氏漏斗、抽滤瓶、真空干燥箱、层析缸、紫外分光光度计、坩埚。

四、实训过程

实训过程

步骤	实际操作及现象
1. 粗提 室温下，取适量的鸡蛋卵黄用2倍于卵黄体积的95%乙醇进行提取，混合搅拌，离心分离（3000r/min，5min），将沉淀物重复提取3次，回收上清液；减压蒸馏（45℃）至近干，用少量石油醚洗下黏壁的黄色油状物质；加入丙酮，抽滤、分离出沉淀物，真空干燥（40℃，30min），得到淡黄色的粗卵磷脂，称重。	
2. 精制 取一定量的卵磷脂粗品，用无水乙醇溶解，得到约10%乙醇粗提液，加入相当于卵磷脂质量10%的氯化锌水溶液，室温搅拌0.5h；分离沉淀物，加入适量冰丙酮（4℃）洗涤，搅拌1h，再用丙酮复研洗，直到丙酮洗液为近无色为止，得到白色蜡状的精卵磷脂；干燥、称重。	
3. 鉴定 （1）薄层色谱分析　将卵磷脂样品与对照品分别配成2%氯仿溶液，用GF254硅胶板进行层析，展开剂为氯仿：甲醇：水（65∶25∶4），层析完毕后，取出薄板，干燥，碘蒸气显色。 （2）紫外吸收光谱测定　将一定量卵磷脂样品溶于无水乙醇，配成0.1%乙醇溶液，用紫外分光光度计扫描其在90~400nm的吸收光谱，可测得卵磷脂的紫外最大吸收峰（卵磷脂紫外最大吸收峰在215nm）。	

五、注意事项

1. 碘蒸气显色时，应保证层析干燥，碘蒸气量不可过浓。
2. 紫外吸收光谱测定时样品与对照品溶液浓度应相同。

六、实训结论：_____

七、实训探究

1. 讨论影响卵磷脂收率的主要因素。
2. 根据紫外吸收光谱分析所制备的卵磷脂纯度。

实训八　银耳多糖制备及鉴定和含量测定

一、实训目标

1. 了解银耳多糖制备的基本原理。
2. 掌握糖类物质提取纯化的基本操作技术。

二、实训原理

银耳是我国传统的一种珍贵药用真菌。银耳多糖主要成分为酸性杂多糖、中性杂多糖、胞壁多糖、胞外多糖及酸性低聚糖五类,不含核酸、蛋白质类物质。银耳多糖对提高机体免疫功能、抑制肿瘤转移、抗炎症、抗辐射、抗血栓、降血糖等有一定的功效,是一种滋补强壮、扶正固本的保健食品和药物。

本实训利用银耳子实体经水浸泡捣碎,酶浸提,乙醇沉析分离可制得银耳多糖粗品,再用CTAB(溴化十六烷基三甲铵)络合法进一步精制得银耳多糖纯品并进行多糖的鉴定。

三、实训用品

(1) 材料 银耳子实体干品20g。

(2) 试剂 2mol/L氢氧化钠溶液、2mol/L氯化钠溶液、2mol/L盐酸溶液、无水乙醇、乙醚、浓硫酸、α-萘酚、0.5%甲苯胺乙醇溶液、5%三氯乙酸-正丁醇溶液、复合酶制剂(含果胶酶、纤维素酶和中性蛋白酶食品级复合酶)、活性炭、硅藻土、2%溴化十六烷基三甲铵(CTAB)(配制:取2g CTAB溶于100mL蒸馏水中,摇匀备用)、斐林试剂。

(3) 器具 烧杯(250mL、500mL、1000mL)、布氏漏斗(8cm)、抽滤瓶(500mL)、分液漏斗(250mL)、量筒(100mL、10mL)、离心机、水浴锅、透析纸、滤纸、层析缸、组织捣碎机、不锈钢锅。

四、实训过程

实训过程

步骤	实际操作及现象
1. 银耳预处理(浸泡捣碎) 选无杂质银耳子实体干品20g放入不锈钢锅中,加水1600mL,于20~25℃浸泡30min,置高速组织捣碎机中充分捣碎,制成银耳浆液。	
2. 酶浸提 将银耳浆液用2mol/L盐酸溶液调pH至6.3,加入1%复合酶制剂,50℃下酶促反应40min,迅速升温至80℃灭酶,并保温浸提约1.5h,浸提液于80℃水浴浓缩至糖浆状〔另法:加热提取银耳子实体20g加水800mL,于沸水浴加热搅拌8h,离心(3000r/min)20min去残渣,上清液用硅藻土助滤,水洗,合并洗滤液于80℃水浴浓缩至糖浆状〕。	
3. 银耳多糖的沉降 (1) 有机酸除杂 浓缩液放入烧杯中加入等体积5%三氯乙酸-正丁醇,溶解摇匀,离心(3000r/min)15min后,用滴管吸去正丁醇层和中层变性蛋白,下层清液备用。	

续表

步骤	实际操作及现象
（2）脱色、透析　将下层清液用 2mol/L 的氢氧化钠溶液调 pH 至 7，加 1%活性炭 80℃加热 15min 脱色，抽滤，滤液扎袋，流水透析 12h，透析液 80℃水浴浓缩至原体积 1/3，抽滤。 （3）乙醇沉析　滤液加 3 倍量 95%乙醇，搅拌均匀后，离心（3000r/min）15min。沉淀用无水乙醇洗涤 2 次，乙醚洗涤 1 次，50℃以下真空干燥，得银耳多糖粗品，称重。	
4. 精制 （1）取粗品 1g，溶于 100mL 水中，溶解后离心除去不溶物，滤液加 2% CTAB 至沉淀完全。摇匀，静置 2h，离心（3000r/min）15min，沉淀用 80℃热水热涤 3 次，加 100mL 2mol/L 氯化钠溶液于 60℃解离 4h，离心（3000r/min）15min，上清液扎袋流水透析 10h。 （2）透析液 80℃浓缩，加三倍量 95%乙醇搅匀，离心（3000r/min）15min，沉淀用无水乙醇、乙醚洗涤，50℃以下真空干燥，得精品银耳多糖。	
5. 多糖的鉴定和含量测定 （1）多糖的鉴定　①取透析液 1mL，加入 α-萘酚溶液（α-萘酚 5g 溶于 95%乙醇）2 滴，摇匀，将试管倾斜，沿试管壁缓缓加入浓硫酸 1.5mL（勿振动），观察硫酸层与糖溶液界面处颜色变化。②取透析液浓缩液点于滤纸上，0.5%甲苯胺乙醇溶液染色，观察反应。③取透析液浓缩液 2mL 加入 2% CTAB 溶液 2~4 滴，观察现象。 （2）总糖含量　多糖在浓硫酸中水解后，进一步脱水生成糖醛类衍生物，与蒽酮作用形成蓝色化合物，进行比色测定，按表 1 操作，摇匀，置沸水浴中 10min，冷却后，以试管 3 为空白对照，在 620nm 测吸光度，计算总糖含量。 表 1　　　　　总糖含量测定操作表 	试管	1	2	3
---	---	---	---
样品/mL	样品稀释液 0.5	标准葡萄糖 0.5	—
蒸馏水	—	—	0.5mL
蒽酮	5.0mL	5.0mL	0.5mL | （3）银耳多糖纸层析　①展开剂为正丙醇：浓氨水：水=40：60：5。②点样：0.5%多糖水溶液 20μL，表 1 中，试管 1 为粗品，试管 2 为精品。③展开：13cm 吹干。④染色：0.5%甲苯胺乙醇液染色，95%乙醇漂洗。⑤结果：作图，计算 R_f 值。	

五、注意事项

1. 酶促反应的时间、温度应控制好。
2. 在制备全流程中应时刻注意温度，不能超过80℃。

六、实训结论：_____

七、实训探究

1. 加入复合酶制剂有何作用？
2. CTAB络合法与乙醇沉析法分离银耳多糖有何异同？
3. 为何在制备全流程中应时刻注意温度不能超过80℃？

实训九　溶菌酶的提取分离

一、实训目标

1. 掌握溶菌酶的制备过程。
2. 能够进行溶菌酶的提取分离操作。
3. 熟悉离子交换柱层析分离溶菌酶的原理和基本操作。

二、实训原理

溶菌酶（lysozyme）又称胞壁质酶（muramidase）或 N-乙酰胞壁质聚糖水解酶（N-acetylmuramide glycanohydrlase），是一种能水解致病菌中黏多糖的碱性酶。主要通过破坏细胞壁中的 N-乙酰胞壁酸和 N-乙酰氨基葡糖之间的 β-1,4 糖苷键，使细胞壁不溶性黏多糖分解成可溶性糖肽，导致细胞壁破裂内容物逸出而使细菌溶解。溶菌酶溶于水，不溶于乙醚和丙酮，等电点（pI=11.2），最适 pH 6.5。酸性介质中可稳定存在，碱性介质中易失活。溶菌酶还可与带负电荷的病毒蛋白直接结合，与 DNA、RNA、脱辅基蛋白形成复盐，使病毒失活。

因此，该酶具有抗菌、消炎、抗病毒等作用。该酶广泛存在于人体多种组织中，鸟类和家禽的蛋清，哺乳动物的泪、唾液、血浆、尿、乳汁等体液和微生物中也含此酶，其中以蛋清含量最为丰富。从鸡蛋清中提取分离的溶菌酶是由18种129个氨基酸残基构成的单一肽链。它富含碱性氨基酸，有4对二硫键维持酶构型，是一种碱性蛋白质，其 N 端为赖氨酸，C 端为亮氨酸。可分解溶壁微球菌、巨大芽孢杆菌、黄色八叠球菌等革兰氏阳性菌。

离子交换法是利用溶液中各种带电粒子和离子交换剂之间结合力的差异进行物质分离的操作技术。由于蛋清中溶菌酶的等电点远高于其他蛋白质的等电点（pI=11.2）。故蛋清中溶菌酶带正电荷其他蛋白质带负电荷，且溶菌酶是一种碱性蛋白质，因此可选用弱酸性阳离子交换树脂将溶菌酶从蛋清中分离出来。离子交换法是目前制备溶菌酶的常用方法，由于该方法不需要加热以及改变溶液值，溶菌酶不易变性失活，因此制得的溶菌酶活性较高，此外离子交换法还具有简便、高效、成本低，可以自动化连续操作等优点，提纯后的蛋清不受破坏，可以进行再利用。

三、实训用品

（1）材料　市售鸡蛋、D152大孔离子交换树脂。

（2）试剂　1mol/L HCL、1mol/L NaOH、0.05mol/L Tris-HCl 缓冲液、0.2mol/L pH6.2 的磷酸盐缓冲液、硫酸铵等。

（3）器具　磁力搅拌器、聚醚砜超滤膜及膜装置、电子天平、锥形瓶、烧杯等。

四、实训过程

实训过程

步骤	实际操作及现象
1. 蛋清液制取 取 3~5 个新鲜鸡蛋去壳取清，用双层纱布过滤，除去蛋壳等杂质，用磁力搅拌器搅拌 10~30 min（搅拌剧烈程度以不起泡沫为准），为了降低蛋清黏度，以利后续实验，取 5mL 蛋清用 pH 9.0 的 0.05 mol/L Tris-HCl 缓冲液进行 5 倍稀释，4℃下静置至少 6h。	
2. 树脂预处理 取一定量 D152 大孔离子交换树脂，用清水反复洗去杂质，直至流出水澄清为止，再用等体积 1mol/L HCL 浸泡树脂 12h，用去离子水洗至 pH6 左右，再用等体积 1mol/L NaOH 浸泡 12h，去离子水洗至 pH9 左右，滤干。最后用 0.2mol/L pH6.2 的磷酸盐缓冲液浸泡过夜，滤后备用。用过的树脂用 2mol/L NaOH 浸泡 12h，再用去离子水洗至 pH9 左右，即可重复使用。	
3. 吸附 向蛋清液中加入其体积 32% 的经预处理过的 D152 大孔离子交换树脂，在固定转速条件下搅拌吸附 6.5h，然后静置分层将上层清液弃去，下层树脂用去离子水反复洗涤以除去以物理作用吸附在树脂上的杂蛋清，最后滤干树脂。	
4. 洗脱收集 用与吸附溶菌酶的树脂等体积的 9.3%（质量分数）的硫酸铵溶液对树脂进行洗脱，洗脱时间 60min，收集洗脱液，即得溶菌酶的粗品。	
5. 溶菌酶粗品的纯化 用截留相对分子质量为 10000 的聚醚砜膜，设置超滤压力为 0.2MPa，搅拌速度为 200r/min，将溶菌酶洗脱液超滤浓缩至原洗脱液体积的 10%，并冷冻干燥得到溶菌酶纯品，称重。	

续表

步骤	实际操作及现象
6. 蛋清中溶菌酶得率的计算 溶菌酶的得率为每百克鲜鸡蛋清中含冻干溶菌酶制品的克数,计算公式如下: $$y(\%) = \frac{m_{冻干粉}}{m_{鲜蛋清}} \times 100$$ 式中 y——溶菌酶得率; $m_{冻干粉}$——冷冻干燥后所得的溶菌酶的质量,mg; $m_{鲜蛋清}$——提取溶菌酶所消耗的原蛋清的质量,mg。	

五、注意事项

1. 提取过程尽量避免泡沫的产生。
2. 洗脱过程中要控制好流速。
3. 溶菌酶粗品纯化如果没有超滤膜装置,可以采用透析法进行脱盐。

六、实训结论:_____

七、实训探究

1. 请查阅文献写出 2~3 种溶菌酶的其他提取分离方法。
2. 简述溶菌酶的实际应用有哪些。

实训十 维生素 B_2 的提取分离

一、实训目标

1. 理解维生素 B_2 提取分离的基本原理。
2. 熟悉高速冷冻离心机的基本操作。
3. 能熟练进行发酵液中维生素 B_2 的提取分离操作。

二、实训原理

由于维生素 B_2 受 pH 影响程度较大(表1),在酸性条件下,维生素 B_2 的溶解度较低,可使发酵液中的维生素 B_2 充分析出来。同时降低发酵液的黏度,破坏部分蛋白和一些菌体,降低溶解在上清液中核黄素的含量,并加热离心,收集菌丝体和核黄素,然后快速碱化使其溶解,离心除去杂质,取上清液酸化即得大量核黄素。将其加热氧化离心即得核黄素粗晶,最后用浓盐酸调节至 pH 5.5 左右,然后进一步加热,去除粗结晶中的残余杂质,得到高纯度的核黄素晶体。

表1　　　　　　　　维生素 B_2 在不同 pH 条件下的溶解度（25℃）

pH	1.32	2.7	3.38	5.50	6.68	8.32	10.32
溶解度/(mg/L)	187.8	91.4	87.8	84.2	95.5	97.4	305.9
pH	10.53	10.96	11.26	11.48	12.20	12.22	
溶解度/(mg/L)	413.2	3853	5953	10209	17716	20658	

三、实训用品

（1）材料　维生素 B_2 发酵液。

（2）试剂　浓盐酸、1mol/L 的盐酸、双氧水、0.4mol/L NaOH、pH 试纸等。

（3）器具　磁力搅拌器、高速冷冻离心机及离心管、烘箱、电子天平、锥形瓶、烧杯、表面皿等。

四、实训过程

实训过程

步骤	实际操作及现象
1. 发酵液预处理 取维生素 B_2 发酵液 200mL，用 1mol/L 的盐酸调节至酸性（pH 5.5 左右）。使发酵液中的维生素 B_2 充分析出来，同时降低发酵液的黏度，破坏部分蛋白和一些菌体。	
2. 加热消毒 将调 pH 后的发酵液在搅拌下加热至 60℃，维持 30min 进行巴氏灭菌，灭菌过程中要搅拌均匀，防止局部过热。	
3. 离心 灭菌后的发酵液冷却至室温，装入离心管采用高速冷冻离心机 10000r/min 离心 10min，弃去上清液。	
4. 碱化 将离心管内的样品沉淀物转移至烧杯内，然后用 0.4mol/L NaOH 调节溶液 pH 至 12 左右。	
5. 离心 将上述碱化后的溶液迅速放入高速冷冻离心机内，10000rpm 离心 10min 后取上清液，并测量其体积。	
6. 调 pH 至酸性 将上述上清液定容后，在搅拌下加入盐酸使其 pH 调至 5.5，使维生素 B_2 充分析出。	

续表

步骤	实际操作及现象
7. 氧化加热 在上述样品中加入30%的双氧水，根据定容体积使双氧水的浓度达到0.3%，然后在搅拌下加热到90℃，并在90℃保温2h。	
8. 离心干燥 将加热氧化后的维生素 B_2 溶液冷却后，放入高速离心机内，10000r/min 离心 10min，倒出上清液，沉淀即为维生素 B_2 粗结晶，将该结晶转移至干净的表面皿内，放入烘箱于80℃下干燥，并记下湿重，定期测量烘箱内样品的质量，直至质量不变，样品完全烘干。	
9. 酸化精制 在干燥后的样品中加盐酸使其浓度为10g/L（溶液pH在5.5左右），酸化粗结晶，并在80℃下加热30min 离心收集维生素 B_2，干燥，最后得高纯度的维生素 B_2 结晶。	

五、注意事项

1. 调 pH、加热、氧化操作过程中一定要充分搅拌。

2. 碱化速度要快，因为核黄素在碱性溶液中易分解，不稳定，碱化后要迅速离心收集上清液。

3. 使用离心机一定要注意安全，离心管放入离心机前一定要配平。

六、实训结论：

七、实训探究

1. 维生素 B_2 还有哪些提取分离的方法？

2. 高速冷冻离心机的使用注意事项有哪些？

实训十一　头孢霉素的提取分离

一、实训目标

1. 理解头孢霉素提取分离的基本原理。

2. 熟悉发酵液中头孢霉素的提取分离过程。

3. 能进行头孢霉素提取分离的实际操作。

二、实训原理

头孢霉素是白色或乳黄色结晶性粉末，微臭。在水中微溶，在乙醇、氯仿或乙醚中不溶。临床上用于呼吸道、泌尿道、皮肤和软组织、生殖器官（包括前列腺）等部位的感染，也常用于中耳炎。头孢霉素生产菌种子周期长达172h，而发酵周期只有（126±4）h，目前，国内外头孢霉素生产一直采取补料分批发酵法，通过改进现行补料工艺，采用补料并定时放料分批发酵（半连续发酵），提高了头孢霉素的生产效率，使发酵指数和罐批产量有了较大幅度的提高。

根据头孢霉素的基本性质，本实训将通过膜系统处理头孢霉素发酵液，再采用离子交换色谱技术从中分离精制头孢霉素C，利用分光光度计或高效液相色谱仪测定其含量。

三、实训用品

（1）材料 头孢霉素发酵液。

（2）试剂 XAD-1600吸附剂、丙酮、乙醇、异丙醇、NaOH、H_2SO_4、阴离子交换树脂（Amberlite IRA-68或Amberlite IR-4R）、乙酸钠、液氮、乙酸锌、乙腈-乙酸钠缓冲液等。

（3）器具 离心机、Flow-Cel膜系统、真空泵、分光光度计（或高效液相色谱仪）等。

四、实训过程

实训过程

步骤	实际操作及现象
1. 发酵液酸化 用稀盐酸在适当搅拌下，将发酵液pH调至5.0，使部分蛋白质及钙离子沉淀。	
2. 超滤 先将酸化后的发酵液在5000r/min的条件下离心10min，收集上清液，再进行超滤收集，利用Flow-Cel膜系统超滤发酵液收集滤液，超滤进料压力维持在0.4MPa，透过压力为0.05MPa，每次料液用量为250mL，温度维持在15℃，菌丝体及其他沉淀弃去。	
3. 树脂吸附、洗脱 利用XAD-1600吸附滤液中的头孢霉素C。装柱，将滤液上样，用5%、10%、15%、20%丙酮溶液或乙醇、异丙醇溶液洗脱，收集洗脱液，并在254nm波长处测量吸收峰，保留最大吸收峰的洗脱液。用NaOH、H_2SO_4、乙醇、丙酮等溶剂对树脂进行浸泡、洗脱和再生。	
4. 阴离子交换树脂吸附 将上述洗脱液用阴离子交换树脂Amberlite IRA-68或Amberlite IR-4R吸附至树脂饱和。	

续表

步骤	实际操作及现象
5. 解吸附 用浓度从 0~10mmol/L 的乙酸钠溶液为洗脱剂进行解吸附，其浓度按 0.5mmol/L 级差逐步增加，洗脱流速为 3mL/min，收集洗脱液，并适当浓缩。	
6. 结晶 用液氮将洗脱液预冷至 10℃ 以下，搅拌，加入部分预冷至 0~10℃ 的丙酮（解吸液体积 0.5 倍）。快速加入乙酸锌至结晶液变混浊。停止搅拌，静置 1h。再搅拌，继续加入剩余丙酮，在 10℃ 以下静置 4h。	
7. 晶体洗涤 将结晶液用真空泵抽滤，并分别用丙酮水、丙酮洗涤晶体两次，再用真空泵将洗液抽净。	
8. 干燥 将洗涤后的头孢霉素 C 锌盐放入真空干燥箱中，进行真空干燥。	
9. 头孢霉素 C 含量测定 头孢霉素类药物由于环状部分具有 O=C—N—C=C 结构，在 260nm 波长处有强吸收，故可用分光度法进行定量分析；头孢霉素类药物在碱性条件下的降解产物可能是二酮哌嗪衍生物，具有荧光性，故可用荧光分光光度法测定血浆中头孢霉素类药物的含量；用 HPLC 测定，色谱柱为 C_{18}，4.6mm×25mm，流动相为乙腈-乙酸钠缓冲液（1:50），进样量为 20μL，流速为 2.0mL/min，检测波长为 254nm。	

五、注意事项

1. 发酵液酸化时一定要搅拌，防止局部酸性过高。
2. 超滤过程要注意观察压力表，防止膜孔堵塞造成压力过大而损坏膜系统。
3. 树脂吸附、洗脱过程中要控制好流速。
4. 离心机使用时，要注意安全，一定要配平离心管、盖好离心机盖。

六、实训结论：_____

七、实训探究

1. 头孢霉素与青霉素的分离提取有何区别？
2. 如何提高头孢霉素的产量？